中国建筑口述史文库

【第三辑】

U0180587

融古汇今

主编 林 源 岳岩敏

同济大学出版社
TONGJI UNIVERSITY PRESS

中国·上海

翹首笑談當年事
留取記憶話古今

趙立瀛題

赵立瀛院士题词

口述史研究是拯危继绝的学术传统

中国古代史学首重文献，文即文章典籍，献即贤人口述。《汉书·艺文志》记三代史官，"左史记言，右史记事，事为《春秋》，言为《尚书》，帝王靡不同之"。知"记言"与"记事"缺一不可，同为中国古代史学的宝贵传统。

口述史研究可弥补史阙，往往带有抢救性。比如，中国古代建筑技艺多以匠人口传心授的方式存在，这意味着一些很早就形成的法式，可能很晚才被记录下来，而且是很不完整的记录。所以，我们必须怀着分秒必争、拯危继绝的精神从事口述史工作。梁思成先生在 20 世纪 30 年代整理《清式营造则例》时，就结合故宫测绘对匠人作了访谈，表明口述史研究已是中国建筑史研究的学术传统，也是整理国故不可缺失的一环。

可是，这一基础性的学术工作，往往遭到不应有的忽视，甚至被一些人排斥在学术研究之外，这又是学无师法的表现。《荀子》曰："故人无师无法而知则必为盗，勇则必为贼，云能则必为乱，察则必为怪，辩则必为诞。人有师有法而知则速通，勇则速威，云能则速成，察则速尽，辩则速论。故有师法者，人之大宝也；无师法者，人之大殃也。"口述史研究除了抢救史料，还关乎师法传承，这是学人之大宝，是必须振兴的学术事业。

故宫博物院研究馆员、故宫研究院建筑与规划研究所所长　王军

关于"口述历史"的个人认知

对于历史研究、口述历史我都是绝对的外行，2018 年开始在赖德霖老师的鼓励下意识到"抢救历史"的重要性，于是对了解重庆大学建筑学专业办学史的老师们进行了一些采访，其中绝大部分都是"80后"的老教师，年龄最大的已是"90后"了。近 20 人次的采访做下来，也算略有心得，遵赖老师嘱与同行们分享一二。

（1）首先要做好基础功课。对采访对象的背景、经历、通过采访想要了解的内容方向、时代背景以及当时的一些人物事件等等要尽量做到事先心中有数，采访者背景知识越丰富、通过采访获得的未知信息才会越多。

（2）要准备问卷（问题），但不应只依靠问卷。不宜仅仅通过做一个问卷、列一堆问题，派几个什么都不知道的研究生简单地去对老教师一问一答，这样获得的信息会非常有限。事实上，在做好第一条的基础上，遵循一定的线索（问卷设定的），与老教师们做聊天式的访谈会更加有效，因为访谈中有时候老先生们的思维是发散的，言谈中露出的一些线索如果访谈者没有知识储备就很容易漏掉。迄今为止，所有老教师访谈全部是我亲自做的。

（3）要做多手记录准备，摄像、录音、照相、文字梗概笔记等尽量齐全。一方面这样可以互相印证，另一方面也可以防止一些技术性意外导致信息丢失。这一点，我第一次做访谈时有惨痛教训！

（4）整理资料要耐心。聊天式的访谈中最明显的现象是老先生们的回忆可能前后发散，采访者也需要顺着被访者的谈话思路和内容随机应变，并不能完全按照访谈者拟定的问题逻辑进行。因此在对访谈成果进行整理时，采访者需要重新整理思路，将被访者散布的回忆归纳到一定的文章逻辑中而不必拘泥于受访者现场语言的时间顺序，方可呈现出一篇可读的"口述历史"。

个人认为，对"口述历史"所形成的文字资料本身来说，由于时间久远导致的记忆偏差、"当代事件"所涉及的人际关系等各方面的原因，口述历史资料可以说一定是不完全可靠的！它的价值更大的是在对历史的个人记忆存档而不意味着一定真实。所谓孤证不立，历史研究中一定不能仅凭一两个人的说法就认定或否认一件历史事实，尽量多当事人记忆的交叉印证再加上档案材料书证，才能一定程度上接近历史的真实！

最后，祝愿《中国建筑口述史文库》能持续为中国当代建筑史留下珍贵的可考记录。

重庆大学建筑城规学院建筑系系主任　龙灏

部分访谈结束后的合影

庚子防疫期间有关中国建筑口述史工作的一点想法

新冠肺炎在中国肆虐三个多月之后终于得到有效的控制，令国人欣慰，令世界感奋。但其间依然有太多的经验教训值得世人反思和汲取。而作为历史学者，我在想，在今后的中国史中，这段不幸将会以怎样的面貌呈现。尽管我相信它绝不会只有一种叙述，甚至还会有正野之分，但我同时相信，那最真切和最动人的版本，一定包含有最多疫区普通民众的真实记忆和亲身感受，一定能够见证这场灾难之中，全社会遭受的摧残之大，民众遭受的牺牲之惨，以及全民族所付出的代价之巨。而任何叙述如果无视或忽视了这部分记忆，即使不是有意地开脱和删改，也必定会无比冷漠和苍白。

我也从没像现在一样如此深切地感受到个体的和民间的记忆对于历史叙述的不可或缺。我不知道今后各地是否会建造抗疫纪念碑，但我知道，无论形式怎样、材料怎样，任何纪念碑都无法替代这些个体的和民间的记忆。联想到历史遗产的保护工作这一近年颇为引人关注的议题，我更加相信，建成遗产固然重要，但若忽视了记忆遗产，不仅仅是文献的，还有那些口述的，我们所保护的遗产依然会有极大的缺失。

记忆是实物和文献不能替代另一种遗产，口述史是对这一遗产记录和保存的有效手段。在当事人难以将自己的记忆片段用文字完整和系统地表达的时候，通过访谈、录音和笔记的方式帮助记录和整理就成为最有效的手段。

可喜的是，中国建筑口述史工作正得到越来越多学界和业界人士的重视，并在近三年取得了长足的发展。从2018年开始每年举办的学术研讨暨工作坊，以及同时出版的《中国建筑口述史文库》就是其标志。学术研讨和工作坊有效地联络了许多不同地区和不同院校有志于参与口述史工作的同道，并促进了大家之间的经验交流。而同时出版的"口述史文库"则起到了汇集工作成果、示范工作方式的作用，相信也有助于推动这一工作的规范化。从已出版的两辑《抢救记忆中的历史》《建筑记忆与多元化历史》中可以看出，目前相关访谈已包括传统匠作技艺、名师名作、建筑行政、建筑教育、建筑和规划设计实践、历史与理论研究、遗产调查与保护实践。最近，设计院史、20世纪50年代的留苏学习、改革开放以来的中外交流等新课题，又在继续验证这一领域的极其丰富和大有可为。

今后中国建筑口述史的继续发展尚有赖于至少以下四个方面的努力。第一是加深认识：可以理解，目前一些同仁对于口述回忆的可信性还有疑问。但无可否认，口述记录与其他实物、文献和图像史料一样，都是帮助后人了解过去的途径。它们都无可避免地带有制造者的主观姓，所以后人加以运用也都需要进行甄别与辨析。不过总的说来，线索多总比线索少好，同一件事回忆的人多了，角度就多，就可以相互参证、相互补充，就会有助于避免单一叙事可能带来的局限或偏颇。退一步讲，口述也是口述者的个人表现；通过其口述，后人还可以了解其为人与处世、见地与修养。

第二是把握学术"要津"和不断开辟新的工作"大场"。中国建筑口述史工作有许多值得探讨的课题，如在传统建筑研究中，除匠作做法之外，营建过程中的礼仪与禁忌，建筑与社群的关系似有助于将既有的技术史研究扩展到建筑人类学研究。而在现代史中，有待开辟探讨的新领域就更多，例如计划经济时期的建设方针与实践、国家政策方针对建筑行业的影响、援外工程、改革开放时代设计院的转型、中外合作设计、建筑师的自主创业、中国加入世界贸易组织（WTO）对设计勘察行业的影响、重要城市和建筑项目的立项、设计和建设过程、重要学术著作或文章的写作契机和过程、"文革"之后文物建筑维修队伍的重建、建筑教育的大发展及学科评估的开展，以及留学生出国学习和回国经历，等等。研究者还可以通过与业界人士多多交流，从他们的经历中发现具有历史意义的新课题。

第三是不断提高工作能力。口述史调研绝非事先开列一份问题清单让受访者逐一回答那样简单，其成果的好坏深浅很大程度上取决于采访者在访谈过程中对谈、提问，以及把握新线索不断追问的能力。它将考验采访者的专业（题）知识、自己研究的问题意识、与受访者沟通和交往的诚意和态度、对于学科史和研究议题历史背景的了解，以及捕捉对话兴趣点的敏感。每一位采访者不仅要尽力做好采访准备，更要不断总结经验教训，以期不断提高成果质量。这对于非传媒专业出身的建筑学者们来说尤其重要。

第四是建立口述史工作机制。这里我想重复自己在2016年3月16日致马国馨院士信中提到的一点想法，就是建议各校"把每年的校庆当作新生聆听和记录老毕业生故事的机会，发动每班学生与30年、40年，甚至50年前的学长建立联系，让学校师生和业界校友有更多联系和互动"。同时"发动各校研究生，特别是建筑史专业研究生，每人都把采访一位建筑前辈（如老师、建筑师、工程师、学者、编辑、官员、建筑商）当作研究生学习一项必修的训练和毕业论文的一份不可缺少的附录，并由建筑学会要求各专业杂志都开相关专栏，不断发表。各学会分会可以在年会上组织专门研讨，协调这项工作的内容（如与中国建筑史相关的人物、事件、实物、文献）和方法（如采访技巧），再进一步督促高校去记录和整理。各设计院也不能只关心创造历史而不关心记录历史，都应该把总结和整理自己的过去当作一项常规业务，成立专门基金，与高校合作，鼓励研究生去写"。总之，我期待，通过一种机制化的努力，各校都能充分开发本地口述史资源，如老工匠、当地居民、本校老教师、校友、本地设计院和建筑主管单位的老前辈，推动建筑口述史工作的开展。并在此基础上，探讨各地的建筑传统，以及本地区现代化的独特历史过程。

悼念救疫牺牲烈士和逝世同胞的笛声已经响过。死者长已矣，存者当勉励！

2020年4月4日避疫于路易维尔家中 赖德霖

目 录

口述史工作经验交流及论文　213

历史照片识读　321

附录　341

近现代建筑教育

筑基海右——伍子昂先生的建筑人生

受访者
简介

伍介夫

伍子昂次子，1940 年 12 月生。1963 年大学本科毕业，就职于山东省农机研究所。历任技术员、工程师、省农机检测站站长。所研制的"4ZL-2 联合收割机"，填补了山东省自走式联合收割机空白，获得 1979 年度山东省科学技术研究成果三等奖。1984 年调入山东省标准计量（技术监督）局，任山东省质量技术监督局质量处处长。曾兼任山东质量检验协会副会长，山东机械工业理化检测协会副理事长，《质量纵横》杂志社社长，全国统计方法应用标准化技术委员会委员、全国质量监督岗位培训山东总辅导员等职务。获聘山东工业大学兼职教授。

伍江

伍子昂长孙，男，1960 年 10 月生于南京。教授、博士生导师，同济大学常务副校长。国家一级注册建筑师，法国建筑科学院院士，上海市领军人才，上海市政府决策咨询特聘专家，享受国务院特殊津贴。1983 年毕业于同济大学建筑系建筑学专业，1986 年同济大学建筑理论与历史专业研究生毕业，获硕士学位，同年留校任教。1987 年攻读同济大学建筑历史与理论专业在职博士研究生，1993 年毕业获博士学位。1996—1997 年赴美国哈佛大学做高级访问学者。

杜申

1931 年生，教授级高级建筑师。伍子昂先生在山东省建筑设计院时期的同事。曾任院长、顾问总建筑师。

缪启姗

女，1933 年 3 月生于广州。1937—1952 年在澳门和香港生活学习。1959 年从南京工学院（东南大学）建筑系毕业后在山东建筑大学任教 40 年，主授建筑专业课程。1988—1998 年兼任山东省第七、八届省人大常委。1998 年退休。系1959—1963 年伍子昂先生在山东建筑大学兼职教授期间的助教。

蔡景彤

系 1959—1963 年伍子昂先生在山东建筑大学任兼职教授期间的助教。教授，1981—1985 年任山东建筑工学院（山东建筑大学）城建系主任。

采访者： 于涓（山东建筑大学建筑城规学院）、慕启鹏（山东建筑大学建筑城规学院）

访谈时间： 2016 年 9 月、10 月

访谈地点： 山东省济南市伍子昂学生王文栋先生府上，上海市同济大学伍江办公室，济南市杜申家中，济南市缪启姗家中，广东省广州市广州宾馆，网络采访

整理情况： 2017 年 5 月整理，2018 年 9 月初稿

审阅情况： 经伍介夫先生、伍江审阅，2019 年 9 月定稿

访谈背景： 2016 年山东建筑大学 60 年校庆，建筑城规学院为缅怀伍子昂先生对学校乃至山东建设事业作出的贡献，为其塑像，并且组织老师及校友，在美国纽约、广州、上海、济南、青岛、北京等先生学习、生活、工作过的城市中，遍访先生的家人、朋友、同事、学生，通过口述的方式，复原、再现先生的一生。访谈涉及受访者 20 余人，访谈录音长达 50 小时，形成逐字实录稿约 10 万字，并与伍子昂的人事档案、历史资料档案以及实物进行了互证。现刊出部分，以飨读者。

伍子昂（1908—1987）出生于广东台山一个华侨世家。爱国知识分子，中国第一代接受西方正规建筑学教育的建筑师，中国建筑教育的先驱者之一。1927 年以优异成绩考入美国哥伦比亚大学，1933 年毕业于建筑学专业并获得学校颁发的优秀学生"金钥匙奖"。毕业后怀抱着"技术救国"的理想，只身回到上海，从事建筑设计和教学工作，曾在多家建筑师事务所任职。抗战期间先后在之江大学、沪江大学等多所大学任教并担任沪江大学建筑系主任。1947 年，在山东省青岛市创办"伍子昂建筑师事务所"。1949 年后先后担任青岛市建筑总公司和山东省城建局（建委）暨建筑设计院总工程师，主持和审核了多项省内重点建设项目，被国务院评定为国家二级工程师。曾担任中国建筑学会第一至五届理事、山东建筑学会副理事长，被推选为第五、六、七届山东省政协常委。

作为中国第一代接受西方现代建筑学教育的建筑师、中国建筑教育的先驱者之一，为山东省建筑设计行业培养了大批人才，是山东建筑大学建筑学教育的开创者和奠基人。先生注重建筑人才的培养，在 1959 年山东建筑学院（山东建筑大学前身）创建之初，就主导和开创了建筑学专业。他为五九级第一届建筑学专业制定教学计划，言传身教地培养年轻老师，在年近半百之时为学生全程授课，以"勤奋、求真、务实"的理念培养出山东省第一批优秀的建筑人才。"务实"的精神成为几代建大人的精神气质，并传承至今。

伍子昂先生

伍介夫 以下简称伍　　　　杜 申 以下简称杜
于 涓 以下简称于　　　　缪启姗 以下简称缪
伍 江 以下简称江　　　　蔡景彤 以下简称蔡
慕启鹏 以下简称慕

伍介夫：他觉得能为国家做事情，这是最大的荣耀

于 伍先生，您好，感谢您百忙之中接受访谈，让我们有机会了解伍子昂老先生的一生。在您的眼中，父亲是一个什么样的人呢？

　| 伍 我对父亲总体评价，他是一个爱国的知识分子。

于 从伍先生的个人档案资料获知，他是 1933 年从美国哥伦比亚大学学成归来，在 20 世纪 30 年代，出国留学尚属少数。伍先生出生、成长在一个怎样的家庭环境中？他是在香港完成的中小学教育吗？

　| 伍 他出生在广东台山冲蒌镇。我 2013 年带着孩子回去探亲，寻访老屋。台山现在是一个人口负增长的城市，80% 的人都在海外，大多是华侨世家。我爷爷是个商人，当时经营米行，卖粮食，后来改行做建筑公司。我父亲兄弟姐妹 9 人，其中 8 人在海外读书，接受西方高等教育，现在活着的就剩一个叔叔了，他退休之前是杜威公司的研究员。父亲在老家读了两年小学，后在香港完成的中小学学业。

于 伍先生出生在华侨世家，档案显示，1925 年他在（广州）岭南大学读了两年预科后，1927 年以优异的成绩考入哥伦比亚大学土木工程系。这个专业选择是不是跟他父亲当时开办建筑公司有关系呢？

　| 伍 应该有一点影响，但关系不大（笑），后面我再讲。他开始是在岭南大学就读，读了两年，正赶上省港大罢工[1]，学习环境不好，他觉得没法学习，自己跑到美国去。读了一年的土木工程专业，因为数学和美术绘画成绩优异，在校长推荐下转到建筑学专业，学制是 6 年。

于 学费是家里资助，还是半工半读呢？

　| 伍 这部分我父亲谈的不多。他说他在美国条件比较艰苦，是穷学生一个。但我猜测我爷爷还是提供了部分资助。

于 从照片上看，30 年代哥伦比亚时期的伍子昂先生是位风度翩翩、很洋派的年轻人。

|伍 我父亲 1933 年从哥伦比亚大学毕业，当时他是这一届学生中唯一一名金钥匙奖获得者，（哥大）发给他一把金钥匙，全届学生就这么一个。只可惜，"文革"时被抄走了。"文革"以后，组织上让他提一些补偿要求，他就想要回这把金钥匙，别的什么要求都没有。但是无从找寻，遗失了。这是件很遗憾的事情。当时他非常自豪的，因为这是华人、同时也是整届毕业生里唯一获此奖项的人。他们那辈人在国外受到歧视，所以他经常讲要科学救国，满腔热情。

于 是不是这股科学救国的热情，促使他在 1933 年哥大毕业后作出回国的决定呢？

|伍 我爷爷有 9 个子女，当时 8 个都在国外。父亲毕业的时候，爷爷给了他三个选择，一是留在美国，他那时候在美国不愁找工作，因为他是优秀毕业生；二是回香港，因为爷爷在香港，可以提供给他许多条件；三是如果实在不想回香港，爷爷在广州给他找了个工程活儿。这个建筑现在还在广州，就是爱群大厦[2]，当时是爷爷承包下来的，他想让父亲去帮忙。但这三个选项，父亲都不予考虑，他当时年轻，满腔热情想着科学救国，就想回来踏踏实实做一点建筑师的工作。所以，毕业以后，他虽在美国拿到了公司的聘书，但还是执意回国，只身一人到了上海。

于 25 岁的伍子昂放弃了父亲给定的三条道路，来到上海的范文照建筑师事务所[3]，可以看出，他对未来的职业生涯，是有自己的想法和规划的。

|伍 他回到上海后，在当时非常有名的范文照建筑师事务所工作。没几年就崭露头角，毕竟他是从名牌大学出来的洋派建筑师。当然，这都是我听说的，没有亲身经历。那时候，还没有我呢（笑）。关于父亲的学者身份和工程师身份，我可能提供不了太多的信息，因为他在家里从来不谈工作。我只能谈一些生活琐事。

于 好的。回国一年后，经范文照、李扬安介绍，伍先生加入了中国建筑师学会[4]。也是这一年，您父亲与您母亲结婚。我推测，这个时期应该是年轻的伍子昂先生的黄金时代。

|伍 是的，应该是非常幸福的。父亲和母亲是自由恋爱，母亲叫欧阳爱容，也是来自一个大家族，兄弟姐妹 18 个，她也是广东人，上海广东人。所以他们有很多共同点。我姥爷欧阳星南是广东商会上海分会会长，去世较早，他和孙中山去世的时间相同，都是 1925 年 3 月 12 日，办丧事的仪式有冲突，

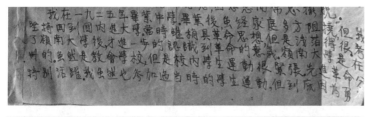

1952 年"三反运动"伍子昂在思想总结中对这段经历的叙述

伍子昂以优异的成绩考入
哥伦比亚大学

哥伦比亚大学读书期间与朋友们在一起，右二为伍子昂

1933 年，伍子昂获得哥伦比亚大学优秀学生金钥匙奖

后来家族还和政府协商这事怎么办。可见，我姥爷在当时社会地位也是很高的。父亲当时还是一个穷海归。听母亲说，当年他们恋爱的时候，父亲的家族曾坚决反对。我爷爷虽然是个商人，但是个小商人，觉得门不当户不对。母亲毕业于贵族教会学校，就是专门培养上流社会淑女的学校，她从小弹钢琴，弹得很好，外语也说得好，大学有三个毕业证书，钢琴、英语和家政，是个才女。后来，他们克服了很多困难走到一起。我们当时住在巴黎公寓 45 号，父亲和翻译家傅雷是邻居，也是朋友。母亲是（傅雷之子）傅聪的钢琴启蒙老师。[5]

于 您母亲当时从事什么工作？

｜伍 她一直在联合国救济总署，从上海的联合国救济总署，后来调到了青岛的联合国救济总署工作。1949 年以后，由于各种原因，父亲不让她出去工作了。当时，有四五所音乐学院，想请母亲去上课。包括天津音乐学院、也就是现在的中央音乐学院，还有四川音乐学院，但父亲都不让她去。他们的感情非常好，父亲每次出差，一定会给母亲写信，每天一封，这是众所周知的，拿现在来说就是"妻管严"（笑），但那时候没这个概念。父亲去世后，母亲常年保持着每天下午 14 点 44 分，也就是父亲去世的时间，站

1934 年 3 月 26 日，中国建筑师学会在新亚酒楼召开 1933 年度会议。后排左四为伍子昂

在遗像前跟他讲讲话的习惯。所以，你说1934年是他的黄金时代，这个推断，我是认同的。崭新的事业，甜蜜的爱情。

于 1937年上海沦为"孤岛"，由于战乱，经济很不景气，整个建筑行业也是萧条的。这期间，伍子昂先生又到了公利工程师行，同时还在沪江大学和之江大学作兼职老师。1945年，日本投降后，混乱的时局有所改观，上海的情况在好转，为什么伍先生选择在这一年举家搬到青岛呢？

伍 他的一个朋友，叫王华彬[6]，1945年，被选调到青岛作敌伪财产的接收大员。他当时正好有其他事情去不了，因为跟父亲是好朋友，就说："子昂，能否劳你去趟青岛，帮我把这件事办了？"就这样，父亲坐着一条非常破的船，到了青岛。我跟母亲和哥哥是后去的，坐的那艘船叫"来兴号"，我记得很清楚，几百吨的船，又碰上大风浪，路上非常辛苦。

于 您是1940年出生，离开上海去青岛时，应该是5岁。

伍 1945年，我只有5岁。到了青岛以后，他不喜欢当官，但作为政府接收大员，总是要做官场上的事，但他又不愿意干。他特别喜欢青岛的环境，竟不愿意回上海了，就在青岛设计并建造了一座房子，是平房，还带一个大院子，地址在莱阳路59号。这栋房子的主体建筑现在还在。在父亲离开青岛后，童第周等知名人士都曾在那栋房子里住过。

于 您父亲创办的青岛市第一家建筑师事务所——"伍子昂建筑师事务所"的办公地点就是在这所房子里吧？

1934年，伍子昂与欧阳爱容结婚

1935年12月，伍介仁出生。
1940年12月，次子伍介夫出生

伍 是的，就是在这里。但是时间不长，很快就停办了。1949年刚解放，当时我们对共产党根本不了解，就看着解放军进城，在那里散发传单。父亲当时已经不在政府机关做事了，自己开了家建筑师事务所，属于自由职业者。青岛解放前，我爷爷从香港来了电报说共产党快来了，叫他回香港。父亲说，我就不相信共产党比国民党坏，我不走，我要报效祖国。1948年，父亲曾带我们回去省亲，但很快就回来了。解放后爷爷又打来一个电报，说他快死了，叫赶快回去奔丧。父亲不信，他说，我不回去，在这儿挺好的。他觉得共产党不错，他就要留下。他就是这么个人，认准的这个理儿，谁说也不能动摇他。

青岛建筑公司给了他一个副经理的职位，但还是做总工程师的事。父亲很不愿意从政，人大代表啊、政协委员啊，帽子一大摞，他都（摆手）不去。开会也是从不发言，他就是一个学者，在家从来不谈政治。所以对他在外头的工作状况，家里人也基本不了解。

1945 年伍子昂阖家赴青岛就任中央信托局伪产验收专员。
引自：青岛市档案馆

1947 年，伍子昂在青岛自建"伍子昂建筑师事务所"

于　1955 年举家来到了济南？

｜伍　对，1955 年，"三大改造"时期，又下来一纸调令，调他来省府济南，他还是不服从分配。后来用了一些不太好的手段，说他是"特嫌"，整了他一下。他没办法，才来到济南。先是在重工业厅，很快到了建设口，进了山东省建筑设计院（以下简称省院），一待就是 30 年，一直任总工程师。

父亲是个沉默寡言的人，反右时差一点打成右派。幸亏当时的副省长李予超说："你们把伍子昂打给右派，对山东有什么好处？"这样他才没被打成右派。但是"帽子"是拿在群众手中的，一有运动，"资产阶级知识分子"就被折腾一下。他在山东的这一段，我现在的评价是比较压抑的，尤其在"文革"期间，受了那么多的罪，光抄家就抄了六次，家是越搬越小，最小的时候是一个 8 平方米旱厕改造的房子。但是他没有过怨言。"文革"以后，很多人都在那里清算、诉苦，他还是不发言。有人问起他，他说这是时代的问题，是形势造成的，与具体哪个人没有关系。

原来他的工资在省内是相当高的，他从五几年月薪就有 254 块钱，一直到去世，都是 254 块。那时候 254 块是很让人吃惊的数额了，普通工人 32 块 5 就能养活一大家子人。虽然说是华侨子弟，又留过洋，吃过洋面包。他爱吃，济南原来有个市交际处餐厅，不是一般人能去的，"文革"前他经常去。但"文革"期间，每月只给他 28 块，其他的全部都没收了。他照样也能过，没有怨言。他对生活的要求就是这样，什么样的境遇都能适应，都能随遇而安。

中央信托局青岛分局证明书

1946 年 5 月 24 日，伍子昂建筑师开业申请书。引自：青岛市档案馆 B0031

1949 年 4 月 25 日，《大民报》刊登新闻"建筑师伍子昂成立事务所"。
引自：青岛市档案馆 D000120

伍子昂参加山东省职工宿舍设计竞赛评选。
前排左三为伍子昂

于　您刚才几次提到，您父亲在家里面从不谈工作和政治，那他是一个沉默寡言的人吗？

　伍　对，非常沉默。在家里日常交流中，他也很少讲话，回家就是坐在沙发上看书，这是给我留下最深的印象。他不大说话，母亲则是说个不停，他是以不变应万变（笑）。他从年轻的时候就不怎么爱说话。

于　这期间他在单位的情况，您母亲有说过吗？

　伍　对他的学术、工作上的事情，我们一点也不知道。他在家绝对不谈工作，不谈政治，这是他的信条。我听母亲说，一开始在济南参加工作的时候，有个领导问他，你是干什么的，他说，我是建筑师。领导问，建筑师是干什么的。我父亲就简单地说了下，对房子的设计啊，外观啊，环境啊等这些综合因素的考虑。领导说要这个干什么，在我们农村，找几个小工，商量一下子，也不要什么图纸，砌吧砌吧，就盖起来了，要什么建筑师啊。这是当时的政治气候。和他同时代的，有留学经历的同行大部分都在北京、上海，说实在话，他留在山东，是没有多少用武之地的。有些观念和他的不符，他也很难受。这一辈子，他就做了些默默无闻的工作。

虽然父亲从来不说，但我能感到他非常压抑。他后来跟孙子伍江说，将来有条件你来学学建筑，建筑是个层次比较高的艺术，中国现在还很少。我侄子算是继承他的理想了。他经常对我们说，他在外国生活得不舒适。他说"不舒适"，不是指物质条件，他要的不是物质生活，他要的实际上就是现在讲的"中国梦"，是他年轻时热血沸腾的科学救国的梦想。

1966 年 2 月 13 日摄于上海文化会堂，右一为伍子昂

1953 年 10 月 23—27 日中国建筑学会第一次代表大会在北京召开

序号	人名	职务	单 位	序号	人名	职务	单 位
1	伍子昂	总工程师	山东省设计院	26	鲍鼎	副主任	武汉市建委
2	苏邦俊	技术员		27	邹一心	工程师	
3	王治平	技术员	河北省设计院	28	邹天柱	总工程师	
4	郑炳文	总工程师	吉林省建设厅	29	王守业	工程师	
5	张芳远	技术员		30	徐显棠	技术员	
6	任世英	技术员	中南工业设计院	31	殷海云	总工程师	武汉设计院
7	赵深	院长	华东工业设计院	32	陈希贤	工程师	
8	蔡镇钰	技术员		33	黎卓健	技术员	
9	徐中	教授	天津大学	34	黄康宇	总工程师	
10	林兆龙	讲师		35	兰玉柱	技术员	
11	汪玉麟	副教授		36	郑一呕	技术员	
12	胡德君	讲师		37	刘政洪	工程师	
13	唐璞	总工程师	西南工业设计院	38	陈伯齐	教授	华南工学院
14	张嘉榕	工程师		39	郑鹏	讲师	
15	江道元	技术员		40	林克明	局长	广州市建设局
16	吴善扬	副总工程师	江苏省设计院	41	陈植	院长	上海市规划设计院
17	姚宇澄	主任工程师		42	钱学中	技术员	
18	汪沛原	院长	四川省设计院	43	吴景祥	教授	同济大学
19	张汉杰	技术员		44	陈亦清	讲师	
20	李永芳	技术员		45	尹淮	工程师	重庆市建委
21	方山寿	副总工程师	西北工业设计院				
22	杨廷宝	副院长	南京工学院	备注:红色为指名邀请人员。			
23	潘谷西	讲师					
24	鲍家声	助教					
25	钟训正	助教					

1964年4月11—18日,北京市人民委员会邀请外省市18家单位共45人到京参加长安街规划方案审核讨论会议,山东省建筑设计院总工程师伍子昂、技术员苏邦俊作为山东省代表参会。
本表转自刘亦师《1964年首都长安街规划史料辑佚与研究》

于 他这种很激昂的救国情怀,是到什么时间破灭掉的呢?

┃伍 他科学救国的信念从来没有动摇过,那一代人的理念就这样。我曾看过关于钱学森归国的报道,我很理解他归国的意愿,因为我父亲也是这样想的,所以才能不顾一切阻挠,毅然回国。现在一些很现实的人,对此是不能理解的,他真是有理想、有信念的人。

改革开放以后,有出国潮。我也想出国,结果父亲坚决反对,他说你出去干什么,英文知道一点,也不精通,又没有相应的专业,你出去最多是个二等公民,你是会被洋人欺负的;咱们这里虽然穷、落后,但是咱们是中国人,要为中国办事。这句话,对我影响很大,从那以后再也没提出国发展的想法。其实当时我是很有条件出去的,国外有那么多亲戚,找谁都行。在父亲眼里,为国家做事是最大的荣耀。北京"十大建筑"开始建造之前,万里是北京市副市长,在全国请了几十名建筑师,到北京去讨论"十大建筑"的相关问题。[7]我父亲去了,他觉得能为国家做事情是最大的荣耀。[8]

在政治环境严峻的那几年,他对于为咱们省建筑院校培养学生非常上心,经常备课到很晚。家里人只知道他是在备课,没想到老王[9]他们说,他一直教了他们4年。他经常是一回到家,就把自己关在书房里,因为他干什么事都非常认真。对任何事情,只要他答应的,就一定会做到,而且一定会做好。他在家里对我们要求也是这样,办事要不干就不干,干就要像个样。我想他之所以对这些学生全神贯注,恐怕也是一种寄托。

伍江:最好的告慰

慕 伍校长,您好,感谢您百忙之中接受我们的访谈。通过您叔父的介绍,20世纪30年代,您祖父是怀着科学救国的理想从哥伦比亚大学毕业后回到上海的。

| 江　是的，他美国学成归来以后，有很大的理想追求。他在 1933 年回到了中国，当时国内的形势不是很好。香港、广州倒是有很多机会，他的父亲是一个开发商，本来他有机会参与家族企业来实现他自己的理想。但他没有，他曾经说过，"建筑师要有一定的独立性才能体现你的追求。如果完全跟开发商混为一体，你是很难体现你的建筑追求的。"

因为这个原因，他甚至跟他的父亲闹到几乎要决裂的地步。他父亲正在开发广州当时最高的楼，叫爱群大厦，这个建筑物即使放在现在也算是很高的楼。他希望儿子回去参与设计，可他没有，而是选择了上海。上海是当时中国建筑业最发达的地区，那个时代留学归国的建筑师绝大部分都在上海留了下来。

慕　昨天，我们去了市民公寓 10，这是伍子昂先生回国后在范文照事务所参与设计的作品，遗憾的是，现只剩下一栋了。我们在现场时候，还依然能感受到这是一个具有明显现代主义风格的建筑，非常人性化，一楼的小花园，二楼、三楼的大阳台，无论是当时还是现在，都是非常舒适、非常漂亮的住宅。您在《上海百年建筑史》中也提到"伍子昂的加入，使范文照事务所更加坚定了设计现代风格建筑的决心"11。作为伍先生的长孙，在您的记忆中，伍先生生前阐释过他对现代主义建筑风格的理解吗？

| 江　从当时我跟祖父在一起的很多细节当中，都能体会出来。比如说我学习建筑学以后，参加过很多很多的讨论，当时的一些专业期刊，专业交流，老师授课，也会提到当时世界建筑发展的潮流。特别是到了高年级以后，西方刚开始流行后现代建筑，出现了很多对建筑形式上的思考，我当时并不理解。对建筑形式的现代主义反思，与对历史、文化的关系到底有多深，我不理解。寒暑假的时候，有机会到济南跟我祖父交谈，他很期待我在建筑学中多研究建筑的本质问题，不要被这些外表的热闹模糊我的双眼。他跟我在马路上散步时，举了这样一个例子。他说，你看这个房子，为什么外面要有一个窗台，你看这个新房子，建了没有多久，就像淌鼻涕一样，非常难看，但如果有个沟呢，水就不会滴下去，房子就会很干净。他说，这类细节才是建筑里最重要的东西。

再比如，他经常提醒我说，回家上楼的时候，数一数上楼梯有多少台阶，两跑楼梯，有多少步，为什么会这样设计呢，为什么不是一跑到底呢，为什么是要分两次走，你看，人走到八步到十步，很舒服。他提醒我，建筑背后，有很多更人性、更本质的东西，跟那些建筑风格、建筑师，尤其是这些纷争不已的建筑外表的东西，关系不大。只有这些本质的东西搞好了，你才有可能让建筑在文化上上一个台阶。他的这些理念，可能跟他早年 20 年代末在哥大学习的经历有关，因为那个时候，纽约的各种现代建筑应该是相当的普及，只有像纽约这样的城市，才可能有机会去探讨建筑的本质问题。

伍子昂在范文照事务所时期设计作品——市民公寓

　　从我对祖父当年这些很点滴的记忆当中，感觉他对于现代建筑的理解跟同代建筑师相比，有更特殊的认识。他尤其反对 1949 年以后在苏联影响下不顾中国发展的实际状况、不顾中国贫穷落后的社会状态、不顾社会实际需求，更多追求形式的趋势。这些他坚决反对。他特别强调，中国经过"文化大革命"，百废待兴。中国的建筑在过去的几十年，特别是 20 世纪五六十年代，走过一些弯路，70 年代更不用说，整个中国的经济都垮掉了。那么即便是回到五六十年代，在面对中国的经济发展需求，面对当时中国经济发展的态势，建筑界给予中国社会的需求并不是很到位，更多地在受到苏联的影响下，去追求建筑形式上的东西。他特别反感简单地把传统的外衣套在现代建筑的外面，他非常反对这种做法。

　　他告诉我，在西方，出现现代技术革命已经有几十年，快 100 年了，建筑经过技术革命，经过思想文化的革命，现代建筑已经是这个世界建筑界（发展的）方向和趋势了。但是在 20 世纪 50—70 年代，现代建筑在中国几乎没有地位，也没有获得它应该获得的尊重。大家还在讨论怎么能够在建筑里面体现中国的样子、传统的样子。当然，他自己很热爱中国传统文化，他认为"传统建筑文化里面的精髓在现代中国建筑中体现出来，不应该只是简单地体现在外表上，而应该是内涵上"。

　　我到今天才真正理解到，所谓现代建筑的本质更多的是要转向建筑的需求、人性、建筑的功能性。建筑的材料、建筑的技术，是直接为人的需要服务的。这些思想，我想大概是当时现代建筑的精髓。这些思想对我后来是很有影响的。其实同济大学总体上而言，也是更加倾向于现代建筑思想，并且有一个很深的根基。同济大学最早的创始者都是受到西方现代建筑思想影响的一批人。新中国成立以后，院系调整，又有机会把五湖四海，所谓的"八国联军"，即各种不同的外国留学背景的人都汇集到同济大学，所以有一种强烈的开放精神。我们学院的老教授总结说，同济的精神就是兼收并蓄、开放。我也经常跟同事和学生说，今天中国的建筑界已经发生了很大的变化，同济大学曾经有过这种主动地、愿意站在时代前列，领先时代的风气，把建筑里面最本质、最精准的东西让我们的学生共同来追求。我觉得这种精神在我身上有一个非常好的历史撞击，或者说是融合。一方面深受祖父的潜移默化，另一方面是受学校几十年来形成的大学氛围的影响，我在这里非常融洽地成为同济建筑文化的一个组成部分。

慕　看来，您祖父对您潜移默化的影响很大。我们从档案资料上了解，伍子昂先生在范文照建筑师事务所工作了两年，1936 年就加入公利营业公司[12]、基泰工程司[13]。同时，还在沪江大学、之江大学[14] 做兼职教师。时局动荡，理想是不是也遇到了挫折？对这段兼职教学的经历，他后来有没有跟您交流过？

	姓名	职务	专任/兼任	担任科目
二十八年度第一学期	廖慰慈	兼主任	专任	
	王华彬	教授	专任	铅笔画、炭画、建筑图案、建筑理论、建筑史
	陈瑞炳	教授	专任	静力学、结构原理
	陈裕华	教授	专任	房屋构造、三和土工程学
	罗邦杰	讲师	兼任	房屋设计
	周正	教授	专任	微分学
	杨子成	副教授	专任	普通物理学
	何鸣岐	助教	专任	机械画
二十八年度第二学期	廖慰慈	兼主任	专任	工程材料
	王华彬	教授	专任	木炭画、水彩画、建筑图案、建筑理论、建筑史
	陈瑞炳	教授	专任	材料力学、桥梁学
	陈裕华	教授	专任	钢筋混凝土建筑设计、工程估计及规范书
	周正	教授	专任	积分学
	杨子成	副教授	专任	普通物理学
	伍子昂	讲师	兼任	透视画
	张宪仁	特约讲师	兼任	炭画学
	何鸣岐	助教	专任	画法几何学
	藏珉华	助教	兼任	透视画
二十九年度第一学期	王华彬	主任	专任	建筑图案、建筑理论、建筑史
	陈瑞炳	教授	专任	静力学、构造原理
	陈裕华	教授	专任	房屋建筑、钢筋混凝土工程
	陈植	教授	兼任	建筑图案、业务实习
	顾文楼	教授	兼任	铅笔画、炭画、水彩画
	罗邦杰	讲师	兼任	阴与影、木工
	许梦琴	讲师	兼任	建筑机械设备
	周正	教授	专任	微分学
	杨子成	教授	专任	普通物理学
	何鸣岐	助教	专任	机械画

之江大学建筑工程学系 1939 年第一学期至 1940 年第一学期课程安排，伍子昂兼职教授透视画。本表转自刘宓《之江大学建筑教育历史研究》

｜江 大家都知道，不久以后，整个中国的形势都发生了变化，日本侵略上海，再加上后来进一步地侵略中国，使得当时的建筑师，还有建筑业，在当时的中国都很难得到发展。他走过相当年数的坎坷道路，甚至有一段时间，并未找到工作，自己又没有政治上背景，所以，他没有随许多建筑师一起到重庆去。他没有那些政府的背景，也不可能在重庆得到任用，但是他又不愿意与日寇合作。当时他就选择了上海这个孤岛，在一个美国人开办的学校——沪江大学，其实沪江大学并没有一个正规的建筑系，只是夜大，其实就是混口饭吃。[15] 当时有较好的专业背景的建筑师，大部分都去重庆了，所以他就接过了沪江大学建筑系主任这个职务，做了 8 年的系主任。其实，这期间不可能有任何的作品。学生招生人数也有限，一年多的时候不过 8 个学生，少的时候只有两三个学生。所以不可能有太多的思想反映在作品里，也不可能有太多思想反映在教学里，他自己对这段的评价并不是很高。

后来在沪江大学的历史文献里我也看到，他曾经为了保护他的学生，去跟日本当局抗议过。学生去参加活动被关押，他跑到日本人那里，把学生救了出来，自己却被日本人关到监狱里去了，他并没有什么太激烈的抗日行为，只是作为一个老师，一个系主任，据理力争，把学生抢救出来。当然他自己也就变成了日本人的目标分子，经常被日本人查，也在日本监狱里关过，这些他从来没有跟我说过，是后来我在沪江大学学生回忆录里看到的。

慕 这期间，伍先生继王华彬之后担任过 8 年沪江大学商学院建筑系 [16] 主任。可是在 1945 年，抗日战争胜利后，他为什么会离开上海去了青岛？

｜江 抗日战争胜利以后，大批建筑师又回到了上海，他作为一个没有上海地方背景，也没有官方背景的建筑师，在上海也没有太多的机会，后来有机会到青岛去，他就去了。当然，在青岛他也做得不错，有机会参与青岛战后跟日本人的清算工作，开过自己的事务所，也设计过一些小房子，当时的市政当局还是蛮信任他。但你知道，那时中国依然在战乱之中，不可能有正常的建设，他也不可能有太多的机会从事他的建筑实践。

慕 真是世事弄人，大时代里的小人物，没有多少可以施展手脚的余地。解放以后，到了济南是什么情况呢？

｜江 1949 年后一段时间，也不太稳定。后来来济南，他自己曾跟我提起来，说他真正参与的一个设计项目，就是济南的英雄纪念碑，为此他付出了很多心血。当然，纪念碑最后呈现出来的样子，跟他的设想并不一样。当时他在全国看了很多纪念碑以后，希望济南可以出现一个完全不同于其他地方的、新的、现代派的纪念碑。可惜他的思想没能实现。所以，后来他对自己的建筑创作、建筑设计生涯并不是十分满意，也不愿意多说。

"文革"之后，整个中国进入了改革开放时期，我感到祖父是非常非常兴奋的。那时候他已经 70 多岁了，还没有退休，每天都骑自行车上下班。当时我家住四楼，他都能自己把自行车扛到四楼去，70 多岁的老人，身体很好。那时我已经上大学了，寒假暑假有机会就到济南去看他。他总是把我带到省院。我就看他几乎从早到晚忙着改图，拿根红、蓝铅笔，不停地改。其实那个时候，他年纪大了，在总工的位置上，也不可能自己负责哪些具体的项目。但是他觉得自己的机会到了，应该把省院里所有的项目都看过来。我看他跟那些建筑师，一个一个地讨论方案，一张图一张图地改。那时我还是个年轻的学子，印象当中他跟大家谈的问题，绝大部分我是能听懂的，也都是技术问题，比如结构的问题、工程的问题、空间布局的问题、构图的细节问题，等等，都是非常具体的。我从来没看到过他与别人谈论什么大构思，从来没有，只看见他在图上用红笔、蓝笔来改。

伍老总在指导省院的年轻人

少年伍江和爷爷奶奶及父母合影

　　我觉得他不愿意多说、沉默寡言的性格，是跟他整个一生的经历有关。当然，在我们中国建筑事业最好的时候，他得到了最大尊重，却老去了，他也没有精力再做他理想中的事情。直到他去世的前一年，他一直在坚持工作。后来因为得了肺炎，身体一下子衰弱下去，不能去上班了，一直住院，直到去世。祖父的这一生，我觉得可能蛮典型地反映了整个一代知识分子面临的困境，绝不是他一个人，我现在看到的即使在中国比较成功的、也比较出色的老一代建筑师中，仔细想想看，从历史看，他们机会其实也不多，一辈子也没能做几件事，这是整个中国那个时代大的形势使然。

慕　面对各种强大的压力，您祖父这代人始终没有放弃过对理想的追求。尽管时代没有给他们设计作品和著书立说的机遇，但他们依然不放过任何能为国家作贡献的机会。伍老先生在省院和建院（山东建筑工程学院）培训了一大批学子，这也许是他为实现自己理想而选择的另一种方式。

　　｜江　对，是这样的。他把自己定位为一个职业的建筑师，尽管他很少有机会去实现他的人生理想，但是当国家需要的时候，他把青岛事务所关掉，到了济南为政府工作。这个时候，他想到的并不是他自己的机会，自己已经到了中老年了，是不是要留下一些传世之作，不是，而是说济南这个地方，山东这个地方，几乎没有建筑学的人才，他应该去帮助他们办学。

　　他的想法是很简单的。后来我有机会听蔡景彤先生介绍，当年办学时，学校已经开始招生了，发现山东找不到老师。蔡老师说，你祖父一个人把一年级到四年级的课全包了。我到今天也很难想象，从建筑设计到建筑理论，到建筑历史，还有建筑结构，这么多课都包了，他要花费多少心血。我觉得他是想把自己所有知道的专业知识全部传授给青年人，因为他或许根本没有机会去实现他的建筑梦，这些人将来可能会接过他想实现但没有实现的梦想。

　　我记得《建筑师》杂志向中国第一批建筑师约稿，让他们对自己的业绩做一些总结，以使今天的读者有机会了解到早期建筑师的情况。当时，我祖父也收到了这份邀请。我见到了那份邀请函，作为小孩子，盼望着他能写出来，我也可以有光彩。结果，他跟我说，我没做过什么东西，也不值得写，当时他就把信扔了。听说后来编辑部还打电话催过他，问过他，他都拒绝了。他当时跟我解释是，"建筑师的思想要反映在作品里面，没有什么好说的，喜欢说的建筑师不是好建筑师。我自己没有什么机会，也没有什么作品，这一辈子，不是一个成功的建筑师，所以不愿意去写什么东西。"这是当时，他对自己的一个判断。

慕　您祖父对您走上建筑学专业有影响吗？

| 江　"文革"期间，他一直受到各种各样不公平的待遇，在很长很长的时间里，我都没有机会见到我的祖父。等到我长大了，真正有机会见到他时，应该是1972—1973年，我开始"认识"祖父了（笑），当时经常听他讲一些建筑方面的事情，隐隐约约激发了我对建筑学的兴趣。

我从小就喜欢画画，从他这里我也知道建筑其实也是一种艺术，它是通过空间艺术、技术进步把艺术思想体现出来，当然，更多地是要为社会服务。这些认识我是从他那里慢慢地得到一些熏陶。到了考大学的时候，我就会思考，到底什么专业是适合自己学的？我本来有很多兴趣可选，最后还是在假期回家时受祖父影响，选择了建筑学专业。

当时也是很纠结，因为我成绩不错，有选择更好学校的机会。通过祖父了解到，中国最好的建筑学专业在清华、南工[17]、同济，这几家比较强，我家在南京，当然首先想到的是南京工学院。我祖父跟杨廷宝先生早就认识，也咨询了他的意见，当然，也综合了其他很多人的意见。最后，他给我选了同济。他说，"据我所知，同济大学是最开放的，也对许多新的世界潮流最敏感。你到那儿去，可能是最有利于接受一种可能在将来为中国社会更需要的建筑方向。"另一方面，他说，上海比较开放，对于世界、对于西方的多方面比别的地方都要开放，你去了以后，还可以有更多的机会接触外部世界，了解20世纪后半叶中国建筑应该发展的方向。这个背景下，我就很自然地选择了同济大学。（笑）

当然，我到了同济大学以后，也跟很多这里的老师接触，比如像我硕士博士导师罗小未先生，她也是广东人，很早就跟我祖父熟悉了。后来，在学习过程中，我就逐步认识到现代建筑的这样一种传承。从我祖父这一代开始，我的导师罗小未先生，到我自己，一直在追求一种符合中国当代建筑发展、符合世界建筑发展的一种新建筑发展的方向。当时我还年轻，不懂，但随着这几十年职业生涯的历练，在教学、实践中慢慢体会到，当年我祖父对我的期待。他是把自己曾经想要发挥而没有发挥的一种对建筑的贡献，隐隐约约寄希望于我，期待我将来会接过他曾经想追求的这样一种理想。

我记得曾经在大学一年级、二年级时，暑假要去祖父那里学点什么，他就把我放在省院，对他那些同事说，你们不要把他当作我的孙子，就是让他参与，具体地做。我也知道，我一个大学生，不可能就真的能派上用场。但正是这些实习经历，使得我比较早地认识到，一个建筑绝不仅仅是画出来了就造出来了，很多很多工程上的积累和思考，才能把这个房子很好地造起来。我想这也是他对我很大的影响。以至于后来几十年教学，我一直对学生说，建筑作为一个文化产品，的确在精神层面、在艺术层面非常重要，但你千万不要忘掉它是一个工程实践，不是画画，不是在纸上画出来就是一个房子。"你不能把一个房子很好地造起来的话，你就永远不是一个好的建筑师"，这个思想就是从他那里学来的。

我考上研究生是在1984年，那时他还在省院上班。我选的是建筑理论专业，他开始不太理解，他觉得既然学了建筑学，就要做个建筑师，但得知我在罗先生门下，还是很高兴。他还专门来上海，到罗先生家里来拜访，说我把孩子交给你了，希望以后能好好培养他。当然，罗先生对我是非常好的。我后来才理解到，我们学习建筑理论也好，学习建筑历史、建筑设计、建筑技术也好，不管你学什么，其实建筑是一个很完整的东西，它很难说你就是一个建筑师，不进行任何理论思考；或者你是一个理论家，根本不知道建筑是怎么建起来的，这根本是不可能的。

我自己也没有断掉建筑设计，只不过是没做那么多，这些设计多半是在我祖父去世以后做成的，他也没有机会看到了。我的祖父，这一生回忆起来，他的谦虚跟他的个人性格有很大关系，更跟他这一生的经历有关。虽然后来我的工作重心主要是中国近代建筑史研究，却很少有机会看到他的资料。主观上说，作为孙子，我有义务挖掘祖父到底做了什么，但是在这方面，我遇到了很多困难，因为发现他几乎没有留下什么东西。另外一方面，我自己越来越多地体会到，其实我们研究建筑历史，在中国这样一个大的背景下，更多地还是为了推动当代中国建筑的发展。我们改变不了历史，但是我们可以改变未来。我觉得从事建筑工作，特别是我从事建筑教育，自己越来越多的精力花在教学上，也许这才是对我祖父最好的告慰。

杜申：我是这样改的，你可以参照一下

于　杜老，您好，非常感谢接受我们的访谈。通过走访我们了解到，伍子昂先生生前和您无论是工作关系还是私交都甚好，工作上可以说是师徒，同时您又是先生在省院的继任者，应该说对他比较了解。20 世纪 70 年代，您当时二十几岁，作为刚入职的年轻小伙子，有机会让伍先生改图吗？当时的情景还记得吗？

｜杜　我们都尊称伍子昂先生为"伍老总"。在方案阶段，能和伍老总接触的人，一般都得是专业负责人以上的。一开始，我还没资格跟他接触（笑），而是通过主任建筑师把图纸送给他看，后来我提升到主任建筑师，才有机会直接接触他。这就到了 70 年代中后期了。看到我方案的时候，他先不说有什么毛病，他就是看，接着问我是怎么考虑的，让我谈一谈。听完我的想法后，他才发表意见，这个地方应该怎么考虑，应该怎么怎么办。接着，他开始徒手画，速度相当快，相当好，边画边说，"我认为你在这个地方这样比较合适，你认为怎么样？"经过他的指导，我一看，大厅、入口等几个关键部位确实有很大改进。有时候伍老总说的话当时心里还没能领会，但看看他画的图，一对比，就非常佩服。

他的办公室是这样，就是这么大（用手比划），这是写字台，书桌的一头全是书籍，大部分书籍都是外文的。书籍的旁边有一卷硫酸纸，一般是这么粗、这么长，滚动的。他一般给别人指导方案的时候，都是先研究方案，口头讲完以后，铺开纸，拿起笔来，这样画。画完以后，"哗"一撕，说"你拿去，我是这样修改的，你可以参照一下"。

他还经常给我们讲国外先进的建筑理念。比如现在提到的环境设计规划，当时谁懂啊，都是把房子建好就完事了，环境意识很淡，但国外很重视。他就给我们讲，第一得注意环境；第二就是要注意（建筑的）性格，就是设计什么，得是个什么。设计个教学楼就得是教学楼，不能设计成个剧院，建筑性格一定要把握；第三就是设计当中注意整体设计效果，局部与整体的关系要控制住。遇到国外的前沿文章，他就给我们讲，这篇文章中主要说的是什么。他不是上课，不是照本宣科"美国怎么着、法国怎么着"，他就是给大家讲原理有哪些演化、研究方向有哪些，我们要注意汲取人家的哪些地方，对我们很有启发。那个时代，我们水平的提高跟他的现场教学是分不开的。

于　杜老，我们在省院资料室几乎没有找到伍先生的设计作品，这是不是跟当时的工作体制有关系呢？

｜杜　是的，他改图的手稿都被我们拿走了，手稿形成作品后呢，都落实到具体的设计人身上

伍子昂给省院的同事评图

了。我设计的，他修改的，最后只有我的名，没有他的名。伍子昂的作品是找不着的。像他们这一代建筑师，很少有属于个人的建筑作品，当时工作体制就是这样。所以你想找底稿，甚至你想找笔迹，都很难。

济南这些建筑的保留，跟他都分不开。整个省院方案怎么出、怎么进、是否成立，这是伍子昂的选择，与伍子昂分不开的，就是"你拿的方案，我得同意"。伍老总在这方面，虽说是个洋派，但他不崇洋，他对中国建筑业也很推崇。所以山东一些有名的，有保留价值的建筑都在，比如山东师范大学、北洋剧院、人民剧场这些都在，这跟伍子昂的决策分不开。

他早期的作品，是现代主义风格的。济南工业学校有一片教学区，是他搞的，当时算是比较现代的。他指导的建筑很多，但手稿都没有保存。山东体育馆设计的时候，他负责新人指导，设计负责人不是我，是我的好朋友。朋友回来很兴奋地对我说，是伍老总亲自指导他，体育馆设计时应该注意哪些问题。他讲实用、经济、美观的原则，具体到体育馆，实用到哪些地方，功能要满足什么，特别是体育馆内部功能和内在要求，要注意环境和人员疏散，这是个主要问题，怎么样的路口才能衔接，他讲得很到位。建筑空间风格，符合当时建筑风格的潮流。体育馆建成以后，大家评论不错，各部分的处理都很简洁。这和他分不开，他虽然没有具体做方案，但他就在硫酸纸上给你这样改。

于 杜老，您怎么评价伍老总呢？

| 杜 我总结了三点：一是他生活朴实，不搞特殊；二是他非常容易和群众亲近；三是工作中严格要求，但从不吹毛求疵，对人和蔼可亲。伍老总去世后，我跟他的夫人还有他的儿子伍介夫的关系都很好。欧阳师母，我跟她交往比较多，她很照顾我。伍子昂先生去世以后，我每年都会去看望她。

缪启姗：他一直很鼓励我，推着我往前走

于 缪老师，听说您是伍老总的助教，一定有很多交往。

| 缪 当时我刚大学毕业，听说学校来了个老总，让我去当助教，而且还是广东人，同乡。一对话，亲切得不得了，他就把我领到家里去。他老伴就更喜欢我了，因为没有女儿，一见面就拉着我说个没完，生活上交流很多。

我一来就给伍老总当小助教，那时蔡景彤给他提包，我给他拿着杯子。他一讲课，我们就站在后面听。伍老总讲课思路很广，一些老工程技术人员都是这样的，有很多技术方面的经验，讲起来又不像我们年轻教师照本宣科。他思路非常活跃，工程案例信手拈来。他结合当时的工程项目，讲了很多具体的设计方法、手法、技法。他建筑理论的水平也很高，讲到外国建筑的特点时，都是信手拈来。

我讲一下伍老总给我第一个下马威（笑）。有一天，他正给同学们讲着这个怎么设计，怎么想，怎么画。忽见他拿起个粉笔头，在黑板上点了一个圆点，说"这是灭点，所有的线都应该往这个灭点上靠"。接着他又说："那这个灭点怎么来的？这个让缪老师下课以后给你们讲！"（大笑）哎呀，你说我当时刚刚毕业，虽然学过透视原理，但缺少授课经验，一下子能讲清楚吗！当时可把我紧张坏了。回到宿舍以后，赶紧找书复习，绞尽脑汁去想怎么讲。

伍老总真是想方设法培养我。省院有时不是要评方案吗？我记得有一次评一个电影院的方案，他专门叫我去，说电影院你比较熟，因为我毕业设计是搞剧院的。我去了，很紧张，伍老总一直在背后鼓励，

你发言啊，看他们哪里讲得不对，你就说。我居然也就大胆讲了。他一直都很鼓励我，从来不是把我们当做什么也不懂的孩子，都得听他的，而是推着我们往前走。

这些都是很难得的机会，所以我非常感激他。他还很喜欢我画的透视图，专门叫我把他的某一个工程画成图。画完以后，他就挂在办公室里。这些对于一个年轻的助教来讲，是很受鼓舞的。他话不多，就是具体教你做这些事情。对于年轻的我来说，真的是一种促进。

我一直很感激伍老总，他从没有把我当作外人。蔡景彤是他当年另外一个助教，他对伍老很恭敬，经常帮他拿包、扶着他走路。我跟他倒好像有点"肆无忌惮"，比较随便。他和师母都拿我当女儿，而我也把他当父亲那样地对待。

于　那您是他的徒弟。

┃缪　我跟伍老总是师徒的关系，更有点像亲人的关系。我跟师母是特别亲，话题那就更多了。师母是一个文化知识水平非常高的人，她是音乐专业毕业的，钢琴水平很高，按道理说她的水平应该在艺术学院里教授级的人物。为了服从伍老总的工作，她放弃了工作的机会，一心一意，伍老总到哪里，她就跟到哪里。

她英语非常好，看书看电影全是英文的，她唱英文歌，习惯用英语对话，有时我也能听懂几句。有一件事特别令我难忘。她快80岁时一次出国旅游，过海关的时候，发现海关的人对我们中国人很不礼貌、很不尊敬，她就用英语和他们理论了一番，其中两句话，我记得最清楚，"你不尊敬我们中国人，就得不到我们中国人的尊敬。"师母很有正义感，我很尊敬她。

师母也很热情。当时我20多岁，还没有成家，她对我真的就像对女儿。她说你每个礼拜都到我这里来。所以我周末经常去她家蹭饭。她教我怎么煎荷包蛋，怎么做面包、点心、蛋糕。有好吃的，也给我留着。见我就说，你再不来，这些吃的就长毛啦。伍老总过生日，她买了玫瑰花，也给我留了最鲜艳的几朵带回宿舍。伍师母就像我母亲一样。

后来，我有了女儿，再后来，我有了外孙，就经常带着她们去师母家玩，直到她生命的最后几年。因为在2003年我得了腰椎间盘突出，行动不方便，没办法下楼了，所以一直没能去看望她。后来听伍介夫说，师母三天两头问我怎么不来了，是不是把她忘了。到最后，她临终前晚饭的时候还问"缪启姗怎么还不来看我？"当天晚上，她就去世了。后来，伍介夫告诉我这事儿，我眼泪一下子就出来了。

山东建筑大学"建筑学教学计划草案"

伍子昂负责设计原理的教学

蔡景彤：他成就了我，也成就了我一生美好的姻缘

于　伍老总在山东建筑学院创办过程中，投入很多，您是亲历者。

| 蔡　伍老总主要带的是几个年级建筑设计课。7 个连续的建筑设计，贯穿 7 个学期，最后一个是毕业设计，都是他来指导。他来讲课的时候，是不备课的。他跟我讲，你学建筑的，要有本事站在那个地方，根据具体课题讲上两三个小时，而不是局限在课本上那一点知识性的东西照本宣科。他勉励我说，你要好好深入下去。他上课之前，我观察他都有一个提纲、几条，很清晰，然后就着这几点展开，面很广。

他给五九级上了一段时间课。了解了学生的情况后他告诉我，这个班我该怎么教，这个同学某某，那个同学某某，他们的情况是怎么样。对建筑教育事业，他真的是尽心尽力。他会仔细分析 631 班，以及班上的每一位同学的特点，这就是所谓的因材施教吧。

伍总做事不求任何回报。当时他已经是省院的总工，到我们学校来上课却不拿一分钱报酬。学校也只是在过年春节的时候送上一份礼物（一般都是我送去的），略表谢意。而且他来这里教课，都是自己蹬自行车来。我们学校当时有过一辆破烂不堪的吉普车，这车能用的时候，接过他一次，后来这车动不了，他就自己蹬自行车过来。从他当时的行政职务来讲，应该是副厅级的，因为建委主任是正厅级，算下来他该是副厅级的待遇，可以叫车接送，可他从来没有叫过。当时他大概也 60 岁了吧，从省院到我们学校距离很远，来一趟不容易，但他就这样自己骑车来。

他每次讲课内容不多，我都一字一句记录。但现在找不到了，因为"文革"的时候，工作组让我交出来，后来就再没有交还给我。虽然讲的内容不多，但都是最核心的问题和观念。课下我就跟缪启姗先好好消化，自己理解了，再辅导学生。

他说这班学生不能够照本宣科，这种教法不可行，因为班上学生大部分都是农村出来的，开门就是院子，什么叫楼梯，什么叫单元，都没有见过，可能连名称都不知道，按这样的教学，这批孩子能培养出什么？他说不能这样，他们出去顶不住。他就提出要改革教学。这个现在可以讲出来，但在当时并没有通过教务处批准（笑）。他说要先打好基础，让学生先定一个务实的目标，咱们的学生到了建筑设计院，首先是画图，其次是图上面的仿宋字，都要过关。那段时间他就要求大家写仿宋字。现在对你们来讲无所谓啦，但这在当时是很重要的。

伍老总说，仿宋字太突出了，仿宋字写不好，一眼就能被看出来。你看那些图纸，名校毕业的有些人设计能力挺强，可是仿宋体就写不好，所以他当时就讲，我们培养这些学生，一定要能够跟名牌学校的学生比肩工作，把别人不重视的基础先扎实，减少同学们的自卑感。我们毕业生会想，虽然自己的学校没有名气，也没什么名教授，但是你画的图我也能画，你写的仿宋字我也能写，我不比你差啊。

另外他常说要加强学生的信心，他说："你在辅导当中要引导同学知道学建筑学是不容易的，要有很高的审美的水平，但是要先打基础，站稳脚跟以后再不断学习，要在实践当中不断学习。"伍老总要我们在辅导学生的时候，引导他们重视基础的东西。他特别跟我交代，画图咱们跟几所老校来比也差不多，鸭嘴笔没多难，只要你用功仔细画，多练一下，四年能练得好。但是仿宋字，他说在省院里面没有见过一个写得好的。他说："这个地方要是攻下来，就能增加同学的信心。我知道你的仿宋字行，你别的东西不说，就讲这个仿宋字，你一定要讲好。"他当时下了命令，仿宋字一定要超过名校。

于　伍老总是如何看待建筑形式的？

| 蔡　伍老总经常讲一些创新思想，但是好多理念在当时他没办法直接讲，就只能放在设计当中来灌输。比方说他在讲这个平面组合时，同学之间搞这样的组合，盖起来时这个建筑造型不好，他改了以后，仍然用那个平面去组合，但是修改后盖起来，这个美感就正常了，他是通过这样的方式来谈美观的。在当时的环境下，不能够直接提建筑美学，不敢讲。因为这是党的建设方针，这个方针也是从国家经济条件来考虑。但是我们搞建筑，哪能不把美观放在这儿，但是我们讲这个美观是审美。

伍子昂在 1954 年 9 月 30 日《青岛日报》发表《把青岛建设得更美丽》。
引自：青岛市档案馆 D004287

他说："不是要你画得多漂亮，而是你盖得多漂亮。""五反"运动[18]的时候搞"大鸣大放"，让他写文章，他写了一篇，大概是对山东的建设提了一些建议，在《大众日报》[19]刊登了。运动中本来准备把伍总打成右派，后来一位副省长出来讲话，说你们把伍子昂打成右派，对山东省有什么好处？你们考虑考虑。结果就变成监管了，没有打成右派。

他是真爱国，真想贡献自己，但是也得先保护自己，所以他才"不爱说话""沉默寡言"。他两个儿子中学成绩都很优秀，小儿子还是山东省实验中学的学生，山东最好的中学，却都没学建筑，一个学水文，一个考到机械学院去学机械了。为什么呢，这是受伍老总政治成分的牵连。有一次他说："你看我两个儿子，我是一心一意要培养人才的，结果连两个儿子都没有办法培养。"那时我还没结婚呢，他就对我说："你将来一定要培养你的儿子。"我说："不行啊，现在反对天才教育，要一视同仁，怎么能光照顾自己儿子。"我那时候多幼稚啊！他继续说："你教儿子啊，要从他生下来了就培养他，引导他，而不是压迫他，慢慢引导他对建筑有兴趣。就看你的智慧，怎么引导他，使他对这个感兴趣，然后让他成才。"伍老总这些话，我是多年以后才真正理解了。

于　您说伍老总成就您的一份姻缘，有什么样的故事？

| 蔡　有一位朱老师，是山东艺术学校教声乐的，她经常到师母家去练习，遇到过我几次。有一次伍老总来上课，上完课，他说："蔡景彤，你师母叫你哪天去家里一趟。"我是经常去伍老总家的，我说："什么事？""她想让你看看对象。"我说："看对象啊，对方是做什么的？"伍老总说："学音乐的。"我当时就想，这件事办不成，学音乐的能看中我这个又老又丑的样儿？不可能。但师母为我费心，又不好意思拒绝。所以我当时去的时候，也没放在心上，胡子也不刮，头也不梳，也没穿一件像样干净的衣服。心想，我就让对方看完直接摆手不就完了嘛。

当时我也不想花时间在谈恋爱上，我教学很忙，确实没有精力管这些东西（笑）。去了以后，被师母骂得很厉害，"你真的是，我好心好意帮你找对象，你怎么穿成这么邋遢的样子？！"

那天伍师母弹钢琴，朱老师唱歌，太动听了。后来，随朱老师来的小姑娘也唱了一首。哎呀，我一听，近距离、没有通过麦克风的真实声音，一下就把我迷住了，但是我也不敢想、真不敢去想这个姑娘会青睐我。朱老师的先生，山东省科学院院长、大专家，当时也是右派。伍师母还有伍老总周日休息的时候经常邀他们两口子到家里小聚。他们四个人也总会叫上我和那位姑娘一起参加。

　　到了快吃饭的时候呢，师母和朱老师说你们都认识了，该一起出去吃饭。伍师母悄悄拉住我问，"你请姑娘吃饭，身上带钱了吗？"我说我这个月没有钱了。然后师母就塞给我钱。这样吃了几次饭，还不行，没有进展（笑）。他们夫妻俩，等伍老总一有空，又约我们去看了几次电影，都是他们夫妇两人陪着我们去的，后来陪了好多次了，就问我"喂，你们两个，有没有谈话？你俩能谈话我们就不用当电灯泡了。电灯泡嘛，就是在这儿挡住了不通气了，你们就不好谈你们的事情啊（笑）"。我说行，以后就我自己约她吧（笑）。多亏伍先生夫妇牵线，处了老半年后，姑娘总算看上我了（笑）。他成就了我，也成就了我一生美好的姻缘。

附

伍子昂先生大事年表

1908 年，出生在广东省台山县（现台山市）冲篓村。

1917 年，随母陈氏（1876—1959）移居香港。在香港读完小学和中学。

1925 年，考入广州岭南大学预科。

1927 年，以优异成绩考入美国哥伦比亚大学，攻读土木工程工科学位。

1928 年，由于数学和美术绘画基础扎实，在校长推荐下转学学制 6 年的建筑学。

1932 年，加入美国大学俱乐部（American University Club of Shanghai）。

1933 年，大学毕业，获得哥伦比亚大学优秀学生金钥匙奖（金钥匙在"文革"期间被抄没，至今下落不明）。

1933 年，回国，没有遵从父命参与广州爱群大厦的营造工作，同年加入上海范文照建筑师事务所。在范文照赴意大利考察期间，被授权主持事务所工作。

1934 年，经范文照、李扬安介绍加入中国建筑师学会。同年，与欧阳爱容结为夫妇。

1935 年 12 月，长子伍介仁出生。

1936 年，加入由留德建筑师奚福泉主持的公利工程师行。

1937 年，在上海沪江大学商学院建筑系、上海之江大学建筑系等多所院校任教。

1939—1946 年，继王华彬之后担任上海沪江大学商学院建筑系主任。

1940 年 12 月，次子伍介夫出生。

1945 年，日本投降，经王华彬（后任建设部总工程师）举荐，赴青岛就任中央信托局伪产验收专员，负责对日伪敌产的房屋评估和验收工作。

1947 年，在青岛创办"伍子昂建筑师事务所"。

1950 年，中国建筑师学会登记会员，中国建筑学会第一至第五届理事。

1955 年，离开青岛到济南工作，担任山东省建设厅建筑设计院（后为山东省建筑设计院）总建筑师、总工程师直至退休。

1957年，"大鸣大放"和反右斗争中，经政协领导反复动员，作过一次发言，因此在其后的政治斗争中，受到牵涉和影响。

1959—1963年，在山东建筑工程学院兼职任教，为山东省建筑设计行业培养了大批人才，是山东省建筑学教育的开创者。

1986年初，退休。

1987年1月22日下午2点44分离世。骨灰存放在英雄山烈士陵园2室027号。

1　省港大罢工，1925年6月19日为了支援上海人民"五卅"反帝爱国运动，广州和香港爆发了规模宏大的省港大罢工，此次罢工由共产党人邓中夏及苏兆征领导，历时1年零4个月，是20世纪80年代以前世界工运史上时间最长的一次大罢工。

2　爱群大厦，于1937年落成开业，位于广东省广州市越秀路沿江西路113号，在1937—1967年作为"广州第一高楼"的地位保持了整整30年。据彭长歆著《现代性 - 地方性——岭南城市与建筑的近代转型》（上海：同济大学出版社，2012年，247-248页），爱群大厦原名香港爱群人寿保险有限公司广州分行爱群大酒店，由毕业于美国密西根大学的建筑师陈荣枝与合作者李炳垣设计，1934年10月1日开始动工兴建，1937年7月落成使用。另据彭长歆教授告知，爱群大厦的营造商是省港德联建筑公司，桩基工程是惠保公司（The Vibro Piling Co. Ltd.）。伍子昂先生的父亲经营的公司是否为其中之一待考。

3　范文照（Robert Fan，1893—1979），1921毕业于美国宾夕法尼亚大学，获建筑学学士学位，1927年开设私人事务所。在上海从事建筑设计工作。1927年开设私人事务所，应邀与上海基督教青年会建筑师李锦沛合作设计了八仙桥青年会大楼（今上海锦江青年会宾馆），并结识了建筑师赵深；同年10月，与庄俊、吕彦直、张光圻、巫振英等发起组织中国建筑师学会。范文照设计事务所，由范文照于1927年自办，从业人员有丁宝训、赵深、谭垣、吴景奇、铁广涛、徐敬直、李惠伯、萧鼎华、张良皋、黄章斌、陈渊若、杨锦麟、赵璧、厉尊谅、张伯伦、林朋等。1933年，学成归来的伍子昂加入范文照事务所，任帮办建筑师，他提倡现代主义思想、现代建筑的主张，这促使范文照逐渐接受新观点，事务所立场也逐渐趋于现代化。

4　据中国建筑师学会年会会议记录记载，1934年3月26日，中国建筑师学会在新亚酒楼召开了1933年度会议，到会会员有董大酉、童寯、陆谦受、奚福泉、赵琛、李锦沛、巫振英、张克斌、吴景奇、哈雄文、罗邦杰、陈植、庄俊、杨锡镠、浦海以及新会员伍子昂，董大酉担任大会主席。

5　傅雷在《傅雷自述》中写道："1944年冬至45年春，我以沦陷期间精神苦闷，乃组织10余友人每半个月集会一次，但无名义无任何形式：事先指定一人作小型专题讲话，在各人家中（地方较大的）轮流举行，略备茶点。参加的有姜椿芳、宋悌芬、周煦良、裘复生、裘劭恒、朱滨生（耳鼻喉科医生，为当时邻居）、雷恒、沈知白、陈西禾、满涛、周梦白、伍子昂等。（周为东吴大学历史教授，裘劭恒介绍；伍子昂为建筑师，当时为邻居，今在青岛）曾记得我谈过中国画，宋悌芬谈过英国诗，周煦良谈过红楼梦，裘复生谈过荧光管原理，雷恒谈过相对论入门，沈知白谈过中国音乐，伍子昂谈过近代建筑等。每次谈话后必对国内外时局交换情况及意见。"与受访人伍介夫的叙述吻合。

6　王华彬（1907—1988），我国著名建筑学家、第三届全国人大代表、中国建筑学会前副理事长、一级建筑师、中国建筑技术发展中心顾问总建筑师。1927年毕业于清华大学工程系，后留学美国欧柏林大学和宾夕法尼亚大学建筑学院。1933年回国，先后任上海沪江大学教授、之江大学建筑学系主任。

7　1958年为了迎接十年大庆，中央决定扩建天安门广场，并在广场两侧修建人民大会堂和中国革命历史博物馆。沿长安街建成了"十大建筑"中的民族文化宫、民族饭店和北京火车站。

8　1949年以后天安门广场和长安街的历次规划和建设活动，其中1964年的改扩建规划设计规模较1959年规模更大，包括天安门广场的扩建和长安街沿线详细规划两大部分。1964年4月11—18日，北京市人民委员会邀请外省市18家单位共45人到京参加长安街规划方案审核讨论会议，山东省建筑设计院总工程师伍子昂、技术员苏邦俊作为山东省代表参会。1964年的长安街规划提供了多达9个方案，汇集全国当时设计力量最强、经验最丰富的人员参与其事，与1954年、1956年和1959年的历次天安门广场规划一脉相承，是新中国规划和建筑思想、艺术的集大成者。这次规划中遵循的"庄严、美丽、现代化"方针，高度概括了建设的目标和精神面貌，得到各界的普遍认可。另外，据汪季琦在《中国建筑学会成立大会情况回忆》一文，中国建筑学会第一次代表大会是于1953年10月23—27日在北京召开，伍子昂作为青岛地区的代表参加，大会通过了会章并进行了选举，选出第一届理事会。理事共27人，他们是：王明之、任震英、朱兆雪、伍子昂、汪季琦、汪定曾、沈勃、周荣鑫、林克明、林徽因、吴良镛、吴华庆、哈雄文、梁思成、徐中、陈植、贾震、张镈、杨廷宝、董大酉、杨锡镠、杨宽麟、赵深、郑炳文、叶仲玙、鲍鼎、阎子亨。这些分散的文献史料与受访人伍介夫的叙述及其对伍子昂这段时期的评价是一致的。

9　这里指王文栋，伍子昂先生在山东建筑工程学院教授的第一届建筑学专业学生。

10　市民公寓，为伍子昂在1934年加入范文照建筑师事务所后的设计作品。

11　伍江《上海百年建筑史》，上海：同济大学出版社，2008年，151页。

12　上海公利营业公司，由杨润玉、顾道生于1925年合办。

13　基泰工程司，由关颂声于1920年创办，之后朱彬加入成为合伙人，于1924年合办（天津、北平、沈阳）基泰工程司，1927年杨廷宝加入，成为第三合伙人，之后杨宽麟、关颂坚相继加入，也成为第四与第五合伙人。代表项目有原（天津）中原百货公司大楼、原（天津）基泰大楼等。

14　之江大学是美国基督教会创办的一所教会学校，所开办的建筑系是中国近代较早的建筑系之一。之江大学土木系创办于1929年，1938年开设建筑课目，1952年全国高校院系调整并入同济大学建筑系。陈植、罗邦杰、王华彬、伍子昂、吴景祥、陈从周、汪定增等著名的建筑大师和学者都曾在之江大学建筑系执教。时任沪江大学建筑系系主任的伍子昂曾在1940年兼职教授透视画课。

15　据中国建筑师学会会议记录，1933年，由中国建筑师学会与沪江大学城中区商学院合办的建筑科，是两年制夜校，主要在从事建筑设计的在职人员中选收学员，教学内容仅限于基本专业知识，以技能考试及格为目的。1937年起，由王华彬担任系主任，主持教学工作十分认真负责。由于这个夜校并非营利性质的，教师们只有一点交通补贴，实际上是义务教课，王华彬还经常自己掏钱贴补系里。抗战爆发后，沪江大学想停办夜校，而一批学生已临近毕业，王华彬亲自筹集经费，使这些学员完成学业。1939年王华彬离任后，伍子昂接任，到1946年停办。据当时《上海沪江大学建筑学科课程设置及学科章程》第五条纳费记录：（甲）每一学期每一学生四元；（乙）每一学期每一学生杂费三元。可见在沪江大学商学院建筑科夜校兼职系主任，从收入上来讲应该是微不足道的。这期间，伍子昂先后在公利营业公司、基泰工程司做建筑师，民国时期建筑师在建筑师事务所自由执业所得的收入一般是"薪金＋分红制"，以基泰为例，刚入职不久的新人月薪即有60银圆，后逐渐升高，最高月薪可达150银圆，年底还有分红。在抗战时期，上海设计市场萧条，业务冷清，收入受到影响，但是从当时的数据来看，建筑师的平均收入仍处于社会中间阶层，收入相对比较丰厚。据此，受访者伍江对于伍子昂这段经历做出"混口饭吃"的推断应该是与事实有出入的。从1939年到1946年，孤岛时期艰难维持办学，应是源于伍子昂对现代建筑教育的执着。

16　沪江大学建筑系，即1933年，由中国建筑师学会与沪江大学城中区商学院合办建筑科（两年制夜大学），这是上海最早的建筑学教育。当时中国建筑师学会庄俊等人与沪江大学商学院商议，创立一个以招生在建筑事务所工作的在职人员为主，以培养能独立工作的建筑师为目的的建筑系。此事交由陈植等策划，并由陈植、黄家骅、哈雄文、王华彬等人制定具体的教学计划与课程安排。1939年起系主任由伍子昂担任，直至1946年停办。先后共有十余届300余人毕业。

17　南京工学院的简称，1952年全国院系调整，以原南京大学工学院为主体，并入复旦大学、交通大学、浙江大学、金陵大学等学校的有关科系，在中央大学本部原址建立南京工学院；1988年5月，学校复更名为东南大学。

18　"五反"运动是1951年底到1952年10月，在私营工商业者中开展的"反行贿、反偷税漏税、反盗骗国家财产、反偷工减料、反盗窃国家经济情报"的斗争的统称。

19　此处应是1954年9月30日伍子昂在《青岛日报》发表的文章，题目是《把青岛建设得更美丽》。

高亦兰教授谈清华大学 20 世纪 50 年代学习苏联时期的教学情况 [1]

受访者简介　**高亦兰**

女，1932 年 3 月生。1952 年毕业于清华大学建筑系，毕业后留校任教。长期从事建筑设计的教学、设计实践和研究工作，为清华大学教授、博士生导师、校长教学顾问。1988—1992 年任清华大学建筑学院建筑系系主任。中国建筑师学会建筑理论与创作委员会委员、全国高等学校建筑学专业教育评估委员会主任委员、国际女建筑师协会会员。曾参加或主持过多项重大设计项目如中国革命历史博物馆、清华大学中央主楼、毛主席纪念堂、燕翔饭店（1989 年获教委系统优秀设计二等奖）等。1993 年获全国优秀教师称号，其教学成果（合作）获 1993 年全国普通高等学校优秀教学成果奖国家级一等奖。

采访者：　钱锋（同济大学）
文稿整理：　钱锋、罗元胜
访谈时间：　2019 年 3 月 23 日、24 日
访谈地点：　电话采访，北京市清华大学高亦兰教授府上
整理情况：　2019 年 11 月 7 日整理，2020 年 1 月 18 日定稿
审阅情况：　经高亦兰教授审阅修改
访谈背景：　随着近期国内几位曾在 20 世纪 50 年代留学苏联学习建筑和城市规划的前辈相继去世，越来越多的建筑历史学者意识到需要抢救这一批学者当年留学的记忆，为研究苏联对中国建筑学科产生的影响搜集史料。从赖德霖教授处得知清华大学刘鸿滨教授（1927—2017）曾经留学苏联，采访者利用在北京出差的机会，采访了他的夫人高亦兰教授，以了解当年清华大学留学苏联老师的情况，以及学习苏联对清华大学建筑学科发展的影响。

高亦兰教授在家中

钱　锋　以下简称钱
高亦兰　以下简称高

2019 年 3 月 23 日晚，电话访谈高亦兰教授

钱　高老师您好，我和您再约一下明天上午对您的访谈，向您请教有关您先生刘鸿滨教授 [2] 当年留学苏联的情况，以及清华其他几位老师留苏的情况。

|**高**　好的。我先给你大致介绍一下吧。我们原来有好几位老师都是留学苏联的，最早的是朱畅中先生 [3]，他是我们老师辈的，毕业于重庆中央大学，现在已经去世了。

我们在 1952 年院系调整后，同时成立了三个专门化：城市规划、工业建筑和民用建筑专门化。其实我们当时大量需要的是民用建筑，可是上级说要重视工业，因为工人阶级领导一切，所以系领导成立了工业建筑设计与工程技术教研组。工业建筑教研组是比较小的一个教研组，负责工业建筑设计和构造。民用建筑教研组负责的范围比较大，包括住宅和各种公共建筑等。学生们毕业设计时分为三个方向：工业、民用、规划。

我的同班同学童林旭 [4]，还有我的爱人刘鸿滨教授分到了工业建筑教研组。刘先生和你们同济的戴复东先生是从贵阳同一所中学毕业的，当时他们都喜欢画画，但不是同届。他 1950 年从北京大学工学院毕业后合并到清华。因为当时重视工业建筑，后来又选拔他们两个人去苏联。童林旭 1955 年去，到 1959 年才正式学完回来，拿了副博士学位。他们的副博士级别挺高的，因为本科学 6 年，副博士再学 4 年，时间挺长的，有人说相当于英美的博士学位。学校给他们定了研究方向，童林旭的是水电站，刘先生的是纺织厂。刘先生是 1956 年去的，学校对他说可以转副博士，让他也写篇论文。他说他不想转。为什么呢？现在我们拿研究生学位，前两年都要先学些基础知识，要 qualify（资格考试）一下，是吧？当时在苏联前两年也要学一些基础课：一个要学政治，一个要学俄文。他们之前在国内的学校里也学过一些俄文，但那还不够。政治课要求用俄文写对列宁的唯物论与经验批判论的认识，是很累的，所以刘先生说他不转了，这样就不用考政治。于是他进修了两年就回来了。他是 1956 年去，1958 年回来的，回来后正好赶上国庆工程。

童林旭 1955 年过去，中间回来过一次探亲，好像是 1957 年，最后在 1959 年回国。他回来之后感觉跟不上时代了。1959 年"反右倾"，1958 年之后又是"大跃进"，又是"大炼钢铁"，他都不大理解，因为苏联那时候还比较稳定。回来后党内觉得他思想有些落后，还给他开过一次批判会。他业务方面学的主要是工业建筑，研究水电站。他在苏联参观，跟导师讨论，主要搞这方面。

我觉得学苏是这样的，那些搞"两弹一星"的科学家肯定是学到一些东西了，但刘先生他们在工业建筑方面学了很久，回来后发现主要根基还是在民用上，所以后来也往民用方面转了。我说的转向主要发生在改革开放以后，那时他们转向了校园规划和科教建筑，等等。

还有一位去苏联进修的老师是汪国瑜先生 [5]，他是我们老师辈的先生。这位老中大（应为重庆大学）毕业的老师建筑素养特别好。那时候我们没有计算机，都是用描图纸（Tracing Paper）来画，他的炭笔画有中国水墨画的基础，好极了，系里好多人都学不来。他的建筑设计也特别好。后来系里说建筑方面应该去个最棒的，结果就派他去了。他去了一年左右就回来了，在国庆工程中发挥了比较大的作用，基本还是靠他的原来的底子，做方案很棒。刘先生回来参与国庆工程也还是靠老底子。他原来画得还可以，但他进了工业建筑教研组，就得全心搞工业建筑了。

还有一个留苏的是我们系里的一位领导，叫李德耀 [6]，原来是我们党支部书记，是地下党转过来的，后来留苏回来后是副书记。她去苏联学的是规划，也是两年就回来了。她回来以后负责我们莫斯科西南区的竞赛，那时我正好教住宅设计，建一班参加了。后来我们系里的党支书是刘小石。他（刘为清华大学营建系四八级学生）毕业时分到另外一个地方当干部，后来又转回系里。

刘先生在工业建筑教研组，开了一门课叫工业建筑设计原理，一直教到改革开放以后。改革开放后我们有很多多层厂房建筑了，刘先生写的纺织厂已经有多层的了。

我们留苏这几位先生，朱畅中先生、汪国瑜先生、李德耀先生，以及刘先生都去世了，就剩童林旭先生，但他现在卧病在床，所以都不能访谈了，很可惜。

2019 年 3 月 24 日，访谈高亦兰教授

钱 非常感谢您昨晚的介绍。能否请您再谈一谈有关留苏的这几位先生的一些细节情况，以及当时学习苏联对清华建筑系的影响？

| 高 我再讲一讲留苏的这几位：第一位是朱畅中先生，他是规划方面的。我们学校的规划系成立得很晚，但很早我们就有规划的专门化。朱畅中先生很早到系里任教，新中国成立初期教过我们。他去苏联的时间比较长，回来时因为已经有规划教研组了，就进了这个教研组。我和他接触比较少，也没听过他的讲座。

其他四位先生中，我知道只有童林旭拿了副博士学位。你们可能想知道他们去苏联学习以后会把什么带回来，就像现在有些老师从美国回来后会介绍一些东西。可实际上刘先生和汪国瑜先生回来后就赶上了国庆工程，都参与在里面，所以回来后没有做过什么报告。不过刘先生写了一本关于纺织厂的论文，很厚，但没有答辩，也没有拿学位。

钱 是什么样的论文呢？

｜高 我现在都找不着了，好像是自己做的，不像是出版的，打印的都是俄文字，硬壳封面。

那本论文以前我还见过，后来不知哪儿去了。刘先生还写过一本教材，《工业建筑设计原理》，可能在这方面发挥了一些作用。童林旭研究水电站，但是后来 1958 年左右我们系和土木系合并了，他被分配到地下（建筑）教研组，那里大都是结构方面的老师，他是作为建筑方面的老师过去的，但后来再分系的时候留在了土木系，最后也是从土木系退休。他爱人原来是我们系的美术老师。

刘鸿滨教授著作《工业建筑设计原理》

谈到这些人的贡献，朱畅中先生是规划方面的，以前的清华建筑系里没有规划，我读大学时只知道高班同学中有几位属于市政组。梁先生特别请他，派朱先生去学习，学了很长的时间。他回来后做规划教研组主任，给组里的老师讲一些苏联的城市设计，有时也介绍一些建筑的情况，因为他待的时间比较长，了解得比较多。梁先生一直很重视规划，在我做学生的时候，梁先生曾经请陈占祥来给我们作城市规划方面的讲座，后来也派了一些老师去苏联学习规划，想加强清华这方面的教学。

还有几件事跟学习苏联有关。当时来了一些苏联专家，前后来了三位，一位叫阿谢普科夫，一位叫伊利索夫，一位叫阿凡琴科；也来了一些俄文的翻译。后来因为这些翻译对于专业不太懂，所以 50 年代初学校又培养了一批我们自己专业的人来学习俄文。

第一位苏联专家阿谢普科夫是搞历史的，讲苏维埃建筑史。这位专家很注重历史和文化，所以当时系里掀起了一阵风，美术教研组给我们介绍了很多苏联的画家，比如谢史金（Ivan I. Shishkin / Ива́н Ива́нович Ши́шкин，1832—1898），列宾（Ilya Yefimovich Repin / Илья Ефимович Репин, 1844—1930）等，当时的专业报告都是这些。

第二位专家是伊利索夫，他偏于构造技术方面的，好像也带一点热工，当时还没有建筑物理这个概念。我听过他几节课。我的爱人刘先生和他是同一个方向的。当时我们系分了历史、美术、大民用、工业建筑与工程技术和规划等教研组。经过院系调整，清华合并了北京大学工学院。北大工学院建筑系的系主任是朱兆雪[7]，他们的人在工程方面比我们强，所以工业建筑与工程技术教研组有好几位老师都是北大来的。刘先生也是北大来的，所以他也在这个教研组，其实他以前很喜欢画画的。

第三位专家阿凡琴科是规划方面的，他的课我没有听过，就不太清楚了。

清华因为在首都，紧跟中央步伐，苏联和我们一建交，蒋南翔当我们的校长，就开始学习苏联，这方面抓得很紧。所以我们学校从 1952 年开始变成六年制，不知道其他学校怎么样。

钱 同济大学是到 1955 年变成六年制的。

｜高 我是 1949 年入学的，学了 3 年就让工科提前毕业，直接参加教学。当时的六年制，前两年是初步，画渲染，还要学古典；到三四年级学建筑设计，其中有工业建筑设计；到四年级后期分专门化：民用、工业和规划；然后五年级的是毕业前设计；六年级的是毕业设计。毕业前设计就分成了三个方向，各有各的任务。

前两年因为很古典，就把建筑初步落到建筑历史教研组，所以我在历史教研组待过一段。我自己上学的时候，梁先生还在提倡新建筑那一套东西。让我们教六年制，我们都没学过，只学过从浅到深、从深到浅的渲染，所以只能一边上课一边自学，备一部分课，上一部分课。那时我们学古典也不知道要学维尼奥拉（Vignola）。当时苏联出了一本书叫《古典建筑形式》。我这个班除了我和童林旭，还有十几个人，有几个是转系来的。陈志华先生从社会系念了两年转过来，还有一位董旭华[8]先生是历史系转过来的。陈志华先生可能学过一些俄文。后来领导叫我们翻译这本书。那时我们年轻教师都得学俄文，要上一个学习班，每天早晨还要抽一点时间学习。那时我们上班挺早的，七点半就要上班，上班的时候先学一段俄文，如果有不懂的地方就向我们系里懂专业的翻译请教。那是我的一位大师姐，毕业后学了俄文，她辅导我们。这本书是我的俄文还比较弱的时候和陈志华先生一起翻译的，由中国建筑工业出版社出版。我翻译了前面一小段有关柱式的部分。陈先生翻译得比较多，后面大部分都是他翻译的。

陈志华和高亦兰教授翻译苏联著作
《古典建筑形式》

当时我学俄文，也把翻译这本书当成学习的一个内容，不懂的地方请人辅导。陈先生俄文比较好，他不用上这个俄文班。后来我就拿这本书给1954年入学的班级讲课，当时正好翻完了。你们上学时还学古典吗？

钱 学的，但没有这么多。

Ⅰ高 我们当时前两年，第一年学制图和西方古典，第二年偏中国古典。所以学生做设计，做过一个西方古典设计，也做过一个中国古典设计。因为我们在北京，中国传统的东西很多。一二年级是小亭子设计，然后是小住宅设计、中型公共建筑设计、住宅设计，工业建筑设计也在里面。好像学完住宅就慢慢分专门化了。分在民用方向的，就要做大型公共建筑；分在工业建筑方向，要做大型工业建筑；在规划方向的，要做规划。专门化好像就是在"文革"前这一段，之后就没有了。

60年代初期的时候，我们发现民用教研组的任务太重了，初步也并在民用了，因为觉得初步和历史还是不太一样，要画渲染图之类的，就都并给民用教研组了。后来感觉民用教研组特别大，又觉得既然有规划教研组，就把住宅给挪过去吧。我在六几年时还教过住宅，之后才转过去。当时我们还写过一本住宅教材，是张守仪[9]先生、李德耀先生、何重义先生和我合编的《城市型住宅》，那时住宅设计归民用教研组教。张守仪先生做过民用建筑的教研组主任，后来是胡允敬先生，都是老中大的一批。改革开放以后，明确了住宅设计归规划教研组。

原来的工业建筑教研组老师们觉得总是设计工业建筑也没什么意思，后来就改成"科教建筑"的题目了，研究实验室、教学楼之类建筑。之后他们又搞了校园规划。成立建筑学院以后，就改为研究所了。成立了民用一、民用二、民用三这三个所，最后又合并成一个所。之后有建筑、历史、美术、规划等几个所。

钱 学院是什么时候成立的？

Ⅰ高 1988年。之前"文革"结束后刚刚恢复教学时，大家觉得六年制太长了，说我们改五年制吧。那时好像别的学校都是四年制。从那时起教学也改了，不再学习古典了。

1952—1955 年左右入学的学生，美术课都很重，素描一年，水彩一年。实习也学苏联，有测绘实习、参观实习、工地实习、工长实习等，好多内容。我们教了古典以后就带测绘实习。那时候凭一封介绍信，学生们就都能进颐和园，也不用买票，拿皮尺等工具把一座座房子都给测了。

后来的工地实习，学生们要到工地去学习砌砖。那时苏联的一套规矩比较刻板，他们有"施工组织设计"这门课，还有工长实习。这些内容很多，一下子 6 年就填满了。对于这批学生，我觉得他们美术比较好，所以现在他们一到校庆回来，总是送给我很多自己出的画册。

钱 那六年制应该算是延续到"文革"结束？

| 高 理论上"文革"前进来的这些人有些都没有念完，但是还算都是六年制，后来搞"文化大革命"了，搞得很乱。1964 年入学的应该是 1970 年毕业，我们把这个班叫作"零"字班。1965 年入学是最后一班，就是张复合老师那一班，他们好像是五年制，也是 1970 年毕业，我们就叫他们"零零班"。1966 年"文化大革命"，之后应该就没有学生了。

"文革"以后，我们的教学体系又改了。初步课程以前要画古典的"大构图"。把一个柱式放在前面，整体放在一个框里，我们那时都没学过，都是边学边教。改革开放后，我们觉得思想不一样了，体系就改了。实际上我们在 60 年代的时候，已经开始看英文书，而不太看俄文书了，因为看俄文书很累。可是那时候还有些任务，比如莫斯科西南区规划设计竞赛，李德耀当时回来带着学生做这个设计。那时还看点俄文书，60 年代中期主要就是看英文书了。觉得英文得捡起来，不然会忘了。

1978 年我们系开始招生。有的系 1977 年就开始招了，所以也有其他系的学生在 1978 年转到我们系。

1978 年入学的学生学 5 年，1983 年毕业。1978 年后过了一两年可以招硕士研究生了。我们当时招的研究生有的是"文革"前毕业的，工作了很多年，个别过来。还有的是其他学校的，比如南京工学院的艾志刚（后任教深圳大学，是汪坦先生的论文博士，论文关于超高层建筑设计），浙江大学的毛其智等。他们四年制毕业，我们这边五年制还没毕业呢。他们这个研究生班一共有 5 个人。

受苏联的影响，"文革"之前我们的初步课程比较古典，改革开放以后就不学这套纯古典了，开始兴构成，我们又请工艺美院的老师来教课。慢慢地各个学校的教学可能也就差不多了。学科专业指导委员会也会定期碰头，学哪些内容，不学哪些内容，慢慢就趋于一致了。

几位去苏联进修的除童林旭是副博士，其他好几位都没转。土木系也有很多去苏联的，他们转的比较多，他们大概觉得有学位比较好。

钱 当时他们怎么转读副博士呢？

| 高 他们本来是进修，出去之后，可以办一个手续，申请转读副博士。我记得汪国瑜先生出去一年就回来了，参加了国庆工程，他画的画特别棒。刘老师也喜欢画画，这是他画的画。俄罗斯的谢史金是画油画的。刘老师退休之后也开始画画，他从图书馆借来谢史金的画，用水粉（因为是不透明的）去模仿。

刘鸿滨教授绘制水粉画

钱 那几位去苏联的老师是不是学到了工业建筑方面的一些内容，把它们带回了国内？

高 我觉得他们回来发挥的作用比较有限，因为童林旭回来后主要参加工业建筑设计的教学，后来他在另一个教研组，我和他接触不太多。我爱人刘先生回来后就搞国庆工程了，恢复教学后他又继续教工业建筑设计的课。他当时有一些这方面的资料，但没给我们老师做过有关讲座。他的一些学生后来分配到几机部带有工业性质的设计院去了，后来他们成立了一个工业建筑专业学术委员会，开了好几届会议，90 年代就有了。有一位费麟同志，他经常叫刘先生去开会，因为刘先生是他的老师。

后来刘先生退休后不教课了，他的课就转给我们学院的邓雪娴老师，她的丈夫是栗德祥[10]。她是（从）纺织设计院来的，现在也退休了。

刘先生后来还开了一门课，给全校开了一门叫"工业建筑"的选修课程。清华是以工科为主的，全校有好多院系毕业生要去工业部门，他们有些人也想知道工业建筑是怎么回事。

钱 这大概是在哪一年？

高 大概是在 90 年代吧。

钱 那他从苏联学习回来后 50 — 60 年代讲过什么课？

高 就是讲工业建筑设计原理，同时也教工业建筑设计。我那个时期被调去设计清华大学主楼，不太清楚他们的教学情况，他们的设计教学题目是什么我也不太记得。"文革"以前可能还是多层厂房一类的。

钱 是既上课也要做设计吗？

高 对，要上课，也要做设计，叫工业建筑设计。学生在三四年级的时候就要做一个工业建筑的设计，到了专门化以后也有工业建筑设计方向。

当时工业建筑设计教研组、规划教研组（朱畅中和李德耀先生）都有去苏联的，我们民用教研组的较少，不过当时看书还是都看苏联的。当时有苏联的 CCCP 杂志（*Архитектура СССР, USSR Architecture*，《苏联建筑》），这份杂志我们看了很多年了，后来又做莫斯科西南区设计。"文革"前我最后教的设计一个是住宅设计，一个是旅馆设计，我记得教旅馆设计的时候看的都是英文书了。

钱 这大概是什么时候？

高 这大概是在六五届四年级的时候，应该是 1963 年左右。后来我被调到设计室去了，搞教学主楼设计。到 1966 年主楼竣工，我一直在设计室。60 年代时政治形势对建筑影响很深，主楼的方案改过多次，1959 年还有过一个这样的方案，带有一个塔楼，是受苏联的影响。我写过一篇文章《30 年后的回顾》[11]，介绍了这些经过。

梁思成先生在 40 年代末的时候很追求现代主义，这个我给你讲过，后来学习苏联以后，他去莫斯科参观，觉得"社会主义内容，民族形式"也挺好，就把斯大林那套也搬来了。他写了相关的文章，所以当时盖了很多有大屋顶的房子。后来又要批判梁先生，成立了一个写作班子，在（颐和园）畅观堂组织写作。但之后文章没有发表，中央考虑到不要形成"二胡二梁"（二胡好像是胡风、胡适，二梁好像是梁漱溟、梁思成）的局面，就压着没发表。梁先生这件事就在我们政治学习时提了一下，说不要搞复古主义。

六〇届毕业设计：大型水电站设计方案　　　　　　清华主楼带有塔楼的方案

我记得有一次，好像是要把天安门前的两个小型古建筑（三座门）给拆了，我们一些年轻教师不同意，这就被认为是不肯跟党一块儿走了。一天把我们党员都叫到彭真那儿去。那时我刚入党，很年轻，当时所有党员都很年轻。那天晚上突然开来一部车把我们党员都拉去了，好像是觉得我们不太听党的话，说"你们到底是信蒋南翔的党还是信蒋介石的党？"当时清华的黄报青[12]同志好像辩了几句话，但后来他也没再说什么。

钱　苏联专家是什么时候走的？

| **高**　他们来的时间也不长。待个一年或者半年，来时讲了一些课，然后就走了。阿谢普科夫大概1952年就来了，伊利索夫好像来得晚一些，阿凡琴科更晚，大都是1958年前来的。

钱　他们上设计课吗？

| **高**　他们没上设计课，主要是给我们教师讲课，我印象他们没怎么给学生讲课。阿谢普科夫主要是讲历史，但他参加过教师会，评论学生的设计图。伊利索夫讲的是构造，带点热工，不知道是不是和我们后来的建筑物理有点关系，我们后来建筑物理分了声、光、热，在工程技术教研组里有这些分支。土木系当时也来了很多苏联专家，他们那边主要是施工专家。我们这儿有一个老师程应铨[13]，外文非常好，会好几国的文字，他看了很多俄罗斯的书，他也是规划方向的。

你要了解这方面我可以问问朱自煊，他93岁了，我认识的人有好多都去世了。我的老师那一辈是老中大的，包括张守仪先生，北（大）工（学院）合并过来的。王炜钰先生也是北工过来的，师从沈理源先生，所以她的古典还挺好。北工来的在朱兆雪的影响下，有的老师自己都会算结构。

这还引起了我的一个历史问题，当时全国说工学院3年就毕业，我是1949年入校。到发文凭的时候发现我们建筑系的几个人，学了木工等，但没学钢筋混凝土。当时教育部说你们专业课没学能毕业吗？就把我们的文凭压着没发，北工来的都发了。还有一位物理系转系来的，他们比较早就学了这些课，他们的学分够了。教育部觉得我们这方面好像学少了一些，所以我们有几个就压着没发。可那时又需要有人来上课，吴良镛先生主持系里的工作，我们也就一块儿跟着备课了，我们缺的课也没补。到了1953年的时候，全国已经没有我们这样的人了，后来给我们发了1953年四年制的文凭，其实我们只念了3年。

童林旭回来以后一直在工业建筑教研组，去过密云水库。

钱　您说过他后来到了土木那边。

｜高　那是1958年建筑和土木合系了以后。开始我们教研组还没变，我们合系一直到1978年才分开，"文革"中就变成工宣队领导了，把教师们分成不同的小组去到不同的点，"开门办学"，这样教师们就被打乱了。"文革"结束工宣队撤走了，说恢复原来的教学组吧，这时候人员就可以重新考虑了。我当时没有回民用教研组，1978—1983年我调到了设计室，1983年我调回去。这时已经分系了，我当了建筑系副主任，李道增是系主任。后来1988年成立建筑学院，我就当了建筑系的系主任。我比较偏教学方面，管理整个本科教学。

我是上海中学考到清华来的，李道增也是上海中学毕业的，比我高两届，他是转系过来的。我在上海的时候，中学里有两个老师老是说清华，所以我后来就考了清华。我一考进清华，不久就举行了开国大典。

钱　可否请您再讲讲李德耀和刘小石的情况？

｜高　李德耀当时是地下党，我刚来的时候跟她住一个宿舍，她很自然就是领导。她也留过苏，去了以后两年可以回来一次，回来后她就没走，所以莫斯科西南区竞赛她负责了。她回来以后还属于大民用教研组。原来她和刘小石都是地下党。1952年刘小石调走了，她就是系秘书，梁先生是系主任。

刘小石刚毕业时，分配到一个外面的大专学校，后来那个大专并到了我们学校。我们在1952年时招过一批本科，也招过一批两年制的大专，除了我们的大专之外，外面的那个大专也并进来了。所以刘小石就转进来了，并做了支部书记，李德耀从苏联回来后就做了副书记。这批大专的学生我们也留了两位老师，一位是周逸湖老师，一位是宋泽芳老师。吴先生觉得他们学得太少，就派他们到同济去进修了两年。

其实当时清华录取的大专和六年制的学生水平都是一样高的，当时跟这些学生说，国家有这个需要，你们要报大专。后来派留苏的时候，大专里有几个学生被选派，作为大学生去留苏，不是教师去留苏，我记得有一个学生叫来增祥[14]。

钱　来增祥后来是同济的老师。

｜高　你可以问问他的情况。包括土木系也有一个本科留苏的，后来做了院士。

钱　好的，我再去问一问来增祥老师，非常感谢您。

2010年前后清华建筑系教师合影。左起：高亦兰、刘小石、关肇邺、童林旭、傅尚媛、刘鸿滨

1　本文由国家自然科学基金资助（项目批准号：51778425）。

2　刘鸿滨（1927—2017），贵州贵阳人。1950年毕业于北京大学工学院建筑系并留校任教，1951—1952年在哈尔滨工业大学就读研究生，1952年入清华大学建筑系任教，1956—1958年赴苏联莫斯科建筑学院进修，1986年曾赴日参加亚洲地区文教设施国际会议；中国建筑学会会员，国际建筑师协会教育与文化建筑工作组成员。长期从事工业建筑、大学校园规划和科学文化建筑的教学、设计及科研；参与或主持设计的建筑作品有：清华大学绵阳分校校园规划与教学主楼设计，山东大学校园改扩建总体规划与校行政、教学楼设计，西南交通大学新建园总体规划（获设计竞赛二等奖）；著作有《科教建筑》《国外建筑实例图集》《工业建筑设计原理》等。

3　朱畅中（1921.6.19—1998.3.8），出生于浙江杭州。1941—1945年在重庆中央大学建筑系学习，成绩优异，毕业时获"中国营造学社桂宰奖学金"第一名；1945—1947年任武汉区域规划委员会技术员、湖北省建筑工程处工程师、南京都市计划委员会设计室工程师；1947年受聘到清华大学建筑系任教，协助梁思成先生创办清华大学建筑系；1952—1957年留学于莫斯科建筑学院城市规划系，获副博士学位；1957年学成归国后，继续在清华大学任教，历任清华大学建筑系副教授、城市规划教研组主任及清华大学建筑学院教授。中国城市规划学会资深会员、中国城市规划学会风景环境规划学术委员会主任委员、建设部风景名胜专家顾问；1985年，受清华大学委派，兼任烟台大学建筑系第一届系主任。1950年，清华大学建筑系参加中华人民共和国国徽设计竞赛中奖获选，是国徽设计小组的主要成员之一；1980年开始，主持黄山风景区总体规划；1992年在"风景环境与建筑学术讨论"中，组织起草并正式制定了《国家风景名胜区宣言》，成为保护风景名胜区的重要文献。

4　童林旭，童寯二弟童荫之子。1952年毕业于清华大学建筑系，1959年毕业于苏联莫斯科建筑学院研究生部，获建筑学副博士学位；回国后在清华大学建筑系、土木系任教；从1970年起，从事地下空间与地下建筑的教学、科研和规划设计工作，并到过许多国家进行考察和学术交流；1986年在日本工作期间曾受聘为日本早稻田大学理工学部客座教授；主持和参与多项地下空间方面的研究工作，其中有3项获部、省级奖。在国内外学术刊物和学术会议上发表论文80余篇；1990年因参与多项国家标准和规范的制定及审定工作，获建设部全国工程建设标准与定额先进工作者称号；1992年因对高校教育事业作出突出贡献，获国务院颁发的政府特殊津贴证书；曾任中国岩石力学与工程学会地下空间与工程分会副理事长，中国勘察设计协会地下空间分会常务理事，美国地下工程协会（AUA）荣誉会员。

5　汪国瑜（1919—2010），1945年毕业于重庆大学建筑系，1947年应梁思成先生聘，执教于清华大学建筑系，1957年曾赴苏联考察访问，对宽银幕电影院进行了专题研究；是中华人民共和国国徽的设计者之一，着重于对大型公共建筑及民间建筑进行研究，参与国家剧院、中国美术馆、石家庄火车站、人大常委办公室、民族大厦等公共建筑的设计；1956年参加"杭州华侨饭店"设计竞赛获一等奖；1981年设计了黄山云谷山庄。曾多次举办个人画展，出版了《建筑——人类生息的环境艺术》《建筑绘画刍议》《半窗画教》等著作，1994年出版《汪国瑜文集》，2011年出版的《清华记忆：清华大学老校友口述历史》中收录了《意匠探微——汪国瑜口述》篇。

6　李德耀，1931年生。1948年进入清华大学营建系三年级，同年加入中国共产党，一方面学习专业，一方面从事政治工作。1951年在读期间曾担任"清华、北大、燕京三校调整建设委员会"基建工程方面的领导工作，当时周卜颐先生在委员会中任设计处处长，张守仪先生参加了住宅设计。1952年清华大学成立建筑系时，担任第一任支部书记。1956年留苏学习城市规划，1958年回国，苏联举办莫斯科西南区九号居住街坊规划设计国际竞赛，清华大学、同济大学和北京工业建筑设计院联合组成一个规划设计小组参赛，她负责带领清华大学学生参与了竞赛工作，最后中国参赛方案荣获二等奖。1959年秋，因丈夫周维垣被定为"反党分子"（周维垣与其同年进入清华并入党，学习水利专业，后为清华党委主要干部）受到一定牵连。20世纪50年代后期，参加了《城市型住宅》（北京：清华大学出版社，1963年）一书的撰写，介绍了苏联工业化标准化住宅建设体系的特点。"文革"之后全力投入住宅的教学和研究工作，注重社会问题和社会效益，其对住宅问题的诸多见解来自对苏联该领域状况的熟识与思考。参见：曾昭奋《各具特色的学术研究》，《读书》，2007年，第5期，http://dushu.qiuzao.com/d/dushu/dush2007/dush20070514-1.html。

7　朱兆雪（1900／1894？—1965），江苏常熟人。上海震旦大学肄业，1923年获（法）巴黎大学理科数理硕士学位，后赴（比）国立岗城大学皇家工程师研究院学习，获水陆建筑工程师文凭。1926年回国，曾任京汉铁路工务处工程师、奉天宝利公司建筑工程师、国立北平大学艺术学院建筑系讲师及教授等职。1938年后任北京大学工学院建筑工程系主任。1949年任北京市公营建筑公司经理兼总工程师，北京市建筑设计院及北京市规划局主任、总工程师，北京工业大学教授、校长。还曾任中国建筑学会第一（1953.10）、二（1957.2）、三（1961.12）届常务理事，第一、二届全国人大代表，1953—1962年任《建筑学报》第一、二届编委会副主任委员。

8　董旭华，1949 年考入清华大学营建系，1956 年毕业，获硕士学位，论文题目《综合医院设计——建筑组合分析及定型设计试作》（导师：周卜颐）。"文革"中被判为现行反革命，并判刑 10 年。1984 年 12 月参加组建苏州城市建设学院。

9　张守仪，女，1922 年出生，河北丰润人。1944 年毕业于中央大学建筑工程系，1949 年获（美）伊利诺伊大学硕士学位。1952 后任教于清华大学建筑系，并曾任清华大学工会副主席，1957 年被打成右派，1959 年被"摘帽"。还曾任中国建筑学会第二（1957 年 2 月）、三（1961 年 12 月）届理事，《住宅科技》编委会委员，中国房地产资源整合中心专家库专家，九三学社社员。编著有《城市型住宅》（北京：清华大学出版社，1963 年）、《中国现代城市住宅：1840—2000》（与吕俊华等合著，北京：清华大学出版社，2005 年）等。

10　栗德祥，清华大学建筑学院教授。

11　高亦兰《30 年后的回顾》，《建筑师》，1995 年 12 月，第 67 期，17-20 页。

12　黄报青（1929—1968.1.18），1947 年入清华大学营建系，1951 年毕业后留校，任土木建筑系副教授，系党支部委员，民用建筑教研室副主任；1959 年国庆工程国家大剧院剧院设计组组长。"文革"开始时不同意中央给原高教部长、清华校长党委书记蒋南翔定性为"反革命修正主义分子""走资派"，为此遭殴打、侮辱和批斗，但他誓死坚持，曾自杀未遂，后精神恍惚，跳楼身亡。著有《二层住宅及街坊设计问题探讨》（与吕俊华合著，《建筑学报》，1958 年，第 4 期）、《中国剧场建筑史话》，《人民日报》，1961 年 12 月 31 日。另参见：曾昭奋《各具特色的学术研究》，《读书》，2007 年，第 5 期，http://dushu.qiuzao.com/d/dushu/dush2007/dush20070514-1.html。

13　程应铨（1919—1968.12.13），江西新建人，林洙前夫。1944 年毕业于中央大学建筑工程系，1947—1968 年任清华大学营建系、土建系讲师，其间于 1949 年担任北平市都市计划委员会委员，1956 年作为中国建筑代表团成员赴苏联、波兰等东欧民主国家考察，1957 年被打成右派，1968 年自沉而死。译作有《城市计划大纲》（即《雅典宪章》，上海：龙门联合书局，1954 年）、《城市规划与道路交通》（上海：龙门联合书局，1951 年）、《苏联城市建设问题》（上海：龙门联合书局，1954 年）、《柏林苏联红军烈士纪念碑》（北京：建筑工程出版社，1954 年）、《城市规划（工业经济基础）：上、下》（北京：高等教育出版社，1955 年，1956 年）。

14　来增祥（1933.12.29—2019.6.21），清华大学建筑系肄业，1960 年毕业于苏联列宁格勒建工学院建筑学专业，获俄罗斯国家资质建筑师。长期从事建筑设计、室内设计的教学工作以及建筑与室内设计的工程实践；为国务院国家津贴专家；中国室内建筑师学会副会长、上海市建筑学会室内外环境设计学术委员会主任、中国建筑装饰协会高级顾问、上海市人民政府建设中心专家组成员等；曾获奖项：上海市重点工程个人立功奖章、上海优秀建筑装饰专业设计一等奖、北京人民大会堂国宴厅装饰设计荣誉证书、北京人民大会堂上海厅装饰设计荣誉证书等。

黄承元教授谈 20 世纪 50 年代留学苏联的经历[1]

受访者
简介

黄承元

女,詹可生妻,1932 年 8 月出生于江苏省镇江市。1950 年江苏省师范高中毕业,离开家乡参加革命工作。后被选拔进入浙江大学铁路建筑专业,该系调整至同济大学。再被选拔留苏,在北京俄文专科学校学俄语一年,1954 年赴苏联,分配在列宁格勒建筑工程学院建筑系学习 6 年,获苏联建筑师文凭。1960 年回国,入同济大学建筑系城市规划教研组任教,"文革"后历任讲师、副教授、教授。曾获华东六省一市村镇规划优秀奖、河南省焦作市规划奖项,发表论文十余篇,内容有关住区规划和环境及社会心理影响等,合著有《城市社会心理学》(上海:同济大学出版社,1988 年),参与翻译校对《苏联城市规划设计手册》(北京:中国建筑工业出版社,1984 年)。还曾任铜陵市城市规划顾问及上海市委社会学学科研究委员。

采访者: 钱锋(同济大学)
文稿整理: 钱锋、罗元胜
访谈时间: 2019 年 4 月 3 日
访谈地点: 上海市同济新村黄承元、詹可生教授府上
整理情况: 2019 年 11 月 10 日整理,2020 年 1 月 18 日定稿
审阅情况: 经黄承元教授审阅修改
访谈背景: 随着近期国内几位曾在 20 世纪 50 年代留学苏联学习建筑和城市规划的前辈相继去世,越来越多的建筑历史学者意识到需要抢救这一批学者当年留学的记忆,为研究苏联对中国建筑学科产生的影响搜集史料。采访者从清华大学建筑学院高亦兰教授处得知同济大学来增祥教授曾经留学苏联后曾希望对他进行访谈,但十分遗憾,当时他已经卧病在床,无法交谈。幸运的是,承来先生家属告知,黄承元和詹可生教授伉俪当年也曾留学苏联并与来先生同学。我们拜见并采访了黄老师,詹老师却因病住院未能参加访谈。

2019 黄承元教授在同济新村
严毅摄

黄承元 以下简称黄
钱　锋 以下简称钱

钱 黄老师您好，您和詹可生老师 [2] 曾经在 20 世纪 50 年代留学苏联，可否请您谈一谈当时的情况？

　黄 我大学读了 8 年，在苏联待了 6 年，前面还有 2 年。本来国家主要是在高中毕业生中抽调留苏生出去，但感觉他们学习比较困难，后来就改从大学一年级学生中抽调。这些学生学过"联共党史"[3]、政治、数学等课程，再去学习就方便多了。我是 1954 年出国，1960 年回来的。

钱 您高中是在哪里读的？后来从什么学校去了苏联？

　黄 我和詹老师简历差不多，他没有高中毕业，1948 年就到解放区去了。那时候我们还不认识。我 1950 年从江苏省镇江师范高中毕业，毕业后参加革命工作，在镇江地区栖霞山搞"土改"，主要做前期的准备工作。我在农村工作了 1 年，后来江苏省苏南行署成立了监察委员会，就把我调到无锡的苏南行署。以前镇江是江苏省省会，无锡好像苏南省省会一样。后来国家搞建设，要培养自己的干部，就从各行各业的年轻人中抽调去读大学。我和詹老师家庭都很苦，是城市贫民。因为出身好，成绩也好，所以就抽到我们了。我在暑假参加了一个培训，经过考试，被分配到浙江大学。我们都属于调干生，都已经入党，而且在一个党支部，所以开始认识。读了 1 年书，国家又要培养留学生，我们又都被抽到，就更熟悉了一些。

钱 这是在哪一年？你们是否经过政审？

　黄 我们进大学的时候是 1952 年，读到 1953 年，经过审查、抽调，就开始做留苏的准备，然后到上海考试，在交通大学考的。

　在浙江大学，詹老师读的专业是工民建，我读的是铁路建筑，当时都是自己填的志愿，我们都喜欢工程建设方向。后来院系调整，他还在浙大，我们铁路专业调到了同济大学。浙大的老师说，（出国）名单马上就要公布了，你肯定会被录取，就别去上海了。于是我在暑假就帮着学校做一些事情。后来都要开学上课了，名单还没公布，我就到同济来了。但没多久就公布了。这时其他人已经大队人马去北京"俄专"——

也就是俄文专科学校的留苏预备班——学俄语了，而我是一个人去的。

原来我们中学学的都是英语，所以要从最基础的字母开始学起。我们在"俄专"学了一年。那时各个地方、各个单位都抽了一些人过去，由苏联老师来教我们。说是一年，实际上还要政治审查，花了很多时间。审查很严格，因为当时很少有人出国，与"地、富、反、坏、右"沾边的以及有海外关系的人都不能去。

我们去苏联是在 1954 年 8 月下旬。当时也是填专业的，要填三个志愿。我首先填了铁路建筑，第三志愿是建筑学。詹老师也是第三个志愿填了建筑学，他第一志愿也是原来的专业，但后来不知道怎么回事，我们都分在了建筑学。他在莫斯科，我在列宁格勒。

黄承元和詹可生 20 世纪 50 年代在苏联

当时国家抽调了大批人员，在我们之前已经去了一部分人，比如延安来的。在我之前的 1953 年去的人也挺多，但再前面一批 1952 年去的人少一些。我们学校有好几十个中国留学生，各专业都有。我这个专业一共有 6 人。清华去了 2 个，其中 1 个是来增祥 [4]。

当时国家选拔的人里面还有一些是工农出身，他们学习比我们更困难，毕竟我们还是学生出身。我们班有些东北去的工农出身的学生，发音发不出，记也记不住。但我们那时候气氛特别好，一定要保证所有的同学都能跟上。我们互相帮助，总是尽量争取都能够出去。

到苏联后我被分到列宁格勒建筑工程学院，詹老师被分到莫斯科建筑学院。我们学校几十个人，基本都是学生出身，学习都很不错。大家学习非常努力，因为知道，国家培养我们一个出国留学生，相当于培养国内好几个大学生的投入，所以我们都很感谢党，感谢毛主席，给了我们这个学习的机会。

我以前特别喜欢学习，但自己家里没有条件。后来上了大学，又留苏，心里好开心。但是学习也有很多困难，因为要过语言关。在苏联学工程比较容易，比如力学、数学这一类，因为我们在中国大学里都学过了，而且一般来说抽去的学生成绩都还比较好。我们班就抽了 2 个人，另一位同学比我年龄小，因为我是调干生，毕竟工作了两三年，在班里年龄大一些。詹老师班就抽了他 1 个。

整体来说我们在那里都非常用功，那时候也年轻，都拼命干。当时也不懂什么叫熬夜，反正每天都要搞到一两点钟才睡觉，早晨八点钟要上课，一天睡不了几个小时，更谈不到休闲了。

在我们所学的课程中，最麻烦的是历史。苏联老师强调潜移默化，培养学生这方面的修养。他们有着深厚的基础，总的来说我们国家在这方面和他们没法比。他们的小孩在很小的时候就被带着去看博物馆、画展，听音乐会，所以他们对画家、建筑师都很熟悉。我们国家因为比较穷，一般人对这方面都不熟悉，所以本身有着一定的差距。

通过外语学历史就更困难。有时老师提到一个人，到底是这幅画的作者呢，还是这幅画中的人物呢，我们都搞不太清楚，一节课下来，笔记也记不完整。后来苏联同学就和我们结对子帮助我们，把他们的笔记借给我们看。我们自己更是字典不离手。

原来我们在国内虽然学了 1 年俄语，但实际上只有 7 个月，其他时间还要搞政治运动。大家俄语都有些困难，所以学习必须特别努力，晚上都要复习白天上的课，听得不完整的地方，一定要从苏联同学那里借笔记抄，不懂再问他们，要完整地理解课程内容，所以总是马不停蹄，没有休息的。

一年级的时候最困难，我们建筑学要学6年，他们打基础就是从看幻灯片学历史开始，从埃及、古希腊建筑讲起。我们这方面底子比较弱，所以很难。但是到了二年级就基本过关了。

做设计要有素描基础，清华来的学生原来就是做设计的，还比较好，但我们都是调干来的，没有这方面的基础，要拼命学才能跟上，有时水彩画和素描还能得到老师的表扬，不过毕竟底子还比较薄。总的来说，苏联的老师都很感动，经常在上课的时候，拿我们中国学生做例子，夸我们用功。因为刚经过"二战"，很多男同胞都阵亡了，上课的有不少是女老师，都很努力。苏联同学好像心理年龄都比较小，有的就像小孩一样，上课还吃糖、玩耍、调皮捣蛋，等等，但他们底子都很好，接受起来比我们快得多。

后来中苏关系恢复了，我们毕业30年，他们请我们过去。我在这以前就收到教育局来的邀请函，他们说是参加短训班，实际上是为了增进友谊，都是苏联人找来的资助。我得到一个名额，就去参加了，到母校看了看。我们班的班长，我们当时都叫他小名"尤拉"（尤拉·斯米洛劳夫），我还这样叫他。他悄悄对我说，快别这样叫我了，我现在是教研室主任了。

我去的时候给老同学带了一些酒和点心，他们马上就倒上酒喝起来了。他们说，你们这些50年代留苏的学生真好，很刻苦。现在那些留学生，都不太行。我去的时候是80年代，还没有到1990年，他们那时还是苏联。

俄罗斯人有个特点，很真诚，很热情，特别是老一辈的人，而年轻人都比较单纯。我们当初那些苏联同学，看上去都很大了，但感觉他们都很小。我们当时在那儿都非常用功，而后来80年代去的一些中国留学生都在那儿做生意，贩卖羽绒服和羊绒衫之类。这方面社会也有些问题，一些羽绒服说是100%羽绒的，其实里面都是硬梗。有些留学生做生意，也卖这些次品、假货，所以给苏联人的印象很不好。这些留学生去了以后基本都是以赚钱为主，每年来回跑。我们当时学习的时候，6年都不回来的，假期就去参观。因为我是学规划的，就到处去看他们的城市。我们只有假期休息，平时都不休息。

钱 您可否再讲一讲当时读书的情况。

┃黄 我们到了二年级之后开始做设计。如果我和苏联同学合住，就可以和她们交往，俄文会提高得快。但我们中国学生很多，住在一个宿舍。大家在一起，要用俄语交流和思考问题是不大可能的。大家都讲中文，这样俄文水平就不如单独和苏联同学住在一起提高得快。不过生活在这个环境里，比如去买东西，碰到的都是俄罗斯人，所以提高得也还不慢。我们越到高年级就越自由，后来生活上基本就没有什么问题了。

列宁格勒到了冬天基本上就像黑夜一样。一到教室，窗帘一拉，老师就开始放幻灯片，潜移默化地熏陶我们，培养我们的修养。比如让我们看一张画，讲的什么内容，为何有名，它在各方面有什么意思，都要我们了解。介绍的内容也包括建筑。我们原来在国内都不懂这些东西，柱式、雕塑等，都是慢慢地受影响。另一方面也是看苏联同学的笔记。我有一个同学，叫丽达（丽达·维勒哈卡略达娃），我和她住一个房间，处得很好。我还保存着一张她送给我的自己与母亲和儿子的合影。后来慢慢学习方面就过关了。特别是我们搞设计，也不需要说太多，老师改图，这些都懂的。到了高年级就很自由了，也可以看看电影，同时提高俄语，了解他们的文化。

钱 您当时学了一些什么课程?

┃黄 我这里有一张当时课程的单子，都列在上面了，好像有三十几门课（见附文）。课程一方面以建筑为主，偏艺术，从概论、历史开始，也有像你们的建筑初步，一年级打基础，学这些课程，让学生对建筑的比例、尺度有初步的认识，然后再画渲染。

黄承元的苏联同学丽达·维勒哈卡略达娃（右下）
和其母亲（左下）及儿子（中）

黄承元（右一）与苏联同学在其设计图前

当时中国学生把毛笔和中国的墨带过去了，他们非常喜欢。我们做的是黑白渲染。再后来测绘一座建筑，他们的典型建筑，再用渲染画出来。他们很注重这方面的培养和训练。

我们中国学生在这方面的基础本来比较薄弱。学工程、给排水、暖通的同学稍微容易一些，我们则比他们多了艺术方面的学习。建筑学要学6年，属于艺术领域，所以建筑系的学生到图书馆、博物馆，凭学生证都可以自由出入，我们也是这样。原来我们对艺术了解得较少，后来慢慢地也就很有兴趣了。平时有空的时候，也会去看画展、展览会，还经常去博物馆。

他们这方面的传统很深厚，也有很多世界著名的作家，我们当时也要读俄文小说，如高尔基的，等等，读了以后到课堂上要念给老师听。有时老师会挑其中的一段，要我们翻译成中文。这方面的训练6年之中基本不停。我们当时也可以选第二外语，但我们都没有选，因为觉得能把俄语学好就不错了。

老师还要我们看很多参考书，关于希腊的、埃及的建筑，等等，每部分都是一大本，很厚，考试会考到。我们看得似懂非懂，都是拼命塞，慢慢地就好多了。到了三四年级就不太费劲了，基本上一看就可以理解。没有事情的时候我们就到冬宫、夏宫去参观，我们可以随便进，到里面去画画，画室内场景。

苏联人把建筑学看得很高。班上有名复员军人，年龄已经很大了，一定要学建筑，要做建筑师，不要做工程师。他考了7次才考上。有些苏联人看我们在画画，知道我们是学建筑的，就竖大拇指。他们都很喜欢艺术。后来我到高年级，也去看一些歌剧之类，增加这方面的知识和修养。

工程方面的课有钢结构、木结构，以及最基础的力学，还有数学、投影几何等。这些课我们学起来不困难。

艺术方面主要是要做设计，从初步开始。起初我们都在一起学习。我们大概两个班，好像一个小班30人左右，两个小班大概60人吧，我们中国人是6个。开始都一起听大课，这个教室跑到那个教室，刚去时我们都搞不清楚教室。我现在有时还会梦到找教室。

实习也有，测量也有，物理，包括光学都有，化学没有，建筑材料这些都学的，一共三十几门课。

四年级我们做了一个工人住宅区，这个设计不分专业方向。来增祥后来是建筑方向，也和我们一起做。到了五年级才分方向，我们五年级时做了办公楼，他们做了医院，医院的功能比我们办公楼要复杂得多。

四年级实习是到工地实习，做工人。我当时主要是砌砖，到斯大林格勒，就是到照片上这位同学家所在的城市。我们当时都住在帐篷里。那时候还没有分专门化，规划的，还有一个搞建筑的，我们3个

黄承元在苏联的成绩单

人在一起，都砌墙。老师不管，交代任务后就走了，我们自己去做。这方面我觉得他们挺放手的，不像中国学生都得"抱着走"，样样管得很周到，就没有独立工作的能力了。

到了五六年级就分方向了，我们着重在规划方面，但名称还是建筑师，是规划专门化方向。我们学校分民用建筑和规划等不同方向。我们6名中国学生，3个人搞规划，3个人搞民用建筑。规划的内容和范围慢慢就大了，有工业区规划，工业区又有工业厂房的要求，然后做了旧城改建，再做整个居住区规划、比较大的新区发展项目。我们的毕业设计是做一个新区，一个实实在在的题目，当然后来不会按照我们的方案来发展，相当于真题假做。要做一套完整的图纸，从大的完整的总体规划，一直做到细部，什么都要有。所以我后来一回国就带毕业设计。回国后的毕业设计一个小组8个人，集体做一套图，比如说你做幼儿园，他做住宅，总的拼起来是一套图。我觉得这太少了，我们当时都是一个人做一套图。我在苏联的毕业设计总体图有我的这扇门这么大。我寒假刚做过盲肠手术，出院不久就趴在图板上画图。大家都很刻苦。

五年级时我被分配到莫斯科规划设计院实习，做了莫斯科西南区的规划。之前他们竞赛已经做过了，不过拿这个题目让我们真题假做。我完成了一套图纸。

苏联学生年龄小，但都很能干。他们那里要下农庄，就像我们国家的"三夏三秋"[5]。他们下农庄我们也需要参加。有一次我们一起在那里挖"地窖"，把土豆之类的藏在里面。我们和苏联同学混在一块儿挖，他们挺会偷懒的，但他们力气很大，一会儿就能挖一个很大的坑。我们忙了半天，只能挖那么一点点。他们就对我们说，好嘞，休息，休息。农庄主任一走，他们马上就不干了，随时画素描，或者躺在那儿晒太阳，脸上找个东西一遮。他们叫我们也这样，我们都老老实实，不习惯这样。我们在那儿一块儿劳动，吃住也在那里。农庄给我们安排了一个大仓库，大家都睡在地板上，每人发一条毯子。这也挺好的，可以接触他们的社会。

他们的课程里，只有一样我们不参加，那就是军训，所以我的成绩单上军训没有成绩，写着"解放"。

我觉得他们的一整套教学计划很完整，很成熟。我们空下来，业余的时候，还要自己画素描，最后要交作业的。他们那里有很多历史建筑，我们要自己出去画。我准备了一本素描本，画了不少内容。

教室我们可以随便去，苏联同学偷懒，都不大去。我经常认认真真在里面画图，画了很多有名的建筑。这也是一种练习，一方面增加对建筑熟悉的程度，另一方面也练习自己的素描。

规划设计方面，我们从组团做到小区，还要做模型。我们当时是到工厂去用木头做模型。后来还做广场的局部，自己用纸板做。毕业设计一学期，要做很多内容，都要独立完成。我们晚上都睡得很晚，但一早都得起来到教室等老师改图。改完图就比较自由了，一些苏联同学就回家了，但我们还接着做。

有时候我们会去图书馆，不一定整天待在教室。毕业的那一年好像不上课，只做设计，偶尔有些讲座。

评图的时候，学生们都出去，由教研室主任，一位老先生为首，后面跟着一大帮老师，一起看图。苏联同学画得比我们好，树、水、风景都画得很活泼，但是设计没有什么内容，有时候老先生不喜欢，在上面打个叉，有的给3分，有的只给2分。得2分的苏联同学都哭了，因为不及格需要重做。我们中国学生都很踏实，一是一，二是二，平面图很实在，所以我们的设计基本上都在4分左右，好一点得4+，得个5-就很不容易了，得5分的人很少，通常最好就是5-。

我难得得了个5-，基本上都是4+，这就很不错了。素描，像我这个水平，通常在4分，有时候4+。苏联学生不大卖力，但他们底子好。他们比不过我们中国学生的，中国学生的成绩都在他们前面。但话说回来，我们有点死啃书本的感觉。总的来说，我们比较务实，他们比较浪漫。

在苏联的6年，我觉得是我这一生中最开心的时候，倒不是因为生活得好，当然比国内那个时候要好多了，主要是学了很多东西，见了很多世面。

当时很有趣，我们去的时候都有些"老土"，虽然都是从大城市过去的。他们是典型的欧洲城市，到处都是雕塑、山花墙，上面雕刻了一组组的故事，教堂也特别多。那些雕塑都是裸体的，我们刚去时，带我们去参观，我们都有些不大好意思，从来没有见过这些。后来逐渐我们就习惯了，还要画裸体人像，不画人像是学不到东西的。苏联人对来的模特很尊重，冬天（那时候条件也有限）就用取暖器给他们烘着，画的时候，他们把外套脱掉，休息的时候就拿大衣一裹。后来大家都很习惯了。苏联人顽皮归顽皮，但他们很正派，画画也很认真，这个气氛是不一样的。

他们那里，系主任主要管行政，重要的是教研室主任，是学术方面的权威。我们当时设计教研室主任好像叫维特玛（ВИГИА），大家都很尊重他。教我们初步的是有名的地铁建筑设计师，这些人都很文明、很文雅，非常有礼貌，我觉得我们国家开放了这么久，也没学到这些，欧洲人和我们亚洲人这一点是不一样的。

钱 你们在那儿的生活是怎样的？

Ⅰ黄 我们在那儿也闹了一些笑话。他们有一种植物油，方方的，像肥皂一样。我们刚去，有些老同学带我们去买东西，告诉我们想买什么如果不会说，就指着买。有个同学想买肥皂，结果买回来一块植物油，洗了都是油。不过慢慢地，大家生活上就都没有问题了，都很熟悉，也能一个人出去坐公交，很自由了。

我们应该看到苏联人有很多优点，要学习他们的长处。我觉得在为人处事方面，他们都很文明。就从他们的"醉鬼"来说吧，这最能反映他们的真实情况。他们喝"伏特加"很厉害，到青年联欢节的时候，喝醉的人会被管起来，不让出来。所以莫斯科1957年青年节时，醉鬼一个都看不到。苏联冬天很冷，半年都是雪。他们有时候喝醉了，外面都是雪，出门风一吹，就倒在地上了。但他们从来不打人，只会自己唱歌，一大玻璃杯的酒就这么一口气能喝完。

那里的冬天非常冷，我们出门都要围个头巾，在国内一般都不围的。一出去就冻得很厉害，还得穿裙子。他们女性都穿裙子而不是长裤，这样才算文明。我们自己在国内买了到膝盖的棉毛裤，下面穿个长袜子，但还是冷得不得了，腿都发麻发木。平时在学校，我们宿舍在离学校不远的地方，还好到了室内就暖和了。一件厚大衣，公家发的，套在外面，里面只要穿一件羊毛衫，一条裙子就可以了。

但我们中国人在那里是有活动的，如有时候要去加里林工学院听报告，传达国内的思想。这个学院很远，坐电车晃晃悠悠过去要很长时间，人坐在里面都冻麻木了。没办法，慢慢地锻炼吧。我们在那里还要穿高跟鞋，平时在国内都不大穿高跟鞋的，地下又冻得硬邦邦的，一滑就要摔跤，经常摔的。不过也没关系，摔不坏，穿得很多，又年轻，没什么问题的。后来习惯了，也就无所谓了。

他们寒暑假有公费去休养所休养的机会，中国人也能轮到，有一个同学去过。在那儿很舒服，住的地方很好，周围都是树林。他们在那里没什么事情，就看小说、画素描或者水彩画。

我就喜欢去旅游，我们中国人自己组织了各种旅游活动，到各个城市去。我去过列宁格勒一个11世纪的古城，在里面看一个一个教堂，都是些很旧很古老的建筑，有些建筑墙上的石灰都没有了，我主要看它的壁画和天顶画。我到过不少地方，沿着伏尔加河走，乌克兰、索契都去过，都是寒暑假去的，但高加索没有去。

我们当时很团结，都是一心为了祖国而奋斗。1957年毛主席到莫斯科接见留学生，我没有去，詹老师去了。他们当时在莫斯科，活动非常神秘。那时候，中苏关系很微妙。我们1960年回来的时候，中苏关系已经不好了，一些苏联专家已经撤了回去，帮助我们156项高精尖技术的人员也都撤走了。

我们这一生经历很丰富，从小日本人打过来，抗日战争逃难，后来在沦陷区也待过，解放战争也经历过，詹老师还渡江了。解放初期经历过各种运动，那时候很左的，人基本上都没有自己，都是"大我"，强调国家概念，党叫干啥就干啥，基本上每个人都是一颗螺丝钉。以前我入团的时候，还说我是个人英雄主义。"文化大革命"初期，我一个人住在一个土地庙，接受锻炼，其实心里很怕，但想着要"克服我的小资产阶级心理思想"，一定要锻炼自己。斗地主的时候说我是"小资产阶级情调""温情主义"，一定要我提高斗争性。像我们这些苏联回来的都是"苏修分子"，还好没有说我们是特务，因为我们两个人背景上都没有什么问题。

同济在历史上比较倾向德国，不太喜欢苏联，认为苏联的建筑都是对称、方方正正的，其实也并不是这样。过去的建筑是这样，我们在的时候已经是自由式了，小区、卫星城、组团式，各种各样都有。在苏联，因为纬度高的关系，建筑不太强调朝向。中国的建筑都要坐北朝南，东西向的不好，他们没有关系，所以我们同济新村的"村"字楼是四个方向都有的，那是在苏联专家指导下做的。

我的毕业设计是一位苏联专家指导的，他到过清华。

钱 他叫什么？

| **黄** 他叫阿凡琴科（Афеченко），毕业设计指导我。我和他女儿关系很好。还有一位专家是克涅亚席夫（Клязев），他来过同济，当时和罗小未、翁致祥[6]先生都很熟。翁致祥俄语也很好，他没有出过国。

我们回来的时候是1960年，正好中苏关系不好，搞"九篇文章"[7]，反对苏修。其实我们在苏联一毕业就是建筑师，但回国后不被承认，要从助教做起，而且我们都是调干，应该说不需要有实习期，但给我们都安排了实习期。不过我们当时都想着做党的螺丝钉，所以从来都不说什么，都是心甘情愿的。

钱 当时在中国流行过"社会主义内容，民族形式"思想和大屋顶建筑，不知道在苏联做设计有什么特点？

苏联老师阿凡琴科（Афеченко）

｜黄 那时候苏联都是各式各样的建筑，很自由了，像工人住宅这些。我们 1960 年回来的时候已经有很多很新的建筑了，他们也有老的建筑，比如大剧院这一类，金碧辉煌的，都是雕塑，但后来的建筑都很现代，比如医院，等等。原来我还有一些照片，"文革"的时候都毁掉了。我们当时还买了很多书，建筑书都是精装的，很贵。我们平时省吃俭用，但书一定要买。还有很多文艺小说，比如《战争与和平》等，都是原版书，还有芭蕾舞剧的唱片等，可惜"文革"的时候都扔掉了。如果被发现，要被当作"修正主义"斗的。所以好多东西都没有了，只是偶尔有一些和老师、同学的照片，保留了下来。

钱 您还记得当时有哪些老师吗？

｜黄 我这里有一张照片，是老师和中国学生们的合影。第二排中间四位分别是副校长沙德林（Шадрий），老师加里宁（Ганирий）、弗德洛夫（Фёдров）、尼考列斯基（Никольский），这是 1957 年 11 月 7 日在列宁格勒建筑工程学院的中国留学生和研究生与老师们的合影。11 月 7 日是他们的胜利日。

当时国内搞"大跃进"，想让我们提前毕业，应该读 6 年，但要我们 5 年就回来。我们都做准备了，苏联人也不好干涉我们国家的事情，都放我们走。我们大家都依依不舍，觉得没有学完，最后的关键内容还没有做。但后来不知为什么又没有要我们提前回来。

钱 您可否再谈谈詹老师的情况？

｜黄 詹老师当时在莫斯科，研究工业建筑方向。他答辩的时候院士也来参加了，这位院士很欣赏他，想留他做研究生，但因为当初中苏关系不好了，不能留。他回来后一直在工业建筑教研室。

他是丹阳人，原来家境也比较困难，受进步思想影响，1948 年和两三个同学一起去苏北参加了革命工作，所以他后来是离休。我也参加过革命工作，但我是在 1949 年 10 月 1 日以后工作的。镇江 1949 年 4 月 23 日解放，他就随着解放军一起过来了。在镇江地区团工委工作，从那里调去上了大学。我们以前不认识，我从苏南监察委员会调出来升大学。他 1950 年入党，我 1952 年入党，当时在浙大同一个党支部，因为党员也不太多，就认识了，也没有谈朋友。后来因为我们都出去了，读了同一个专业，有了一些交流，才慢慢熟悉了。

同济的傅信祁老师好像在 1957 年、1958 年去了莫斯科，我们知道国内来人了，都要去接待他们。他对我们印象蛮好的，希望我们毕业后来同济。我们也不知道，以为是说着玩的，说我们还是服从国家分配。结果真的到了同济。来增祥的女朋友因为在上海，所以他也来了同济。詹老师来到同济后，进了工业建筑教研室，还做了班主任。

钱 好的，非常感谢您的介绍。

1957年11月7日，列宁格勒建筑工程学院的中国留学生和研究生与老师们的合影，黄承元藏。
三排右二为黄承元，一排右三为来增祥

黄承元（上排左四）与同学们一起在列宁格勒

附

黄承元教授留学苏联列宁格勒建筑工程学院的成绩单中修习课程

联共党史、政治经济学、唯物主义历史、美学、体育、高等数学、普通物理、专门物理、投影几何、测量、力学（静力学、动力学、理论力学）、建筑材料、施工实习、房屋及其结构、钢筋混凝土、材料结构、木结构、给排水、暖通、经济、素描水彩、艺术史、俄罗斯和苏联建筑历史、城市建设史、建筑初步、民用公共工业建筑设计、城市建设、居民区设计、绿化概念和设计、安全技术、军训（未参加）、教学实践、生产实践、毕业设计。

1   本文由国家自然科学基金资助（项目批准号：51778425）。

2   詹可生，男，黄承元夫，1930 年 12 月生于江苏丹阳。高中肄业时，1948 年底去苏北参加革命，1949 年 4 月 23 日渡江后在镇江团工委工作，被选拔进入浙江大学土木系，后又被选拔考取留苏，分配至莫斯科建筑学院，学习 6 年；1960 年回国后进入同济大学建筑系工业建筑设计教研组，任教至 1991 年离休。曾经编写多部教材，参加建设部住宅科研等，获奖多次，为《苏联城市规划设计手册》（B.H. 别洛乌索夫主编，詹可生、王仲谷等译校，北京：中国建筑工业出版社，1984 年）翻译校对主编，另翻译《科研建筑群设计》（HO.N. 帕拉顿诺夫著，詹可生等译，北京：中国建筑工业出版社，1980 年）等。

3   一本按照斯大林的观点论述联共（布）历史的著作。斯大林倡议并亲自参加编写，联共（布）中央特设委员会编，联共（布）中央 审定。1938 年 9 月发表于《真理报》，10 月出书。全书共 12 章，叙述了 1883—1937 年联共（布）成立和发展，领导人民推翻沙皇制度，取得"十月革命"和"内战"胜利，建立和巩固无产阶级专政，进行农业集体化和社会主义建设的历史。

4   来增祥（1933.12.29—2019.6.21），清华大学建筑系肄业，1960 年毕业于苏联列宁格勒建工学院建筑学专业，获俄罗斯国家资质建筑师；长期从事建筑设计、室内设计的教学工作以及建筑与室内设计的工程实践；为国务院国家津贴专家；任中国室内建筑师学会副会长、上海市建筑学会室内外环境设计学术委员会主任、中国建筑装饰协会高级顾问、上海市人民政府建设中心专家组成员等；曾获上海市重点工程个人立功奖章、上海优秀建筑装饰专业设计一等奖、北京人民大会堂国宴厅装饰设计荣誉证书、北京人民大会堂上海厅装饰设计荣誉证书等。

5   "三夏"和"三秋"，分别代表一年中两个重要农事活动，是江南农民根据时令和收、种、管三项农事所定的名称。"三夏"是一年中第一个大忙，从每年 5 月下旬开始，至 6 月中旬结束。此时，上年秋季播下的麦子、油菜成熟，需要抢时间收割，颗粒归仓；"三夏"，是夏收、夏种、夏管的简称。"三秋"是一年中的另一大忙，从每年 10 月下旬开始，至 11 月中旬结束。此时，要抓紧时间收割水稻，栽种麦子油菜，还要做好麦子油菜的田间管理。

6   翁致祥，1924 年 1 月生。1945 年 7 月上海圣约翰大学土木系毕业，1948 年 1 月上海圣约翰大学建筑系毕业，学习期间曾在上海都市计划委员会合作绘图员工作、曾在五联营建计划所任助理建筑师。1952 年之后任同济大学建筑系助教、讲师、副教授、教授。为 EAROPH（世界东部地区规划与住房组织）理事会常务理事、副主席。1990 年作品双层外壳太阳能住宅（与王薇）获 1990 年中国建筑学会全国太阳能学术研究会荣兴奖。著作有《建筑学专业英语》《太阳能住宅》《长江三角洲地区被动式太阳能住宅》（获 1986 年澳大利亚阿德雷德 EAROPH 国际会议杰出论文奖）；译著有《建筑的未来》（弗兰克·劳埃德·赖特著）、《建筑与文脉》（布伦特·布罗林著）等。

7   1959 年赫鲁晓夫访问美国前后，苏联的外交政策开始出现重大调整，赫鲁晓夫提出了社会主义与资本主义两大阵营"和平共处、和平竞争，和平过渡"以及"争取建立一个没有武器、没有军队、没有战争的世界"。毛泽东及中共中央认为，赫鲁晓夫及苏共的这些观点造成了整个国际共产主义运动的思想混乱，于是在 1960 年 4 月连续发表了 3 篇文章——《沿着伟大列宁的道路前进》《在列宁的革命旗帜下团结起来》《列宁主义万岁》，开始全面批判苏共及国际共产主义运动中的"修正主义"。1960 年 6 月 20 —25 日在布加勒斯特召开了罗马尼亚工人党第 3 次代表大会，会议期间苏联代表团向以彭真为团长的中共代表团提交了一封信，信中系统地驳斥了中共上述 3 篇文章中的观点。中苏两党之间的论战就此开场。7 月 16 日，苏联政府突然照会中国政府，决定撤走全部在华的苏联专家，撕毁几百个协定和合同，停止供应重要设备。1963 年 7 月 5—20 日，中共代表团和苏共代表团在莫斯科举行会谈。在会谈期间，7 月 14 日，苏共中央发表《给苏联各级党组织和全体共产党员的公开信》，就中苏两党关系和国际共产主义运动问题全面攻击中国共产党。为了回答苏共的攻击，从 1963 年 9 月至 1964 年 7 月，《人民日报》《红旗》杂志联名发表了 9 篇评论苏共中央公开信的文章。中苏两党关系急剧恶化。

来增祥先生谈留学苏联

**受访者
简介**

来增祥（1933.12.29—2019.6.21）

清华大学建筑系肄业，1960 年毕业于苏联列宁格勒建筑工程学院建筑学专业，获"建筑师"称号；长期从事建筑设计、室内设计的教学工作以及建筑与室内设计的工程实践；为国务院国家津贴专家。学术兼职：中国室内建筑师学会副会长、上海市建筑学会室内外环境设计学术委员会主任、中国建筑装饰协会高级顾问、上海市人民政府建设中心专家组成员等。曾主持莫斯科达尔文博物馆外装饰设计、上海地铁若干站及北京地铁天安门站等项目的建筑和室内及装饰改造设计。曾获奖项：雨花台烈士纪念建筑竞赛一等奖、上海市重点工程个人立功奖章、上海优秀建筑装饰专业设计一等奖、北京人民大会堂国宴厅装饰设计荣誉证书、北京人民大会堂上海厅装饰设计荣誉证书等。

采访者： 李萌（芝加哥大学东亚语言文明系）
访谈时间： 2014 年 12 月 6 日、7 日
访谈地点： 电话采访（广州—芝加哥；上海—芝加哥）
整理情况： 2019 年 7 月、12 月
审阅情况： 未经来增祥先生审阅修改
访谈背景： 20 世纪 50—60 年代留苏生访谈。

来增祥（左一）与同校同学在一起，右二为给排水专业中国留学生郭幼琴

留苏之前（1952—1954）

我生在嘉兴，后来上的浙江省省立嘉兴中学。那个学校的师资水平比较高，我成绩也比较好，在年级里一般都是在三名以内。我差半年高中还没有毕业，就考上了清华大学建筑系。《人民日报》曾刊登录取名单，上面有我的名字[1]。

我考建筑，不是像现在的考生对建筑学有那么多明确的想法。我念高中的时候，正是抗美援朝，有个美术老师画宣传画，忙不过来，因为我比较喜欢画黑板报，他就让我帮忙。在高中里，除了数理化都不错以外，绘画我也比较喜欢，虽然画得并不是特别好。我们邻居有一位在清华大学学数学的，我问他像我这样喜欢画画的，假如考清华，考什么？他随口说了一句："那你就考建筑系嘛！"我就是这么进的清华建筑系。

当时考清华建筑系要加试美术。我记得是到浙江大学去加试，画伏尔泰的石膏像。伏尔泰是思想家、哲学家，能言善辩，嘴唇薄，有个性，这样的石膏像比较好画。后来有一段时间，建筑系不再加试美术了。其实我觉得加试是对的，因为数理化好的人很多，但如果喜欢美术或有一些美术基础的话，学建筑就会比较顺。

我那时已经是团员，当时不是共青团，而是叫"新民主主义青年团"。我到了清华甚至后来到了苏联，都做班长。在清华上学，我感觉最大的特色是老师敬业。刚刚解放，老师都非常有热情。我记得当时有个教力学的老师，姓麦，应该是归国华侨，非常热心，非常热爱我们国家，所以教的时候，我能体会到他那种心情，不是一般的老师啊！不是一般的传授知识，有一种报答祖国的感觉。他对学生非常和善。当时有些学生水平比较低，学得吃力，他就在课后反复地辅导。这种印象，我一辈子都记得。

教我们素描的老师是徐悲鸿的弟子，素描水平很高。系主任是梁思成，在我的印象里，他非常亲切，眼光也非常和善。他的脖子稍微有一点勾，后来才知道，那是因为他搞古建测绘的时候从屋顶上滚下来，把脊椎摔伤了，到美国去装了一个不锈钢的东西。当时的校长是蒋南翔[2]，教务长是钱伟长[3]。有一个体育老师很有名，叫马约翰[4]，是个混血儿，冬天穿短袖骑脚踏车。

那时清华很流行"双肩挑"。建筑系的系秘书叫黄报青[5]，他又是总支副书记，又是系秘书，一方面管系里的学生工作、党务工作，同时还教书。他教建筑初步，教我们做科林斯柱式的渲染，给学生画示范图。他白天工作，晚上还加班。我们按他那个示范图，先用线条画好，然后用水墨渲染出阴影。很可惜这位老师在"文革"当中跳楼或是被人推下来了。蛮好的一位老师，我对他印象很深。

我的辅导老师叫李道增[6]，现在是工程院的院士。我今年（2014）到俄罗斯去出差，路过北京，清华的老师告诉我，他躺在床上，人也不太认得了。还有楼庆西[7]、高亦兰[8]这些老师。

1952 年 9 月《光明日报》刊登高等学校
新生录取名单

整体上，那时候新中国刚成立，大家都非常热爱这个国家，老师的气质，还有学生，都跟现在不一样。我是深受教育的。老师对教育非常热心，有热情，特别敬业，特别重教，而且跟学生的关系非常亲。班里学生也非常友好、上进。过春节的时候，北京的学生还请我们到他们家里去包饺子。我是南方人，但在北方也觉得非常亲切。那个大环境能让每个人都很真心地、很兴奋地学习。那种状态，现在的人很难体会。我现在还是很珍惜那段时间的学习，尽管我在清华只有短短的 1 年。

清华当时给我最大的感觉，就是那种爱国的心情，整个真正向上的那种师生关系，现在学校里根本找不到，也没有那样的老师了。我可以讲实话，现在的老师，讲得难听一点，出于种种原因吧，很考虑自己挣钱，当然不是每个老师都这样，但学校里总的情况不好，跟 1952 年的大学比——我估计也不只是清华，整个不好比。那种状态，现在恐怕没有。

我们进清华以后，由于培养人才的需要，分成了三个专业，一个是建筑学本科，要读 5 年；一个是建筑学专科，学两三年就要进入社会；还有一个是搞暖气通风的，只学 2 年。我们都是报建筑学考进去的，但当时学校号召大家尽量报暖通专业，因为社会很需要这方面的人才。我最向往的当然是建筑学本科，但我是班长，又是新民主主义青年团的团员，当时团员不多，我不能不响应号召。暖通我根本不感兴趣，这样我就报了那个建筑专科班。当时班里的人有的毕业以后分到太原，后来做了太原的副市长，因为那是二线城市，很少有清华来的人，等不及你 4 年、5 年毕业。如果大家都上本科，没人上专科，社会需要的没有人学，该多不好，所以我做了一点折中，也是响应国家号召。

我们当时有好几个班。1953 年选拔留苏生，总共选了四五个人，我们班就我一个，但选上的人后来并没有都学建筑，有的分到了别的专业。我记得从清华出来之前，由总支书记找每个人谈话。我尽管家庭出身不是工农子弟、贫下中农子弟，但当时的政策还比较合理，并不因为你的成分比较高就不考虑。

解放初期，当时陈毅在上海对资本家的政策比较开明，不像后来有段时间做法很"左"。我们家也不是很有钱的大资本家。我父亲开磨坊，做经理，也有股份，但不是大股东。另外，从我父亲到我本人对党和政府都是比较拥护的。上面选留苏生就是先挑学习成绩好一些的，清华大学也没几个人送去留苏。我们这届建筑系共有两个建筑本科班，两个建筑专科班，还有两个暖通班，一个班三四十个人，我班里就我一个去留苏，可见还是比较难进去的，当时大家都觉得有这个机会不容易。

那时的留苏预备部[9]在北京石驸马大街（1965 年改名新文化街），不是后来的北京外国语学院。校长叫师哲[10]，全部学生大概有千把人[11]。我们学得是蛮艰苦的，在那里学 1 年，基本上不出校门，好像只有一次带我们去看了场电影。教我们俄语的是苏联驻华大使馆一位官员的夫人，很年轻，很热心，教得也很不错。

同学是从各地来的。我又是做班长，我们班里只有我一个人是清华的。当时的留苏预备生有两类，一类是从高三选出来的优秀高中毕业生，还有一些像我这样，已经上了大学，从大学一年级里挑出来的。临走的时候，我有一个印象，有几位同学没能去苏联，有的是家庭有什么事，也有的是学习俄语有困难，但主要是因为政审。当时很讲究家庭出身和社会关系[12]，他们可能因为社会关系受到了影响。我班里就有至少两三个。有个同学叫鲍世行[13]，他跟我关系很好，也是清华出来的。俄专当时分很多班，他不是我这个班上的。结果临走的时候，他不能出去了。国家对他们很关心，因为在俄专待了 1 年，所以不去留苏的，国内大学愿意上哪个可以自己挑。他后来搞了城市学。

我们去苏联的时候，火车好几个车厢，都坐满了。当时留苏很不容易。有一点我记得很清楚，就是每人都发两个很大很重的帆布箱，里面有两三套西装，夏天穿浅色西服，非常漂亮，都是毛料的；还有深色西服。中山装至少也有两套；还有夹大衣、丝绵大衣、单帽和皮帽。因为苏联比较冷，我们去的列宁格勒（今圣彼得堡）更冷。

留学列宁格勒（1954—1960）

我是 1954 年去留苏的，那个阶段是留苏高潮，1956 年以后就少了，因为当时中苏关系不是很好[14]。我在列宁格勒建工学院念书的时候，比我们低一届的还有，再往后就很少了。

当时跟我们说，国家是用一车皮一车皮的甘蔗、花生或其他东西换了外汇供我们的。我们当时的助学金是一个月 500 卢布，研究生是 700 卢布。我 1957 年回国休假，按照当时的比价，500 卢布换成了 250 块人民币。那时中国人的工资一般才几十块钱，250 块钱是很大一笔数。所以我们感觉，我们是欠了老百姓培养我们的债的。当时有一个要求，出去以后不能跟苏联女孩子谈恋爱，要谈恋爱你就自己回来。现在我跟他们说起来，大家都笑，因为俄罗斯姑娘很漂亮。但是你看国家花了那么大的力量，要你回来建设，要你好好学习，你出去分心了，要谈恋爱，我觉得是很不应该的。当时确实是那样。

我记得刘少奇的儿子[15]当时也在那里。传达下来跟我们说，刘少奇曾告诉儿子，你要是考 3 分，就自己背着铺盖回来！ 3 分按理讲是及格的。1952 年出去的大部分是高干子弟[16]，不像我们，是从一般人里挑选出来的。

我出国以前，尽管在俄专学了一年俄语，而且还是苏联人教的，但出去以后上课基本上是"坐飞机"，因为口语听不懂，每个老师的口音也不太一样。但我们有一个很大的优势，就是在清华 1 年，高等数学、力学都学了。数理化这些课程我根本不在乎，学得比他们还好。另外，我们国家的数学教学水平还是很高的。我去了以后发现，苏联同学还在学解析几何，而解析几何我们高中就学过了。在清华 1 年，微积分也学了。所以数理化这些课程，我们课下不用花很多力量，基本上不听课也考得出来，所以就将全部力量都投入学联（共）党史，学苏联建筑史，学设计。这些课程，包括有些技术性课程，词汇是比较难的。所以一开始我们怎么做呢？一下了课，我们就找几个学得最好的苏联学生，跟他们借笔记，马上抄。但是到了高年级就反过来了，苏联同学有的喜欢玩，有的时候旷课不来，考前就跟我们借笔记，抄我们的。

我们列宁格勒建工学院建筑学系里，共有六名中国留学生，四个女孩子，两个男的。系里有两个专业，一个是规划，一个是建筑学，专业从一年级开始就要选定，不像我们国内，有的学校前面一两年课程都一样，到了高年级再分。我们中国留学生的专业不是苏联人定的，也不是国内定的，当时征求了我们的意见。我们两个男生都有国内学建筑学的背景，所以都选了建筑学；有三个女生原来都没学过建筑学，所以她们干脆就选了规划专业。还有一个姓赵的女孩子[17]，也学了建筑学。她的绘图没有我们强，但数理化很好。我们几个人中好像就我一个是清华的。

我们中国同学毕业回国的时候，多数人的毕业证书都是红皮的，红皮就是 отличник，优秀生。我整个 6 年学下来，只有一两门课是 4 分，其他全部是 5 分。我去的时候，已经在清华学了渲染。上渲染课的时候，教授拿起一个石膏的西洋建筑史里铸图上的门檐，让大家一起学着画。教授评图的时候，带人走一圈，挨着看。我得到了最高的 5 分，教授还在我的图下面签了"выставка"，意思是这个图是可以展出的。这说明我们清华的渲染是很不错的。有一位教授很幽默地说，你这个渲染作品是装在箱子里从中国带过来的，意思是我在国内就学好了，不是他们教的。

来增祥从列宁格勒带回国的渲染图

他们的考试都是口试，有个固定的做法。你进去以后，有很多 билет，就是考题卡片。卡片放在一个盒子里，由你自己抽；抽出来以后，你准备一下，给一刻钟，最多半小时的时间。考试的老师一般有两三个，他们根据你抽的那个卡片上边的问题问你，最多二十分钟，不会超过半小时。前面有人在考试的时候，你就在后面准备，然后过去口试。6 年都是这样一个模式。口试时老师跟你面对面，实际上对你真正掌握的情况是比较了解的。我们国内统一采用闭卷笔试，我觉得这种方式有它不完善的地方。

我到二三年级都是系里的优秀生。当时在我们学校，一个班里有两个班长。一个正班长，是个退伍军人，年纪比较大才来上学的；我是副班长，也没特别多的事，就是对我们的尊重吧。

设计课不考试，是看你的作业，最后还有一个毕业设计。毕业设计要求选一个切合实际的题目。我毕业前在莫斯科设计院实习，去了将近半年。6 年中间还有很多生产实习，也是比较真刀真枪的。印象很深的是到西伯利亚去实习那次，做工长，在工地上劳动，学习怎么管理，学得比较扎实，所以他们对我们评价还蛮高的。

三年级以后，可以自己选择去哪里实习。1957 年，中国驻苏大使馆留学生管理处允许我们 6 年里有一次回国探亲，路费要自己出，这样我就选择在西伯利亚欧亚交界的地方实习，然后从那里回国，等于一半的路费学校已经给出了。路费花了多少我不太记得，不是一个很小的数目，但也不是特别大。另外做工长实习是有工资的，对你是按工长的要求，所以给一些报酬。去实习的那个城市叫 Березники（别列兹尼基，在俄罗斯乌拉尔山西坡的彼尔姆州），从苏联地图上看，靠近欧亚交界处。我在那里做工长，大概有两三个月吧，报酬也不记得，但不是一个很小的数目。我觉得苏联这些方面做得非常好。

1957 年我回国。那时"反右"，我们在学校里也搞了，我们留苏的时候也有的。回到国内，感觉倒不是特别明显；但我 1960 年回国的时候，就感觉到非常严重了。1960 年是"三年自然灾害"，也有我们人为造成的，饿死了不少人啊！那时候我们留苏的人，家里人在乡下的就有饿死的，但是也不敢说。1959—1960 年就是这样的状况。1958 年所谓"大跃进"，其实搞乱了，把一些资源都破坏了。

我 1957 年回来，也就是见见亲戚，自己家里走走。我回来，父母当然很高兴。我父亲虽然有点资本家的性质，但当时各方面还不错，当了工业局的副局长，是政府干部。他的成分对我出国没有一点影响。另外他也比较能响应党的号召。1957 年我从苏联回来，他很高兴，还把我带到他办公的地方去。有这么一个儿子，他也很高兴嘛！此外我就到上海亲戚开的布店去走走，然后很快就回苏联去了，没有做什么特别的社会调查，所以也没有留下特别深刻的印象。

我 1960 年回国后感受比较多，最突出的一点是，国内对苏联根本就不了解，比如很多人问我们在苏联吃饭是不是很困难，吃饭是不是没有面包，是不是吃黑面包，讲法很可笑。但我们当时还不好直接回答。当时的苏联有两种餐厅，一种叫 ресторан，就是比较正式的饭馆；一种叫 столовая，就是食堂。我们一般是在食堂里边吃饭，面包放在中间，一半白面包，一半黑面包，不收钱，你愿意吃多少就吃多少，而且黑面包营养更好。我们国内当时有人可能是想污蔑苏联，故意要这么讲话，好显得国内不错，其实我们回来的时候国内最困难。

1960 年我们学了建筑回来，可那时候没事情好干。另外一个到苏联去学结构、1958 年毕业的同学，回来赶上了好时候，那时工程很多。而我们 1960 年回来，讲得难听点儿，连个造厕所的任务都没有。当时我们是很想做些事情的！

当然我后来还是有不少机会。我现在在上海市政府的专家组。我们搞人民大会堂，搞一些重点工程，还做了很多国外的工程——我当学生的时候做过苏联的达尔文博物馆，后来做俄罗斯"波罗的海明珠"；在香港做了一个小城，同济做的规划，我在里边也参与设计。最近每年去一次，我都去看看，一年比一年好。我做过埃及国会大厦里边的部分，当然还有其他老师一起搞。埃及的国会大厦是中方援助的，主要是上海在搞，我们做里边的一部分内装修。我还做过荷兰鹿特丹的上海酒家。总之，做了不少国外的东西。

关于列宁格勒建工学院建筑学系与国内大学建筑学系教学的主要区别，这方面我是有体会的，列宁格勒建工学院当时已经有百多年的历史，教的不是一般的工程建筑。这个学校虽然不是 университет（大学），只是个 college（学院），但实际上它的历史很长，沙皇俄国时代就已经比较好了，很出人才，在苏联是名校。一讲起列宁格勒建工学院，就像我们国内讲清华北大，都是很尊重的。它的毕业生，很多都是列宁格勒的总建筑师、设计室的室主任。我们去留学的时候，它在教学方面已经比较成熟了。教基础课的老师水平都非常高，师资特别好。所以我们去，享受到了这个条件。

我们学工的一定要上一门课，叫投影几何或画法几何。我在清华已经学了一遍了，印象非常深，清华教这门课的老师也非常好。但是我们一到苏联，发现教这门课的老师真不得了。教画法几何，有的时候要画圆，他为了省时间，在黑板上画圆根本不用圆规，抬手"啪"的一画，两头交在一起，就滚圆滚圆的！他自己也很得意，画完转过身来说："你们看我这个圆！"这些老师非常有经验，我印象非常深。尽管我在清华学过这门课，但比起来还是不一样，人家这个学校毕竟有百年历史了！

还有，我觉得他们学的是一种大建筑的观念，这个跟我们当年在清华学的吴良镛那套差不多，就是也学规划。6 年里到三年级的时候也做了一个村镇的规划，都是由设计院那些主管的主任工程师来带。比较直接地跟设计院相关的，是列宁格勒的地铁，我的老师当时在做列宁格勒的地铁[18]，我也跟着学到不少东西。我回来以后设计过上海、北京的几个地铁站，当年就学到了他们设计院做地铁的一些的经验。

结构方面我们学得也很多，当时都是用手算，没有电脑。手算结构，包括木结构、空间结构。我毕业回来并没有做结构，但是我认为，一个比较有修养的建筑师，一定要懂结构，有了这方面的知识，跟结构打交道的时候就知道应该注意什么了。我不一定去包揽结构的工程，但是我都能算。五年级去莫斯科设计院实习，一年后从列宁格勒建工学院毕业的时候，学校发给我们苏联的注册建筑师证书。那个证书我现在还有。

他们本科六年制，我们五年制。我们后来有一段时间也是六年制，我知道清华 1958 年进校、1964 年毕业的是六年制。清华建筑学本科生原来一直是五年制的，但是有那么两三年，时间不长，也改了六年制。我不太同意那种观点，说什么好些东西你们学校里学的，到了外头没有用。这些人很浅薄！我觉得学建筑学专业，培养建筑师，知识面要非常宽，因为科学技术也得学，像力学、结构都得学；文化艺术也得学，素描、水彩都学；还要懂一定的社会学知识。要我是主管教学的，我觉得不要一刀切，我赞成一两个学校的建筑学专业可以搞搞六年制。

苏联的六年制跟我们的五年制比，不是简单机械地多出来一年。他们学生的知识面比我们的宽得多！绘画一直学到三四年级，连素描、水彩、水粉、麻胶版（有点像木刻）、人体画都画！所以不一样，并不只是多出几门课。清华当时已经算好的了！本科我们那一届最后是四年制还是五年制我不知道，因为我去苏联了。国内五年制的建筑学是否学苏联的那些课程，我也不太清楚。1964 年有从清华毕业分到同济来的，很不错。我问过，他是六年制，但六年制实行的时间不长。现在同济、清华的建筑学都是五年制。5 年也可以嘛，再少就不行了。

我觉得在列宁格勒建工学院，除了师资特别好，就是跟生产实践的联系特别紧，总建筑师做教研室主任。还有一个，就是他们的课程非常成熟。我们毕竟战乱折腾了很多年，刚解放不久，有些东西就显得根底不够。尽管有像清华这样的学校，但跟他们一比，也还是差得很远的。他们在沙俄时代一百多年前就有了一个很好的工程技术学校的根底了。

老师在学校和设计院兼职，这是他们的特色。辅导我的那个教授是建筑学教研室的室主任，而建筑设计教研室的室主任就是当时列宁格勒的总建筑师。我估计我的老师两面都需要照顾，也都照顾得差不多。列宁格勒的总建筑师来得少一点，但设计院里一些主管的设计师都到学校来带学生，两边兼职。这点我感觉非常好。他们这种体系我们国内没有。当然只在学校里任职的老师也有，比如讲历史的。

当时教我的几位老师大概已经 50 岁左右了吧，都是列宁格勒设计院里的主任设计师，管一大堆事，手头都有很多工程，有的正在做地铁工程，但是在学校里面给我们上课或者做辅导，都是一课不落的，很不容易，不是我们原来想象的蜻蜓点水，难得来一下。列宁格勒的总建筑师来得少一些，他主要在设计院工作，但评图的时候他都来！到了这种重要的时候，他就会来看一下。改图的老师都是设计院里的主任设计师；教主要的专业设计的老师，都是设计院过来的一些非常有经验的建筑师。我们国内现在也没有这样做。

列宁格勒这个城市是非常完整的，非常美。当年彼得大帝嫌莫斯科太保守，要另立一个首都。他当时也跟我们现在差不多，请了法国和意大利的设计师，俄罗斯的建筑师作为助手，做陪衬。设计的意图是法国和意大利的，但是本身比较美，西洋古典的为主，很讲规划、景观。我们做了很好的规划作业，也有搞规划的老师做辅导，这样对整个城市的规划都有所了解——对城市整体跟环境的关系、跟文化的关系都有所了解，这些都比我们国内学得宽。当时国内的情况毕竟跟现在还不一样。应该说，我们都是受益匪浅的。

有些课程是可以一直在学校里学的，但像设计这样的东西，跟社会的生产、社会的需求各方面联系特别紧密。我们现在的老师有这个缺陷，不太做实际的设计；而设计院的人难得来学校参与指导毕业设计，来也是带有客串的性质，不那么投入。这个环节非常脆弱，不好。

我们留苏，在这方面当然是受益的，但这种经验没能带回中国，因为我们回来又不是做系主任，又不是做校长，这一套东西我们怎么推得动呢？我们同济大学也有过这个想法，成立同济建筑设计院，希望老师两边兼，或者两三年以后对调，这也可以啊！本来做设计教师的，到设计院去，设计院的过来当老师。可是这件事从来没有做到过，到现在也没有做到。当然我们的老师手头也做一些工程，但是跟设计院情况又不一样，兼职做不到。大环境我们影响不了，我们回来又是最困难的时候。我们好些同学到了二机部（后来的核工业部）。核工业部 60 年代做什么呢？做啤酒厂。实在是大材小用！现在可能好了。

有一段时间因为国家困难，根本不是说因为你留苏回来的，就马上用你，因为没有工程嘛，而且都搞政治运动嘛！像我回来以后，学校里边搞运动，虽然搞不到我们身上，但是整几个教授，叫什么"火烧文远楼"[19]，说他们搞资产阶级思想，搞"修正主义"的东西。后来又搞"文化大革命"，折腾了很长时间。

我大学毕业设计做的是个电影音乐宫，可以容纳4000人，可以看电影。放映厅可以分成两个小厅，也可以变成一个大厅。当时做了这样一个设计，但音乐宫后来可能没建。我们同班有一个跟我很要好的同学是共青团的小组长（即后面提到的维塔里·奥列霍夫），他做的是新西伯利亚的一个汽油厂，后来建起来了。我做的那个设计，结果如何我没问，大概没有建，是不是后来用了当时设计里面的一些理念，我也不清楚。但是我在莫斯科实习的时候，设计院里边搞竞赛，做达尔文博物馆的外装修，这个是建了的。作为实习的大学生，至少我碰上了这种竞标投标的机会。因为那时候我已经是五年级的学生了。老实说，学校里学的东西还是不错的。

摄于来增祥大学五年级在莫斯科实习期间。背景是莫斯科西郊阿尔汉格尔斯克庄园入口处。这里现在开辟为一处著名的旅游景点

那次设计竞赛很有意思。莫斯科设计院是他们国内最大的设计院，设计方案用谁的不是大家讨论，而是由总师来定。当时莫斯科设计院的总建筑师由于什么问题从莫斯科的总建筑师被贬到设计院总师的位置，但业务没得说。我们学校的水平很高，所以他们内部竞赛方案一出来，莫斯科设计院的这位总师一眼就选中了我的。方案被选中后，接下去怎么装修，怎么出施工图，他们所有的人都听我的，我觉得受宠若惊。他们当时就是这样。所以当时列宁格勒建工学院学建筑学的五年级学生，到了设计院，我估计只要有机会，都能出成绩。刚好那时他们的工程也比较多。他们不在乎你是中国人，是学生。我们在那里算老外了，是吧？他们不管，你的东西好，就用你的。苏联这一点我还是很有感受的。这个达尔文博物馆的设计，我印象很深，设计与生产实践联系得非常紧。

我们大学一毕业，就是苏联的注册建筑师，我看这个也是对的。你既然是学建筑学的，学了六年，你够本事，就是建筑师，不必另外再考什么，因为学生时代做了工长实习、设计院实习，另外跟了很多从生产一线过来的老师。这一点，即使现在看来，也是很有意义的，还是蛮好的。中国同学90%都很优秀，所以按成绩来讲，我们都是拿的红皮毕业证书。

艺术史课，我印象很深，因为我们既学俄罗斯的艺术史——这个在苏联学，我可以理解，还学世界艺术史。我记得教这门课的是一个女老师，胖胖的。我现在还是觉得受益匪浅。有人觉得社会上马上能用的，学校里应该教，社会上没有用的就不需要学，我觉得这样不一定对。对建筑学专业的学生来讲，学世界艺术史，可以一辈子受益。因为它不局限于建筑，它有俄罗斯建筑史，有世界建筑史；有俄罗斯艺术史，还有世界艺术史。还有些课程，比如人体工程学、环境心理学、景观学，那时候都有的！那时候国内恐怕连"景观"这个东西还不提呢，还早呀！英文叫landscape，俄文叫ландшафт，那时就已经有这门课了，所以它很新啊，非常新。设备也特别好，照明、空间条件都不错。当时学了采暖，结构计算也学了很多，我觉得一辈子受用，虽然我不搞结构。

在那里我可以感觉到他们对我们很关心，讲友谊，不把我们当外国人看。有几件事是我最近想起来的。比如从宿舍到我们上课的地方，要穿过一段街道，加起来大概有100米左右吧。头一年我们晚上睡觉不会超过四五个小时，因为学习比较紧张，那么多的课程，又都是用外语学。所以早晨急匆匆起来以后，就往学校奔。那里冬天零下20℃～30℃，我们有时不穿大衣，就直接往教学楼冲。我记得有几次管打扫卫生的俄罗斯老太太就指着我们说："你这个小鬼，家里父母那么远，你这么跑，感冒了以后谁管你？前面有过的。"听到以后，心里确实很热乎。她们是真关心我们。我们早晨巴不得多睡一会儿，快要上课了急呼呼的，就顾不上穿大衣，室外温度那么低，弄不好确实会冻坏的。

摄于来增祥大学五年级在莫斯科实习期间，背景是位于莫斯科市中心以南柯洛明斯科耶村的喀山教堂。现已辟为博物馆

还有一件事很有意思。那时学校规定宿舍里一个房间住四个人，我们国内宿舍没有那么好的条件。四个人当中，他们规定只能有一个中国人，其他三个是苏联人，这样对练习语言比较有利。我刚去不久，大概才一两个礼拜，就有一个苏联同学怕我不好意思，偷偷地在我耳朵边讲："你是不是最近没钱啦？"我觉得很奇怪，我们的助学金很高的，他为什么这样说呢？原来他在观察我，发现我们中国人喝红茶不放糖。中国人没有这个习惯，但是苏联人喝红茶没有不放糖的。所以他看我喝茶一直都不放糖，就推断我肯定是没钱了。他说："我已经看到了，你一个星期喝红茶从来没放过糖，肯定是没钱了。你需不需要钱？我可以借给你。"这就是生活习惯的不一样。

还有一个很有意思的事。我在苏联待了6年，那里有个规矩，男女同行，男士总要帮女士拿东西。所以如果我跟女同学一起外出，她的化妆包我不拿，但她手里拎的那个包，我一定得帮她拿；假如我不帮她拿，那我丢脸就丢透了。这个习惯我是在苏联养成的。回国以后到了同济，有一次我们带毕业设计，一起去的有女老师，也有男老师。那次是到另外一个城市去，路上我看到旁边有一个女老师，就帮她拿了行李。结果过了两三天，就有闲话传到我耳朵里，说我对她有意思。于是第二天我就不拿了。习惯不一样，要到什么山唱什么歌！不能把他们那一套东西都搬过来，要搞错的。在苏联，这样做是起码的，绝对是这样的，男的总归要帮女的拿东西。可我回来以后还这样做，虽然根本没有其他意思，但别人觉得你怎么会帮她拿行李？你肯定是对她有意思了。

还有些事，两边的习惯也不一样。在苏联的学校里，每年都有一两次师生聚会。学建筑的学生绘画水平很高，就把老师画成漫画，照我们看是丑化的，但你一看就能看出来是哪一个老师。到晚上大家联欢的时候，放幻灯片，那些老师坐在头一排，学生一放出来他们的"丑态"，他们就都哈哈大笑，特别开心，不像我们这里，这样做大概不行。我们的老师是不能被画成漫画的，这也是文化上的差别。在那边，你把老师"丑化"了，但一看就是他，他坐在下面还特别高兴。价值观不一样。

他们当时的教学体制比较开放，比如采用德国包豪斯体系，这是当时比较进步的一种建筑教学方式，做模型，等等。在我们国内，尽管清华当时比较先进，梁思成先生他们也都是从美国回来的，但我在清华学了一年，也没接触过包豪斯教学法。苏联引进德国的东西非常快。另外，设计课的课堂气氛也比较好，比如老师在改图的时候，学生可以放法国流行歌手伊夫·蒙唐（Yves Montand）的歌，当然声音不是很大。我当时是没听懂，他唱歌像讲话一样，非常有韵味。老师也不干预，你放你的音乐，他照样改图，比较宽松。我们觉得很不习惯，但老师觉得很正常，因为是改图，不是讲课嘛。

关于苏联人对犹太人的态度，我感觉有些讲法是不对的。苏联人对犹太人没有那么歧视。我们班上有个男同学，是犹太人，设计很好；他和班上一个俄罗斯女同学谈恋爱，后来结婚了，都很好。所以我看苏联人对犹太人没有多么歧视。他们对中亚来的一些少数民族也没有什么歧视。这一点，我们因为生活在那里，都看到的，感觉还是比较好的。

我去苏联时，带了一把胡琴。我从上中学的时候就喜欢拉二胡，比如《梅花三弄》；赶上有演出的时候，我就帮着配乐。我这个胡琴先带到了留苏预备部，当时要排一些节目，准备到了苏联演出。我记得京胡也拉过。留苏预备部人才很多，有做导演的——有的人不是大学生，是研究生。有个女孩子会跳《霸王别姬》里的舞，我就帮忙拉曲子伴奏。后来那个女孩子可能有什么事，没能出国。

到了苏联以后，我有的时候参加演出，在舞台上独奏。二胡这个乐器他们没见过。他们有时候有联欢会。我们系的中国留学生里有一个女孩子很会跳舞，有时候我们俩就一起去演出，我拉胡琴，她跳舞，苏联人看了很高兴。没有舞蹈表演的时候，我就一个人拉琴，有的时候还用二胡拉俄罗斯民歌，他们觉得很新鲜。有时候跟苏联的中学生联欢，有时候是开晚会，我们就是插一些小节目。这样比较亲切。

这样的机会不太多，一个月最多一次，我们学习也很忙，但是周末都有舞会，就是我们这种交谊舞，不是现在青年人跳的那个。比如跳华尔兹，比较优雅的。苏联同学周末一般会在学生宿舍的厅里跳舞，有时候我们也去，倒不一定是中国人跟中国人跳，都是学生，大家一起跳。

演出机会虽然不很多，但碰到就是任务，因为你不出节目，人家就会觉得很受冷落。那时候我们列宁格勒建工学院的留学生还排了一个很大的节目，一共有二十几个人，有扮新郎新娘的，是我们中国少数民族婚礼上的一种舞蹈，有集体舞，我帮忙伴奏。我们专业的一个女孩子扮新娘，另外一个学生扮新郎。这算是比较大型的演出；小型的一两个月有一次，就是女孩子跳跳舞，我伴奏。

还有的时候，到了周末我们中国同学自己放一些四步、三步的舞曲，有我们国家留苏的海军过来参加活动。他们学校离我们很近，但没有女生，他们过来就和我们这边的女生跳跳舞，大家都感觉很亲切。

我刚才讲排练那个少数民族婚礼的舞蹈，参与指挥的有韩中杰 [20]，他也是留苏的，很有名。当时去的一大批学油画的 [21]，回来以后都是骨干；学音乐回来的，有好几个指挥。当时还有一个唱女高音的，叫徐悦（音），很有名，也是留苏的。列宁格勒有音乐学院，学油画的都在列宾美术学院。

五一节游行。中间穿深色中山装者为来增祥

摄于莫斯科河岸上，背景是莫斯科市内斯
大林时代比较典型的高层建筑一角

我们跟列宁格勒其他学校的中国留学生交往不多。有时候有一些正式的重要会议，大使馆来人做做报告。难得有几次我们到列宁格勒大学，中国留学生年底开个会，这样的机会不多。1957 年毛主席到莫斯科大学给中国留学生做了那个很有名的报告，说我们是"早晨八九点钟的太阳"。当时我们通过自己的学生组织提出也想去参加，结果使馆不同意，说："你们还是在那里好好学，要是在列宁格勒大学嘛……" 这样我们就没能到莫斯科去。

那时校内中国留学生的政治学习不太多，主要是自己学校里的活动，像团员过组织生活，有的时候自己谈一些想法。1957 年"反右"，学校里搞了几个学生，有的人不知道出于什么原因讲了一些话，不利于苏联或者中苏关系；有的人可能听了西方的电台，当时叫"敌台"，听了以后随便说出来，加上他们平时有一些言论，结果就被送回国了。当时不是觉得这就是"右派"言论嘛！这件事对其他同学影响不太大。我知道我们学校几十个人里，有几个是送回来的。

大家也不一定就因此吸取教训，毕竟当时有这样想法的人不多，他们被送回国以后，我也没有感觉到讲话要受约束。不是我一个人这样，因为大家主要心思都在学习上面。倒是 1958 年国内的"大跃进"对我们影响很大，出现了一些不踏实的、浮夸的东西。国内不是有很多这类报道嘛，什么一亩地产多少斤。在这样的形势下，我们提出来除了学建筑学，还希望把第二个规划专业也学好；有的提出来要早点回去建设。不管是出于什么动机，就是想提前两年毕业，还要把课程都学好。但是苏联学校不理我们，觉得你这个提法不切实际；大使馆留学生管理处也没鼓励我们，都是留学生自发的，但最后没成什么气候，一阵也就过去了。

我们那时生活上最困难的就是蔬菜比较少，都是土豆、胡萝卜这些东西，但当时年轻，都适应过来了。学生宿舍里都有厨房，我们一般为了省时间，图方便，就买冰冻饺子，机器包好的。我记得 3.5 卢布一盒，买回来以后，厨房里水烧开，往锅里一倒，过一阵就能吃上，很香，也吃得很饱。我们一般不去 ресторан（饭馆）；在食堂里吃一顿，也就 5 个卢布，第一道是一个汤，第二道是主餐，有时候稍微吃一点冷菜，喝点饮料。就这样过来了，过得还是蛮好的！

我们一个月助学金 500 卢布，只要没有其他大的开支，钱不一定用得光。有的时候苏联同学还跟我们借钱呢。有些同学是从中亚来的，有时手头一下子没有钱了，大家熟了以后，我们也借给他们一些。他们一般都还的，我们关系都蛮好。

前面说了，我们出国之前有一条明确纪律，有一个守则，就是在学习期间不能跟苏联同学谈恋爱。我记得是这样，但没说中国同学之间能不能谈。实际上中国同学五六年在那里，都是很好的朋友了，回来以后结婚的也很多。我记得我们建工学院有一对，一个中国男同学跟一个苏联女生谈恋爱。那个俄罗斯女孩子很正派，非常好，特别喜欢我们那男同学。后来使馆也批准他们结婚了，但结婚以后没有好结果。后来他在清华，说他是"苏修特务"，一到"文革"就端出来上纲上线的。后来好像是离婚，女方带着儿子回苏联去了。我们整个建工学院就这么一对。他们这个关系，当时我们使馆也认可了，所以我们的一些做法也比较人性化。但大部分同学没有跟苏联同学谈恋爱。总的来说是作为纪律，毕竟当时国家条件那么困难，为我们花了那么多生活费，你谈恋爱多少要分心的嘛，所以大部分人还是注意的。

在这个问题上，对国家政策和对实际情况的态度，我觉得大家都看得到的，国内那么困难，把我们送出去，花了那么多的钱，苏联条件又那么好，应该好好学习；但是年轻人在那个年龄段，男女同学在一起时间长了，要是产生感情，我看也很正常。我出去的时候 20 岁，学 6 年到 26 岁。大家绝大部分精力都放在学习上面，这是肯定的。

列宁格勒建工学院的气氛应该讲是蛮好的；苏联同学、学校对我们也很关心。有的学生一开始俄语不够好，专业方面跟不上。下了课，学校还专门找几个人跟他谈谈，搞些小灶，但不是大规模的补课。当时除了我们，还有朝鲜的，有民主德国的，还有匈牙利的，因为这个学校比较好嘛。我记得有一个民主德国的同学，身体很棒，学习也很棒；但匈牙利来的那个老兄就不好好学，跟我们学校对面文具店里的一个女孩子谈恋爱，经常带着那个女孩子来参加活动。同学里各种各样的人都有。朝鲜人跟我们差不多，比我们还要保守一点，学习很努力，但是生活上比较单调。还有越南人；还有很多中亚的，当时也是属于苏联，哈萨克的、吉尔吉斯的，这些人一般学习稍微差一点，但对我们都很友好。

苏共二十大赫鲁晓夫"秘密报告"[22]出来后，我知道原来有些派到苏联学军事的，那时就停掉了。再后来中苏冲突比较厉害了。我们听说了一些，"秘密报告"后来也都传出来了，但对我们的学习整体上没什么影响。不过也碰到一两件事。比如我们班上有个女同学，她爸爸是个上校，在部队里也算是中上级的官员。他们内部不知道传达了什么东西以后，这个女孩子就对我们说了一些不是很合适的话，觉得你们中国人怎么怎么样，但是边上的其他苏联女同学马上就说：你不要讲这种乱七八糟的话。这种情况我就碰到过一两次。我们1960年毕业，其实1959年关系已经很不好了，但是像我们这种专业的学习都没有受什么影响，我觉得都还是可以的。老师对我们的态度也没有什么变化。

总的来说，我觉得在苏联的学习是非常值得的，学到了不少东西，也开阔了眼界。当时不可能上美国去嘛，只能上苏联去。应该讲，苏联当时好些方面比我们国内强。我们刚刚解放，不管经济条件还是师资条件，都不是很成熟，即使是清华，一比也没有人家好。应该讲，清华也是很不错的。所以我觉得不后悔。清华一年，特别是苏联六年，我工作到现在，觉得是很受益的。

后来的工作（1960—2014）

我们回国时赶在那个当口，国内连吃饭都有问题，工程建设根本就没有！我后来在上海搞了不少地铁，但那都是70年代以后了，80年代开始，做了不少工程。我现在还做市政府建设中心专家组的组长，比如重大国际会议在上海开的话，都是我们一个组，管会场里边的装修、照明，等等，也做过人民大会堂里面的国宴厅、上海厅。我们做胜利油田，我也带了一个组，相当于做了半个城市。后来我们做的东西多了，现在可以说还是特别忙。尽管我今年已经81岁了，但最近还做了好几个大工程；还有很多学术活动。比如现在搞软装，soft decoration，就是房子装修好了以后，里边的家具、灯具、纺织品的配置，做得很多。

苏联的地铁站艺术性很强，但也不全是艺术性的。30年代他们有一个理念：地铁是劳动人民的地下宫殿，所以苏联30年代的地铁做得比较华丽。他们觉得地铁是为劳动者、为普通老百姓服务的，要让他们感觉走在地下都像在宫殿里一样。但现在他们也不这样做了，现在做得很简洁，毕竟没有必要。新的地铁站做得也很好，我最近去，都把它照下来了。50年代那时候还比较华丽，但比再早的已经简化了一些，不过也还是有很多装饰。列宁格勒的地铁比莫斯科的晚一点，就是在我们念书的时候建的，我们的老师就是设计地铁的。我们也去看，听他们讲一些体会。

我们国内做地铁比较晚，北京地铁算早一点的，也没有什么装饰。我在北京做了两个地铁车站，当时叫副八线，在长安街下面，一个天安门东，一个天安门西，有一点装饰，但做得不很复杂。我们在上海有一个团队，至少做了五六个车站。我们没有做装饰，也不见得就是出于经济方面的考虑。苏联人的理念不一定对，因为交通建筑本身主要是要简洁、便捷、安全，不是让你停下来，在里面欣赏；人就是通过，所以即使有钱，也不应该这么个花法。北京奥运会的时候，做了两条地铁线。北京早期的地铁做得比较简陋，比较难看；但是奥运会这条线就做得蛮好。我们搞建筑，是讲一个建筑，无论是电影院，还是音乐厅，还是火车站，还是地下渠道的交通，都要有性格，跟人一样。但是性格不能错位，错位就没有意思了。

我们后来做的，多数不是赚钱的项目。像设计（中、俄、哈、吉、塔）五国元首会议的会场、上海的 APEC（亚太经济合作组织）会议的会场、上海的亚信会（亚洲相互协作与信任措施会议）的会场，还包括做人民大会堂。我觉得我们当年学的还是有用的。另外我始终有一个观点，觉得我们应该为国家作贡献，因为在生活中的重要阶段，是我们国家的老百姓和我们的政府花了很大力量培养了我们。我始终是这样一个观点，从来没有觉得做一点东西就应该拿多少钱。这种思想我现在也没有。

我认为，我们跟国外建筑的差距主要不是工艺，而是在理念方面，业主和设计师的理念都有差距。我们现在的社会跟国外一比，特别浮躁，比较急功近利，这个现象很明显。最近我到东欧去，到波兰、捷克、匈牙利去了一下，也顺带去了奥地利，奥地利不算东欧。我总觉得人家过得比我们文明，人家生产也搞得很好。我们本来的好多东西丢得比较多。我最近听报告说，我们的总产值已经超过美国了，这也没什么可以骄傲的，因为一除以人口，我们就在一百位以后了。整个社会比较浮躁，不光是建筑方面，都一样。

我去了东欧以后很有感受，觉得东欧要比西欧文明得多。我在欧洲还做了工程，在鹿特丹做过工程。最糟糕的是阿姆斯特丹，这个城市有它自己的文化，吸大麻是合法的，妓院也是合法的，在东欧看不到这个情况。东欧几个国家，人都很文明，穿着也很得体。我特别比较了一下，因为我在西欧做上海酒家，一样的中餐馆，装修方面东欧比较文明；菜也是，东欧的中餐馆比西欧的中餐馆好，价钱又便宜，人也比较文明。我就是最近国庆以前去了一下，去考察建筑。

我们现在比较浮躁，也许这是个历史阶段。现在的大学，总的来讲，教学质量并不高，好多老师和校长，心思没有放在教学上，这很不好。这方面我们不如美国，也不如日本、韩国。我到韩国、日本去讲过课的。包括我们香港的大学，也是一本正经在搞教学。国内这方面不是很好。我的这种价值观念与当年在苏联所受的教育可能也有一些关系，我觉得至少在 50 年代、60 年代初，在我们留苏那段时间，苏联社会总的来讲还是比较健康的，比较好的。

最近因为工程的事情，我还常去俄罗斯，一年差不多要去一两次。拿小事情来讲，人家排队还是很有次序的，公交车上让座，公共场合不大声说话。对老年人和妇女的尊重，俄罗斯到现在也还保留着。这些方面我们就比较差。

跟五六十年前相比，我觉得他们的社会上的人好像变化不大。最大的变化是，我们在苏联念书的时候，蔬菜、水果很难吃到，但是最近我去，还专门跟着我们老板到菜场去看了一下，河鱼、猪肉、各种各样的水果，什么都有。谁在那里经营呢？我们那天去，看到的那个摊主是越南人，也有中国人。中国人到俄罗斯还养猪、养鱼。有些东西，像水果，是俄罗斯没法生产的，可能是从越南、从中国运过去的，这方面确实有变化。人的相互关系，我觉得跟我们当学生的时候差不多。

俄罗斯人喜欢喝酒，但这次去，我很少看到有人躺在街上，好像酗酒的情况也比以前好了一点。女孩子讲究穿着，一般在公共场合也有礼貌。我这次去调查了一些地铁，看到运行情况也不错。最近他们的生活中碰到一些困难，因为美国把油价压得很低，他们一年大概少收入 1000 亿美金，他们有一半外汇收入是靠石油和天然气的。另外，美国跟欧盟因为乌克兰的事情在打压俄罗斯，对他们的金融、经济影响不小，卢布最近好像贬值了 40%。

我最近去，是因为俄罗斯有很多项目要我们中国人做。现在因为懂俄语又搞建筑的人不多，所以北京直接让我去。去了以后，我帮他们沟通一下。比如 2018 年的世界杯足球赛在莫斯科，我到现场去看了，还在等我们去造。最近还有个项目，是中西医合作的医院，30 万平方米，北京国家设计院在做。

这些事让中国人做，是因为他们现在力量不在这个上面，他们关心军火、航天、石油、天然气；还有，中国人要稍微带一些投资。俄罗斯人现在就出土地，最好我们连建筑、连装修都给他们做了。我最近去了莫斯科一

回国之后的朱增祥
引自：《学子之路——新中国留苏学生奋斗足迹》

个很大的超市，可能还不是超市，是个综合体，里边有电影院，装修的东西全是我们国内的。他们这方面不重视，特别是装修，比我们差一点。土建方面，我去了看到，俄罗斯的工人很少，这方面他们可能不重视。设计水平不一定差，可是现在他们搞不过来。但是项目还有很多，所以我们最近还要去。搭上关系以后，他们一般希望我们一开始给他们垫一些资，比如搞一些材料、装修设备，他们提供土地。像老厂房改造，我们最近去也做了好几个。

我回国以后跟当年建工学院的苏联同学有过一些联系，但有一段时间因为中苏关系不好，就不联系了。后来记不得是哪一年了，我们不少人都回去，老同学相聚，我还住在老同学家，都蛮好。我有一个很要好的同学，他是苏联建筑工程科学院的院士，叫维塔里·奥列霍夫 [23]，当年是共青团小组长。他人比较正派，父亲也是个上校。他设计了一个体育馆，在新西伯利亚，在那里造起来了。我到俄罗斯去，都给他打电话。他也曾经给我写信。但是今年我去的时候给他打电话，他说他在住医院。我说你要是能够到上海来，我就吃住、参观整个都给你包下来。他说很抱歉，由于健康原因，我可能最近去不了。我到列宁格勒去，就住在同学家里。这次去任务比较重，到"波罗的海明珠"那个地方去看工程，就没找老同学。我最要好的那个朋友在新西伯利亚，他住在医院里边，我这次也就没找他。

总的来说，过来这么多年，我们的关系还是蛮好的。大家毕竟在一起待过 6 年嘛。我觉得俄罗斯人其实是蛮包容的，老师对我们也都比较诚恳。我总的来说有这么个感觉，同学也都不错。

列宁格勒建工学院的中国留学生回国之后，彼此接触不太多。我们上海在欧美同学会下面有一个留苏分会，我是副会长，一年大概有两三次会碰头，比如过春节的时候。有时候请俄罗斯驻上海领馆的人过来，有时候他们的小孩也来表演节目。但碰面的机会不多，年纪都比较大了。年轻人有一些，但不多；他们也不太参加同学会活动，可能还在忙于挣钱。

留苏六年，加上清华一年和留苏预备部一年，一共八年。八年的高校生活，在国内要是搞得好一点，连博士都可以拿到了。但我没有什么遗憾，觉得还是很满意的。另外我自己确实比较努力。50 年代能够挑中留苏的人，绝对是万里挑一，可能都不止，有这个机会非常不容易。在俄罗斯学习，那里的条件确实不错。尽管后来中苏关系不那么好了，但我们在学校里边，可以说一点都没有受到影响。国内 1959 年"自然灾害"，1957 年"反右"，我们都没怎么受影响；1958 年的"大跃进"有一点影响，但是对我们的学习直接影响不大。应该说，国家给我们创造了很好的条件。所以我真心诚意地讲，没有觉得遗憾。

我 1960 年回国时 26 岁，很想干事，但当时国内连吃饭都有问题，是最糟糕的时候。我们在苏联生活那么好，我一回来就因为营养实在差，一连生了几个月的病。我们学校早晨的稀饭里，就飘着几块山芋。天灾是有的，但人祸更严重。我们不能干专业，还要到农村去参加"四清"，搞到 1966 年还不让回来，还在下面。然后就搞"文化大革命"。在"文革"后期总算让我搞工程了，但大多数同事都没有得到这个机会。我们搞教学，带了一批"工农兵学员"去安徽，在那里设计兵工厂，算是搞了专业。后来设计了上海文化广场，所以我在"文革"期间还算幸运的，还做了一些工程。真正搞专业，是"文革"以后了，我还算做了不少东西的，国内国外都做了一些。

1960 年回来以后不能发挥，也不能叫遗憾，因为国家就是那个状态嘛。我现在照理应该休息了，可是我现在特别忙。他们老说，你都 81 岁了，怎么还出差到处乱跑啊？要不要个人陪你一下？我说不，我上埃及、上印度都一个人去的，美国我去了三次。埃及是有工程，他们政府请我去的；印度是我们申请加入国际设计联盟，我到新德里去开会，都一个人走的。今年俄罗斯去了一次，去联系工程；然后到东欧去了一次；10 月份从东欧回来，去香港；回来以后，已经到了厦门、武汉、北京；到青岛是讲课；又去了深圳、广州，昨天刚刚从广州回来。到处跑呀！也可能我脑子比较简单，总想干点事，八十多岁了还想干事，手里也做了几个工程，有广东一个工程，浙江一个工程。

1　采访者在 1952 年《人民日报》电子版上没有找到相关报道，应是《光明日报》之误。那时高考发榜，录取名单都刊登在《光明日报》上，《光明日报》也确实于当年 9 月底单独印发过"全国高等学校一九五二年暑期招考新生录取名单"，同时发布当年高考录取新生名单的还有各大行政区的主要报纸。

2　蒋南翔（1913—1988），1952 年 12 月任清华大学校长、党委书记，后在北京市及教育部工作，但仍长期兼任清华大学校长、党委书记，直至 1966 年 6 月"文化大革命"爆发。

3　钱伟长（1912—2010），物理学家、教育家，1949 年以后历任清华大学教授、副教务长、教务长。1958 年在清华大学被划为"右派"，仅保留教授职务。

4　马约翰（1882—1966），著名体育教育家。1936 年担任中国代表团田径队总教练，参加了在柏林举行的第十一届奥林匹克运动会。1914—1966 年先后担任清华大学助教、教授、体育部主任等。1954 年起任中国田径协会主席，中华全国体育总会副主席、主席。

5　黄报青（1929—1968.1.18），1947 年入清华大学营建系，1951 年毕业后留校，任土木建筑系副教授，系党支部委员，民用建筑教研室副主任，1959 年国庆工程国家大剧院剧院设计组组长。"文革"开始时不同意中央给原高教部长、清华校长党委书记蒋南翔定性为"反革命修正主义分子""走资派"，为此遭殴打、侮辱和批斗，但他誓死坚持，曾自杀未遂，后精神恍惚，跳楼身亡。著有《二层住宅及街坊设计问题探讨》（与吕俊华合著，《建筑学报》，1958 年，第 4 期）、《中国剧场建筑史话》（《人民日报》，1961 年 12 月 31 日）。另参见：曾昭奋《各具特色的学术研究》，《读书》，2007 年，第 5 期。

6　李道增，1930 年 1 月 19 日出生于上海市，祖籍安徽合肥。1952 年毕业于清华大学建筑系，之后留校工作，1983 年晋升教授，1985 年晋升博士导师，1983—1988 年任建筑系系主任，1988—1990 年任建筑学院首任院长；1993 年赴美国卡纳基·梅伦大学任剧场设计客座教授；1985—1997 年任第 2、3、4、5 届校学位委员会委员，建筑学分委会主席；兼国务院学科评议组成员、首都建筑艺术委员会副主席；1983—1993 年入选中国建筑学会常务理事，1993 年后至今任名誉理事，1999 年当选中国工程院院士。曾主持庆祝建国十周年工程的国家大剧院与解放军剧院的设计（因国家财力所限未建），承担北京天桥剧场、儿童艺术剧院工程。曾为 1998 年国家大剧院提出可行性研究方案、为国际方案竞赛提供中央领导选择的三个方案之一。出版《西方戏剧·剧场史》（北京：清华大学出版社，1999 年）。

7　楼庆西，浙江省衢州人。1952 年毕业于清华大学建筑系，后留校工作，参与梁思成教授主持的宋《营造法式》注释工作和中国建筑史研究。曾任党委书记。后升任教授、古建筑研究所所长。担任清华大学建筑系周维权教授领衔的

《颐和园》一书，以及《中国美术全集》若干建筑卷的摄影工作。晚年参与陈志华领衔的中国乡土建筑研究。主要著作有《中国古代建筑》（北京：中共中央党校出版社，1991年）、《凝视：楼庆西建筑摄影集》（郑州：河南科学技术出版社，2000年）、《中国建筑艺术全集（24）：建筑装修与装饰》（北京：中国建筑工业出版社，1999年）、《中国建筑的门文化》（郑州：河南科学技术出版社，2001年）、《中国古建筑二十讲》（北京：三联书店，2003年）、《中国小品建筑十讲》（北京：三联书店，2004年）、《南社村》（郑州：河南教育出版社，2004年）、《中国古代建筑装饰五书》（北京：清华大学出版社，2011年）等。

8　高亦兰，女，1932年3月生。1952年毕业于清华大学建筑系，毕业后留校任教，长期从事建筑设计的教学、设计实践和研究工作，为清华大学教授、博士生导师、校长教学顾问。1988—1992年任清华大学建筑学院建筑系系主任。为中国建筑师学会建筑理论与创作委员会委员、全国高等学校建筑学专业教育评估委员会主任委员、国际女建筑师协会会员。曾参加或主持过多项重大设计项目如中国革命历史博物馆、清华大学中央主楼、毛主席纪念堂、燕翔饭店（1989年获教委系统优秀设计二等奖）等。1993年获全国优秀教师称号，其教学成果（合作）获1993年全国普通高等学校优秀教学成果奖国家级一等奖。

9　完整的校名是北京俄语专科学校，简称俄专。留苏预备部是俄专的二部。从1953年到1955年初，留苏预备部的校址在现中央音乐学院，后迁往魏公村现北京外国语大学校园。

10　师哲（1905—1998），陕西省韩城人，中华人民共和国俄语翻译家、苏联问题专家。1924年加入中国社会主义青年团。1925年被选送留学苏联，先后于基辅联合军官学校、莫斯科军事工程学校学习，1928年毕业。1926年加入中国共产党；1929年，由周恩来安排，进入苏联国家政治保卫局（简称格别乌）受训；1939年，专职任中共驻共产国际代表团政治秘书。1940年3月回到延安；1948年3月随毛泽东到西柏坡，任中共中央书记处政治秘书室主任。中华人民共和国成立前夕，随刘少奇所率中共代表团秘密访问苏联，任随行翻译。1949年后，分别任中共中央马列著作编译局、北京俄语专修学校、外文出版社首任局长、校长和社长，同时兼任毛泽东、周恩来、刘少奇、朱德等中共中央领导的俄文翻译，并参与《毛泽东选集》俄文版翻译。先后随毛、周、朱等人访问苏联及东欧各国，参加了中苏两国领导人对话。1957年1月离开秘书圈，出任中共山东省委书记处书记；1958年因生活错误被开除党籍，"文革"前夕被送进秦城监狱；1980年被安排到中国社会科学院苏联东欧研究所（后改为东欧中亚研究所）任顾问。著有《在历史巨人身边：师哲回忆录》（北京：中央文献出版社，1991年）。

11　据采访者了解，1953—1954年俄专的留苏预备生有2000多人，次年有1375人选送留苏。

12　据采访者了解，家庭出身一般指父亲的职业，社会关系则旁涉到亲戚的职业。当时选拔留苏生，社会关系远比家庭出身重要，很多人最终被取消留苏资格，不是因为本人成分或家庭出身，而是因为社会关系，比如有亲戚在海外。

13　鲍世行，1933出生，浙江绍兴人。1959年毕业于清华大学建筑系，20世纪60年代初，先后在建筑工程部、国家建委、国家计委从事城市规划管理工作，后在四川从事城市规划设计工作。主持攀枝花市城市总体规划，曾获得省、部级奖。作为国家建委专家组成员参加唐山和天津两地震后恢复重建规划。80年代，在国家城建总局、中国城市规划设计研究院工作。先后主持《城市规划》，*City Planning Review* 和《城市发展研究》城市规划界三大学术期刊，90年代后调中国城市科学研究会，任副秘书长，主持常务工作，从事城市科学理论研究。主要编著有《跨世纪城市规划师的思考》（北京：中国建筑工业出版社，1990年）、《城市环境美学研究》（北京：中国社会出版社，1991年）、《城市科学 希望与未来》（北京：中国建筑工业出版社，1992年）、《城市流动人口研究》（北京：中国社会出版社，1992年）、《城市规划新概念新方法》（北京：商务印书馆，1993年）、《中国历史文化名城词典》以及《杰出科学家钱学森论城市学与山水城市》（与顾孟潮主编，北京：中国建筑工业出版社，1996年），《杰出科学家钱学森论山水城市与建筑科学》（与顾孟潮主编，北京：中国建筑工业出版社，1996年）、《攀枝花开四十年：1965—2005》（与陈加耘主编，北京：中国建筑工业出版社，2005年）等书。曾任中国城市科学研究会、中国城市规划学会、中国行政区划研究会、中国都市人类学会、中国城市生态学会的常务理事，以及《中国名城》《名城报》《地下建筑》等报刊编委。

14　据采访者了解，1956年之后留苏大学生锐减并非因为中苏关系恶化，而是由于国家调整了政策，开始多派研究生。

15　刘允若（1930—1977），刘少奇次子。1954—1960年就读于莫斯科航空学院。

16　据采访者了解，1952年出国的220名留苏生里的确有一些高干子弟，但没有占到大部分。

17　赵晓津，1960年毕业于列宁格勒建工学院建筑专业学，回国后先后在国防科委和郑州设计院工作。

18　这里提到列宁格勒建工学院师生当时参与设计了列宁格勒八座地铁站中的五座，有设计者姓名，但很难从中判断哪位是来增祥先生所说的老师。后面他提到参与设计地铁的老师时，也是用的复数人称。参见："圣彼得堡建筑工程大学建筑系历史"词条介绍，https://www.spbgasu.ru/Studentam/Fakultety/Arhitekturnyy_fakultet/Istoriya_%20fakulteta/#after1945。

19　同济大学文远楼建于1953年，长期作为建筑系行政教学楼使用。"火烧文远楼"是指发生在这幢楼里的政治运动，共有三次。第一次是1958年，全国开展"总路线""大跃进""人民公社"运动，要求破除迷信，超英赶美，力争上游。学校党委发动一些学生"大鸣、大放、大字报"，批判建筑系"资产阶级教学思想"，要"破建筑系资产阶级顽固堡垒"，被称为第一次"火烧文远楼"。第二次是1964年，全国建筑界开展"设计革命化"运动，校党委派工作组进驻建筑系，发动学生写大字报，被称为第二次"火烧文远楼"。第三次是1966年，"文化大革命"开始，学生造反，打烂专业，发动第三次"火烧文远楼"，批判专业培养目标中提出的"对人的关怀"是修正主义的，批判教学内容是"封、资、修""洋、贵、飞"，整个建筑系是资产阶级大染缸。参见：董鉴泓、钱锋编《同济大学建筑与城市规划学院（原建筑系）50年大事记》，《同济大学建筑与城市规划学院五十周年纪念文集》（上海科学技术出版社，2002年）。来增祥教授此处提到的，应是第二次"火烧文远楼"。

20　韩中杰（1920—2018），上海人。1942年毕业于上海音乐专科学校管弦系。1956年加入中国共产党。曾任南京音乐院讲师、上海音乐学院副教授、上海市交响乐团首席长笛兼乐园副主任。1951年后，历任中央歌舞团乐队队长、指挥、长笛独奏员。1961年获苏联列宁格勒音乐学院副博士学位。同年回国，历任中央乐团交响乐队指挥兼中央歌剧院指挥、中国音乐学院指挥系教员、中国音协第三届理事。曾担任歌剧《叶甫根尼·奥涅金》《卡门》及中外交响乐演出指挥。

21　据采访者了解，当时在列宁格勒列宾美术学院学习油画的有罗工柳（1916—2004）、李天祥（1928—2020）、全山石（1930—）、林岗（1925—）、肖峰（1932—）、郭绍纲（1932—）、徐明华（1932—）、邓澍（1929—）、冯真（1931—）、张华清（1932—）、李骏（1931—2019）等。这些人回国后分别任教于中央美术学院、浙江美术学院（现中国美术学院）、广州美术学院、南京艺术学院、南京师范学院（现南京师范大学）等，均为一线教学骨干。

22　1956年2月24日，苏联领导人赫鲁晓夫在向苏共第二十次代表大会所做的报告中，首次揭露了斯大林时代对苏联党政军内部的大清洗真相。由于这个报告的内容不是由苏方公诸于世，而是流传到了西方之后才被披露，所以史称"秘密报告"。

23　维塔里·奥列霍夫（Витарий Орехов, 1937—2014），俄罗斯苏维埃社会主义共和国联邦艺术科学院通讯院士（1988）、俄罗斯建筑工程科学院院士（1998），曾获"俄罗斯苏维埃社会主义共和国联邦功勋建筑师"（1978）和"俄罗斯联邦人民建筑师"奖章。参见：https://ru.wikipedia.org/wiki/%D0%9E%D1%80%D0%B5%D1%85%D0%BE%D0%B2,_%D0%92%D0%B8%D1%82%D0%B0%D0%BB%D0%B8%D0%B9_%D0%92%D0%BB%D0%B0%D0%B4%D0%B8%D0%BC%D0%B8%D1%80%D0%BE%D0%B2%D0%B8%D1%87 。

董黎教授谈中国近代建筑史研究与建筑学专业的地方建设

受访者
简介

董黎

男，1953 年生，湖北武汉人，工学博士、教授，已退休。20 世纪 70 年代在湖北沙洋化肥厂当工人，1978 年 2 月考入哈尔滨建筑工程学院建筑学专业（现哈尔滨工业大学），后在重庆建筑大学（现重庆大学）和东南大学获得硕士与博士学位，1990 年曾任日本神奈川大学访问学者。曾在武汉工业大学任教。1998 年调入华南建设学院。2000—2011 年任广州大学建筑与规划学院第一任院长。出版著作 5 部[1]、发表学术论文 50 余篇、主持国家自然科学基金和国家社会科学基金项目各 1 项、参与了《中国近代建筑史》[2]第二卷、第三卷的编写。曾被授予广东省高等学校第三届教学名师、广东省南粤优秀教师、广州市劳动模范等多项荣誉，先后获得国家高等学校教学成果二等奖、广东省高等学校教学成果奖一等奖和二等奖、广州市科技进步二等奖等。

采访者： 魏筱丽（广州大学建筑与城市规划学院）
访谈时间： 2019 年 10 月 31 日、12 月 26 日
访谈地点： 北京师范大学珠海分校办公室
整理情况： 2020 年 1 月 2 日整理，参与者孙会梅（广州大学建筑与城市规划学院）
审阅情况： 经董黎先生审阅
访谈背景： 董黎教授是"文革"后第一批考入高校建筑学专业的学生，是较早期开始近代建筑史研究的学者，也是高等院校建筑学专业在广东地区新院校的开拓者。对董黎教授的两次采访，可以对 1978 年以后的中国建筑教育、建筑史学史与地方建设史研究提供资料。

董 黎 以下简称董
魏筱丽 以下简称魏

魏 董老师，能讲讲您的求学经历吗？那时的建筑学教育是怎样的？

｜董 我是 1977 年恢复高考后第一批考入高校的学生。直到现在，当时的七七级、七八级学生还被给予较高的社会评价，其缘故也不是几句话能说清的。其实，当时国家是百废待兴，学习条件远远不及现在，我想，最大的教育特点可能是教师有热情教、学生有热情学，教师和学生有共同的目标吧。1977年高考，建筑学专业还只有 7 所院校恢复招生。我们那几届学生，主要是接触到现代主义建筑和西方的建筑思想与方法。当时的信息渠道不多，基本是循着老师的教学思路去做。在哈尔滨建筑工程学院上学的时候，教学案例都是老师在黑板上画的，也没有外文，更没有现在的教学手段的影像资料了，就是靠老师画。那时候老师在黑板上画，然后自己模仿，实际上那些建筑到底是什么样子，我们也不知道。据说老建筑院校里面还进口了少量外文杂志，学生也没有机会接触。老师向我们传授的是中国近代引进的建筑教育体系，即源自美国宾夕法尼亚大学的建筑教学方法。当年哈尔滨建筑工程学院老师在学生眼里都是才华横溢、专注热情的样子，因此，当时这几所院校毕业的学生，在老师的引导之下，充满了对西方现代主义的崇拜，就尽力去模仿。

那个时候还不能算完全开放的环境，研究中国近代的建筑史为时过早，不好评价。你比如说现在哈尔滨的标志性建筑，那个红砖教堂[3]。当时我们根本不知道，都是被一片居民区围着，老师从来一句不提。设计课完全是讲的西方建筑，所说的建筑思想、由里到外的功能主义设计方法、思路，基本上都是以西方建筑为脉络来讲的。

那时候教学资料引进的少，当时老师的资料来源也少，主要是 20 世纪六七十年代那些东西。那时候没有什么比较特别的书，都是老师自己的资料。当时，像建筑史这一类的书都不知是哪里印刷，很粗糙简陋。记得有罗小未老师的《外国建筑历史图说》[4]，现在仍然是建筑史教学用的教材，好像名字是《外国近现代建筑史》[5]了，后来出版的都是中国建筑工业出版社的，很规范，但是我们当时手上拿到的都是自己印的。

印象最深的教材是彭一刚先生的《建筑空间组合论》，那个时候好像也不是正式出版的，只是各个学校交流的自编教材。那时候我们按建筑类型跟不同的老师学习，有体育馆建筑、剧院建筑、工业建筑。为了了解一点新信息来增加设计作业的创意，学生会拼命地订杂志，当时的本科生都订好几种杂志，包括《建筑师》刚刚创办的时候，尤其是刊登了当时举行一些大学生的设计竞赛作业，在学生中反响很大。

我接触到医院建筑的那些概念是 1985 年以后的事了，当时我在重庆读研究生，也是按建筑类型确定自己的研究方向，我的导师是罗运湖[6]先生，他是"文革"前毕业留校的教师，也是改革开放以后第一批被建设部派到欧洲学习考察的。他去了比利时的鲁汶大学，带回了当时的现代医院设计理念。罗老师关于医疗建筑的大部头著作[7]，目前还是国内医院建筑设计的经典。对于建筑学领域来说，医院建筑是一个科技含量很高的建筑类型。

工作的时候，我参与了两所新办建筑院校的创立，一个是武汉工业大学[8]，一个是广州大学。1982年我毕业后分配回武汉建筑材料工业学院（后更名为"武汉工业大学"），马上成为78级工业与民用建筑专业毕业设计指导老师，当时还没有开办建筑学专业。随着国内建设规模的迅速扩张，建筑学成了社会上非常热门紧俏的学科。1988年，武汉工业大学决定成立建筑系，第一任系主任是左潘沅[9]教授，是一位很有风度的学者。我刚从重庆读完研究生回校，即被委任为系副主任，负责建筑学教学工作。当时的办学条件真是很困难的，系办被戏称为"大队部"，师资也是奇缺，不然的话，一个硕士毕业生怎么能直接去担当这种责任。但值得自豪的是，20世纪90年代的武汉工业大学建筑学还真培养了一批学术上很有建树的人才。1992年我到东南大学读博士，毕业后来了广州，也是受当年南下风气的影响吧。我太太也是77级的，她被调到广州，我也就调到了华南建筑学院，当时是1995年年底，先是做系总支书记和副主任，2000年并入广州大学后担任建筑与城市规划学院院长。

魏 您1992年进入东南大学在齐康教授的指导下攻读博士学位时，开始研究教会大学建筑的课题。作为近代建筑历史的研究者，是否可以谈谈您的研究经历？为什么会开拓这个研究主题？在学界，近代建筑史研究是从改革开放后开始的吗？

｜董 其实，中国近代建筑史的研究并不是在改革开放后才开始的。早在20世纪50年代就有了，但是这个方向当时没有得到认可。刘先觉老师当时就写过中国近代建筑史方面的论文，但是他开启的这个方向当时没有多少跟随者。为什么没有跟随者？中国近现代建筑事业基本上是从国外回来那一批学者开启的，他们主导的建筑学教育体系，讲的是西方建筑理论和西方现代建筑的成就。讲西方现代建筑背景和成熟发展的整个过程，比如说包豪斯等，就可能不太容易激发大家去关注自己国土上发生的建筑演变。更何况，近代中国的建筑演变过程绕不开国外建筑师在中国的活动，这也和当时的政治形势不是很合拍，更不好评价。所以，刘先觉老师硕士论文之后的跟随者比较少，没有在学术上形成一个脉络。到1978年改革开放之后才有这种可能性，思想开放了，但是说成为一个学术研究的热点，好像也不是。因为在研究中国近现代建筑发展的过程中，马上就有人去讲中国古代建筑的传统思想如何辉煌，如何源远流长，想要把现代建筑思想纳入到中国传统建筑里面去，特别是讨论建筑空间论的时候，要反复地说是中国哲学思想影响。这种思想没有真正从社会时代的发展，对一个行业影响，这些方面去考虑。中国近现代建筑发展是一个时代性的革命，它是一个颠覆性的理念变化。所以不能把中国的近现代建筑史一定拖到中国传统建筑思想的脉络里面。从建筑思想教育来讲，它真正的源头还是从西方引进的。回顾近代中国的现代建筑实践过程，有些甚至要追溯到租界建筑规划、教会大学建筑、教会医院建筑等的展示作用。但是这个事情是很不容易被认同的，分歧也很大。

魏 是的，建筑学这个学科是从西方引进来的。

｜董 是，近代建筑教育、现代建筑思想的理论、方法，包括思维方式，实际上是从西方引进的。其实我写的第一篇论文不是在大陆，而是在台湾建筑杂志上发表的，讲的是租界建筑。我当时在武汉工作，我说汉口租界是当时现代建筑的展示场。我还记得在那篇文章中末尾引用了梁启超的话，说那是一个过渡时代，是一个很激烈、很伟大的变革时代。

当时，租界在国内更是一个难以评价的题目，当你研究一件事情的时候，要评价它，就要讲清楚为什么值得研究。当时难就难在认同它对中国的城市发展起到一种启示作用，对中国城市近代化有一定的积极作用。偶然有这样的文章出来的话，响应者很少。也不是说犯了多大忌讳，会遭到什么批判，但是把它作为一个学术命题来讲，愿意深入探讨的人比较少。建筑学专业毕竟是应用型学科，改革开放给了建筑学专业一个千年难逢的黄金时代，都忙着做设计去了。我觉得，近代建筑史毕竟是一门行业专门史，本来就应该是少数人的学术兴趣所致，真要成为主流的学术热点也不正常。汪坦教授在清华主持近代建筑史研究的时候，主要是跟日本东京大学的藤森照信教授以国际合作的形式开展起来的。那个项目还是以对方为主。因为藤森教授是得到日本财团的资助。当时的目标就是编一套关于中国主要城市的近代建筑简史，发动一些有兴趣参加的人先调查，然后写一篇概述，是登记式的研究，后来在基金会的资助下开了几次会。

现在中国的建筑是不是完全的由西方建筑促成的？我觉得是的。功能主义的这种建筑形态，怎么不是呢？完全是的。我们是执行得最好的。现代建筑思想传入中国以来，中国的实践是最彻底的，改变是最快的，而且它对中国人的生活改变是最彻底的。

但是我们谈源头的时候，总是喜欢把它往中国人的那种传统思维模式影响下所产生的方向去思考，希望这种中国传统思维模式加上现代技术的改变。其实在国内，从建筑学专业教育角度而言，所谓的现代建筑教育思想和整个思维方式，还没有足够的时间去深入理解、消化或形成某种共识，改革开放之后的各种建筑思潮冲击得太快了。但是，这方面又有一个补充，就是我们大量的建筑实践来补充了这个缺陷。而在建筑教育方面，学校里更多的是去谈建筑形式风格之类，那么现代建筑那一套理性的、技术性的、经济性的观点反而没有扎根下来，也包括现代建筑的功能主义设计原则。

魏 您怎么会在博士的时候想到做历史方向？当时齐康老师是什么意见？

｜董 这个呢，是跟个人兴趣有关。我刚开始并不是说要去研究教会大学，90年代初期，国内学术界是很少涉及教会大学课题的，社会上就更少有人关注了，其实我那时对教会大学并不了解的。我们的学校在南京，南京有些近代中式的大屋顶建筑。我开始想研究的是中国古典建筑大屋顶的演变过程，像金陵大学、燕京大学，还有南京师范大学的那种用钢筋混凝土做的大屋顶，包括当时主要的建筑师——墨菲（Henry K. Murphy）[10]，探究一下用现代建筑材料去模仿中国古典建筑形式的过程和社会影响因素。调研时得知中式的大屋顶建筑形式是在教会大学里面首先采用的，如果将近代大屋顶建筑视为中国古典主义建筑复兴，为什么会从教会大学起始？就要去考察它的历史背景，去看他们是怎么做的，去考察一下由外国教会创造的这种仿古建筑为何在20世纪30年代演变成一种中国传统文化的标志物，一种象征着中华复兴的国家形象，成为国粹的一种体现。而且，中华人民共和国成立十周年时，首都十大建筑也还是采用中式大屋顶建筑形式，可见这是有文化意识的深层因素。这样的课题有实例、有故事、有探讨和发挥的空间，很适合做史学方向的博士论文。

另外一原因就是得到我的导师齐康教授的全力支持。齐先生对教会大学比较熟悉，他的父亲是被教会送到国外去学习建筑的，回来之后在金陵大学负责校园规划和建设，齐先生也算是在教会大学校园里长大的。他父亲还曾经做了一件事，在日军"南京大屠杀"的时候，是最后留守在金陵大学难民营的中方负责人，这在"南京大屠杀"史料都有记载的。这个课题不是齐老师指定的，但他对这个题目是非常的支持，还有刘先觉老师也很支持。我毕业之后回到学校，后来拿这个课题还申请到国家社科基金。那个时候的国家社科基金数量很少，后来有人还问"怎么让工科的人拿了国家社科基金"。

所以我就觉得近代建筑史研究这个过程，其实从汪坦先生开始中国近代建筑史的研究以来，虽然参加的人数广，但能坚持下来的却是一个很小的圈子。它在学术界的影响力虽然一直不大，作为一种很有意思的学术专题研究，我觉得是挺好的。汪坦先生当时是和日本东京大学的藤森照信教授合作，还有几个人到那里去读了博士。当时积累了一批成果，尤其是连续召开的几次中国近代史研讨会，研究生发表论文特别踊跃，出了厚厚的论文集。中国建筑工业出版社组织编写了《中国近代建筑》五卷本，由赖德霖、伍江和徐苏斌负责主编，大部头，印刷装帧很好，算是汇集了这个专题研究的主要成果，前两年还拿到了国家级出版奖。

学生对这些题目都是比较感兴趣的，在学校期间，他们会比较重视，参与度很高，但他们走入社会之后一般就放下了。前些年，国家自然科学基金对建筑学科的资助一向很少，拿一般项目很难，据说这种现象现在已有很大改善了。主要是学术评价体系不同吧，我还是以医院建筑研究方向申请到的国家自然科学基金。到广东以后，接触到许多实际的城市建设问题，感觉自己需要做一些确确实实能够和现实相结合的事情，不同于这种讨论。医院建筑是我硕士期间的研究方向。

魏 您能谈谈在广州大学从事建筑教育和学科建设的情况吗？

｜董 我 1977 年考试，1978 年入学。当时刚刚进校的时候，清华没招生，每一个学校招生一个班 30 人左右，那么这 7 所院校一共不过 200 来人。现在发展到了四五百所学校招生，可见变化有多大。包括很多职业学院都办了这一类专业，并且还有从建筑学专业里面分化出去的城市规划专业、风景园林专业、室内设计专业，还有包括室内装修、古建保护，等等，这些专业都纷纷地成立。实际上最早的种子就是当时的那七八个院校，最早的那一批只有 200 人左右。当时的毕业生留在国内的，基本都进了高校。

广州大学的建筑与城市规划学院是一所新院校。我觉得建筑教育的普及和大量新院校的出现对中国建筑的发展起到很大的作用。它提供了大量的储备人才，这些人才迅速地发挥了作用。所以我们应该做个研究专题来记录一下，从 1978 年以后，我们的建筑教育发展的过程和它的作用，从过去的老八校一下子发展到最后能够注册登记的是 200 多所。这是全国建筑教育建筑协会公布的数据，实际上还不止。如果包括那些很多没有登记、不参加评估，或者是不在名单上的，我估计大概有 500 所了。

魏 广州大学建筑与城市规划学院的前身是华南建设学院西院（简称华建西），2000 年并入到广州大学，您在 2000 —2011 年担任学院的院长，对吗？

｜董 是的。我是 1995 年 12 月份去的华建西，开始时担任建筑系的副系主任，后来建筑系与环境艺术系合并，又担任了总支书记。学院再早可上溯到广州市城建职工大学 [11]。1991 年纳入教委系统，主办单位是市建委，成为广州城市建设学院 [12]。后来成为华南建设学院西院 [13]，挂靠在广东工业大学招生。东院是机械局的 [14]。

魏 1995 年的时候，是您领导改革的五年制是吧？

｜董 对，第一件事就是把学制改了，当时招的是四年制。我是五年制那个体系出来，而且这个平台要和别人搭接，我当时想自己闯天地，那就要自己建平台，获得别人的认同。所以我就动员增加一年学制，改成了五年，把当时在校学生改成五年。因为他们改成五年制有了两届毕业生之后才能去申请建筑教育评估。所以他们毕业后拿的依旧是东院的工学学士学位。严格说来，那一批学生是吃亏的。但是跟他们讲清楚了，动员了，家长要多出一年学费，学生晚一年工作，然后再修改教学计划，所以我们从 1997 年就开始五年制。

我们的建筑教育评估是全国第 27 个通过的，所以我们参加得很早。在参加评估之前，我们还成功申报建立了建筑学硕士点，这也是比较早的。当时，建筑学专业评估的影响力比现在要大得多。早期的时候，人家觉得像我们这种院校居然来申请评估，感到很惊讶，因为这对于一个新院校简直是不可思议的事情。当时，建设部派来的评估组有清华大学建筑学院的院长、同济大学的教授，还有中国建筑学会的理事长、新加坡理工大学的建筑系主任，他们过来评估，相比之下显得我们也太没名气了。但我们准备得很好，全校动员，校长、书记都亲自陪同，然后全校的学生晚上都在配合着上自习，早上在路边早读，因为当时也没有几个人听说过广州大学。当时还有人说："你看我们建筑专业评估都是很有传统的老学校，这样的学校也来参加评估，这个通过了也应该分级，有个层次上的区分"。说实在的，听了这个，我心里还是很不舒服的。

我们当时通过评估以后，接着就申请了好几个名分，有教育部特色专业、广东省和广州市的高等学校名牌专业，还有省里的重点学科等。评广东省的重点学科的时候是我和彭长歆[15]两个人一起去答辩的。当时难在要有省部级奖。省部级的科技进步奖、自然科学奖，对建筑学专业来说，这类科研奖太难了。恰好那时我有一个广州市科技进步奖二等奖，那个算是广东省科研奖最低标准。最后成为广东省重点学科。对于建筑学、城市规划这类专业，由于学科评价体系的缘故，达到门槛标准不容易，但跨过门槛之后，其他专业的评委就很理解宽容了，竞争反而不大了。但中国高等教育体系的评比特别多，没几年就又换个名目重新洗牌。实际上，这种不断的评比对专业建设的压力很大，也是将有限的教育资源再分配，老牌院校有历史积淀，师资雄厚，不容易被翻牌，新院校和新专业的难度大多了，毕竟能持续出所谓成果是不现实的，何况建筑学科离现在的科研评价体系已越来越远了。

魏 是否有这样一个说法？那些历史比较短的学校，应该更多注重实践型人才的培养，更加能满足国民经济建设需要；而对于一些比较少的人去做的，比方说像历史理论这样的研究，应该交给一些历史比较悠久，更有资历的学校去做？

｜董 虽然趋势是这样，但是这取决于主持学院工作的人的想法，有的人就满足于这种状况。我们刚开始去的时候，有的老师是这样想，认为我们学生能在建设领域工作就可以了。但是我觉得这样子没意思，对吧？我就觉得不甘心。但是如果你要换一个觉得甘心的人也可以，毕竟那个时候城市发展很快，建筑学曾经是最好的专业。

魏 现在学院有三个专业，大概已经有1000多个学生了。华建西最早的时候一年级招多少学生？毕业的学生是不是都最想进设计院做建筑师？他们参加工作的情况是怎样的？

｜董 华建西最早的时候有2个班，也就50多人吧，都是后来发展起来的。毕业生其实相当多人都已经脱离设计岗位。他有几条路，一个是根据自己兴趣爱好改专业，这是极少数人；另外一批就是去了房地产公司，还有自己开公司创业的。总的来说我们可能去设计院的前几年比较多，这几年不一定。我们去年（2018年）的研究生毕业之后，去设计院的不过是少数，大都去了房地产公司，还剩下一些在考博、考公务员。起码对研究生来说，设计院现在已经不是首选了。以前90年代的时候，肯定算是首选，去大型设计院是很荣耀的事情，特别能去到省设计院那种大型的甲级院，那是很光彩的，我们评估的时候都是会写出来。

毕业生的情况我没有特意去调查过。九七、九八届的学生在大型建设项目中得过很多奖，好几个已经是教授级高工了，从政的也有。记得我们教师不足的时候，都是把这些学生找回来上课，帮助很大。我们的学生绝大多数都留在广东，说明行业对我们的学生认可度是很高的，尤其是广州地区，专业意识强，动手能力强，能干活呀！

感谢唐文胜和龙灏提供的信息。

1　《岭南近代教会建筑》（北京：中国建筑工业出版社，2005 年），《中国教会大学建筑史研究》（北京：科学出版社，2010 年），《房屋建筑学》（北京：高等教育出版社，2006 年），《医疗建筑》（武汉工业大学出版社，1999 年），《基层医院的整体策划与建筑设计方法》（北京：科学出版社，2014 年）。

2　即赖德霖、伍江、徐苏斌主编《中国近代建筑史》（北京：中国建筑工业出版社，2016 年）。

3　哈尔滨圣索菲亚教堂。

4　即罗小未、蔡琬英著《外国建筑历史图说》（上海：同济大学出版社，1986 年），此时应为该书的油印本。

5　与前面所说历史图集并非同一本书，应是《外国近现代建筑史》（北京：中国建筑工业出版社，1982 年），该书目前已经是第四版。

6　罗运湖（1933—2015），四川遂宁人。1956 年毕业于重庆建筑工程学院建筑系，重庆大学建筑城规学院教授，国家一级注册建筑师。曾任中国建筑师学会医院建筑学术委员会委员。著有《现代医院建筑设计》（北京：中国建筑工业出版社，2002 年）。

7　可能是指罗运湖著的《现代医院建筑设计》（北京：中国建筑工业出版社，2002 年）。

8　2000 年并入武汉理工大学。

9　左濬沅（1924—2018），教授，1947 年考入中央大学工学院建筑工程系。1952 年入读东北工学院研究生。毕业后在重庆建筑工程学院任教，之后调入武汉建材学院建筑工程系，1985 年创办武汉工业大学建筑系并任系主任。参考来源：中南建筑设计院副总建筑师唐文胜，武汉工业大学建筑设计及理论硕士（1997）。在唐文胜提供的信息中，未提及左濬沅在清华大学的履历。

10　墨菲（Henry Killam Murphy, 1877—1954），又译茂飞，美国建筑师。1877 年出生于美国康涅狄格州。1895 年进入耶鲁大学攻读艺术专业。自 1900 年先后于纽约 Tracy & Swartwout 和 Delano & Aldrich 建筑事务所任职。1906 年在纽约开设了自己的事务所，后与 Richard Henry Dana 合伙开创实业，并将事务所改名为 Murphy & Dana Architect（1906—1921）。1914 年墨菲首次来到中国，1918 年在上海建立分公司，称为"茂旦洋行"。1921 年事务所重组，更名为 Murphy, McGill & Hamlin Architects（1921—1924），后来又独立经营事务所。曾设计清华大学、金陵女子大学、燕京大学、岭南大学的整体规划或建筑群。作为顾问曾主持并修订南京《首都计划》。其"适应性建筑"吸收中国传统建筑元素，是近代中国建筑史中的经典。参见：方雪《墨菲在近代中国的建筑活动》，清华大学工学硕士学位论文，2010 年。

11　1984 年建立，校址位于广东省广州市建设二马路市政俱乐部内。

12　1991 年建立，校址位于广东省广州市麓景路，现广州大学广园校区。

13　1995 年建立。

14　指原广东建筑工程专科学校，1995 年并入广东工业大学。西院则于 2000 年并入广州大学。

15　彭长歆，1968 年出生，工学博士、华南理工大学建筑学院教授、副院长。于 1990 年、1999 年和 2004 年分别获得华南理工大学建筑学系学士、硕士和博士学位。1990—1996 年任广东惠阳建筑设计院建筑师。2005—2014 年在广州大学建筑与城市规划学院任教。2013—2014 年美国弗吉尼亚大学建筑学院访问学者。自 2014 年在华南理工大学建筑学院任教，主要从事中国近现代建筑研究。

当代建筑设计实践

- 王福义先生谈工业建筑设计（戴路、白帝）
- 奚树祥先生琐忆（李鸽）
- 费麟先生谈改革开放后对外交流经历（戴路、康永基、李怡）
- 马国馨院士谈建筑创作与后现代主义建筑（卢永毅、王伟鹏）
- 三线建设中的建筑设计和建筑师——以"2348"工程为例（刘晖）
- 华侨大学厦门校区的校园规划及湿地环境建设——刘塨老师访谈录（黄锦茹）

王福义先生谈工业建筑设计

受访者简介

王福义（1929.3.17—2019.9.5）

男，江苏省徐州人，天津大学建筑学院教授，一级注册建筑师。1953年毕业于清华大学建筑系，1954年到天津大学建筑学院任教。长期从事建筑设计教学与建筑理论研究工作，担任建筑学课程设计、毕业设计、指导研究生和生产设计等教学与设计工作；1985年赴日本考察铁路旅客站设计，1992—1998年多次赴美国考察美国当代住宅的设计及相关问题。先后在《建筑学报》《世界建筑》《建筑师》《工业建筑》等刊物上发表过《采用新型结构的灵活车间设计》《外国优秀厂房设计分析》《丹东铁路旅客客栈设计与探讨》《多层厂房的天然采光与控光》等学术论文十余篇，编写及参编了《厂房建筑统一化基本规则》《土木建筑百科》《丝织厂设计》《国外工业建筑编选》等专业书籍；致力于美国当代住宅和建筑设计与新技术的研究。

采访者： 戴路（天津大学建筑学院）、白帝（天津大学环境科学与工程学院）

访谈时间： 2019年3月7日

访谈地点： 天津市南开区王福义先生家中

整理时间： 2019年4月，2020年1月

审阅情况： 王福义先生于2019年9月5日去世，遗憾未经最终审稿

访谈背景： 2019年3月初我们对王福义先生进行了访谈，年过九旬的王福义先生克服身体不适接受采访，系统地介绍了当年在工业建筑方面的建设经验，讲述了天津拖拉机厂以及天津丝织四厂建设过程中不为人知的经历。王福义先生作为第一位在《建筑师》杂志投稿工业类型建筑的建筑师，对工业建筑有着深入的研究以及丰富的实践经验，曾在1985年去日本考察铁路建筑以及在1992—1998年多次往返美国考察美国当地住宅设计。通过这次对王福义先生的访谈，为口述史积累了宝贵的基础资料。

王福义先生　　　　　　　　　2019 年 3 月王福义先生于家

王福义　以下简称王
戴　路　以下简称戴

戴　在 1982 年《建筑师》杂志第 13 期，首次开辟工业建筑专栏，您发表了一篇题为《从若干实例看国外工业建筑设计的一些特点》的文章，当时您为什么会发表这篇文章？

　王　当时我在天津大学建筑系工业建筑教研室，由于很多工业建筑形式相对单一并且涉及军工，有相应的保密要求，所以当时国内很少发表研究工业建筑的文章。由于我自身从事工业建筑设计工作，积累了一些设计经验。希望通过分析一些国外优秀厂房设计手法与设计初衷，更新工业建筑设计理念，学习新技术、新材料、新理论，适应当时市场的竞争和职工的健康需求。当时也是通过参与国内工业建筑项目、结合国外工业建筑设计理念所写。

戴　您在 1988 年《世界建筑》第 5 期发表了《国外优秀厂房设计分析》。在这篇文章中，提到了很多案例，这些案例是您实地考察过的吗？

　王　那时候我在国外的文献中看到了许多优秀的工业建筑。但是这些建筑很难去实地参观，因为很多涉及国防军工和高精尖技术。80 年代我去过日本东京，在那我实地参观了许多日本的交通建筑，后来那篇《日本铁路车站建筑考察与探讨》[1] 发表在《世界建筑》杂志上，介绍了我那时在日本的所见所闻。

戴　您在日本的交通建筑考察[2] 中，哪些地方给您留下了深刻的印象？

　王　日本城镇化起步比较早，他们的城市人口密度远高于当时的中国。那时的日本铁路车站和我国相比是有很大区别的。我在参观考察的时候，发现了几处令人印象深刻的地方。日本大车站的线路是立体交叉的，车站站舍一般都是多层建筑，比如我当时参观的横滨车站，这个车站建筑地上是八层，地下是三层。他们为什么会这样？因为国土狭窄、土地昂贵，多层车站能充分利用空间，节约土地。而且在使用上，大大缩短了人们换乘的步行距离。这对我们国家当时用地日益紧张的大中型沿海城市，确实有借鉴意义。还有一点令我印象深刻的是，日本的车站类似于我们现在的商业综合体，它是综合服务建筑。它除了交通功能，还能满足旅客们的食宿、娱乐和市民购物的需求。我们参观的横滨车站还设有文化培训中心和对外文化交流的设施。这个地上地下有十多层的车站，只有几层是站舍用房，其他多数是商业设施。每个大车站都设有贯通全站的通路，各个方向都有出入口，这样上下车和进出站都十分方便和高效。日本不同体制的电车公司[3] 的铁路可以联运，方便乘客换乘。而且各个出入口都直接通向城市街道，出门就

王福义先生（后排左一）与考察团成员于日本新宿站前合影

可以换乘出租车、巴士等交通工具，方便旅客集散。这样的车站设计可以适应高度工业化国家快节奏的生活。车站里有大量的人流，那些附属的商业也就有了经济效益。

戴　您接触到的国外工业建筑中，有哪些可以借鉴的地方？

　王　当时外国厂房的技术比国内新，比如丹下健三按动态理念设计的日本原町印刷厂[4]，它的主体是两个由框架构成的 30 米 ×90 米的空间，可以随着生产工艺的改变灵活调整，非常适合轻工业建筑。还有一种是下部用小跨度柱网、上部用大跨度柱网的多层厂房。因为单层大跨度的厂房虽然灵活，但是占用大量的土地、能耗高；多层厂房虽然节约用地，但是内部柱网多，使用起来不是那么的灵活。所以开始对多层厂房进行改进，厂房下部采用小跨度的柱网用来满足结构承重的需求，首层柱网划分出来的小空间可以满足办公、生活的需求；上部可以采用较大的柱网，这样空间更为灵活，满足生产的需要。国外一些研究成果也证明了这种做法的优势，比如苏联中央建筑科学院研究就证明了顶层是加大柱网的二层厂房和同一生产类型的单层厂房相比，减少了将近 1/3 的占地面积，减少 10%～20% 的厂房体积，降低基建费用在 10% 左右，还能缩短工期。

戴　在您曾经研究过的工业建筑中，是否也有像民用建筑一样有地域性差异？

　王　当然有了，比如尼日利亚的饼干厂。尼日利亚靠近赤道，气候非常炎热，降水量大，相对湿度能达到 100%。饼干的制作过程会产生大量余热，这样一来为了满足合适的生产条件会消耗大量的能源，可想而知设计难度有多大。建筑师就很聪明，他把厂房平面布置成细长形，面向当地的主导风向，立面也采用镂空的花格墙。这样就可以利用当地的自然风带走生产车间的余热，室内车间的生产条件变得更加适宜。建筑的屋顶也采用大挑檐，能够很好地遮阳。这就是一个典型的工业建筑结合当地地域性的设计案例。

戴　早期苏联援建中国许多工业建筑，您是否受到过苏联建筑设计的影响？

　王　我受苏联工业建筑设计的影响相对少一些，因为当时苏联工业厂房柱网是 6 米 ×12 米的柱网，但是中国有自己的情况，把柱网扩大到 12 米 ×12 米，这样空间就更灵活，满足工业生产的需要。还有，将车间的一端留下将来扩建的余地，形成"开放端"，这样可以根据生产技术的改进、生产规模的扩大来灵活调整厂房的大小规模。

天津丝织四厂效果图

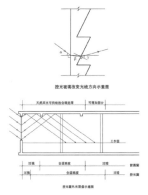

控光玻璃与控光窗
工作原理示意图
根据王福义先生手稿自绘

戴 我从您的文章中看到了厂房设计应该更加满足灵活性。

　　王 工业建筑和民用建筑不太一样，民用建筑的形式更加多样，工业建筑形式相对单一，结构上钢结构、混凝土结构、木结构居多。我在美国的时候，美国同行和我说过，只要预算充足，各种建筑样式都可以做出来。工业建筑更注重经济效益，所以厂房形式相对单一，满足生产所需的空间就可以。生产工艺不是一成不变的，需要我们设计的厂房可以更加灵活地适应不同的工业生产。合理的单元体设计就会减少非标准件的产生，可以大量快速的生产。组成厂房部分的都是标准形式的构件，造价也会降低一些。单元体发展会比较灵活，这样可以建成一个，投产一个，还可以根据后期的需要灵活发展改造，有利于照顾近期效益和远期发展的各种要求。还有一点，就是预留"开放端"。某些科研生产建筑只知道将来要发展，但是设计人员无法预测怎样发展、发展什么。这时有意地预留"开放端"形成未完成方式，可以给工艺变化和建筑发展留有余地。我在清华读书时，梁思成先生在讲课中多次提到"适用、经济、美观"这六个字，"适用"放在第一位。

戴 您在工业建筑设计中遇到过令您印象深刻的问题吗？

　　王 我当年参与过天津拖拉机厂[5]的设计。由于生产车间需要合适的照度，设计了很多天窗来配合室内照明，这样可以减少照明能耗。但是这么做也带来一个问题，就是保温性能的下降。当时我提出使用双层玻璃，双层玻璃中间有空气间层，可以提升透光部分的保温性能，这样一来能改善厂房的热工性能，减少能量的消耗，可惜后来因为一些原因没能实现。

戴 天津丝织四厂也是您设计的吧？

　　王 是的，当时设计天津丝织四厂[6]的时候，有一个难点是生产车间的采光。制丝车间要检查丝织品有没有瑕疵，这就需要均匀的采光，不能有眩光。靠侧窗采光会有照度不均匀的情况，最后就用了控光窗。当时物理实验室研制出一种控光扎花玻璃窗[7]，对解决织造车间的特殊采光要求是比较有利的。控光窗就是玻璃断面设计成一种特殊形式，靠窗口附近多余的光线经过折射反射达到较深的车间内部。从采光上看有这样几个好处：第一是避免了直射光和眩光照射；第二是部分做到外光里借，改进室内工作面上的光照均匀度，增大了合理的采光跨度，节省了部分照明能耗。这种窗特别适用于多层宽形厂房。

1985 年，何广麟[8]先生（前排右二）、王福义先生（前排左二）
带领八一级部分毕业设计学生于北大合影

王福义先生（二排左二）带领八一级毕业生参观留影

1　《日本铁路车站建筑考察与探讨》，发表于《世界建筑》，1989 年，第 4 期。王福义先生通过 1985 年对日本交通建筑的实地考察，在文中详细介绍了日本交通建筑的功能组成、流线分布、车站运营模式等情况。对我国沿海地区车站具有较强的借鉴意义。

2　王福义先生于 1985 年曾到日本东京考察，期间在日方人员陪同下参观了东京地区和大阪地区的车站。

3　日本铁路运输公司分为国营与私营等不同方式。以东京都及其周边地区城市轨道交通系统为例，包括东京地下铁、都营地铁、私铁和部分 JR 线路。

4　日本原町印刷厂，该建筑是由丹下健三设计，整体结构采用三角形的鱼骨式大悬臂梁结构屋盖，空间布置十分灵活，是一种比较理想的轻工业厂房形式。

5　天津拖拉机厂，位于天津市南开区，其前身是天津汽车制配厂，于 1956 年 1 月 1 日正式更名为天津拖拉机制造厂。

6　天津丝织四厂，天津市丝织四厂是以生产真丝绸为主的织造厂。属移地扩建性质。生产规模为 200 台织机，职工约 800 人。占地 8000 平方米，第一期建筑面积为 11 583.2 平方米，其中主厂房为 8322 平方米。该项工程已于 1979 年 12 月竣工。投产后建设单位反映使用情况良好。

7　控光扎花玻璃，通过改变玻璃的断面形式来改变光线照射角度，能有效地控制眩光并增强光照的均匀度。

8　何广麟，男，1927 年 11 月生，广东中山人。教授、一级注册建筑师。1951 年毕业于唐山交通大学后留校任教并选派至哈尔滨工业大学攻读研究生。1954 年返回天津大学任教，建筑学院教授、研究生导师，主攻现代洁净医疗建筑的研究与实践，并任建筑学院培训中心常务副主任、仁爱学院建筑系副系主任、中国洁净技术学会委员、洁净建筑专业委员会副主任、美国环境科学学会会员、香港国际教育交流中心及香港科学院顾问、泰国华夏国际交流中心理事，享受国务院颁发政府特殊津贴。

奚树祥先生琐忆

受访者简介

奚树祥

男，1933 年生于上海。1952 年入清华大学建筑系（六年制），1958 年毕业；1959—1961 年在清华建筑系历史教研组进修，指导教授为梁思成和赵正之，兼任梁思成教授助理。1961—1963 年任内蒙古建筑学院（今内蒙古工业大学）教研组主任，1963—1981 年任教南京工学院（今东南大学）建筑系。1981 年受教育部专家局派遣赴美，任美中全国贸易委员会高级顾问编辑；1983—1985 年就读波士顿大学艺术史系及教授计划博士班，1986—1989 年任麻省理工学院东亚建筑计划客座教授，同时任 SBRA 建筑师事务所资深建筑师；1987—1988 年当选大波士顿地区清华校友会会长，1989 年起任美国全国建筑画学会（ASAP）理事和国际协调人；在美期间建筑设计（合作）获奖三次，建筑画获奖七次。1992—1993 年任台北季兆桐建筑师事务所总经理兼主持建筑师，1994—1997 年应聘台湾金宝山任顾问，设计邓丽君墓和日光苑。1997 年与周恺共同创办天津华汇工程建筑设计有限公司任副董事长，上海分部主持人；2008 年主持北京奥运公园国际竞赛获一等奖。曾任上海市建委科技委专家顾问和上海市世博会专家组组长，现已退。著有《构图原理》（南京工学院出版社，1977 年）、《旅馆设计规划与经营》（与成竟志合译，北京：中国建筑工业出版社，1982 年）、《奚树祥建筑画》（上海书画出版社，2014 年）等；回忆文章有《我为邓丽君设计墓园——一个华人建筑师的一生》（《杭州日报》，2019 年 6 月 18 日）等。

采访者： 李鸽（《建筑师》杂志）

访谈时间： 2020 年 3 月 22 日

访谈地点： 微信采访

整理时间： 2020 年 3 月 24 日

审阅情况： 经受访者审阅

访谈背景： 李道增（1930.1.19—2020.3.19），男，祖籍安徽合肥，生于上海。1952 年获清华大学建筑系学士学位并留校任教。1988 年任清华大学建筑学院第一任院长，1999 年当选为中国工程院院士。李道增对建筑学理论有深入的研究、广泛的设计实践，并取得卓越成就。坚持中国建筑文化的传承与创新，提出"新制宜主义的建筑学"[1] 理念。主持设计清华大学建校一百周年纪念性建筑——新清华学堂、校史馆、蒙民伟音乐厅，以及中国儿童艺术剧场、北京天桥剧场、台州艺术中心等重要文化建筑工程。李道增先生通晓中外剧场的历史发展，作为我国现代剧场理论研究与设计奠基人和开拓者，撰写了融贯戏剧与建筑两个学科的重要学术专著《西方戏剧剧场史》（北京：清华大学出版社，1999 年），另著有《李道增选集》（北京：清华大学出版社，2011 年）、《李道增文集》（中国建筑工业出版社，2016 年）。

2020 年 3 月 19 日李道增院士逝世。3 月 22 日，采访者因工作需要与奚先生联系，听先生谈起李院士治学与为人，感到弥足珍贵，特记下并补加注释作为对他的纪念。

李道增先生（1930—2020）
引自：清华大学建筑学院官网

我认识的李道增先生

我 1952 年考入清华大学建筑系，当时李道增先生是我的老师。在校时他和黄报青[2]先生是系里聪明绝顶的两位年轻教师，是梁（思成）公的左膀右臂，也是同学们崇拜的偶像。他还有个外号叫"李平面"，设计最难的是空间组合，功能复杂时平面安排难题重重，但再难的难题到李老师手里都迎刃而解。他逻辑思维敏捷，对功能流线理解透彻，空间概念十分清楚。能够把功能复杂的剧院空间处理得这么精细，不是偶然的。

李道增老师上课时能说会画，"文武"双全。建〇班（1954 年入学，1960 年毕业）三年级上设计课做电影院设计时，大家都希望分到李老师改图的那一组。后来搞国庆工程时，李老师就带了建九、建零两班的同学，不分白天黑夜地赶画国家大剧院的图。他和汪国瑜[3]老师手把手地教，经常赶图到深夜，同学们收获巨大。

1963 年，我被教育部调到南京工学院建筑系，1981 年应聘去了美国。1993 年李先生去美国时曾找过我，可惜早一年我去了台湾，没能在波士顿接待他。后来我经常回大陆，有时也回母校作学术交流。有一年回清华在系馆见到李老师，当时他身体微恙，但还是兴致勃勃地拉着我到他办公室畅谈。内容主要有两点，一是他 1993 年访美时的感受，当时他在张钦哲[4]和朱纯华[5]两位校友的陪同下参观了许多新建筑。他认为美国大多数建筑设计很务实，很有水平，因为任何建设项目都是投资，而投资要讲效益，必须务实，美国是一个非常讲究实效的国家，不可能让建筑师花投资人的钱去折腾。这一点国内的人并不太了解。他主张国内的建筑师应该去美国多看看，学习美国这种务实的专业精神，并在后来发展成"新制宜主义"建筑观。二是国内设计界的乱象。他对安德鲁设计的国家大剧院和库哈斯设计的央视大楼批评最多。说前者不就是用个罩子把各部分都罩起来嘛，功能不合理！对后者更是不满，批评也最多。他告诉我库哈斯多年前曾在荷兰设计过一幢"大裤衩"，方案做完但业主不接受，因为太浪费。过了几年他把人家不要的方案"卖"给了中国，拿走三亿多的设计费，又花了 200 多个亿盖了这个怪异的大裤衩。他对此非常不满。他也谈到国内盲目崇外，对许多玄而又玄的各种新潮"理论"表示不解，主张国内建筑师要去美国多看些主流建筑，学习他们的务实精神。这次李老师的谈话给了我许多启示，令我深受教育。

2001 年，我应邀去广东中山市参加市文化艺术中心（含歌剧院）的设计竞赛第二轮评图，李老师是专家组长，我是评委，他要我做他的助手。在评标的过程中，我感受到他评图的认真和正义感。当时评

1956 年李道增作为秘书与梁思成先生和清华大学建筑
系四八级校友林志群参加国家 12 年自然科学规划制定
时合影。左起：李道增、梁思成、林志群。
引自：《匠人营国——清华大学建筑学院 60 年》

2008 年 9 月清华大学校庆，奚树祥毕业 50 周年返校
在主楼与关肇邺院士（右一）和李道增院士（左一）合影

中山市文化艺术中心外景
引自：http://www.zcac.org/jyjs/

中山市文化艺术中心内景
引自：http://www.zcac.org/jyjs/

委经过比较，一致选出柴晟[6]设计的方案为中标方案，而时任市委书记要主持评标会议的市长做评委工作，让他指定的外国方案中标，还向评委施加压力，要求重新投票。李老师当晚找我去他房间商量对策，他不同意重新投票，要我起草一份意见书，向市领导表示，如果评出的优秀方案不被中山市采纳，就推荐给广东省其他城市参考。次日一早，在最后一次评标会议上，经过热烈讨论，全体评委一致同意不改变评标结果，大家在意见书上都签了字。最后领导不得不接受了大家的意见。此项目建成后获得"第四届中国建筑学会建筑创作·佳作奖"和"2007 年鲁班奖"。从这件事上看出李道增老师处事的执著和正义感。

　　每次校庆回母校，李老师见到我都很热情。他的逝世让我失去了一位尊敬的师长，感到非常悲痛，只希望他一路走好！

青年教师黄报青

　　李先生并没有直接教过我，但因为我和大家都喜欢他与黄报青这两位青年助教，在校时总想和他们多接触、多请益。黄报青当时是系秘书，同时给我们上"建筑初步"，并帮莫宗江教授辅导我们"中国建筑史"课。当时系里没有挂图，辅导时他会在黑板上画出各种梁架和斗栱构件，清楚地交代构造。我印象特别深刻的是有一次为了分析立面，他居然脱稿在黑板上用粉笔画出了独乐寺观音阁的正立面，只几分钟，跟资料一对，分毫不差，同学们敬佩得不得了。黄老师多才多艺，除了画得好，还写得一手好字（《建筑史论文集》封面的题字就是他的手笔），他的书法被人收藏。在教学上他也有自己独到的见解，1959年我回母校进修，有比较多的机会和他接触，曾经和他讨论过戴志昂[7]教授的教学法。戴老是老中大毕业生，又是以正统教学法教过书的前辈教授，但不善言教，口头禅就是四川口音的"画起出来看看"，改图时蒙上透明纸，口袋里掏出一支自备的5B铅笔，动手改图给学生看。黄老师则相反，他基本功很好，示范图和草图都画得很漂亮，但是辅导设计课时却很少动手，只和学生探讨思路，启发学生独立思考，让学生自己去画。他认为这两种教学方法各有优点，应该并存。

1959年黄报青与清华大学建筑系建○班同学一起讨论由李道增和他主持的解放军剧院设计。前排右起：黄报青、郭黛姮、方珠珠，后排右起：王永雄、邓元庆。引自：《匠人营国——清华大学建筑学院60年》

我回清华时正好是三年困难时期，大家吃不饱。有一次黄老师在"四清"时认识的密云农民给他送去一条鱼，他夫人吕俊华[8]老师在家做好菜，他叫我和其他几个年轻人一起共享，欢声笑语开心一晚。可惜后来他在"文革"时因不满"四人帮"，坚持实事求是而被迫害跳楼自尽，清华从此少了一位才华横溢的优秀教师，太可惜了！

1　"新制宜主义的建筑学"建筑观由李道增先生在其1998年12月发表于《世界建筑》的《"新制宜主义"的建筑观》一文中提出。他说："'新制宜主义'主张将古今中外一切优秀的建筑风格手法都包容进去，都为我所用，以创造一个丰富的含有'多义性'的人造环境。建筑除了反映高科技的时代精神，还要彰显一个民族在文化上的历史连续性。'新制宜主义'强调城市设计和场所精神，认为城市是逐渐形成的，新设计的建筑要与原有建筑融为一体，要为原有环境增色，而不能破坏原有的文脉与历史连续性；建筑与城市都是为人创造生活和交往的'场所'，建筑创作与城市设计是为表现一定的'场所精神'服务的，而'场所精神'离不开特色，其特色要借助于建筑形象及其环境所蕴含的情调、神韵、气氛、节奏、尺度、风格等显现出来。新制宜主义运用的设计思路概括为：'情理之中，意料之外；得体切题，兼容并蓄；妙在似与不似之间'三句话，并强调细部设计。"

2　黄报青（1929—1968.1.18），1947年入清华大学营建系，1951年毕业后留校，任土木建筑系副教授、系党支部委员、民用建筑教研室副主任，1959年国庆工程国家剧院剧院设计组组长。"文革"开始时因不认同中央给原高教部长、清华校长党委书记蒋南翔定性为"反革命修正主义分子""走资派"，遭殴打、侮辱和批斗，但他誓死坚持，曾自杀未遂，后精神恍惚，跳楼身亡。著有《二层住宅及街坊设计问题探讨》（与吕俊华合著，《建筑学报》，1958年，第4期）、《中国剧场建筑史话》（《人民日报》，1961年12月31日）。参见：曾昭奋《各具特色的学术研究》，《读书》，2007年，第5期，http://dushu.qiuzao.com/d/dushu/dush2007/dush20070514-1.html。

3　汪国瑜（1919—2010.1.11），生于四川重庆。1945年毕业于重庆大学工学院建筑系，1947年受梁思成先生之邀，由沈阳东北大学工学院建筑系来清华大学建筑系任教。曾协助梁思成先生为清华大学建筑系的初创作出重要贡献，擅长建筑画、建筑设计理论，是我国著名的第二代建筑教育家和建筑学家。著有《现代建筑画选：汪国瑜建筑画》（天津科学技术出版社，1992年）、《汪国瑜建筑画》（天津科学技术出版社，1998年）、《汪国瑜文集》（北京：清华大学出版社，2003年）、《汪国瑜画集》（北京：清华大学出版社，2009年）。

4　张钦哲，朱纯华夫，1958 年考入清华大学建筑系，1964 年毕业。曾任哈尔滨工业大学土木建筑系副教授。20 世纪 80 年代在美国访研三年，回国后曾任中国建筑学会副秘书长，1992 年定居美国。与朱纯华编译《菲利浦·约翰逊》（北京：中国建筑工业出版社，1990 年），亦以漫画著名。

5　朱纯华，张钦哲妻，1959 年考入清华大学建筑系，1965 年留校任教至 1992 年。与张钦哲编译《菲利浦·约翰逊》（北京：中国建筑工业出版社，1990 年）。

6　柴晟，天津大学建筑系学士和硕士学位，英国格林尼治大学建筑学硕士。硕士就读期间就代表中建（国际）投标赢得深圳市江苏大厦（168 米，福田中心区第一个超高层）的设计权，后又赢得深圳市高交会馆项目的设计权，自 2000 年底起领导中建（国际）方案创作室，期间完成中山市文化艺术中心、深圳市联通总部、深圳市第二外国语中学、深圳市平安金融保险培训中心等国家重点项目；2003 年起，作为重要股东，与天津华汇建筑工程设计有限公司共同创立深圳市华汇设计有限公司，至 2008 年 10 月，设计完成天津宁发国际花园酒店、上海龙湖蓝湖郡、重庆龙湖观山水及悠山郡等数十个大型项目。其中大城小院的洋房户型和上海蓝湖郡的十二合院设计获住宅设计专利奖、上海蓝湖郡和大城小院还分别获得上海优秀住宅社区设计奖和詹天佑最佳建筑设计奖。2008 年至今，柴晟作为主要合伙人成立美国 MADE & MAKE 建筑设计公司，并于中国注册深圳市承构建筑咨询有限公司；2010 年 11 月，注册成立上海承构建筑设计咨询有限公司。参见：http://www.mademake.com/ch/ch_about2a.php。

7　戴志昂（1907—1973），字永治，戴季陶侄，四川成都人。1932 年毕业于中央大学建筑工程系。1932—1939 年任中央大学建筑工程系助教、陆军炮兵学校汤山炮兵场舍工程管理处技正，1935 年 12 月加入中国建筑师学会，1934—1937 年 8 月在南京任建筑师，1938 年 1 月—1941 年 12 月任交通部技正，1938—1945 年开办（重庆）中央工程司，1947 年自营（南京）戴志昂工程司，1949 任国立唐山工学院建筑工程系教授，1953 年任职清华大学建筑系。著有：《洛阳白马寺记略》（《中国建筑》，1933 年 11 月，第 1 卷，第 5 期），《建筑界应该迅速地展开"百家争鸣"》（《建筑学报》，1956 年，第 5 期），《谈〈红楼梦〉大观园花园》（《建筑师》，第 1 期，1979 年）等。其学生作业"办公楼"发表于《中国建筑》，1933 年 8 月，第 1 卷，第 2 期。

8　吕俊华，女，浙江嵊县人。1957—1999 年任教清华大学建筑系，教授、博士生导师、国家一级建筑师。20 世纪 80 年代，设计"台阶式花园住宅"，曾在两次全国住宅设计大赛获首奖，并在全国十余个城市推广建成。北京建成的台阶式花园住宅，曾获"中国 80 年代建筑艺术优秀作品奖"，是当时"全国十佳作品"之一。有关台阶式花园住宅设计系列的论文发表在 80 年代《建筑师》《建筑学报》《世界建筑》等期刊。90 年代，指导研究组从事北京市旧城改造规划设计、实践和研究工作，有关论文发表在英文期刊 *China City Planning Review*。世纪之交，主持清华大学与哈佛大学合作研究项目，主编《中国现代城市住宅 1840—2000》（北京：清华大学出版社，2002 年），英文版 *Modern Urban Housing in China 1840—2000*（Prestel，2001）。

费麟先生谈改革开放后对外交流经历

受访者简介

费麟

男，1935 年 4 月出生，江苏吴县人。1959 年毕业于清华大学建筑系。曾任清华大学讲师和土建综合设计院建筑组长，机械部设计院总建筑师、副院长。现为中国特许一级注册建筑师，任中国中元国际工程有限公司资深总建筑师，兼任清华大学教授，中国注册建筑师管理委员会专家组副组长，全国科学技术名词审定委员会第五届、第六届委员会委员。曾主持和参加各类大中型工程设计，如：清华大学精密仪器系"9003"工程、（援）巴基斯坦塔克西拉铸锻件厂部分工程、北京翠微园居住区规划设计（获"北京 80 年代居住区规划优秀设计"二等奖）、北京新东安市场（中外合作设计，首都建筑设计汇报展 1994 年十佳奖第 1 名，列入"90 年代北京十大建筑"之一）。

先后发表论文五十余篇，并著有《中国第一代女建筑师 张玉泉》《匠人钩沉录》《建筑设计资料集（第二版）》第 5、6 集、《中国城市住宅设计》等。

采访者： 戴路（天津大学建筑学院）、康永基（天津大学建筑学院）、李怡（天津大学建筑学院）

访谈时间： 2019 年 12 月 19 日

访谈地点： 北京市海淀区中国中元国际工程有限公司

整理时间： 2020 年 1 月 1 日

审阅情况： 经费麟先生审阅修改，于 2020 年 1 月 10 日定稿

访谈背景： 改革开放后，我国派出一批建筑师出访外国交流学习。费麟先生于 1978 年随中华人民共和国第一机械工业部[1]设计总院（简称"一机部总院"）出访法国，1981 年被机械部派出至西德斯图加特市魏特勒工程咨询公司在职培训 7 个月。

费麟先生近照　　　　　　　　　　费麟先生于中国中元国际工程有限公司接受访谈

费　麟　以下简称费
戴　路　以下简称戴
康永基　以下简称康
李　怡　以下简称李

戴　在 20 世纪 70 年代，您离开清华大学去一机部第一设计院工作（以下简称"一机部一院"），在那里您参与了援外项目。对于您来说，那时候的援外项目与之前在清华大学任教期间参与的项目有何不同？

｜**费**　当时我国有许多援外项目，纺织部、化工部和机械部等都有援外项目。在"文革"中的 1969 年 7 月我被下放到清华大学江西鄱阳湖旁鲤鱼洲试验农场[2]劳动。参加"修理地球"的务农和基建劳动一年后，根据政府关于解决夫妇长期分居的"调爱政策"，正好我爱人单位一位同事想调入她爱人所在的清华大学，清华立即同意我调离清华，到爱人和母亲所在的工作单位——一机部一院。到了一院后，之所以能够很快学会胜任设计院的设计任务，是因为我在清华大学参加过"国庆十大工程"科技馆[3]和"9003"工程[4]的设计，为后面的工作打下了基础。

到了一机部一院以后，参加的援外工作对我帮助很大。因为援外项目比较严格，要求施工图纸很细，比如在屋顶上铺石油瓦，螺丝钉、螺帽、螺垫圈、垫圈里面的橡皮等都要计算出数量。门窗要有规格与数量，门窗的锁也要规格与数量，非常细致。另外，援外项目还要把图纸等材料翻译成英文，所以这样一来做援外项目还能顺便复习英文。

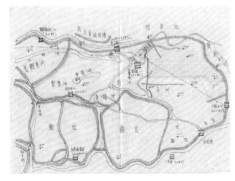

鲤鱼洲农场总平面图手稿　　　　　　　　　　科技馆模型鸟瞰南立面

除此之外，在做援外项目的时候必须调
查清楚当地的老百姓风俗习惯。比如我参加
的（援）巴基斯坦塔克西拉铸锻件厂的设计
任务，起初很随便地设计厕所，后来不行，为
什么？厕所不能朝向西面，他们（巴基斯坦）有
个规矩——圣地在西面，不能让厕所朝向圣
地方向，蹲马桶不行，男人小便也不行，冲
着圣地怎么行？所以巴基斯坦明确厕所只能

"9003"工程清华精密仪器系恒温大楼透视图

南北向。以前我们根本不知道，设计完了之后只能改，这个时候就影响布局了。

戴 "文革"后，您作为中方代表曾出访过法国与德国（西德魏特勒工程咨询公司）考察学习，为什么
会选中您作为中方代表？

| **费** 1970年夏，我到了一机部一院，在蚌埠待了十年。我做完援外设计任务以后，有一天院长突
然找我："把你调到宣传科当科长，去搞宣传。"我说："为什么？"他说："你会画画，会做宣传这
方面的工作。"我并不想去，但是一点办法都没有，因为我考虑到我母亲[5]，我不能犯错误影响她，对
上级的命令我只能服从。后来我跟院长约法三章：第一条，我想不通为什么张铁生交了白卷就成了英雄[6]，
所以我不适合搞宣传工作；第二条，如果做宣传工作，要让我有机会参加学术活动；第三条，这是临时
性的任务，过一段时间放我回设计室。就这样，我当了五年的宣传科科长。在宣传科的时候，我没丢外语，
怎么学外语？我说我要学英文版的《共产党宣言》和英语版的《毛主席语录》。这没问题吧？我看了好
几次英文版的《共产党宣言》，这叫一箭双雕。因为那时候很多人外语都丢了，但是我始终没有忘了外语。
所以，无论去法国还是去德国，我都比别人有语言上的优势。

除此之外，可能也是为了补偿我一下。我当宣传科长，牺牲了5年，没搞技术。"文革"结束后，院长
也感觉有一点对不起我。我和清华的吴良镛先生很熟，因为在江西鲤鱼洲劳动时候，我、吴良镛[7]和汪
坦[8]先生分在一个木工组。后来吴良镛和我说你干脆回清华大学当建筑系负责人，我说设计院那边不一
定放人。他就让教务主任高亦兰[9]先生找我们院长谈了几次，要让我回清华大学。院长当然不放人了。后
来，有一次院长跟我讲："别走了，不走对你有好处。"当时我没听懂。在1978年的时候，突然通知我和
一机部代表团去法国考察法国机械工厂设计，真是突如其来，我现在想可能是补偿我一下，因祸得福了。

1980年副总理兼任外经济部部长方毅邀请美国、英国和德国的工程咨询公司的总工程师来华讲有关
菲迪克（FIDIC）[10]条款。这三个国家的工程师、建筑师讲完以后，反过来邀请几位中国工程师和建筑师出
国培训6个月[11]。1981年应邀由建委派出三个在职培训小组，应美国路易斯·博杰公司（Louis Berger）[12]邀请，
由铁道三院、四院与公路规划院派出5人分别赴美学习交通土木工程咨询；同年，应英国RICS测量协
会邀请，建委设计局经济处派出3人到该协会培训投资经济工程咨询；1981年2月根据"中德科技合作
协议"，应德国工程咨询协会会长兼魏特勒咨询工程咨询公司（Weidleplan Consulting GmbH）董事长魏
特勒先生的邀请，机械部设计总院派出我和结构工程师陈明辉[13]赴西德斯图加特市该公司进行在职培训。

我在刚改革开放的时候考过英文，那次考试我的成绩排在前几名。后来有一个机会要去上海培训外
语，当时我很想到上海学外语，但是院里派了总工程师郭琨[14]去培训。他毕业于清华大学机械系，是比
我高好几班的学长，我就没去成。后来大概也是为了补偿我一下，让我到德国去。我是清华大学建筑系
1959年毕业，还参加过建筑工程设计实践，外语还可以，符合魏特勒先生对于培训人选的要求。

费麟先生（右二）与建筑师杨博（左一），朱震（左二）及清华大学建筑学院教师李路珂（右一）在"9003"工程前合影。"9003"工程于2007年入选《北京优秀近现代建筑保护名录》，2017年为装修改造特别重访时拍照留念

一机部访法工厂设计代表团，前排左起：费麟、郭琨（一机部总院总工程师）、赵永年（总院主任工程师）、张蓬时（总院院长）；后排左起：王兆义（翻译）、黎方曦（一机部八院计算机工程师）、陈绍元（一机部二院电机工程师）

巴基斯坦重机厂、铸锻厂车间标准立面

费麟在魏特勒咨询工程公司工作

戴 您在这两次访问学习到了什么内容？

| **费** 访问法国去了50天，除了工艺上的事，还有两点：一个是看到法国的新建筑，一个是学到一些新的观点。那时候第一次看到法国蓬皮杜艺术中心，那是大开眼界。它是什么？翻肠倒肚式的建筑，把管道全放在外面，里面是个大空间。我也很欣赏法国法拉马通核能发电容器厂（Framatome），那个建筑非常漂亮，色彩用得非常好。那厂房不是一个一个车间分开，而是统一在一块，挺有意思。

法国雷诺公司就给我印象很深，他们推崇人类工程学，英文叫Human Engineering（法文Ergonomie）。中国把它翻译成什么？人体工程学或者人机工程学，这就错了。它不光是人体、人机，法国是对的，叫人类工程学。它就讲，设计一个工厂的时候，要考虑人和机器的关系。它还有一条人和环境的关系。它强调环境，必须把绿化引进到车间里面，这种概念我们过去没有。一个大密闭厂房的中间挖一个花园，休息的时候，大家到花园里去喝咖啡去。除此之外，还有人和人的关系——就是人际关系，处理好领导与被领导的关系、处理好人与人合作的协调关系、工厂与用户的服务关系，等等。雷诺（Renault）汽车集团下属的舍埃工程设计公司（Seri）领导要求小组长以上的管理干部必须学习"人类工程学"，以利管理工作。

去德国主要是学习工程咨询。开始我以为工程咨询公司和设计院不一样，后来发现是一码事，魏特勒工程咨询公司就是典型的设计院。出国前，我到机械部外事局询问菲迪克条款怎么回事，机械部拿出菲迪克条款（白皮书）的翻译本给我看，说明机械部已经对这有所注意。所以，去学菲迪克条款的时候，我以为是要上课的，结果根本不是，直接去参加设计就可以了。他们和我们一样，不过他们的组织不是宝塔制，是矩阵制。上面一批领导，竖向地领导几个不同专业，然后侧面有个以项目为主的领导，横向领导具体工程项目，可以从各个专业里抽人，组成项目组，项目结束后就解散回去。

费麟全家与母亲张玉泉随同第一设计院疏散到蚌埠

费麟先生的英文版《共产党宣言》

戴 在西德魏特勒工程咨询公司的学习中您也参与了一些项目。相比之下，由于我国国情的问题，长时间的对外封闭，中国建筑师在设计理念上是否有所落后？

｜费 我觉得落后点不在方案设计的本领上，中国建筑师的方案设计还是有一定的本领。落后在建筑师的职责没全承担起来，这个是要命的问题。建筑师管得太窄，工程咨询的前期、中期和后期建筑师都应该管，但是现在已经压缩，就管中期，有时候管着管着就画施工图了。关于这点，我觉得不能打建筑师的屁股，不是建筑师自己愿意这样，是形势所迫。建筑师明明知道不行，但是给我时间短，给的钱少，我只能这么干，很多建筑师这么干是违心的。现在领导已经发现有问题了，不能这么干，所以提出建筑师应该起主导作用的，必须负起责任。

戴 改革开放后，您也参与过一些中外合作的跨境服务项目，在中外合作中是否遇到过什么困难？

｜费 一般来讲没有太大的难题，我就感觉外国人非常尊重 WTO 协定中境外服务的两个原则：第一，要和当地的建筑师配合；第二，尊重当地的强制性标准。人家很明确，和几个外国建筑师合作，他们都会听我的意见，因为我是代表中方的总建筑师（工程主持人）。在合作中，我会把我们的几个强制性标准里面关键的部分翻译成英文给外方。外国人看了也没什么话讲，所以我觉得没有太大的困难。

在那个时候，从 1989 年中法合作的北京国际金融大厦[15]来看没有发现在技术上有什么不同的差别，基本一样。我觉得基本建设的规律各国都大同小异，标准有高低，但是做法都相似。到了 1989 年底，法国投资公司和建筑设计公司退出中国建筑市场。该项目改名为"中粮广场"，功能发生变化，由中国粮油进出口公司投资，委托我们原设计单位进行全面修改。

戴 在您的《匠人钩沉录》里我们看到一机部总院在改革开放中走到了前列，是一家较早转型的设计院，您觉得在外学习的经验对设计院转型有什么帮助？

｜费 我们院的基础是 1949 年 9 月由华东工业部部长汪道涵[16]组建的华东建筑工程公司下设营造组和设计组。1952 年 6 月华东建筑工程公司改组，营造组划归上海市建工局，设计组并入刚建成的华东建筑设计公司。1952 年底刚成立的第一机械工业部，要建立设计总局和下属分支机构，于是把华东建筑工程公司原来的设计组成员抽调出来组成独立的华东土建设计公司。并且在北京阜外黄瓜园找地建房，于1955 年全部搬迁到北京，与太原重机厂的设计处集体成员组建成一机部第一设计院。我们单位有一位来自老华东的老建筑师陈彧明[17]在中国中元国际工程公司 60 年大庆专刊上发表了一篇回忆文稿《华东三

法国法拉马通核能发电容器厂

法国发动机厂车间内庭院

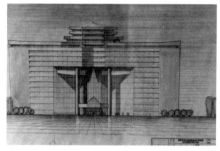

北京国际金融大厦手绘图

中粮广场（原名为北京国际金融大厦）

步舞曲》，文中说："从'华东建筑工程公司'经'华东建筑设计公司'到'华东土建设计公司'的三步曲，保留了'老华东精神'，经久不衰。"

第一设计院有好多老建筑师和工程师都有民国时期的技术功底，许多是圣约翰大学[18]、之江大学[19]和苏州工业专科学校[20]以及上海交通大学、同济大学毕业的，再加上学苏阶段[21]和"大跃进"时期的国庆工程，积累了丰富的经验。除了我们出国学习，80年代初期还派出了陈远椿[22]结构工程师到美国带队学习计算机，派出黄锡璆[23]建筑师到比利时鲁汶大学学习医疗建筑设计（后来他取得了博士学位），还有肖洪芳[24]总工程师，学机械的，派他到联合国教科文组织当技术秘书。我认为在设计院里，人是第一因素，所以民国时留下的底子和学苏时期以及改革开放后的国内培养和外派学习的技术人员，首先为我们单位的转型升级积累下了人才基础。

由于我们单位较早地学习过工程咨询，所以在改革中也抓紧布局工程咨询。我们是中国国际工程咨询协会[25]的十个发起单位之一，在1992年该协会正式成立。1996年中国国际工程咨询协会正式加入菲迪克国际咨询工程师协会。所以现在谈工程咨询都认为是个新课题，我心中暗暗好笑，这并不是新课题，谈的东西我经历过，现在不是去讨论创新什么东西，而是要迎接新时代的新挑战，脚踏实地研究怎么结合中国现在的实际情况，总结经验，进行实践，尽快适应"走出去，请进来"的要求。这也为我们带来一些竞争优势，我们能赢得华盛顿使馆的竞标就因为它是项目管理招标，恰好在竞标单位中只有我们单位有工程项目管理的业绩经验，因为外交部不可能派出什么基建科来帮你管理好工程建设的许多东西。在做方案调整的时候，我们也按照合同配合贝聿铭设计事务所继续完成初步设计，因为建筑物的地板标高在正负零以下是保密设计，不能让贝聿铭设计事务所设计。所以能够承担这个华盛顿使馆的工程任务，我觉得也是运气非常好吧，就这么拿下来了，干得也比较成功。

费麟先生在中国中元国际工程有限公司的工作照　　　华盛顿中国使馆入口大门

总之，我觉得应该看到我们院的成长轨迹离不开最基本的根据中央改革开放步骤的务实思想，我觉得建筑行业的规律没变，负责制没变，有大有小，有计划经济，有市场经济，但建筑行业的工程建设基本规律没变，大同小异。

戴 和贝聿铭设计事务所的合作与同其他的境外建筑师合作相比，有什么特点吗？

｜费 有一点是非常特别的，在做方案阶段时候，他们就考虑了很多初步设计阶段的细节。贝聿铭手下有一位中国建筑师欧阳先生，他负责和我联系，专门沟通类似基础形式、地下防水、施工步骤的做法等细节。当时还有一个很大的不同，买中国驻华盛顿使馆的建设用地就是买下了建筑用地四角坐标，边上是别人的地方，而贝聿铭设计建筑习惯于贴着红线做。因为在国外，建筑红线和用地权限（红线）是一码事，你有这块地建筑就可以卡线做，这和中国不一样。在那里，建筑红线不必退线，消防车道和地下管线是城市供应的。接下来就碰到一个问题，地下室施工要开挖，旁边是别人的地，你怎么开挖？它有一条规定：可以暂时租用他人 3 米宽的地，施工完以后再回填还给他。这点我觉得很有意思，比中国先进。和贝聿铭事务所的合作设计还挺愉快，有些技术问题，当时我到美国后就都当面讲清楚了。

戴 在我国的"一带一路"政策下，我国会有更多的跨境合作项目。您作为改革开放后最早一批出国学习的建筑师，以您的经历来看，目前我国跨境合作还有什么需要完善？

｜费 这正好有一个例子，就是我们院设计的中白（中国－白俄罗斯）工业园，于总 [26] 在抓这个项目。当时白俄罗斯总统对我们的领导讲全权由你们负责，这让我们认为这是一个带有援外性质的项目。规划设计结束后，设计了一些起步阶段的单体建筑。结果图纸交给白俄罗斯的审图单位后，他们不承认我们的消防规范。我们的消防规范是钢架涂点防火漆就行了，他们要求必须做防火吊顶。我们说是你们总统讲的全权由我们负责，他们说总统是总统，我们是审图的，就是不批准。最后我们只能修改施工图变成吊顶。最后，他们私底下跟我们讲，假如是德国建筑师做的设计，他们可以承认德国的规范，但是中国的就不行。后来我心想这是很自然的，白俄罗斯是原来苏联的一个加盟共和国，虽然独立出来，但他还是以苏联老大哥的视角来看你，你是小弟，你的规范就是不行。

所以我还是很担心"一带一路"走出去，做境外项目所遇到的情况会更复杂。一带一路的投资不是靠个人资本，是靠国际上的贷款资金，向世界银行、亚洲银行或者亚投行贷款。你出钱以后，他们会审查你的建筑设计、建筑施工、材料设备、安装工程，等等，认为你必须按菲迪克条款。你不懂菲迪克条款的话，设计就拿不到，拿到设计后，施工拿不到，这个就要了命了。资本出去了，但是技术卡在这个地方。不过领导已经注意到问题了，国务院于 2017 年 2 月发布 19 号文后，住建部立即发文通知，指定全国40个有关单位对于"全过程工程咨询""建筑师负责制"和"工程总承包"等政策进行"试点"和"课题研究"。至今已快三年了，仍旧停留在"百家争鸣"的状态。我看到同济大学建筑城规学院、东南大学建筑学院、清华大学建筑学院和其下属建筑学院以及中国工程咨询协会、中国国际工程咨询协会、中国勘察设计协会等有关单位，纷纷发表的课题研究文稿。应该说，至今对于三大热点问题，都已有不少共同认识。对于"走出去，请进来"和"一带一路"的迫切形势，我觉得应该尽快统一意志，进行整改，完善顶层设计，修订不合理的规章制度。譬如，"建筑法""城市规划法""工程建设设计程序""工程设计图纸的深度""工程设计咨询的收费标准""工程设计方案竞赛规则"等都应该及时修订。相应地，各大学的建筑学院的教学大纲应该修订补充，增加"建筑师负责制"和"全过程工程咨询"的教学内容，注册建筑师考试大纲和细目也应该及时修改补充。

1　中华人民共和国第一机械工业部简称一机部，前身是1949年成立的"中华人民共和国重工业部"。1958年，原一机部（机电）、二机部（军工）、电机部（即第一个三机部）合并组成新的第一机械工业部。1960年，从一机部拆分出"第三机械工业部"，负责主管由一机部划出的航空、兵器、坦克、无线电及造船工业，而一机部则主管机械工业。1982年，国务院机构改革中，国家机械工业委员会被撤销，一机部与农机部、国家仪器仪表工业总局、国家机械成套设备总局等合并，组建机械工业部。1998年，全国人大审议通过了关于国务院机构改革方案的决定，机械工业部撤销。

2　鲤鱼洲为中国最大的五七干校。鲤鱼洲属于血吸虫疫区，在60年代后期，北大、清华也在鲤鱼洲办了分校、实验农场。"文革"期间，许多老教授、老学者及青年教师在这里下放劳动。1969年7月至1970年6月，费麟先生曾在此劳动锻炼。

3　曾经被定为国庆十大工程之一，后因资金紧张被迫停建。20世纪80年代初，科技馆的已建部分被炸掉，改建国际饭店。

4　即清华大学精密仪器大楼，有恒温[20℃±（0.1～2）℃]、防尘（尘土颗粒不大于1微米）、防震（震幅不大于1微米）由于带有保密性质，取代号为"9003"工程。

5　即张玉泉（1912.10.8～2004.3.22），中国第一代女建筑师，也是中国第一位独立执业女建筑师，四川荣县人。1934年张玉泉毕业于南京中央大学工学院建系，1938年与为建筑师的丈夫费康（中大同班同学）创办了上海"大地建筑事务所"。

6　即"白卷事件"。1973年"文革"十年动乱中唯一的一次"高考"中，张铁生因物理化学考试中几乎交了白卷并在试卷背面写信，成为"文化大革命"后期著名人物，俗称"白卷英雄"。

7　吴良镛，男，1922年5月生，江苏南京人。中共党员，清华大学教授，中国科学院和中国工程院两院院士，中国建筑学家、城乡规划学家和教育家，人居环境科学的创建者。其先后获得"世界人居奖""国际建筑师协会·屈米奖""亚洲建筑师协会金奖""陈嘉庚科学奖""何梁何利奖"，以及美、法、俄等国授予的多个荣誉称号。

8　汪坦（1916.5.14—2001.12.20），男，江苏苏州人。1941年毕业于中央大学建筑工程系，中国当代著名建筑理论家与历史学家，清华建筑系副主任、清华土建综合设计院院长。

9　高亦兰（1932.3—），女，陕西省米脂县人。著名建筑学家，清华大学教授、博导，建筑系主任。曾参加或主持过多项重大设计项目如中国革命历史博物馆、清华大学中央主楼、毛主席纪念堂、燕翔饭店、首都师范大学本部校园改扩建规划、沈阳航空工业学院图书馆等。1993年获全国优秀教师称号，其教学成果（合作）获1993年全国普通高等学校优秀教学成果奖国家级一等奖。

10　FIDIC是"国际咨询工程师联合会"的法文缩写。与建筑工程设计行业密切相关的是《客户/咨询工程师（单位）协议书（白皮书）指南》，明确了与咨询工程师（单位）签订合同中有关的典型正常服务有九个阶段：①项目开始阶段；②项目确定阶段；③备选建议书；④可行性研究；⑤详细工程设计；⑥招标文件；⑦招标与授标；⑧施工监理；⑨验收和试生产。菲迪克条款虽然不是法律，也不是法规，但是全世界公认的一种国际惯例。

11 培训计划原为 6 个月，费麟先生在西德魏特勒工程咨询公司培训合同到期后，延长合同 1 个月。最终培训时间为 1981 年 2 月 28 日至 9 月 28 日，共 7 个月。

12 路易斯·伯杰公司（Louis Berger）成立于 1953 年，是一家从事工程、建筑、经济发展、环境科学、交通运输、互联网、城市供水、废水处理、项目管理的大型私营咨询企业。于 1981 年 1 月培训了中国建委派出的第一批 5 人，于 1982 年 4 月 7 日至 1984 年 1 月 19 日培训了第二批 7 人。

13 陈明辉，男，机械部设计研究院高级工程师。1952 年毕业于浙江大学土木系，1952—1955 年任职于上海华东土建设计公司（国家分配）；1955—1970 年任职于一机部第一设计院；1970—1980 年随一机部第一设计院搬迁至蚌埠（"文化大革命"外迁）；1980—1996 年任职于机械部设计研究院；1981 年 2 月至 1981 年 9 月赴西德魏特勒咨询公司设计咨询半年，同时赴瑞士摩托库伦布咨询公司设计咨询一个月；1987 年被中国国际贸易中心委派赴法国巴黎及比利时考察玻璃幕墙材料性能及设计施工。

14 郭琨，男，20 世纪 50 年代中期毕业于清华大学机械系。毕业后分配到一机部一院（总院），任总工程师，后调至一机部机械进出口公司任主任一职。

15 现为中粮广场。

16 汪道涵（1915.3.27—2005.12.24），男，原名汪导淮，安徽省嘉山县（今明光市）人。同盟会元老汪雨相之子，中共党员。曾任第一机械工业部副部长、对外经济联络委员会常务副主任、中共上海市委书记、上海市市长、海峡两岸关系协会会长、中国共产党中央顾问委员会委员等重要职务。1993 年 4 月，汪道涵授权与台湾的海峡交流基金会领导人辜振甫举行会谈，史称"汪辜会谈"。

17 陈彧明（1921.12.24—），男，江苏省江阴县人。曾任职于机械部设计研究院。

18 圣约翰大学，诞生于 1879 年。1942 年，约大成立建筑工程系，是上海高校中第一个建筑系，也是中国近代时期最早全面引进现代建筑思想的教学机构。1952 年院系调整，圣约翰大学遭撤销，土木工程系、建筑工程系并入同济大学。

19 之江大学是基督教美北长老会和美南长老会在中国杭州联合创办的一所教会大学。1952 年夏，全国高等院校调整院系，之江大学建筑工程系并入同济大学。

20 1923 年柳士英在苏州工业专科学校创办建筑科，为我国近代建筑教育之开端。1951 年江苏省立苏州工业专科学校更名为苏南工业专科学校，1955 年苏南工业专科学校（土木建筑类专业）参与组建西安建筑工程学院，后相继更名为西安冶金建筑学院、西安建筑科技大学。

21 中华人民共和国建国初期学习苏联，确立中国社会主义体制和工业建筑体系，获得城市规划的经验、建设大量性新住宅、进行建筑技术革新和建筑教育改革。同时带来苏联所谓社会主义建筑理论的夹生引进及其长期的不良影响。

22 陈远椿（1930.12.14—），男，福建省福清县人。曾任职于中元国际工程设计研究院。

23 黄锡璆（1941.5.19—），男，中国著名建筑学家，2012 年第六届"梁思成建筑奖"得主。1959 年 9 月至 1964 年 8 月在南京工学院建筑系（现东南大学建筑学院）学习，获学士学位。1984 年 2 月至 1988 年 2 月在比利时鲁汶大学工学部人居研究中心留学，获建筑学（医院建筑规划设计）博士学位。

24 肖洪芳（1931.7.18—），男，浙江省平湖县人。曾任职于机械部设计研究院。

25 中国国际工程咨询协会，1993 年 2 月 9 日成立。协会的宗旨是在国家对外经济合作方针政策的指导下，协助政府有关部门对会员进行业务协调和管理，积极帮助会员在国际上开展对外投资和工程咨询服务；向会员提供国际投资和工程咨询信息以及商业机会及人才培训服务；维护会员的合法权益和国家利益；与国际上同行业组织建立友好联系，促进我国国际经济技术合作事业的发展。当时在《中国主要工程咨询机构名录》（中国国际工程咨询公司编）中公布的单位名称一共有全国各地的 63 家设计院和工程咨询公司。

26 即中国中元国际工程有限公司于一平总建筑师。于一平，男，清华大学建筑系高冀生教授（1961 年毕业留校）的硕士研究生，曾经在三机部四院（航空设计院）担任总建筑师，后调至中国中元国际工程有限公司任院总建筑师。

马国馨院士谈建筑创作与后现代主义建筑

受访者
简介

马国馨

男，原籍上海，1942年2月28日出生于山东省济南市。中国工程院院士，北京市建筑设计研究院有限公司顾问总建筑师。1965年毕业于清华大学，之后进入北京市建筑设计研究院从事建筑设计工作，历任建筑师、教授级高级建筑师、副总建筑师、总建筑师、顾问总建筑师。1991年获清华大学工学博士学位，导师汪坦教授；1994年被授予中国工程设计大师；1997年当选为中国工程院院士；2002年获第二届"梁思成建筑奖"。主持和负责多项国家和北京市的重点工程项目，如毛主席纪念堂、国家奥林匹克体育中心、首都机场新航站楼、中国人民抗日战争纪念雕塑园等，在设计中创造性地解决技术难题和关键性问题，为工程的顺利开展和建成作出重要贡献，获国家科技进步奖和建设部、北京市等多项奖励。同时，在建筑理论、建筑历史和建筑评论等领域进行了大量的研究工作。发表学术论文百余篇，发表专著有《丹下健三》《日本建筑论稿》《体育建筑论稿：从亚运到奥运》《学步存稿》《建筑求索论稿》《学步续稿》《走马观城》《环境城市论稿》《老马存帛：手绘图稿合集》《寻写真趣3：图像亚运记忆》，主编著作有《北京中轴线建筑实测图典》《求一得集》，以及七卷本《建筑中国六十年》。

采访者： 卢永毅（同济大学建筑与城市规划学院）、王伟鹏（同济大学建筑学博士后流动站）
访谈时间： 2018年5月22日
访谈地点： 北京市建筑设计研究院有限公司马国馨院士工作室
整理情况： 王伟鹏于2018年10月20日完成访谈的文字初稿，2019年12月14日完成第一次修改稿；2020年3月3日，卢永毅完成第二次修改稿；2020年3月26日，卢永毅、王伟鹏根据编辑修改意见，完成了最后的定稿
审阅情况： 未经受访者审阅
访谈背景： 采访者之一王伟鹏于同济大学建筑学博士后流动站工作期间，为博士后课题"中国后现代建筑的再考量"开展口述历史调研，与合作导师卢永毅教授一起访谈马国馨院士，主题是关于后现代主义建筑进入中国的过程及其影响自身建筑创作的回顾。

2018 年 5 月 22 日马国馨院士（左）接受卢永毅教授访谈
王伟鹏摄

卢永毅　以下简称卢
马国馨　以下简称马
王伟鹏　以下简称王

卢　马院士，您好！我是同济大学建筑与城市规划学院的卢永毅。他是王伟鹏博士。现在在我的外国建筑历史学科组做博士后，选择研究的主题是"后现代主义建筑在中国的发展"。这是在 20 世纪八九十年代中国建筑界一段非常重要的历史，引起了观念和实践的转变。历史离得太近往往不容易看清。而现在过去多年，我们希望回溯那段历程，您是那个时候非常重要的亲历者。我当时还是学生，理解是十分有限的。

　　马　我们那时候也是这样。

卢　这段历史非常重要，而经历过的大师、先生等前辈可以帮助我们更好地回忆和思考这些事情，所以特地来请您来谈一谈。

　　马　那我先说说自己的看法。因为我正好经历了。从刚解放，到三年困难时期，再到改革开放，最后到现在。你们同济的前辈罗小未先生比我经历的还要多，前面的历史她也见过。因为我是 1942 年出生的，所以只是赶上前面的一点儿，但是后边还很幸运，都赶上了。尤其学了建筑以后，当时看到这些都觉得眼花缭乱，像万花筒一样。

　　我当时看了一些评论家和建筑师的文章。现在回过头来比较冷静地想想，总的来说，我觉得现在我们还是在现代主义的大潮流当中。很多人都这么认为，从"一战"以后，从包豪斯以后，现代主义潮流始终还是一脉相承下来的。正如一位评论家所说的那样，现代主义就好比是一条河流，在初始的时候，水流很急，起伏很大，波浪翻滚。然后，慢慢就汇成一条大河了，这条河变得越来越大。他说整个 20 世纪，一直到现在，都在这条河流当中。他认为不论你现在说 Pre-modern（前现代）也好、Post-modern（后现代）也好，还是其他 Deconstruction（解构主义）也好，他说其实都是在这条大河前进过程当中的一些小浪花，就这样整体往前发展。

当时我们也觉得为什么会有这么多名称，一会儿这个主义，一会儿那个主义。有一种比较普遍的观点认为，这主要是建筑评论家们弄出来的。建筑评论家就喜欢给很多东西贴上标签，贴上标签以后，才好进行叙述。他说最典型的就是查尔斯·詹克斯（Charles Jencks，1939—2019），评论家就特别喜欢给人分成各种派系。我们国内搞研究也是如此，比如乡土主义、新古典主义等，都要分类。实际上影响建筑的因素太多，你命名的这个主义、那个主义，实际上什么主义也不是。

卢 您指的是建筑实践，受到各种因素的影响，不会那么单纯？

｜马 现在好多的建筑大师在讲自己的观点，这个主义、那个主义，后来我看了都有点暗笑。最近看口述历史方面的书籍，看到了潘谷西先生的回忆。有人说杨廷宝先生是什么主义，他（潘谷西）说他什么主义都不是，就是业主、甲方要什么，我就做什么。建筑师就是一个厨子，八大菜系甲方要吃哪一个我就给做哪一个。我觉得这样说还比较符合现实。好多人说这种抱负、那种抱负，在业主面前，你什么抱负都没法施展。

后来我看到槙文彦也有一篇类似的文章，他说现代主义刚一开始的时候就像一艘大船，大家都拼命要往上挤，后来船慢慢走到大江大河里了，其实意思差不多。从建筑发展的历史来看，当然会出现许多明星建筑师，比如弗兰克·盖里（Frank Gehry，1929—）、扎哈·哈迪德（Zaha Hadid，1950—2016），等等，其实无非就是在形式上玩一点花招。

但是这种东西，都不会太持久。像扎哈，总弄她那种形式，大家受不了。盖里也是在弄他的形式，大家也受不了。后来国内有时候搞建筑招标的时候，扎哈等建筑师也参加。我就说你们也出点新招，你们别老是这一套。

王 马老师，1981年至1983年间，您是在日本建筑大师丹下健三那儿工作吗？

｜马 对。

王 我想问一下，关于后现代主义，您是在出国之前就了解了呢？还是在日本这段时间？还是在回国之后呢？

｜马 回国之后。

王 日本建筑师关注这个话题吗？

｜马 我是1981—1983年在日本。到了1984年、1985年的时候，出国（的人）比较多，看到后现代主义的房子，比如说菲利普·约翰逊（Phillip Johnson，1906—2005）的AT&T（美国电话电报公司大楼）。因为以前没出过国，根本没有机会，只能是在杂志上看看，看看意大利广场（查尔斯·摩尔的作品）、文丘里的作品。当然那时候提出的口号很有冲击力，很能"吸引眼球"，按现在话说，有点标题党的感觉。

卢 您印象当中，那个时候哪几个作品是最"吸引眼球"的？

｜马 我觉得意大利广场，那种组合很棒。介绍意大利广场的那篇文章就是我写的，我记得发到《世界建筑》上了。[1]菲利普·约翰逊的还可以，还有格雷夫斯（Michael Graves，1934—2015）的波特兰市政厅。

王 他还有一些旅馆建筑。

丨马 原来我对格雷夫斯的印象还不深刻。后来正好我孩子在美国，这几年我一直去探亲，帮着孩子看孙子。他住的地方离普林斯顿特别近，格雷夫斯在新泽西州举办了一个展览，我去看了，印象挺深刻的。过了不久，他就去世。

卢 那就是三年前。

丨马 对。展览有他的作品、他的草图、他设计的家具、他设计的各种各样其他的产品，茶壶、碟子之类的。他后来自己也需要坐轮椅，所以给残疾人做设计。我原本想写一篇关于这个展览的文章，但是一直没有抽出时间。

卢 像是回顾展。[2]

丨马 对，就是回顾展。后来他还在中国做了几个项目。

卢 在上海也有。

丨马 我当时还特地拍了他作品的照片，好像已经盖好了。[3]格雷夫斯，比较能引起大家的注意，甚至比文丘里（Robert Venturi，1925—2018）还受关注，文丘里就是那个住宅。

王 老年公寓，还有母亲住宅。

卢 文丘里的母亲住宅影响最大。您觉得那个时候后现代主义就是"吸引眼球"？您自己也去参观了意大利广场。当时给您的印象，这是一种新风格？还是一种新的观念？或者是别的什么？

丨马 建筑界大部分人是从建筑实践的角度来看待的，很少有人从哲学、历史的角度来观察，只是看着很新奇，大家觉得这是一个招儿，建筑师又多一点手法了，是不是能用一用。可是说实话，这种手法在中国也不是特别好用。一直到现在，大家说哪个房子是Post-modern，我看也说不上，因为咱们也就是看了表面现象而已。

王 您在80年代，有没有试着把后现代主义的手法用到建筑创作中呢？有没有这样的机会？或者说有没有这样的意愿？

丨马 如果有机会，当然愿意试试看。比方像我们做奥体中心的时候，做大屋顶，那个曲线屋顶是比较传统的形式。但是就形式而言，第一，想变变样；第二，檐口底下增加了好多网格，我们有意识地把它刷成红颜色，让人联想起斗栱，那时有用这种手法。但说实话，当时在中国也不敢过分地强调这些东西，只是大家在做的时候，可能潜意识里有这种想法。然而也不能把它说得太过火了，只是在心里明白是在做这种东西。别人看到，无法指出什么不好的暗示来，就满意了。

所以我觉得当时Post-modern有一个说法在中国特别有用，它讲"双重性"（double coding）。比如你做了这个房子，你实际赞同的是这个主义或那个主义。但是你跟业主说的时候，就说这个建筑的形式是"芝麻开花节节高"，顺着业主爱听的言辞说一通，他听着就会很高兴。所以，当时觉得这个"双重性"在中国特别有用。

实际上很多建筑师做建筑的时候，根本不是那个想法。但是他跟业主那样讲，投其所好。业主喜欢风水，就讲风水；业主喜欢洋玩意儿，就讲洋玩意儿；实际和他心里想的基本是两码事。

卢 您觉得"双重性"让建筑师独立的追求反而可以保持住？

| 马　实际上是这样的吧！是 Post-modern 的中国化。大家在无意识当中把它改造了，改造成中国式的。

卢　您觉得建筑其实是可以衍生出一些解说来的，可以解说出很多意义来的？

| 马　对的，就看你怎么说。但是未必把这些东西都说出来。以前所有的人，比如杨廷宝，我估计每个人自己心里都有一个独立的追求。所以为什么要做口述史，理由也就在这儿。建筑师是不是把他的东西全说出来了？或许业主听了很高兴，实际他（建筑师）心里可能在暗笑。

卢　看来双重性让建筑师有了一种策略，他们跟业主交流的时候，有了一种巧妙的应对手段？

| 马　后来很多外国人来中国做易经、八八六十四卦等。我心想他们根本就不懂，但是他们就要给作品披上这种外衣。比如，二龙戏珠、天圆地方和天人合一，传统的，从新石器时代到秦汉，等等。实际都是拿着这些东西，给建筑披上外衣。

王　从"河图洛书"里面演绎出来的？

| 马　对，"河图洛书"都能给你弄出来。

卢　我读书的 80 年代，师生们都觉得您设计的奥体中心是非常值得学习的作品。虽然我们没有体育馆这类设计作业，但您的作品更是作为一个探索中国现代建筑如何发展的范例，它带有从传统转换来的意象。

| 马　我给你举个特别可笑的例子。因为我们那个体育馆是弧形的，所以有一个评论家写了一篇评论，说这个屋顶实际是北京中轴线上，钟楼和鼓楼两个楼的轮廓线重合在一起而形成的。

卢　那是您自己原来没有想到的？

| 马　我们做了好几个方案，看领导愿意要哪一个。领导选了一个屋顶比较大的，那我们只好这样。其实我心里并不想做这样的，潜意识里并不想做。因为从形象上来说，与丹下健三的代代木体育馆太像了。而我在丹下那里学习过，所以我要千方百计摆脱这个影子。我们做了好多能摆脱这个影子的方案。可是领导觉得这个还有点民族形式，还有点传统的意味，因此要这个。我们在这个方案的基础上，还是千方百计地摆脱代代木（体育馆）的影响。所以后来看到这位评论家的解释，说是钟楼和鼓楼轮廓线的叠合，我心想这真是特别可笑。

卢　不过也挺好，总是有些特征解释是后来发现的。

| 马　也允许评论家解读，是一种新的解读。

卢　那最初您自己心仪的方案不是这个建成的？

| 马　说实话，我原来想做得更现代一点，别做得太传统。这都和当时形势特别有关系。后来做首都二号航站楼的时候也是这样，一开始我们做了好多方案，其中有五个亭子的。因为那时候陈希同[4]在台上，特别讲究这个。我们怕没点这种色彩方案根本就通不过，做了好多个这种特色的方案。到后来情况变了，我想机会来了，马上把这个方案给改了，结果通过了。

卢　我们在南方听到说，当时陈希同要求重要的公共建筑上都加中国传统屋顶，是这样吗？

| 马　对。我们还没见一个领导说我们要世界的，一般都是要传统的东西，都喜欢说不要把中国的灵魂、中国的传统、中国的好东西弄没了。现在的雄安新区还是要中西合璧。

卢 很考验建筑师的。

丨马 也给建筑师出难题了。

卢 所以像 CCTV 大楼能够这么造起来，也有点意外了？

丨马 其实我一直是反对这个方案的。后来我也问那几个评委，他们说我们当时选了三个，让领导挑选，倒并不是一定要这个方案。我估计中央电视台的人很想用这个。说实话，这个中央电视台方案放在哪儿我都反对。当时打算搁在军事博物馆边上，讨论可行性。

当时他们要选在那儿最主要的原因是什么呢？我估计是大背景决定的，那时候贾庆林[5]到北京来，主抓了两件事，一个是北京 CBD（Central Business District，中央商务区）的开发，一个是中华世纪坛的建造。

卢 一个在城东，一个在城西。

丨马 这两个条件比较合适，比较容易上手，而且比较容易出效果。其实这个中华世纪坛，原来人家考虑它是玉渊潭公园的一个大门，要设计绿化的。最初的方案就有一片绿化，一直延伸到玉渊潭公园另一端。

王 世纪坛本身造型像一个日晷。

丨马 当时是世纪之交，江泽民总书记还要在那个地方举行世纪之交的庆典，所以盖起来比较快。另外要找一个比较大的地方，做一个 CBD。北京过去也不知道什么是 CBD，不知道还有一个叫 CBD 区。后来到处都搞 CBD。其实一个城市只能有一个 CBD 区，现在各区都搞 CBD，西城我们这儿边上也是 CBD，那儿也是 CBD。然后这个 CBD 当中还是一条三环路。当时我们论证时，说根本不合理，当中一条是主要的交通干道，分得乱七八糟。其实我们觉得还应该再往东一点，更靠通县一点，就像现在副中心似的，才比较合适。结果因为东城那儿已经盖了国贸中心，还有别的一些房子，如果再盖一点，马上 CBD 区就出来了。这时候他就要求单位进去，那些单位就要投其所好，赶快我在这儿占一块地儿，他在那儿占一块。中央电视台说我就在这儿盖吧！

严格来说，电视台在那儿根本不合适。像国外电视台要捕捉突发新闻，要求出出进进特别快，特别方便，直升机马上就能去采访。咱们国家倒是不用如此，但搁在那儿未必合适。

卢 这是一个更大的话题。

丨马 这个新电视台，还有 2008 年北京奥运会的鸟巢体育场，我都是持否定态度。

王 那国家大剧院呢？

丨马 国家大剧院我也有点否定态度。为什么呢？说实话，我感觉，在我们建筑发展过程中，那是一个价值观混乱的时代。那个时期，正好咱们有点钱了，就特别土豪，又特别爱显摆，就是恨不得要和迪拜一决高下的那种感觉，什么都敢做。

卢 这个您点得很准，90 年代跟 80 年代的状态其实是不一样了。

丨马 80 年代，你看我们举办亚运会的时候，最主要的就是没钱。那时李鹏当总理，说本届政府最大的问题就是没钱。几个亿，那时候实际上举办这种活动，都是一个利益的博弈。说白了就是中央有这么多钱，谁能分到多少钱。像举办亚运会，实际就是北京市和国家体委的博弈，我盖这些房子以后，最后哪些是落到北京市了，哪些落到国家体委了。我为什么感受特别深呢？体育中心是给国家体委盖的，可是钱攥在北京市手里，他并不愿意你多盖，你多盖了我这边钱就少了。

卢 等于一个城市的钱是给国家盖房子？

| 马 亚运村是给了北京市了。还有那些中小馆也给了北京市了。所以大家都是我这儿钱多给了，你那儿钱就少了，所以实际上两边关系很紧张。所以我们那个活儿就是一会儿要给你砍这儿、一会儿要给你砍那儿，老是千方百计地去应对，好多房子到最后都没盖成，最后我们设计好的东西都没弄成，都气得不得了。到最后那个建委主任说行了，你这儿百分之六七十都实现了，你也该满意了。

卢 那么您觉得，像亚运会场馆，从"双重性"的角度讲，还是蛮成功的？

| 马 我觉得还可以，起码大家觉得还是有一点传统的样子。另外我们尽量地采取新手法，不像过去那样只是用混凝土来做一些斗栱之类的。我们采用了简洁的手法。

卢 包括材料？已经很不容易了。

| 马 那时候也没钱。你想换材料，没有，全部喷涂，不像现在可以用花岗岩或是别的材料，当时全部喷涂。

卢 但其实要看设计品质。有时候材料很朴素，但是设计水准可以很高。

| 马 你用点手法，弄得很统一，做得很认真，本身效果就还可以。至于建完了以后怎么样，那就不说了。完工以后的一年冬天，有一天夜里刮风，第二天早晨甲方打电话，说里面的一个门头给刮倒了。我吓一跳，让结构工程师赶快起来。那时候还没有车，他就骑自行车到那儿去。我问怎么样？他说不是咱们的事儿，你放心。我做的门头就是两根柱子，撑着一个特别大的网架，底下就是两个点支着，结果是一个网架倒了。幸好夜里没人，没砸着人。他们就赶紧把螺旋球赶快拧下来，就收起来。

后来一查，原因是什么？就是这两个点，从这个球上支出去一个大网架。这两个点当初施工的时候是用点焊临时固定的，固定完了他就忘了，就搁这儿了，没焊完。我心想幸好亚运会的时候没出事，要出事我们都完蛋。结果这次刮大风一下给刮倒了。

过了几天，我们还得把它恢复起来。按我们设计，原来是两个点支着。结构工程师说什么都不干了，觉得太危险了，让他整天提心吊胆睡不好觉。

卢 是怕万一再倒下来？

| 马 后来我问他该怎么办？他说在网架最外边那两个点立两根柱子。结果加了两根钢管，难看得要命。可是我一想，亚运会都过了，谁也不注意了，你爱怎么做怎么做。这都是实际当中没办法的事。

王 按照这种双重性的认识，在您的这些同行里也有类似想法吗？比方说一些老先生，像刘开济先生……

| 马 实际上有一种是有意识的，还有一种是无意识的。

卢 我记得，差不多同一个时期，我们还特别关注的一个实验性作品，就是关肇邺先生设计的西单商场。

| 马 但是后来没实现。我觉得做得并不是特别的成熟。因为那时候关先生、傅克诚[6]老师，他们一起做。从现在看起来，我觉得刘力做的那个竞赛方案整体感还是比较强的，基本是一个现代主义的东西，

几根玻璃柱子。现在（采用）的方案，就是我们院的刘力大师[7]做的这个，我觉得实际上还是比关先生的那个好。那个看着总的感觉还是琐碎。那时候从大家的心理需求来讲，觉得现代的还没玩透，现在说要后现代了，还是先弄点现代的东西吧，有这样的一种心理。

卢 当时那个项目是大家参与竞标，还是关先生自己做的一个探索呢？

| 马 不是，那时候是投标。

王 关先生这个作品是获优胜奖的。

| 马 因为业主他自己有需求。我觉得那时候的心理，就是大家对前面的现代还没怎么弄清楚，至于后面的，下次再说吧！

王 那么像戴念慈[8]先生的阙里宾舍呢？

| 马 阙里宾舍我觉得基本是一个复古的东西。

卢 但也是在当时那个氛围里的创作。

| 马 因为他要不那样弄，根本不行。你看后来吴良镛[9]先生做的孔子研究院，基本都是一个路子。但是戴先生的长处是现代手法用得比较多。他也想努力摆脱，不要完全都是老套的，想有些新的东西。在细部、总体感觉上，他还是努力在尝试。你看戴先生写的文字，就可以看出来。他年轻的时候在《建筑师》上发表了一些文章。他最后得出一个什么结论呢？他说是又想创新，又想要传统的东西；但是他说，经过尝试发觉还是做传统的更顺手。反正从戴先生写的文章，北京饭店也好，中国美术馆也好，我印象里基本上是这样。像美术馆，我觉得就是有点模仿莫高窟。北京饭店西楼基本也是这样。但是他也很想做新的，像斯里兰卡的班达拉奈克国际会议大厦（Bandaranaike Memorial International Convention Hall），那时候非常新，小细柱子顶着。

卢 我见过会议大厦照片，那个细柱子真的挺漂亮的。

| 马 对。戴先生也很拿手，但最后他觉得还是传统的更好做一点。

卢 您觉得他想表达的意思是说，并不是不想做，而觉得很挑战，是吗？

| 马 难度比较大。

前几年张永和写了一篇文章，介绍他父亲张开济[10]，发表在《建筑学报》上。[11]他意思就是说，张镈[12]是主张传统的，他父亲是主张新的。其实也不完全是这么回事，因为张开济也参加了北京西客站的方案。西客站最后的方案是张镈的，[13]但其实在做方案的过程当中，张总（张开济）也做了古典式的，但是没被选中。

事实上，张镈也做过很现代的东西。你看原来刚解放的时候，他设计的北京西郊好多解放军的营房，现代极了。其实北京饭店最早做东楼的时候有过一个方案，就是把东楼、中楼、西楼，整个用玻璃幕墙全给盖起来。其实这些招儿大家也都会。

卢 每一个项目都不一样。具体到哪个项目，最后总是受某些因素的影响大一些。

| 马 这个就受到政治、经济这些因素的综合影响。那些条件要去满足的，而且北京又是"天子"脚下，不像小地方，天高皇帝远，你在那儿随便弄，没人管你。

卢 而且那时项目不多，做一个国家项目，大家眼睛都盯着，而且都要体现国家的形象，所以包袱很重。

｜马 体现国家意志。所以有时候我就说，我们这些人也就靠着做国家的活儿"浪得虚名"。可是就有一个好处，做这个活儿，别人谁也不敢说"不"。

卢 这些活儿也能体现专业者的功底。所以我觉得，虽然"双重性"中包含业主的影响，但建筑本身的品质终究反映出，大师还是大师。

｜马 有时候我跟他们说，其实做重点的活儿、重点工程，也不需要领导来了以后说做得好，只要领导来从头到尾看了一遍没说一句话，你就算成功了。

卢 不容易。还想了解您去日本的经历，因为在那个时候，这样的机会是非常难得的。

｜马 应该说那个时候还是现代主义的时候。

王 您为什么会选择去日本呢？

｜马 不是我自己的选择，是国家公派的。那时候中国改革开放刚开始，丹下健三也是挺有远见的，他想到中国来弄点活儿，然后他就跟中国方面说，我要免费为你们培养5个人，你们选5个人到我事务所来进修学习，所有费用我都包了。我们就选了2个搞建筑的、2个搞规划的和1个搞施工的。2个建筑的就是我和柴斐义[14]。2个规划的来自规划局。我们在丹下那儿待两年，所有的费用都是他负担。所以说他还是很下血本的。

卢 那您两年的收获应该很大吧？

｜马 那时候好容易出一次国，而且是第一次到资本主义国家。我自己的感受是什么呢？其实最主要的就是过去我们是拿望远镜看国外，拿显微镜看国内，这下你能拿着显微镜看国外，拿望远镜看国内了。至于具体的建筑，现在你去不去都无所谓，你看资讯、看照片、看录像，都解决得了。最主要的是对人家文化、哲学、思想的那种感受，我觉得这其实是最主要的。

对于那些（设计的）招儿，我自己有一个体会。他（丹下）那时候可能就是有特时髦的几个招儿，等你打算学来实施的时候，也就快过时了。现在好多从国外回来的，也是把人家比如扎哈那招拿来实施，像马岩松[15]，再实施那个招儿也过时了，没什么新东西了。

卢 不过对丹下的"招"，您当时是不是觉得很妙呢？

｜马 丹下有一套自己的理论，就是从功能论转向结构论。功能论，就是功能主义，过去大家都认同这个。但是他为什么转到结构论呢？就是从语言学衍生出来的结构主义思潮。

与列维·斯特劳斯这个结构主义理论有关系。他很快就觉得这里面起主导作用的是一种内在结构。后来第三步，他就要发展到信息论了。到我临走的时候，就已经受到信息时代的影响了。所以后来东京市政厅就想体现一下，但是还没怎么开展，很快就进行不下去了，丹下身体也不行了，这个并没有最后完成。但是都有一系列的理论支持，就是从西方的哲学、新的思潮当中挖掘出来的，我觉得这点还是比较厉害的。

卢 您在日本丹下事务所那段时间，感受到这样一种学术氛围。回来后，是否觉得 Post-modern 其实是不一样的？或者说，您在日本有没有感觉到后现代主义的浪潮？

| 马 日本那时候也已经开始了，有一些。矶崎新的筑波市政中心，还是比较晚的作品。黑川纪章，还有其他一些 Post-modern 的先锋人物。

王 您在那儿两年，他们有没有讨论这些议题？或者说有没有这方面的思潮、倾向？

| 马 没有。为什么没有呢？我们去了以后，很快就发现日本建筑师有各自的小圈子，谁和谁一个圈子，谁和谁对付，谁和谁不对付。按说矶崎新和黑川都是丹下的学生，可是到他们自己独立以后，和丹下的观点都不一致。后来我才知道，矶崎新与老师观点的冲突不是太大，黑川简直就是水火不同炉。其实黑川事务所离丹下事务所很近，我们每次下公共汽车，黑川事务所的大楼就在附近，但我们一次都没去过，我们说别惹老先生不高兴。因为日本你从哪里毕业的、你是谁的学生，都特别讲究。

而且也有代沟了，因为他们也是一代接一代的。后来，我还是有机会到黑川那儿去工作过。因为我们院有一个工程，叫中日青年交流中心。那时，黑川来了以后和我们院合作，他对我们院长说，希望你们找一个比较了解我的人去。那时候我写过一篇黑川的文章，叫《走自己的路》，他大概看了挺高兴，尽吹捧他了。然后他把它全文翻译了，在日本《新建筑》上发表了。后来就让我去，说是方便互相之间的沟通。后来去了也还比较顺利，也没什么太大的矛盾。但是在那儿就经常听到他说丹下不行，说丹下八卦的事。

卢 您感觉到他们建筑思想和实践的路径有很大的区别吗？

| 马 也没有太大的区别，基本是一个路子。但是因为时代不一样，另外在日本大家所在的派阀不一样，接个活儿就和政治关系密切。比如，丹下是田中派的，黑川是中曾根派的。中日青年交流中心，是中曾根在台上时候的项目，虽然举办了设计竞赛，但最后项目就给了黑川。日本的东京市政厅，因为东京都的知事是田中派的，所以虽然也搞竞赛了，最后田中派胜了，建筑师就是丹下了。

王 在学校里面大家有老师讲课，也有看书、看杂志的条件来了解国外动态。您回来之后，北京院作为一个创作型的单位，是如何接触后现代主义思潮的呢？

卢 或者说，您在80—90年代主持、组织建筑设计，有没有要试着将这种新思潮有意识地融入建筑创作之中呢？

| 马 也还有一些。比如像柴斐义做的国际展览中心，我觉得有一些后现代主义的手法。关键就看有没有合适的、能够发挥的项目。我做这几个活儿有一个麻烦的事，就是周期都特别长。亚运会做了六七年，航站楼又做了六七年。在过程中就不容得你变换太多，存在这样的问题。

王 那您了解后现代主义的理论或思潮，主要是通过杂志吗？

| 马 开始是杂志，后来更多地用互联网。罗小未先生这一辈走下讲台以后，再往下教外国建筑史就比较困难了，因为有时候学生比你知道的还多，有时候新书进来，学生比老师先买到，先看到。

卢 那个时候像北京院这样的单位，有没有专门请学校的专家或者请国外专家来做报告？这种活动对院里有影响吗？罗先生有没有来做过报告？

| 马 一开始还有。因为我们这儿刘开济[16]刘总，经常到外边跑。像罗先生也被邀请来院里做报告。那个时候刚开始中国和外国的交流。那时候罗先生还给意大利杂志做客座编辑。

卢 是《空间与社会》杂志[17]？

| **马** 刘开济刘总还帮着她组稿，把我们的好多作品都给介绍到上面去了。

卢 那时候搞国际交流，其实就是这几位老先生在做。

| **马** 因为那时他在中国建筑学会，有便利条件。那个时候中国的建筑师没有人自己鼓吹我就是 Postmodern 的。大家虽然知道这是一个时髦的玩意，偶尔用一用，但是咱们在国内，也不便于让你拿国外的东西在这里举起这面大旗，这实际没什么好处。

卢 可能在院校里比设计院的氛围要浓些，老师总觉得要给学生带来新东西。

| **马** 学生做设计作业的时候，肯定我要做个什么主义。到了实际工程当中，就不能这样了。

卢 我们理解当时 Post-modern 既讲"双重性"，也包含一个非常重要的方面，就是在现代的同时也要注重地域，或者说传统。您怎么看呢？这个话题是否也可以延伸到更早的、甚至是 20 世纪 20—30 年代已开始的那些讨论？

| **马** 就是大家在创作当中都想争取话语权，要找一个对自己特别有利的话语权。比如，提倡中西合璧的时候，大家立刻说我这个建筑哪儿是有这个特征的，好像和主流、体制是一致的，就比较容易能够过关斩将。你愣要说我这就是特立独行，就我自己这么干。人家说你这是什么玩意儿？在社会上未必能容你。所以这也是建筑师的一种生存手段。

卢 您觉得这是整个国家氛围里的一种生存之道？

| **马** 大家都要努力去往这个主流上靠。当然也有人非要反主流，比如王澍、刘家琨。你可以反，但是你始终也到不了主流。

卢 王澍有一种有意识反主流的姿态，他甚至以"业余建筑"命名自己的事务所。但从另外一个角度来看，我觉得他也在探索既现代、又属于中国本土的建筑学，这仍与主流有关联。您怎么来看他的做法呢？

| **马** 王澍的作品我一个也没看过。这些年年轻建筑师的东西看得比较少，所以我不敢多说。但是我感觉首先他也要"吸引眼球"，吸引大家注意。无论是反这个、反那个，他要打出一个标签来。实际在做的过程当中，他也要考虑到各种条件的。我觉得现在还是标题党挺多。像俞孔坚说"我反规划"，这一下把规划界都给得罪了。实际他也未必是那个意思，但是这个标题一下子就震惊到大家了。

卢 这其实也是说，建筑师跟媒体的关系比过去密切了？

| **马** 没错。上海东方台有一个介绍建筑师的节目，我倒没看，我们老太太老看。我一看，是章明[18] 这些建筑师。现在这个新时代，人家倒也有新的方法与社会交流。

王 马老师，您在清华做的博士论文是什么题目？

| **马** 我选的是建筑理论与历史方向，题目叫《日本的传统和创新》。因为正好从日本回来，我想这是比较现成的题目。当时做博士论文，我不选设计方面的题目。因为我在北京院，任何一个题目我做都能到博士的深度。当时除了建筑理论与历史，就是规划理论与历史，我只选这两个中的一个。当时吴（良镛）先生和我谈过，汪（坦）先生也和我谈过。后来我觉得自己对建筑历史更感兴趣，因为我考大学差点考文科。

卢 您的文学很好，还写了很多诗。

马 当时差点填报考古学那样的专业，直到现在还是对这一类感兴趣。所以，后来我想扩展一下自己的视野，把知识面弄得更广一点。在设计院，理论和历史是比较欠缺的，我就借读博士补课。当时我憋着一口气，因为在设计院评高级职称的时候没评上，我气得要命。

卢 评职称的那会，您已经从日本回来了？

马 已经回来了。当时我们这个年龄段就给一个名额，后来给了一个搞计算机的人。我就特别生气，我那么使劲，还没给评上。但当时报考博士只能是中级职称，高级职称就不行，高级职称被认为就已经和博士一样了。那我说我就报考博士。报了不多久，高级职称也批下来了。所以后来就读了博士。

卢 那想请教一下，您后来是跟汪坦先生学习，他对您的影响主要是哪些方面？

马 说实话，念得不好，汪先生对我不满意，觉得没什么理论深度。好几次看我写的东西，说你要写的不是科普文章，而是博士论文，博士论文就得有理论深度。我也没专门写丹下健三，那时候我已经出了一本书。

王 您是在 1989 年出了《丹下健三》[19] 这本书，请问您做博士是什么时候开始的呢？

马 做博士也差不多在那个时候。因为我的博士论文答辩是在 1991 年，当时正好是亚运会。亚运会结束了以后，我把博士论文写完了。当时我们两个人在读博士，一个是萧默 [20]，另一个就是我。萧默研究的是敦煌，他已经出了一本敦煌的书。那时候，我的《丹下健三》也已经出版了。我就想另外写一个题目，想多看点书、多学一点。因为那时候从日本也带了好多书回来，我没工夫看，正好借这工夫好好看看，就把日本前一段时间的东西梳理一下。它从传统到创新的过程怎么的，尤其是现代建筑怎么发展过来的。

王 您后来有一本书，叫《日本建筑论稿》[21]。

马 对。《日本建筑论稿》，是我所有有关日本的文章的汇集，里边有一篇就是我的博士论文。我现在一直在酝酿，但是没时间写，最近身体不好，颈椎不好。大夫不让低头，不让看书，也不让写字。

东京草月会馆门厅
引自：https://www.360kuai.com/pc/9c37e21b2d2373c82?cota=4&kuai_
so=1&sign=360_57c3bbd1&refer_scene=so_1

我原来就想把在日本两年的经历写一写。比如我写过一段贝聿铭，那实际就是将来我这本书里边的一段，讲的是我在日本的时候见到贝聿铭，贝聿铭说了什么。

王 是想回忆您在日本丹下事务所这两年的生活和工作经历及感受，对吧？

Ⅰ **马** 对。我一直在酝酿要写一点。实际上，建筑的可能有一些，但更想写的还是文化。日本有很多与建筑有关的东西，比如丹下他那个办公室所在的草月会馆，它本身就是一个有特点的建筑。草月流是日本插花当中一个非常有特色的流派。但是不知道它现在怎么样，那个时候这个流派是日本的一朵奇葩。草月会馆的门厅整个就是一个雕塑，请日本很有名的野口勇[22]做的。野口勇是日裔美籍的著名雕塑家。在这个门厅里面，举办了好多活动，各种复杂的活动，白天的有，晚上也有；有展览，有时装秀，很复杂。我觉得这些都是值得说说的。

卢 这就是您说的文化，一种融汇。

Ⅰ **马** 这是日本的一种思路、一种哲学、一种想法。人家就可以和洋并存，咱们老是只能取其一，非此即彼。

王 在日本，除了丹下、黑川之外，您还遇到过其他的建筑家吗？

Ⅰ **马** 遇到过矶崎新，交谈过。

王 当时您在丹下事务所的时候，还有哪些人一起在丹下事务所学习的，有后来成为名建筑师的吗？

Ⅰ **马** 后来有一个叫 Architect Five[23]，原来是在那个事务所工作的，后来也小有成就。还有几个我看着都挺有能耐的，但是最后没出来。

卢 丹下有没有提到他过去从柯布那里学的东西？

Ⅰ **马** 他写过，但是他没有留过学，他是跟着前川国男，前川在柯布那儿学过。

卢 您在那边能感觉到柯布的影响，以及传承的脉络吗？

Ⅰ **马** 非常清楚。他早期的很多手法，很像柯布在昌迪加尔做的卷帘，那种粗野的手法，非常明显。丹下的仓敷市厅舍，还有另外几个，但是他后来慢慢形成了他自己的套路。我觉得他的好处，不是说从功能论向结构论转化吗？这种转化就形成好多套路。套路之一，就是他这个core（核）体系，像山梨县会馆，好多大柱子，形成交通核，形成一种网络。我明显感觉到他有自己的套路。

咱们现在的建筑师，就是没什么套路，今天打少林拳、明天打太极拳、后天打猴拳。丹下是有套路的。像贝聿铭，他也是有几个套路，苏州博物馆是一个套路，中银是另一个套路，而且他这几种套路都用得很纯熟。

卢 就等于有自己的一种语言了。

Ⅰ **马** 对，有了语言后经常用。咱们现在都还形不成自己的套路。

卢 您觉得我们到现在还挺难出来这样的建筑师？

Ⅰ **马** 当然也有人有自己的套路，像王澍就是，他又是一个套路。不过我知道争论挺大的，我看了照片，说实话，中国还是要允许这种离经叛道的想法。要有这些探索性的东西，才能有所突破。大家都

2018 年 5 月 22 日访谈结束后，马国馨
院士（右）赠书给卢永毅教授。王伟鹏摄

2018 年 5 月 22 日访谈结束后，马国馨院士（右）与王伟鹏合影
卢永毅摄

循规蹈矩，根本成不了什么事。咱们国家就是没有这样的氛围，没有让你翻江倒海的这种环境。我写过一篇文章，其实现在我还是同样的观点：在稍微偏远一点的地方，管控不是特别严，活儿也不是特别大，这时候可以突破。

卢　或者是一个有实力的赞助人。其实西方现代建筑的探索，也是以这样的小住宅项目开始的。

　|**马**　对。那时候贝聿铭在东京，因为黑川、矶崎新都很有名了，贝聿铭说你看这些年轻的，安藤只能做做小住宅，连教堂项目都没有，住吉的长屋那时候刚刚建成。他说看来建筑师成长都是这么过来的。

卢　我想冒昧地问一下，北京院有您这样非常有实力的建筑大师，而且过去还有多位，那一代与一代之间有传承吗？

　|**马**　我们和事务所不一样，事务所可能就是一把手做到死，都是他的活儿。像我们这种大设计院，必须一代接一代，你老占着茅坑也不行。另外你也得有自知之明，到时候你就得给年轻人活路，得让年轻人能出来才行。所以我现在标榜开明，我多一个活儿、多一个奖，对我一点用都没有了，做不做都无所谓，都是你们的事了。现在已经进入倒计时了，想办法做一点自己想做的事。现在我想做的事情，很多都是我过去没时间做的。

卢　比如整理在丹下事务所的经历？那很有价值。

　|**马**　类似这种整理。我觉得我能写出来会很有意思，但一直没有时间，需要一段集中的时间。我觉得要写的东西挺多，除了在丹下那儿，还有好多日常的事。

卢　辛苦您了，讲了那么丰富的内容，特别好。若有特别的细节或问题，还会再请教您的。非常感谢。

　|**马**　好的，不客气。

1　马国馨《新奥尔良市意大利喷泉广场》，《世界建筑》，1985 年，第 2 期，50-51 页。

2　展览名称为"迈克尔·格雷夫斯：过去作为序幕"（Michael Graves: Past as Prologue），地点在新泽西州的哈密尔顿（Hamilton Township），2014 年 10 月 18 日开展。

3　格雷夫斯在上海的两个作品分别是，外滩 3 号历史建筑公共部位和顶层餐厅的改造设计，以及上海市黄浦区四川中路 213 号久事商务大厦设计。

4　陈希同（1930.6—2013.6），四川安岳人。1983 年后任北京市委书记、市委副书记、市长。1988 年起任北京市委副书记、市长，国务委员。任职期间大力倡导带有明显中国传统建筑元素的公共建筑，特别强调加上传统屋顶形式。这个时期建成的代表性建筑有北京西客站。

5　贾庆林，1940 年 3 月生，河北泊头人。1996—1997 年任北京市委副书记、代市长、市长；1997—1999 年任中央政治局委员，北京市委书记、市长；1999—2002 年任中央政治局委员，北京市委书记。

6　傅克诚，女，1935 年 4 月生，抗日名将傅作义之女。东京大学工学博士、建筑学及建筑设计专家。1970—1988 年任教于清华大学建筑系。

7　刘力，男，1939 年生，湖北武汉人。1963 年毕业于清华大学土木工程系建筑专业。全国工程勘察设计大师，国务院政府特殊津贴专家，北京市建筑设计研究院有限公司顾问总建筑师。代表性作品有中央戏剧学院剧场和教学楼、突尼斯青年之家、北京炎黄艺术馆、北京动物园大熊猫馆、南京新街口百货大楼、首都图书大厦、中国科学院物理所凝聚态物理综合楼等。

8　戴念慈（1920—1991），男，江苏省无锡市锡山区东港镇陈墅村人，建筑设计大师。1991 年当选中国科学院院士（学部委员）。

9　吴良镛，男，1922 年 5 月生，江苏南京人。清华大学教授，中国科学院和中国工程院两院院士，中国建筑学家、城乡规划学家和教育家，人居环境科学的创建者。其先后获得"世界人居奖""国际建筑师协会·屈米奖""亚洲建筑师协会金奖""陈嘉庚科学奖""何梁何利奖"以及美、法、俄等国授予的多个荣誉称号。2011 年度"国家最高科学技术奖"获得者。

10　张开济（1912—2006），生于上海，原籍杭州。1935 年毕业于南京中央大学建筑系，中华人民共和国成立前曾在上海、南京、成都、重庆等地建筑事务所任建筑师。之后，历任北京市建筑设计院总工程师、总建筑师、中国建筑学会第五届副理事长、第六届常务理事，曾任北京市政府建筑顾问、中国建筑学会副理事长。他曾设计天安门观礼台、革命博物馆、历史博物馆、钓鱼台国宾馆、北京天文馆、三里河"四部一会"建筑群、中华全国总工会和济南南郊宾馆群等工程，1990 年被建设部授予"建筑大师"称号，获中国首届"梁思成建筑奖"。

11　张永和，范凌《张镈与张开济：对阵／分离——折射中国建筑在 20 世纪 50—60 年代的一段发展》，《建筑学报》，2009 年，第 1 期，14-18 页。

12　张镈（1911—1999），祖籍山东省无棣县。1930 年入东北大学建筑系学习，师从梁思成、林徽因、童寯、陈植、蔡方荫。1934 年毕业于中央大学建筑系，加入基泰工程司，在天津、北京、南京、重庆、香港等地从事建筑设计。1940 年至 1946 年兼任天津工商学院建筑系教授。1941 年至 1945 年，率天津工商学院建筑系和土木系毕业生、基泰工程司部分员工以及北京大学工学院建工系师生，对北京城中轴线及其周围的古建筑进行大规模测绘。1951 年从香港回北京，长期担任北京市建筑设计院总建筑师，1995 年退休。设计了民族文化宫、北京友谊宾馆、亚洲学生疗养院、北京饭店东楼等，是人民大会堂方案实施总建筑师，著有回忆录《我的建筑创作道路》。2017 年，故宫博物院、中国文化遗产研究院编辑出版《北京城市中轴线古建筑实测图集》，完整收录了 1941 年至 1945 年张镈领导并执笔的北京中轴线测绘成果。

13　北京西客站的建筑师为北京市建筑设计院朱嘉禄建筑师等。此处马院士记忆疑有误。

14　柴斐义，男，1942 年生于天津。1967 年毕业于清华大学土木建筑系，1974—1981 年北京市建筑设计研究院建筑师；1981—1983 年日本东京丹下健三建筑设计研究所研修；1983—2002 年北京市建筑设计研究院副总建筑师、总建筑师；2002 年至今任北京市建筑设计研究院有限公司顾问总建筑师；国家工程勘察设计大师。主要作品有中国国际展览中心、中国职工之家、建材经贸大厦、北京市检察院办公楼、吉林雾凇宾馆、山东电力科技大厦、中华全国总工会新楼等。

15 马岩松，男，1975 年生于北京。曾就读于北京建筑工程学院（现北京建筑大学），后留学美国耶鲁大学，期间得到扎哈·哈迪德（Zaha Hadid）指导，获建筑学硕士学位。2004 年成立 MAD 建筑事务所，主持设计一系列标志性建筑及艺术作品，包括卢卡斯叙事艺术博物馆、加拿大 Absolute Towers（俗称"梦露大厦"）、鄂尔多斯博物馆、哈尔滨文化岛、朝阳公园广场、鱼缸、胡同泡泡。2010 年，英国皇家建筑师协会（RIBA）授予他 RIBA 国际名誉会员，2014 年他被世界经济论坛评选为"2014 世界青年领袖"。

16 刘开济（1925.4—2019.3），天津人。1947 年毕业于天津津沽大学建筑系；1950—1952 年任职于北京华泰建筑师事务所；1953—1990 年任职于北京市建筑设计研究院（含建院前身：永茂设计公司，北京市建筑设计院）；1989 年 3 月与张钦楠在北京主持召开中国建筑学会建筑师分会第 1 次委员会会议，任中国建筑学会建筑师分会第 1 届理事会副会长；1990 年退休回聘，任北京市建筑设计研究院顾问总建筑师。人民大会堂施工图设计组组长，北京"四部一会"（第一机械工业部、第二机械工业部、重工业部、财政部，以及国家计划委员会）建筑群辅楼的主要设计人之一。著述包括《节约工程造价》（油印稿，1957 年）、《谈国外建筑符号学》（《世界建筑》，1984 年）、《环境与建筑和城市建设》（建筑学报，1992 年）、《从勒·柯布西埃到文丘里》（《世界建筑》，1987 年）《对 20 世纪世界建筑的回顾与展望》（《建筑创作》，2000 年）等。

17 杂志名称的意大利文为 Spazio e società。

18 章明，男。同济大学建筑与城市规划学院建筑系教授、博导，同济大学建筑设计研究院（集团）有限公司原作设计工作室主持建筑师。长期从事建筑设计和建理理论的教学与实践工作，国家级精品课程《建筑评论》主讲人之一，《建筑设计资料集》（第三版）总编委会委员，《既有工业建筑民用化改造绿色技术规程》主要起草人。完成上海当代艺术博物馆、范曾艺术馆、杨浦滨江公共空间设计等数十项作品，曾获中国建筑学会青年建筑师奖、上海青年建筑师新秀奖、"中国 100 位最具影响力的建筑师"、全球华人青年建筑师奖、"AD100 中国最具影响力建筑设计精英"。

19 马国馨《丹下健三》，北京：中国建筑工业出版社，1989 年。

20 萧默（1938—2013），湖南衡阳人。1961 年毕业于清华大学建筑系；1963 年调敦煌文物研究所从事建筑历史研究 15 年；1978 年回到母校攻读硕士学位，1989 年获博士学位；1981 年调中国艺术研究院美术研究所；1988 年创建中国艺术研究院直属建筑艺术研究室，后改建为所。为建筑艺术历史与理论学家，文化部中国艺术研究院研究员，建筑艺术研究所前所长，国务院津贴学者，清华大学建筑历史与理论博士。发表的著作《敦煌建筑研究》（北京：文物出版社，1989 年）、《中国建筑》（北京：文化艺术出版社，1999 年）、《文化纪念碑的风采》（北京：中国人民大学出版社，1999 年）、《萧默建筑艺术论集》（北京：机械工业出版社，2003 年）、《伟大的建筑革命：西方近代、现代与当代建筑》（北京：机械工业出版社，2007 年）、《天竺记行》（北京：生活·读书·新知三联书店，2007 年）、《华彩乐章：古代西方与伊斯兰建筑》（北京：机械工业出版社，2007 年）、《一叶一菩提：我在敦煌十五年》（北京：新星出版社，2010 年）、《建筑的意境》（北京：中华书局，2015 年），主编《中国建筑艺术史》（北京：文物出版社，1999 年）和丛书《建筑艺术与文化系列：建筑意（第一辑）》（北京：中国人民大学出版社，2003 年）。

21 马国馨《日本建筑论稿》，北京：中国建筑工业出版社，1999 年。

22 野口勇（Isamu Noguchi，1904—1988），日裔美国人，20 世纪最著名的雕塑家之一，也是最早尝试将雕塑和景观设计结合的人。

23 即"纽约五人组"，成员包括：约翰·海杜克（John Hejduk，1929—2000）、彼得·艾森曼（Peter Eisenman，1932— ）、迈克尔·格雷夫斯（Michael Graves）、查尔斯·格瓦斯梅（Charles Gwathmey，1938—2009）和理查德·迈耶（Richard Meier，1934— ）。

三线建设中的建筑设计和建筑师
——以"2348"工程为例

受访者简介 **刘叔华**

男，一级注册建筑师。1968 年华南工学院建筑学专业毕业，1970 年分配到云溪的"2348"工程指挥部，先后在"2348"工程指挥部基建组技术组负责总图管理（即详规实施）、"2348"工程第一大队（后来的涤纶厂）基建组技术员、岳阳石化总厂设计院土建室建筑组助理工程师、工程师，1987 年调离岳阳石化，现已退休。

采访者： 刘晖（华南理工大学建筑学院）

访谈时间： 2017 年 12 月 24 日

访谈地点： 湖南长沙湘雅三医院第 37 病室

整理情况： 2019 年 1—2 月，刘晖在广州整理

审阅情况： 2020 年 1 月，刘叔华在长沙审阅

访谈背景： 20 世纪 60 年代的三线建设是在战备阴云下的一次全国性生产力重新布局，其基本建设和建筑设计有着鲜明的时代印迹。三线建设贯彻的是"靠山、分散、隐蔽""先生产后生活"和"边设计、边施工、边生产"的原则，对民用建筑设计总体上是忽视的，很多项目采取临时机构突击任务的方式完成，正规设计机构在"文革"期间被大量解散或下放，再加上知识分子还顶着"臭老九"的帽子，建筑设计专业难有施展的空间。但即使是在这样的条件下，那个时代的建筑师们依然在三线建设的企业里进行着建筑的创作。本文研究的"2348"工程是在三线建设的战备背景下，因应化纤军服面料的需要，"文革"期间由解放军原总后勤部主导，在湖南湖北交界的丘陵地带建设了大型石化企业[1]。从筹建至今，它的管理体制、隶属关系和正式厂名多次变更：先后主要有"2348"工程、原总后勤部化工生产管理局（后字 277 部队）[2]、岳阳化工总厂、岳阳石油化工总厂、巴陵石化公司等。但"2348"作为建设时期的工程指挥部代号深入人心，当地老人至今仍以"2348"指代后来的岳阳石化、巴陵石化。

受访者在湖南云溪"2348"工程建设指挥部从事总图管理和建筑设计的建筑师，其工作涉及当时的设计机构组织和运作、三线企业的规划建设，以及参加三线建设的建筑师的执业和作品情况。此次访谈对于了解三线建设和那个时代的建筑师有一定价值。受访人与采访人是父子关系。以下访谈是由受访人手术后住院期间的一次长谈录音和其他谈话综合整理而成，对于访谈中一些与主题无关的内容作了删减，但保留了口语风格，小标题为采访人添加。

受访者刘叔华近照
刘晖摄于 2019 年

《映山红——2348 工程指挥部
工人业余文艺作品集》封面画
刘叔华绘

刘　晖　以下简称晖
刘叔华　以下简称华

"2348"工程指挥部和设计院

晖 你是怎么来到"2348"的？

华 1970 年，在广州父母家里过完春节，我坐火车来到京广线上的小站云溪。从火车站出来向东几公里就进到大山沟里，工厂所在的几个大队（村），突然开进了成千上万的建设大军。有解放军的运输部队汽车团，有广东各大建筑公司组成的"广东总队"，有第四化工建设公司（简称"四化建"），更大量的是未来工厂的工人。这些工人的来源有三个：一是原总后勤系统各工厂调来的干部和工人，大部分是基层干部和技术工人；二是当年的复员军人、转业军官，他们也是未来的基层干部；三是学员，数量更多，从湖南省各地招的应届初高中毕业生，编成二十几个"连队"。我们这两百多应届（六六届至六九届）大、中专毕业生，就是未来的技术干部，组成第 17 连。当时都是"半军事化"，有利于管理。就这样，我来到了云溪这片青山绿水之地。

晖 你最初就是做建筑设计吗？

华 到云溪后大概过了两个月，各个连队的学员分别送到老厂子去培训。我们大学生就分到各个分厂的筹建班子，少数人留在指挥部。我被留在指挥部的基建组技术组（后来的基建处技术科），本职工作是"总图管理"，就是联系设计单位和各个分厂基建组，汇总工程进度和总平面及竖向设计的修改。

晖 "2348"有段时间曾经叫作总后化工局？

华 岳化总厂前身是原总后化工局，但是这个总后化工局不设在北京，它就在云溪，云溪的最高管理机构叫作总后勤部化工局。化工局成立很早，大概是 1972 年左右。1970 年大搞建设，叫"2348"工程，工程指挥部是个临时机构，隶属于解放军总后勤部[3]。指挥部配备的干部级别很高，是一些过去遭排斥、被边缘化的老革命，没有"文革"新贵。

晖 也没有大量支左、军管的现役军人？

岳化总厂设计院的建筑师在讨论青坡电影院方案。从右起逆时针：王志江、褚海钧、吴久恩、姓名不详、姓名不详、刘叔华、汪孝慷、王荣安。刘叔华提供

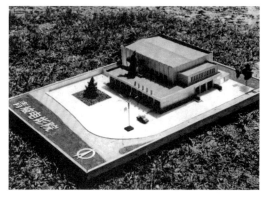

青坡电影院模型
刘叔华提供

注：据厂史记载，"2348"工程设计连最初是由化工部第一设计院、五机部五院、原总后营房部设计院、纺织部设计院等单位抽调16人组成。1969年底组成400多人的勘察设计大队，下辖4个设计连：一连负责化工装置和总体设计；二连承担纤维抽丝设计；三连承担水电路勘测设计；四连负责工程地质调查和测量。1980年总厂为活跃八号沟职工文化娱乐生活，决定在青坡新建一座电影院，该建筑交由总厂设计院设计。此时设计院已从各分厂调回了大部分建筑学专业毕业的大学生，土建室建筑组一时兵强马壮。

华　总后化工局自己就是军队系统的，是原总后勤部直属单位，就不需要军管了。不管是"文革"中，还是在"文革"后，岳化的日子过得一直比较顺利，所以你们小时候觉得是"阳光灿烂的日子"，物质生活水平在湖南省是最高的。

晖　所以说，岳化建设的时候是军管体制，当时也没想好建成后怎么管？建成后总后才觉得要搞个化工局。

华　建得很快，第一期工程大概一两年就建好了，建好后就成立了总后勤部化工生产管理局（简称总后化工局）。

晖　这个化工局管不管长岭炼油厂和蒲圻纺织厂？

华　管，开始一个较短时期里都管。可能到70年代移交地方才不管的。

晖　交地方的时候这个化工局并没有变成湖南省的一个机构。

华　交地方的时候这个化工局是要撤销的，也没有保留一个留守机构。老军人该退的退休，没有退休的有些回了总后勤部；高级干部分流，愿意留湖南的留在湖南。

晖　岳化设计院和研究院是怎么分工的，很多其他地方这两者是合一的，一般就叫设计研究院。

华　研究院的化工主体专业是成建制地从北京调来[4]，把北京合成纤维研究所（简称合纤所）整体调来[5]，那里面老中青都有。在分工上，设计院基本就是一个建筑设计院，不管工艺路线，那些由研究院管。

晖　设计院有多少建筑师？他们是哪里来的呢？

华　岳化总厂设计院土建室建筑组的成员，记得起来的有汪孝慷、肖慕颖、刘大源、吴久恩、白荣清、褚海钧、王志江、王成玉（女）、汪克义、吴超如。其中汪孝慷、刘大源是原北京工业设计院的。吴久恩和白荣青是从总后（指原总后勤部）营房部设计院调来的。肖慕颖来自建设部建科院。我和褚海钧、王志江是应届大学毕业生。还有几个是自学成才的回乡知青：汪克义（临湘本地人）、测量技术员姜新国和刘振国。做建筑设计的"王老太"叫王成玉，重庆人。她的爱人罗尊德1970年建厂初期跟我同在

"2348"工程建设速写　　　　涤纶厂的乙苯分离塔　　　　涤纶厂工地　　　　腈纶厂的设备（后来废弃）
刘叔华绘　　　　　　　　刘叔华绘　　　　　　　刘叔华绘　　　　　　刘叔华绘

注："6501"是战备背景下，试图将长岭炼油厂"进山入洞"的工程代号，在开凿了大规模隧洞后，终因防爆问题无法解决，而"下山出洞"⁶，废弃的隧洞现已开放旅游。像这样因前期规划评估不充分，或片面强调备战，"分散、靠山、进洞"，造成巨大浪费的工程不止"6501"工程，"2348"的腈纶厂就因原料供应、工艺和环保等问题下马，已建建筑报废，已到货的设备长期露天存放、报废。投资 3479.67 万元的项目没有投产就废弃。

指挥部基建组（处）技术组（科），他是从重庆的解放军后勤工程学院调来的，算是我的师傅，关系很好。吴久恩和罗尊德好像都是现役军人。汪孝慷是留学苏联莫斯科建筑学院的(副)博士，学历最高，资格很老，很奇怪他是怎么来岳化的。

晖 你也没问过他原因？

华 那时正好有林彪的 1 号命令，要求疏散所有科研事业单位，他所在的单位可能被要求限期离开北京。在这种情况下，可能总后（指原总后勤部）就去找人，要求他们单位放几个专家到湖南去，反正在北京也待不住了，所以要了一些人来，但是没有成建制的拉一个设计院来。岳化建厂初期靠自己的设计院肯定不行，总厂的整体设计不是后来岳化设计院这批人做的。但是我记得在"会战体制"下有个设计服务连，当时都按照部队编制，有一个连。这个连不是个永久性的设计院，是由五机部五院的一部分人、化工部一院的一部分人……从四五个专业设计院抽人到这里，由一个军官来统一（领导），组成一个设计服务连。这个设计服务连的很多人一期工程结束后又回原单位了，少部分留在岳化设计院，变成设计院的基本人员。

晖 你，还有储海钧不属于设计服务连？

华 我们不属于。一开始，我们这批学土木建筑的大学生都被分到下面的各个分指挥部：第一大队、第二大队、第三大队（这些大队后来变成各个分厂）……搞分厂的基建，相当于分厂的基建办。我们分到涤纶厂、锦纶厂……每个分厂的基建办分到几个新大学生。储海钧是 02 厂的，我是 03 厂的，每个分厂基建办都有几个学土建的：还有王蓓蓓、丁志明、王志江等。然后，这里面又有一半的人逐步回到总厂设计院。各分厂基建搞完以后还保留了一个小型的基建办，只留下个把大学生，其他一些人回了设计院。我和王蓓蓓在 1980 年或 1979 年都回到设计院了，王蓓蓓也是 03 厂的。

晖 你们在分厂搞基建的时候，设计图并不是你们画的吧，那些基建图纸上应该有签名，也不是设计服务连画的？

华 不是我们画的。就是设计服务连在云溪做的设计。设计服务连就行使正式设计院的职能。我们在分厂也要画图,画些配套的、打杂的图。当时不重视生活,所以宿舍、厕所、澡堂、食堂是我们(基建办)设计。到后来,低标准的幼儿园、小学、商店也是我们设计。大一点的就由设计院设计。

晖 就是说当时分厂的基建办也可以做设计。

华 当时没有设计资质的概念,也没有设计费,对设计管理很不严肃,也就无所谓谁设计,谁有兴趣谁就做设计。

晖 80 年代设计任务多吗?

华 设计任务还是有的。当时没有经济压力要去外面接任务,但是作为一种外交手段,显示厂里的设计力量比岳阳市强,就帮岳阳市设计了涉外宾馆、电影院等不少东西。那时候岳阳市设计院力量很弱。

"6501" 工程

晖 "6501" 也是 "2348" 工程的一部分吗?

华 大 "2348" 工程的概念就包括长岭炼油厂,包括地下洞库——"6501",又叫 "前线"。

晖 "6501" 是为什么建的?

华 也就是炼油厂,原来想把炼油厂全部放在山洞里。后来对排气通风进行了模拟测算,实现不了。

晖 "6501" 已经靠近平江了,双花大队再往远处走。云溪当时属于临湘县。

华 长岭炼油厂也属于临湘,路口铺镇,我们是云溪镇。"6501" 在桃林铅锌矿那里,简称桃矿。本来也没什么秘密,已经开放旅游了,什么时候去玩玩。现在难以想象,就像 "6501" 那么大的工程,也没有盾构机,就是打风枪、放炮。"6501" 把山洞基本上挖完就放弃了,并没有装设备。现在被导游吹得神乎其神,又是洲际导弹,又是林彪的战略指挥部。导游介绍的时候一定要把它说得更神秘,让大家充分想象。

晖 我印象中有一些设备堆在去青坡的马路边上,都已锈蚀了。

华 还没到青坡,在电厂附近。是腈纶厂的设备,腈纶厂有规划,但是没建起来就下马了,建成的是涤纶厂、锦纶厂、树脂厂。

影剧院的设计

晖 设计影剧院的时候你也还是初出茅庐吧?

华 我是 1975 年接了影剧院的设计任务,是总厂领导直接委派,其实当时我还是 03 厂的人。1975 年总厂筹建一座影剧院,原来职工群众看电影、集会都是在露天的五七广场。广场是我们基建组技术组长罗遵德主持设计,并亲自放线定位,类似古罗马的圆形剧场。影剧院当时想建成多功能剧院,大约 1800 座,投资按每平方米 300 元,2400 平方米,总投资大约不到 80 万元。设计任务下达到设计院,汪

刘叔华在设计岳化影剧院。1975 年，刘
叔华为做影剧院吊顶，在省内调研，没有
条件彩色摄影，只能用水彩速写记录颜色。
刘叔华提供

调研汩罗影剧院画的速写
刘叔华绘

调研湖南剧院画的速写
刘叔华绘

影剧院的大门和售票室
刘叔华提供

影剧院现状
刘晖摄于 2019 年

孝慷他们提出了很好的设计方案设想，但是总厂领导对设计进度不满意，发生争执。领导说了个气话："我不求你们知识分子也要把剧院建起来！"气话说过了，但设计还是要做，怎么办呢？总厂领导找到我，当时我已从总厂基建组调到一大队，即涤纶厂筹建处。他们知道我是年轻大学生里面美术基础最好的，做事也大胆，要我在外省一个工人俱乐部的全套设计基础上做一些适应性修改。我虽然想接手干这么一件大事，但也不好意思得罪我非常尊敬的汪先生他们。我就说："你不求他们知识分子，我也读过大学！算不算知识分子呢？"领导忙说："小刘你不算！你干工作好样的。"这就算给我摘掉了知识分子的"帽子"？想想也挺好笑的，知识分子当时真的是贬义词啊！我 1979 年调到岳化总厂设计院，和我尊敬的汪孝慷先生、肖慕颖先生以及吴久恩、白荣清、褚海钧等各位同事谈起我当年为了设计影剧院摘掉知识分子帽子的故事，唏嘘不已。

晖 结构和其他专业设计呢？

华 建筑有 2 人，我和卢德宽，结构也有 2 个，是总厂基建处技术科的，水电也是从某个分厂临时借调的，临时拼凑了一个设计班子。结构太不重要，因为我们有个范本，不是从零开始设计，只需要修改不满意的地方。我们觉得建筑外形太丑了，就大刀阔斧修改，但是结构体系都没动，所以结构设计只要校对一下。造型上修改了正立面，就把正立面的梁重新计算配筋，所以结构工作量也不大。我们就是在这个范本的基础上改，比如舞台不合理，就增加吊杆；两侧的附属房间不够，就增加一点；做了很多小修小改，但是中间的大跨没动，不敢动。看台下面有两根钢管柱，最初我们想取消那两根钢管柱，但是结构的不敢，不会算，怕负不起责。那就算了，所以现在后部还是有两根柱，钢管里灌混凝土，位置靠最后几排，还可以容忍，就算了。

晖 当时找的样本就有那么大规模？

华　样本就有那么大，是1700座。总厂领导说座位越多越好，我们就重新排座位，最后排出1800个座位。后来又想利用防空洞来做空调。真正的电空调当时还不敢想象，就从防空洞里抽冷气，从挑台往前面吹。因为要高速吹风才能达到满场制冷的效果，但是风速高噪声就很大，我们就在每个风口增加了消音器，这是我们自己设计的。

晖　我记得除了往前吹的出风口，也有些出风口是朝下吹的。

华　往下面吹只能保后部，大部分风是往大厅前面吹，再回风。我们自己设计消音器，为此还突击学习了消音器的结构，隐藏在看台里面。

晖　增加消音器影响高度和视线吗？

华　吊顶吊矮了一点。

晖　地下室也是当时挖的吗？

华　这事情后来还改过一次，初期是想从防空洞抽冷气，但是没有防空洞。后来还是搞了个制冷，但不是当时主流的压缩机制冷，不是氟利昂也不是氨气压缩机。当时化工厂蒸汽很多，也不值钱，就搞了个蒸汽喷射制冷。正好我们那有个学制冷的，他提出可以试一下蒸汽喷射制冷。原理大概就是现在远大空调那种，介质是水蒸气，蒸汽喷射造成负压，具体工艺我也不太清楚。最后就是这个蒸喷制冷，效果是不错的，既没用电，也不是靠防空洞。当时有压缩制冷、吸收制冷、蒸喷制冷几种选择。蒸喷制冷用得比较少，只有这种蒸汽过剩的工厂才采用。

晖　当时也算技术突破。

华　岳化影剧院里说得上我们自己创作的，就是吊顶。原来范本的吊顶不好看又不合理，我们根据声学原理，做了一个大曲面，再结合耳光灯、面光槽设计，整个吊顶是新设计的，当时看起来还是很合理的。

晖　门厅修改了吗？

华　（门厅）样本就是那个样子，但是正面是坡屋顶，山墙朝外，显得很土。我们改成平屋顶，现代一点。

晖　放映室在二楼？

华　好像在二楼，放一楼会影响视线高度。有3个放映口，其中2个是放电影的，1个是放幻灯的。每台放映机有个放映口，还有个观察窗口。

晖　顶上还有个排气孔吧。

华　有的，当时的电影机发热很大。

晖　放映用什么灯泡？

华　早期还不是灯泡，是弧光，烧碳棒的，要散热还要排烟。后来改用灯泡，只有发热没有排烟了，就好一点。岳化的第一批放映机还不是灯泡，是用电弧光的。

总图规划与生活区

晖 总厂的规划是什么人做的，总图看起来既不是完整的有规划，又不是完全没有规划，是怎么生成的？刨去化工生产区，生活区是不是有规划？

华 生产部分是有完整的规划，我还画过总体鸟瞰图送到北京。当年，为了向国务院和原总后勤部形象地汇报工程建设概况，指派我和卢德宽、花立，三位建筑学的本科生，合作绘制全总厂的鸟瞰图。那是一张 2 米高、5 米长的彩色手绘效果图。（那张图）假如保存到今天，可以申报吉尼斯世界纪录了吧。为了体现"先生产，后生活"，那张图里就没有画生活区，画了很多树掩盖掉了生活区，也显得靠山隐蔽，影剧院、商店这些都没画，画了铁路和公路。这么大的鸟瞰图还画了两张。画第一幅是在指挥部办公楼里面，那块巨大的图板不可能从门窗搬进去，是让木工在室内先做。做好后我们用鱼鳞法裱贴上了几十张白图纸，然后坐在上面画图，也躺在画板上午睡，坐在画板上吃饭，苦干一两个月才画成。画完后，卷成大卷，伪装成地毯，派人坐火车送到北京。当时的国务院副总理余秋里[7]蹲在画面上仔细地看，赞赏不已。画第二幅的时候，有时来不及上彩色，就由指挥部抽调"设计服务连"的老建筑师汪孝慷来协助。我发现汪先生的美术功底比我们好，画的色彩比我们漂亮，后来才知道他是留学苏联的建筑学（副）博士。

晖 生活区宿舍区是按照什么来建的呢？有没有规划？

华 最早没有规划，"先生产，后生活"。

晖 人总要居住，总要配宿舍吧。

华 一开始没有通盘规划，问题来了，（草鞋没样）边打边像。像 03 厂，建厂初期结婚的很少，学员和工人大都是单身。

晖 那一个分厂也要有几千人的单身宿舍。

华 有宿舍，也就是分厂基建办自己规划、设计。两层楼、外廊式、公共厕所，现在想来规模也不小。

晖 记得我小学时候还有人住在这样的宿舍里。

华 从厂区走出去的路两边，都有这样的宿舍。03 厂是生产区靠外、生活区靠内。"8 栋 3 楼"是最早的单元式住宅，一梯三户，公用厕所，标准低。那一片我们叫"三棵树新村"，有十几栋楼，只有 8 栋是单元式，是最好的，其他都是外廊式，都没有户内厕所。你小时候还住过。

晖 有照片，有依稀的印象。二工区印象深，也是公共厕所，还要上山。当时为什么不就近设厕所，或者每栋楼里面设厕所？

华 那些老厂子来的"裁缝领导""2348"早期的领导很多是从原总后勤部系统的各被服厂调来的，俗称他们是"老裁缝"）说靠近厕所臭，我们说远了不方便，他们宁愿不方便。领导一句话：宁愿不方便，也不能臭。当时是旱厕，没有水冲厕所系统。设计 8 栋的时候，我提出来单元式，设水冲厕所，领导说不行，标准太高了。结果设计的是多层的旱厕！每层有个斜坡道，通一个竖井。很少见了，只在一个很短时期使用。

晖 从成本核算看，大量的冤枉钱都花了，岳化难道差这么一点钱？水冲厕所的建设标准也就是每平方米几十块钱吧。

岳化总厂的规划结构，刘晖绘制
注：至 1974 年，整个岳化厂区基本建成了连通各分厂的环形公路、铁路专用线、架空主管廊，三者共同组成交通的主骨架，为了贯彻"靠山、分散、隐蔽"的方针，沿着环形公路在各个冲沟里分别建设了锦纶、涤纶、树脂、橡胶等生产装置和球罐区、自备水厂、热电厂、机械厂。这种"环形道路主骨架＋分散组团式布局"一直延续至今。

已拆除的"8 栋 3 楼"，刘叔华摄于 2007 年
注："8 栋 3 楼"是作者曾经居住过的住宅楼栋号，建于 20 世纪 70 年代初，是当时标准较高的单元式住宅，现已拆除。

华 还是思想上要贯彻"先生产，后生活"，要显示政治正确，真的不在乎这点钱。管道、设备那些才贵，这些土木工程值不了多少钱。住房标准当时也卡得很紧，有规定，一般职工每户面积 37 平方米，那时每平方米造价才几十块钱。住房标准提高一点，领导就不敢担责任。

晖 二工区一早就建了，也不是全部给 03 厂的？

华 不全部给 03 厂，是总厂直接建的，临时调拨分配。

晖 但是我们的邻居都是 03 厂的。

华 我们那一栋全部是 03 厂的，其他栋也有别的分厂的。整个那条沟有小学，各个分厂的职工都有，有几栋楼是 03 厂的。

晖 所以二工区不能认为是 03 厂的第二宿舍区。

华 从 03 厂的角度就这样认为，但是二工区还有别的分厂的人。

晖 靠近入口有个丁字楼、小卖部。在我的认知里，二工区就是 03 厂的第二宿舍区。也好奇为什么 03 厂在外面有一块飞地。

华 总厂对生活区的规划也是一直在变，没有定准，也没有长远打算。哪个分厂不够住了，就建两栋楼，都是临时问题临时解决。刚建厂的时候，所有年轻职工都不准结婚，三五年之内都没有结婚分房的压力。

晖 那之后就会有突击结婚的浪潮？

华 五年后就突击结婚，所以头几年对家属宿舍的需求很少，只有一些领导干部。复员军人家属不在一起，也不用分房。只有一些工龄长，或者有特殊贡献的，把家属调来当家属工，这些才要分宿舍。结婚的大学生，如果家属也在"2348"，就可以分房子。这都是历史了。总之是根据需要来，不想太长远，也想不了长远。

晖 那么小学呢？看起来小学还是按规划布点建的。

　华 在宏观布局里，小学、中学、医院都有。在最初的总平面布局里就有。我还管过全总厂的总图，那个总图就有中小学、商业街。

晖 那个总图谁做的？不是应该首先由一个化工设计院做一张工艺生产布局的总图，后期再来配生活服务设施吗？

　华 总图是设计服务连做的。化工生产的流程图只管每一道工序，并没有全"2348"总的流程。

晖 那管线、热力、蒸汽这些还是要总图的吧？

青坡生活区现状
刘晖摄于 2019 年

总厂办公楼
刘晖摄于 2019 年

建设中的总厂办公楼
刘叔华绘于 1982 年

教培中心
刘晖摄于 2019 年

涤纶厂生活区
刘叔华绘

一大队（涤纶厂）的工地食堂
刘叔华绘

架设在排洪沟上的主管廊
刘晖摄于 2019 年

涤纶厂内生活区已废弃的小商店
刘叔华摄于 2007 年

锦纶厂纺丝车间速写
刘叔华绘

锦纶厂纺丝车间
刘晖摄于 2019 年

环形主干公路上的桥梁
刘晖摄于 2019 年

铁路专用线的涵洞
刘晖摄于 2019 年

| 华 那还是要排，这个总图还是总图专业的人做的，是由土建的总平面专业做的，里面的竖向什么都处理得还可以。那个总图我管过一年，负责执行总图，不是规划设计。哪个单位要开工一栋楼，我们就去提要求，标高定多少，路修到哪里，不能差太远，还是有总图控制的概念。

晖 那时候路都修好了？

| 华 先修了主要道路，以及铁路专用线。主路是水泥路，支路还没修好，各个分厂的路还是土路。

晖 我记得主路是环形路，一直到青坡，还可以从球罐区、研究院这边兜回来，这半边标准比较低。

| 华 是的，主要道路和管廊都是很正规的。二号沟那一段是把自然沟渠硬化，变成很规范的排洪沟，管廊就架在排洪沟上面。排洪沟北侧是道路，道路北侧是铁路。铁路专用线修得很早，也没有延伸到青坡，最远到电厂就结束了。

晖 路是慢慢弯上去的，到青坡就变成向北了。我记得在 03 厂门口有个拐弯，02 厂门口也是个拐弯，02 和 09 的厂门是斜对着的。过了 03 厂，主干道就向北，西侧是电厂，东侧是一块预留地。

| 华 那是腈纶厂的预留地，一直没建，就拿来堆东西。

晖 再翻过一个垭口，就到了青坡。青坡还有生产部门吗？为什么在那么远的地方搞一片居住区。

| 华 （青坡）有气罐、油罐区，规划上那里也是个生活区。所以说完全没规划也不对，大的生活区有几片，这是有规划的。一工区有一片，二工区有一片，青坡有一片，02 厂那边还有一片，锦纶新村不知道是不是最早就规划了的。

晖 锦纶新村和机械厂的家属区是挨着的，就是机械厂家属区往南延伸的部分。通往一中的往南的路上，09 厂的宿舍在左边，锦纶新村在右边。

| 华 建厂初期，锦纶厂规划的人口是最多的，可能那里就预留了一片家属区。规划做得不细，但是确实有了，而且征了地。03 厂里面那一片家属区原来是没有规划的，就是我们因地制宜做的设计，最初想盖五六栋，后来又想增加两三栋，最后建成十几栋，都是我自己搞的。

总厂办公楼和教培中心设计

晖 总厂办公楼跨过两条马路，连接两个山头。

| 华 办公楼有两个过街楼，一个通往五七广场。80 年代设计的小招（小招待所）和通讯中心大楼是在办公楼东侧。小招新楼是我设计，进去后面就有个老的机要楼，那"机要楼"的后栋就是我 1970年设计的最早的小招待所。前栋是外廊式两层楼的图纸资料管理室。后栋是为了准备接待总后勤部领导（邱会作等）的招待所，三层楼。因为是砖混结构，只能把大房间放在顶楼，是会议室、展览室，二楼有两个套间客房，一楼是办公室和警卫室。电话站最早就在机要楼里，后来电话业务多了，就搬到储海钧设计的通讯中心（电子计算机中心）大楼。

晖 电算中心和小招新楼位置是什么关系？

教培中心中庭　　　　　　教培中心中庭里的座椅和地灯
刘晖摄于 2019 年　　　　　　　　刘晖摄于 2019 年

注：岳化总厂教培中心是全省第一座有着中庭共享空间的教学大楼，中庭的
网架屋顶下悬挂着近 20 米长的傅科摆（下地面圆池即为傅科摆的位置）。

｜华　是呈 L 形。新的小招是横的板楼，那个（电算中心）是点状的。小招只有三层楼，那个（电算中心）就高一点，六七层有电梯的公共建筑。它们围合了一个小广场。

晖　它的西侧是五七广场的山谷，再往里面就是总厂机关的宿舍区，五七广场和宿舍区之间山脊上已经盖满了房子。

｜华　教培中心的位置就在五七广场的南边。五七广场是个扇形的台阶状看台，正对着一个舞台，后来废弃了。教培中心退在五七广场以南，没有占用五七广场的平地。教培中心再往南，山谷就结束了。

晖　机关和设计院之间的山顶上，有一座废弃的小幼儿园或者说是个游乐场。那个地方我们印象很深。

｜华　有生锈抛弃不用了的旋转木马。

晖　大办公楼没建的时候，总厂机关在哪办公？

｜华　总厂机关很早就有办公楼。80 年代的办公楼是由汪博士领衔，设计得很好。在那之前有一栋比较土的办公楼，清水砖墙的三层楼，平面是稍微错位的长条形，内走廊。为了建新办公楼，就把那栋楼拆了。

晖　新办公楼 80 年代初建好了，那之前旧的就拆掉了，没用多久？

｜华　也用了很多年。1970 年就建了，是空斗墙的很土的办公楼，很快就建好了，用了十年。我还参加了新办公楼里面一些大样的设计，主体是汪博士设计。他看我喜欢画画，就把会议厅的吊顶、山墙的钢管雕塑交给我设计，我就做了这些细部设计。可能是 1980 年设计，1981—1982 年就盖好了。

晖　1982 年新办公楼就已建好了，我在小学高年级在里面用过计算机，那时候我们学计算机没地方上机，不知道哪位同学父母的关系，就去了统计处上机。是当时最先进的 APPLE-II，单机，那时候都没有联网的。大人下了班之后我们晚上就去学电脑。

｜华　新办公楼的外形很大气，横带形窗、全部垂直线条，后来装修加了不锈钢管蓝玻璃，俗气了。两边是过街楼，中间是门厅。门厅里安装了湖南省第一个铝合金大门，还是从上海请的师傅。我和师傅聊天，他们说：你们这个厂啊，瞎考究！做什么铝合金大门，几千块钱啊。那时候几千块等于现在几十万了。

晖　那个办公楼后面有个会议室在高标高，直通二楼。

　华　那个会议室的装修吊顶是我做的，圆盘吊顶。

晖　那个会议室的屋顶是 45° 往外悬挑，很厚重的。

　华　虽然尺度不大，但是屋顶是钢网架的。小会议室 200 来人，开三级干部会用的。

中小学、文化馆和游泳池

　华　岳化的生活和当地比算不错了。那时候没有普及电视，看不到外面的世界。长沙没有液化气，我们有；长沙的电视还要架天线收看，我们是闭路电视。那个年代，我们岳化的生活肯定比长沙要现代化，经常可以看电影，有自己的游泳池。

晖　那个游泳池已经拆了。

　华　那个游泳池还举办过全省的游泳比赛。

晖　可惜没有留下照片，只有我和妹妹游泳的照片，没有建筑的照片。落成的时候你们也没拍个"定妆照"？好像 1981—1982 年建成的，是哪里设计的？

　华　那已经是总厂设计院设计的了。我以前画过速写，画游泳池全貌。当时举办全省蹼泳比赛。

晖　影剧院的选址是预留的，还是偶然产生的？

　华　那里是规划了一片文化活动中心，后来俱乐部（文化宫）也建在那里嘛。

晖　俱乐部（文化宫）用的是消防队的旧房子。

　华　文化宫旁边建了游泳池，还有大招待所。大招待所和影剧院的关系，看起来还是有规划。可以开会时作为会议旅馆。小招待所就不在那里。建厂初期是先有小招待所，后来才有大招待所。建厂初期没什么接待需要，但是为了接待部领导，就在办公楼附近的山沟尽端建了小招。

晖　03 厂里面没有学校？

　华　有个不完整的学校，山上有个两层楼的房子，设计了一个多功能的建筑，原来想楼下做商店，楼上做学校。只能解决几个班的小孩，算是个教学点吧。小学在厂区里面的需求不大，这个临时教学点可能也没办多久。

晖　我印象中，幼儿园是在进 03 厂之后，路的右边，要穿过管廊，上台阶，在一个比较高的地势上。

　华　在那里还有个澡堂。一来靠山隐蔽，二来靠近管廊，取得热力方便。

晖　二工区的二小主楼是一栋工字形的楼，还有一栋两层的教学楼在山上，是给四年级用的，地势较高。我在想是不是先后建的，最初只有主楼，后来不够用了，就建了高地上那栋。

　华　二小的厕所就是在山上的。

晖 二小的主楼是三层楼，后面有高差，二楼有个天桥搭到半山上，再上一点就是厕所。山上好像还有2个公厕，靠北的一个是居民用的，靠南边还有一个公厕是小学的。那个公厕南边还有一栋斜放的2层楼，楼再往南就是去研究院的路。

　　华 对二小那栋两层楼印象不深了。那时候你们上学都不用送的，自己去上学。

晖 岳化有好多所小学，中学有3所，青坡是二中，我上的是一中，三工区有个三中。中小学的布点是什么时候规划的？

　　华 那应该一开始就有了。

晖 那就是说有要做配套设施的概念，多大规模要配一所小学。

　　华 （配套的）量的概念是有的，但是没有强调功能分区，留了用地。一个指导思想是"先生产、后生活"，再就是周恩来对大庆的规划有几句话："工农结合、城乡结合、有利生产、方便生活"，所以有意不把生产区和生活区分开。

晖 岳化最早的福利（设施）体系是怎么建立起来的？

　　华 你妹妹读的总厂机关幼儿园在二工区，并不在机关里面，是个比较好的幼儿园。后来我们还设计过几个正规的幼儿园，每个班有厕所。青坡电影院也是80年代初建的，吴久恩主持设计，我也参加了。从1980—1987年这段时间建了很多公共建筑：青坡电影院（1981年左右设计）、幼儿园、教培中心、外宾招待所（即小招待所）。锦纶新村也有幼儿园，比较规范，不超过两层楼，按班级单元，带厕所和活动场地。

晖 就是按几万人的城市来补公共建筑。住宅是套用标准图还是个别设计？

　　华 住宅是每栋单独设计的，地形也都不一样。标准图只作参考。那时候没有电脑，描一套图和画一套图工作量差不多。有段时间很搞笑，办公楼开始装空调，计算机房和描图室是最优先装空调的，因为他们是（体力）劳动，做设计的不算劳动（笑）。不是劳动是什么呢？计算机房在设计院东边的山坡上，按当时的档次，是比较大的计算机房。是大型机还是小型机？反正不是微机。但是运算能力比现在家用电脑还差。

采访后记

　　（1）三线建设的军事化管理和"三边"工程性质，民用建筑设计通常并不受重视，没有设计费，建筑师的执业地位不明确，发挥作用的空间很受限。

　　（2）但即使在这种特殊环境下，三线企业里聚集的来自大城市外迁下放和分配来的建筑师依然在尽可能寻求创作的机会，产生了如岳化总厂办公楼、教培中心等一批作品。

　　（3）三线建设遗产作为特定历史时期建设活动和建筑思潮的见证，目前已相继达到设计使用年限，其中的建筑精品要作为20世纪建筑遗产，得到应有的关注和保护。

岳化总厂游泳池
刘叔华绘于 1982 年

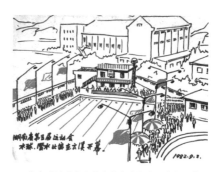

湖南省运动会水上比赛在岳化总厂游泳池举行
刘叔华绘于 1982 年

文化宫前的雕塑
刘叔华摄于 2007 年

青坡幼儿园
刘叔华提供

生活区里的公共厕所
刘叔华绘于 1983 年

建设中的二工区商业街
刘叔华绘于 1976 年

小招待所设计方案
刘叔华绘于 1985 年

小招待所现状
刘晖摄于 2019 年

1　熊泽云、彭展《岳阳石化：永远的 2348》，《中国石油石化》，2015 年，Z1，117-118 页。

2　岳阳石油化工总厂简史编委会《岳阳石油化工总厂简史（1969—1989）》，岳阳，1989 年。

3　据《岳阳石油化工总厂简史（1969—1989）》：1969 年底，根据解放军原总后勤部党委决定，组成了"2348"工程指挥部。指挥部本部设在云溪。同年底，根据化工部（69）化军基规字 109 号文，将湖北蒲圻的化工部中南化工厂筹建处移交总后，交"2348"工程指挥部管理，定名为第二筹建处，此即蒲圻纺织总厂的前身。1970 年 10 月，燃化部与原总后勤部商定将燃化部所属长岭炼油厂移交总后管理，同"2348"工程组成石油化工联合企业，改长岭炼油厂为"2348"工程第三筹建处。1971 年 4 月，总后勤部党委决定，将"2348"工程指挥部组建为总后勤部化工生产管理局，代号为后字 277 部队。1973 年底，中央军委 181 号文指示总后化工局下放湖南省管理，1975 年完成移交。

4　李茂春《张西蕾的"三线建设"往事》，《中国石化》，2016 年，第 10 期，54-57 页。

5　1969 年 10 月，化工部北京合成纤维研究所成建制移交原总后勤部，并迁往湖南云溪。

6　李茂春、蔡妍《"六五〇一"工程考》，《岳阳职业技术学院学报》，2016 年，第 31 卷，第 6 期，94-96 页，108 页。

7　余秋里（1914—1999），江西吉安人，无产阶级革命家。1935 年参加长征，1955 年被授予中将军衔。1949 年后，任职西南军政大学、第二高级步兵学校、西南军区后勤部、军委总财务部、总后勤部领导，以及石油工业部部长、国家计划委员会主任、国务院副总理、解放军总政治部主任、军委副秘书长。

华侨大学厦门校区的校园规划及湿地环境建设
——刘塨老师访谈录

受访者简介　**刘塨**

男，出生于 1960 年。1978 年入学于南京工学院，先后任教哈尔滨建筑工程学院、华中科技大学、华侨大学。现为华侨大学教授，任职华侨大学副校长。长期从事建筑学领域的教学、科研和工程设计，主持多项国家自然科学基金及省部级重点研究项目，华侨大学厦门校区规划设计者。作品有华侨大学陈影鹤游泳馆、艺术教学大楼、综合教学楼、音乐舞蹈学院教学楼等。

采访者：　黄锦茹（华侨大学建筑学院）

访谈时间：　2019 年 12 月 3 日

访谈地点：　福建省厦门市华侨大学李朝耀大楼 301 室

整理情况：　黄锦茹整理，刘塨老师修改

审阅情况：　经受访者审阅

访谈背景：　华侨大学厦门校区是一个功能湿地型的校园。校区从 2004 年开始建设，于 2006 年开始投入使用，其湿地系统运作稳定并形成良好的生态体系，因此吸引较多人前来参观学习。厦门校区的规划通过保护、恢复、重建湿地系统，将校园中的污水处理、中水回用、雨水收集、防洪防汛结合起来，重新建立了水资源与人居环境的平衡。本次通过对厦门校区的规划设计师刘塨老师的访谈，了解厦门校区建设过程以及如何通过湿地环境的建设达到水资源的平衡。

采访者与刘塨老师（右）合影

华侨大学厦门校区教学楼鸟瞰图
刘塨老师提供

刘　塨　以下简称刘
黄锦茹　以下简称黄

关于学习工作经历

黄 刘老师，您好，我是华侨大学建筑学研究生，想向您了解关于厦门校区湿地校园的规划与建设过程。能否先请您介绍一下自己的学习工作经历。

┃刘 没问题。我是东南大学七八级建筑学专业，毕业后至哈尔滨建筑工程学院工作，1985 年考到华中科技大学读硕士，硕士毕业之后留校，2001 年来到华侨大学工作。我在哈尔滨建筑工程学院的时候，参与过吉林市冰雪中心设计工程，属于大型的体育建筑；在华中科技大学的时候，还设计过研究所的办公楼和宿舍楼，以及检察院办公楼等。

关于校门校区设计的前期准备

黄 请您讲讲厦门校区的选址工作。

┃刘 根据学校的要求，我在集美进行厦门校区的选址，提出方案之后，经过学校研究同意，落实了这个地方。

黄 我记得您上课的时候说过，当时杏林湾也正在做规划，那杏林湾规划与我们学校在这里选址的先后顺序是怎样的？

┃刘 两个规划基本上是同步的。当时市政府制定了从海岛型城市走向海湾型城市的发展战略，其中很重要的一个点就希望依托集美的文教资源做一个新城的发展规划。在这样的背景下，厦门市政府与国务院侨务办公室签了战略合作协议，然后让华侨大学从泉州来到厦门办学。但当时的规划还只是一个草图，有一些设想，并没有具体化。我到厦门市规划院找了王唯山院长，看了他们的构思草图，草图里有一条集美大道，然后我们就选了大道北面的这一块地。之后随着方案的不断推进，对这块用地的形状和面积又做了一些微调。

黄 我看到学校里面保留了很多的树。在规划设计时，对树木是如何考虑的？

刘　我们在做规划之前，特地请勘察院来做了全部基地里的大树测绘图，当时给了一个参数，所有胸径在 20 厘米以上的树全都测出来，标上标高，不用说百年的老树，20～30 年以上的，位置全都画了出来。可以说绝大部分的树，都是有保留的。我们的规划方案，就根据图上的这些点，避开这些树来设计。

黄　在设计时，是如何考虑我们学校跟旁边的兑山村的关系呢？

刘　这个问题复杂一些，已经不是建筑学问题，而是社会学的问题了，可以说很多是建筑学解决不了，甚至是无法面对的。当时对于我们设计人员来说更为紧要的是要解决学生的吃饭睡觉问题。学校 2004 年开始建设，2006 年 9 月开始使用，当时定的规模就是近期 15 000 个学生，远期要发展到 20 000 个学生。这些学生的吃饭睡觉问题更迫切，肯定会摆在如何结合侨村这个问题之前。

黄　建设是按分期施行吗？

刘　分期是不得已的，我们希望能够尽快地做完，但是拆迁工作还是有难度的，厦门政府也做得非常努力。因为厦门校区的场地最初只有小小的几块地，包括前面这个长条水池地块，建教学楼这块地是空的，其他各处都有零零星星的一些房子。多亏当地政府花了巨大的力量帮助拆迁我们才能建这么多。目前还在做，因为体育馆、运动场、龙舟馆、游泳馆等项目都在等着打桩呢。

关于湿地生态校园

黄　请问老师，为什么想要做一个关于湿地保护的校园规划？

刘　我原来研究的课题就是生态人居。在华中科技大学的时候，就对生态人居比较感兴趣。20 世纪 90 年代的时候，绿色建筑和生态人居的概念还比较新，我很感兴趣，就开始研究。到厦门工作之后，发现环境有所不同，与武汉的生态不一样，不能把武汉的工作经验照搬到厦门来，要结合当地的特点。我注意到这里湿地资源很多，就开始考虑如何将湿地和人居结合。

黄　之前做过关于湿地人居的项目吗？

刘　有的。刚开始是做福建顺昌的两个小区规划，这两个小区都涉及水系的问题。做设计想要尊重生态，就不能把山铲平、水填平。如何把水系跟小区结合起来，就变成一个非常现实的问题。我们做了研究，虽然后来两个规划并没能实施，但研究并没有白做。正好厦门校区有这个机会，因为厦门校区这里是一个低洼地，严格说来这是城市的一个泄洪区，因此肯定就存在着下雨淹水的问题。刚好那时国家一些城市遭遇过几次大水，这个问题就变得很突出。我之前做过一个题目为生态人居的研究，重要的就是探讨水和湿地资源结合的问题，再结合当时的社会需要，顺势在厦门校区实践了自己湿地校园和湿地人居的想法。

黄　您在做规划时有什么湿地校园的案例可供参考吗？

刘　我们参观过一些学校。有些学校有很好的湿地资源，但他们在校园建设上的做法从生态上来说并不可取。如他们在自然水系的周边用水泥封了一圈，这就是一个滨水景观的概念，而不是湿地的概念，也就是说水系不再具有生态的价值，只有一种景观造景的价值。所以我们看到的大多是湿地生态概念中不可取的东西。不过国内的案例虽然无法告诉我们该怎样做，但可以告诉我们不该怎么样做。

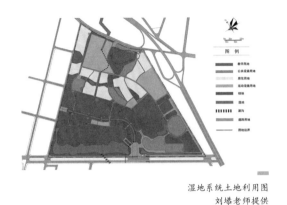

湿地系统土地利用图
刘塨老师提供

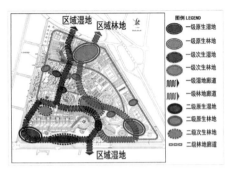

湿地系统结构图
刘塨老师提供

黄 做湿地校园规划的时候，您遇到过什么问题吗？

刘 遇到过。当时在规划中画了很多水面，就有人问我，"刘老师你知道闽南的闽字怎么写吗？——门里有虫，这就是说闽南的虫子特别多。你做这么大的水面是来养蚊子吗？"但我相信，如果生态好，水面不是臭水，这就不是问题。事实证明，厦门校区并没有那么多的蚊子，因为水里有很多鱼，蚊卵根本待不住。

另一个问题，就是在好多学校都规划了一大片很好看的水面，但是到冬天水干了，就成了臭泥坑，怎么办？要是拿自来水往里面灌是灌不起的。后来我去现场勘察，正好是冬季枯水期，发现这里果真有水，就问村民水是怎么来的，是不是他们放的自来水。他们说这水塘本来就有水，冬天也不干。然后在疏通池塘的时候发现，水塘的底部是像水泥浆一样的炭泥质土壤，保水性超强。因此不能为了造景挖水面，应该遵循大自然地表的格局，在之后设计中，这个泥塘就保留下来了。

黄 学校里面的污水处理是怎么做的？

刘 把校园的污水全部收集处理，建了一个埋在地下的中水厂，处理污水。当时也有一些其他的契机。学校来这里建校的时候，外面的污水排水管线还没有完全落地，市政设施还没有完全具备。这对我们来说也是一个机会，就借这个机会自主处理污水，自己处理自己用，就变成一个循环的节水的校园。

黄 处理完的水都怎么使用呢？

刘 生活污水处理完制成中水，这些中水刚好补充我们的水资源，做生态补水。人居环境用水分为3份，生活用水、生产用水、生态用水。因为现在水资源非常紧张，首先应该保证生活用水，然后要保证生产用水，往往生态用水就被忽略了。回用中水之后，既能补充我们的生活用水，比如冲厕所，用作校园的洒地浇花水，另外冗余的水也能补充生态用水。这恰恰可以解决我们关心的另一个问题，即冬天水干了怎么办。通过循环用水，可以使水系在冬天也能做到水资源的平衡。

黄 还有一些其他水的利用吗？

刘 有的。实际上，在生态用水中，中水的补充只是一部分。因为到了寒暑假的时候，特别是寒假，学校大部分的学生都回家了，学校里大概就剩200～300人，产生的水量比15 000人产生的水量少很多，水量马上就减少。眼看着大湖就要见底，当时非常紧张，也怕到时候陷入泥坑问题，那整个生态系统就崩溃了。

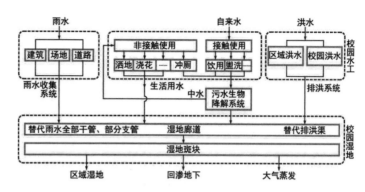

水循环与湿地系统过程图
刘塽老师提供

但好在有排洪渠要从学校经过，渠修好之后，上游 2.45 平方公里范围的农户和学校周边用户的生活污水和合流雨水全排进学校了。生活污水对城市来说本来是一个极糟糕的东西，但是因为厦门校区的水域系统是一个湿地生态系统，流进来的污水，经过一段湿地的净化之后，就变成景观水，反而成为湿地系统的资源。所以系统对了，垃圾变成资源；系统不对，资源变成垃圾。做了湿地生态校园之后，冬季再也不用担心池塘的水会干掉了。所以这个污水对我来说是求之不得，因为厦门校区的湿地生态系统有保障了。

黄 排洪渠也是生态的排洪渠吗？

丨刘 按计划要用石头砌筑成 4 米深、6 米宽的排洪渠。当时我们坚决反对，因为水泥会彻底破坏湿地生态属性，且矩形断面不利于景观也不安全。后经过多次沟通，最后达成一致：整体排洪渠改为梯形断面，上部 3/4 为坡地，下部 1/4 为石砌，底部用石块铺，不用水泥，尽量保持湿地属性。这样就是一个半生态通道。

黄 做了湿地校园建设之后，对学校环境产生了什么影响呢？

丨刘 做了这个系统之后，局部的小气候得到优化，粉尘少，洁净度好。投资也有不少节省，因为有了水系，一段围墙就不必修建，那道围墙，按照当时的造价估算大概要花上十来万元。另外，如果不做这样的水系，就需要铺设雨水干管，这也需上千万元的投资。很显然做了水给学校带来很好的经济效益，更不用说一天还能节省 2000 吨自来水。

校园在功能上是有分区的，不是说有块空地就能拿来建设。目前华侨大学厦门校区生态的用地本身也属于校园绿化和休憩用地。实际上在规范范围内，用休憩绿地形成湿地系统，等于说这个地是一式两用的，既是生态用地，也是校园的绿化景观用地。

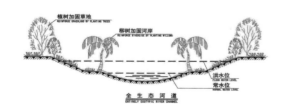

全生态河道示意图
刘塽老师提供

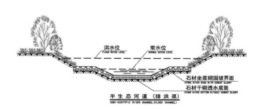

半生态河道示意图
刘塽老师提供

兼作排洪渠的湿地廊道
刘塨老师提供

白鹭校园觅食
刘塨老师提供

关于校园建筑

黄 校园建筑大部分是您负责设计的吗?

Ⅰ刘 规划方案是我负责做的,我还做了一部分建筑的设计,包括教学楼、音乐舞蹈学院和凤凰餐厅,以及西门,其他是别的设计院设计的。

黄 厦门校区的教学楼是一个巨构式的建筑,在校园尺度上,您是如何考虑的?

Ⅰ刘 从尺度方面来说,教学楼西南面是面向集美大道的,作为学校的一个景观立面,应该具有一定的纪念性,也应考虑学校的标志性建筑。集美大道宽 80 多米,原来的 BRT(Bus Rapid Transit,快速公交系统)是准备架起来的,所以面向集美大道是考虑城市尺度的,城市尺度比较大。

还有几个问题,第一,是道路上有噪声和繁忙的交通,规划硬性要求就要求后退 50 米以后才能做建设。我索性退到 100 米左右再建。按道理我可以再往前压 50 米,但是,50 米之前是烂泥塘,如果把建筑建在那里,打基础就要耗费海量的资源和钱,而且还不安全。我们把建筑退后,把前面留给湿地,这样一来,就有大的水面。如果把湖填了,遇到台风暴雨就容易发大水。第二,作为整个学校的形象,而且面对的是更大的城市空间,这个空间需要跟城市空间协调,所以具有城市的尺度。而建筑的北立面是面对校园的这样一个尺度,对着校园这边的尺度就没有那么大,是普通的建筑尺度。

黄 教学楼的一些细节,如铺砖方面很有特色,请问当时做了一些什么样的工作呢?

Ⅰ刘 大部分铺砖我都有画,包括墙面砖的贴法,大家可以看到一些细节。很多部分是画得非常细,但是有的时候,因为赶图赶得太急,画施工图的老师可能没有理解我的草图,来不及了,没有按我的草图画,当时我也来不及全面检查。比如说,教学楼斜着那部分下面架空的铺地,我个人觉得不太满意,无论是从建筑与结构一体化的角度来说,还是本身作为图底关系的设计形式感来说,都有很大的欠缺。没办法,也只能这样了。但是在主楼广场我就特别小心,一直盯着,直到晒成蓝图了。

黄 我在那边上课的时候就发现有很多铺地和结构对位关系。

凤凰食堂鸟瞰图
涂小锴摄

教学楼内铺地与结构对位关系
黄锦茹摄

刘 这就是建筑空间与结构体系的有机关系。我的草图大部分都是这样的。这些公共空间的铺地我都看过，唯一比较遗憾的就是庭院的铺地，你会发现建筑跟结构没有发生关系，出现这样的一个状况，我自己也很无奈。

黄 教学楼的底层和连廊有不少的空间，但感觉使用率不太高？

刘 我们在主楼下架空了一些空间，一方面形成很好的自然通风体系，另一方面也给大家创造了一些交往空间。平时这个空间中的活动非常多，应该说形成很好的交往空间体系。但是目前来说，学校在规划上有了一个规划与建设，在建筑方面也有一个规划与建设，但是在环境景观方面，还比较欠缺，等于说在环境景观这一层还比较空白，很多项目需要细化，更详细的环境建设还有待进一步展开。我现在是希望建筑学院填补这方面的空缺，希望将来有建设规划、生态规划，再来一个环境和景观规划，让这个校园有更加丰富的环境内容，这个方面比较欠缺，还是毛坯状态。

黄 现在凤凰食堂成为很多同学活动的场地，当时设计凤凰食堂的时候，有想过会成为一个受学生喜爱的学生活动中心吗？

刘 有，因为这个跟我做的研究课题有关。我在读研究生的时候，研究课题是社区化的建筑，就是说，建筑如何形成它的社区性，变成一个有人情味的环境。不是说房间里挂一个牌子叫文化中心，而是这个建筑的环境即便不挂牌子，也能支持人的日常交往，形成一个天然的文化中心，让人觉得这里就应该发生这样的社区行为。要通过环境设计，支持人们自发而不是强制的交往行为。坐在这里就觉得很舒服，人群就容易聚集起来，就容易产生交往活动，这样的空间应该是怎么样的？这样的建筑应该是什么样的？这就是我当时做的课题研究。

一个建筑需要有社区的空间感，让它能够支持社区交往。当时设计凤凰餐厅时就是按这样的想法去做的。所以你会发现这个建筑好像不好拍照，因为找不到主要立面和最佳角度，但你能感觉到建筑的室外反而是它的中心，建筑室外空间比室内房间更重要。这实际上是通过建筑形成一个更加丰富的室外空间环境，把周边室外空间整合起来，形成一个有活力的社区空间。

黄 确实是这样。您在侨大校园建筑的设计上对于地理环境和学生活动的考虑令我深受启发。非常感谢您的耐心解答！

刘 别客气。有时间我们还可再谈。

遗产保护与传统匠作

- 赵立瀛先生访谈（林源、岳岩敏）
- 魏启山先生谈古磁州窑窑场生产工艺流程及其建筑营建（马玉洁、孙鹏宇、杨佳楠）
- 四川民居中的编壁墙研究——夹泥匠人李国锐师傅访谈（赵芸）
- 磁州窑艺术大师刘立忠先生口述记录（杨彩虹、马玉洁）
- 马来西亚高巴三万的华人"做风水"——洪亚宝与李金兴造墓师访谈（陈耀威）
- 陈平教授谈古塔修缮（林源、岳岩敏、卞聪）
- 闽南匠师与东南亚华侨建筑的保护修复——文思古建修复团队访谈记录
  （涂小锵、陈耀威、陈志宏）

赵立瀛先生访谈

**受访者
简介**

赵立瀛

男，1934 年生，福建福州人。建筑史学家，西安建筑科技大学建筑学院教授、博士生导师。西安建筑科技大学最早三个博士点之一"建筑历史与理论博士学位点"的创办者和建筑历史学科的奠基者之一。1986 年被授予中华人民共和国人事部"中青年有突出贡献专家"，1991年起享受国务院"政府特殊津贴"。曾任中国建筑学会理事、中国文物学会传统建筑园林研究会理事、陕西省科技史学会理事长、香港学术评审局（HKCAA）顾问专家等。早在 1958 年，赵立瀛教授作为编写组成员和最年轻的编委会委员，参与由原国家建工部建筑科学研究院主持的《中国古代建筑史》编写工作，这是 1949 年后编撰的第一部中国建筑史专著。著有《中国古代建筑技术史》（副主编，1985 年）、《陕西古建筑》（主编，1992 年）、《中国宫殿建筑》（主编，1992 年）、《中国建筑艺术全集·元代前陵墓》（主编，1999 年）及《黄帝陵——历史·现在·未来》《陕西古代科学技术》（合编）等专著，发表论文数十篇。曾担任"中华始祖黄帝陵总体规划及工程"设计负责人。获 1981 年国家建筑工程总局优秀科研成果一等奖，1988 年中国科学院科学技术进步二等奖，1998 年全国城乡优秀勘察设计一等奖，2017 年获"中国民族建筑事业终身成就奖"等多项国家级奖励。

采访者： 林源（西安建筑科技大学）、岳岩敏（西安建筑科技大学）
访谈时间： 2019 年 10 月 18 日下午
访谈地点： 成都赵立瀛先生府上
整理情况： 2020 年 1 月岳岩敏根据访谈录音整理
审阅情况： 经受访者审阅
访谈背景： 赵立瀛先生回顾了 20 世纪 50—80 年代的求学、工作情况。讲述了在"文革"背景影响下知识分子劳动改造的经历，50 年代《中国建筑简史》、60 年代《中国古代建筑史》，及 70 年代末期《中国古代建筑技术史》的编写过程以及古建筑调研考察的相关情况。

赵立瀛　以下简称赵
林　源　以下简称林
岳岩敏　以下简称岳

林 您兄弟姐妹几个?

｜赵 家里有两个哥哥,一个姐姐,一个妹妹,我在家排行老四。大哥比我大 11 岁,二哥比我大 6 岁。两个哥哥在大学时加入地下党,都是离休老干部。姐姐和妹妹幼年因病致残,一直随父母生活,离世后与父母合葬在一起。

林 您是在福建念中学吗?

｜赵 我在香港读中学。那时就有进步思想,在香港《大公报》发表过作品。

林 您记得是哪一年哪一期么?

｜赵 多了。我的笔名是"立人",偶尔也用原名"立瀛",发表了几十幅社会题材的漫画。多是讽刺香港现实社会的不平和种种丑态。每次发表我都剪下来保存,贴在一个本子上。当时香港《大公报》编辑约作者见面,以为是有阅历的先生,一看是个未成年的半大孩子,高中生,很是惊讶!

林 那位《大公报》的编辑您还记得名字吗?

｜赵 记不得了。

林 这个作品集的本子还在吗?

｜赵 后来上交党组织了!香港《大公报》报社应该会保存旧时的报纸。我是 1952 年由香港远赴沈阳,满怀对大学学习生活的向往,入东北工学院上学,次年入团,1956 年入党。毕业后分配到西安建筑工程学院工作。

我能被组织吸收入党,原因可能有两个,一我是个老实人,学习成绩好,也要求进步;另外哥哥是地下党,我也沾了哥哥老革命的光。入党介绍人陈业 [1]。

林 您当时在东北工学院读书时本科是(读)几年?

｜赵 四年。我 1952 年入学,1956 年毕业。当时建筑系一个年级 120 人,分两个班,每班 60 人。最后一年的时候,分为 4 个班,每班 30 人。班里同学年龄相差比较大。同班同学大多是调干生 [2],年龄都比我大,最大的大 10 岁。他们学习困难,经常找我当"小先生"。我担任过学习委员、后当班长。

林 您毕业后到西安工作,建筑系主任是哪位先生?

｜赵 当时系主任是刘鸿典 [3] 先生。在东北工学院上学时,系主任是郭毓麟 [4] 先生。

林 您评职称是哪一年?

   | 赵 1963年评职称,评上讲师。"文革"期间职称评审停止。"文革"后,1981年恢复高考,再第一次评职称,我评上副教授。

林 60年代大学里的讲师就很厉害了! 1963年至1981年,时隔这么久! 当时和您一起评职称的,系里还有哪几位先生?

   | 赵 只有四个人,张似赞[5]老师、张绪学[6]老师、广士奎[7]老师和我,有多少老师都落下了。五年以后(1986年)升为教授。

林 现在学生娃们都不知道刚说的这些老先生了。我们当年上学的时候,这些老先生们都是一线的。中(国)建(筑)史是赵老师上的,外(国)建(筑)史是张似赞老师上的,城乡规划原理和总体规划课都是汤道烈老师上的。

   | 赵 当时高校博士点是经国务院学位委员会审批的。我们学校第一个博士点是工程结构,第二个是建筑历史与理论。博士生导师也是要经国务院学位委员会审批的,我们学校只有陈绍蕃[8]、梅占馨[9]和我。后来国务院将博士点和博士生导师审批权都下放到省教育局。

林 也就是您是经国务院学位委员会审批的博导!

   | 赵 对! 我毕业后进学校分配到建筑系(现建筑学院)当老师。先是兼教师团支部书记,1957年起任建筑系首届团总支书记(现为团委书记)。依我的性格和志向,希望是做学问,对学术感兴趣。不想,也不适合从政。自己提出来不当书记,要回去当老师。

林 当时团总支书记是专职的吗,不能既做书记又任教教书?

   | 赵 是的,是专职书记。还是服从组织安排,做好工作。当时主动住到学生宿舍,在学生食堂吃饭,学生下工地劳动,我也跟着同劳动。我做了四年书记,同时也尽可能找机会参与业务活动,直至1961年组织同意免去书记职务,恢复教师身份。1963—1966年任建工、建筑合系秘书,主管教学科研,那是兼职。"文革"前还管过毕业生分配工作。我给学生们说,有什么个人要求的可以提出来,有合适单位的、有名额的尽可能照顾,能满足的尽量满足。

林 我们毕业时是服从组织分配,国家哪里需要就到那里去,所以,当时赵老师真是大度!

林 "文革"期间您在做什么?

   | 赵 我不是"极左"的人,也不右,是个老好人。

大家都分批被安排到黄河滩农场劳动。我没被分到养猪班、种地班,去了炊事班做班长,负责大家的伙食。大家在滩地上挖个地坑,用木头把木板架起来,铺上稻草,就做成床睡觉,也是草棚。挺有意思的。我成立了炊事班"班子",有不同"工种"负责人。有老师说他经常上街吃饭,我说你就管菜谱;有老师在家经常做饭炒菜,那就是大师傅、掌勺的,还有管烧火的,还有管采购的,还有管账的。我们有时候去农民那里,他们打猎到的野鸡野兔之类的,买来给大家改善生活嘛! 我这炊事班班长当的还可以啊。

林 采购的钱从哪里来?

《中国古代建筑技术史》封面、内页

| 赵　大家有伙食费。

林　您这炊事班规模还挺大，各司其职啊!

| 赵　嗯，大家劳动，都很累，上午十点钟和下午四点半还要加餐，煮一大锅玉米糊糊。大家能吃饱饭，都比较满意。

林　黄河滩农场在哪里? 宝鸡吗?

| 赵　在朝邑黄河滩 [10]，原来一片荒芜，"文革"期间开垦出来做农场。当时干活的都是教师这样的知识分子，在农场改造思想。后来又到宝鸡深山里的"三线"工程 [11] 工地。我做过瓦工，砌墙；做过木工，推刨子；做过普工，拉过架子车，拉沙子、砖、水泥。下工地劳动几年就是这么过来的。

"文革"接近尾声了，我到北京与中国科学院自然科学史研究所张驭寰 [12](先生)商量，大家闲来无事，咱们组织做些事情，组织编写《中国古代建筑技术史》，这个倡议得到自然科学所领导支持，宣布张驭寰为编写组组长，我为副组长，以"中科院"的名义向各建筑高校及文物部门发公函，邀请大家参加编写工作。我们还没糊涂，抓住了时机。在百废待兴之时做了这么件事(《中国古代建筑技术史》的编写)，还算是有个成果。若不是，待"文革"以后，这么多单位的人参加，也再组织不起来了。

在五六十年代，中国建筑史学科的重大成果都是集体协作完成的，如 50 年代的《中国建筑简史》，60 年代的《中国古代建筑史》都是这样，当时讲，是个"多、快、好、省"的办法。但要有个牵头的主持单位，就是原建筑工程部建筑科学研究院，汪之力 [13] 任院长、党委书记，对这个工作非常热心支持。当年参加的主要是建筑"老八校"（清华、南工、同济、天大、西冶、华南、重建工、哈建工) 的老师，多半是青年人，现在在世的话，也都是八十几、九十岁的老人了!

我是自始至终的参与了《中国建筑简史》和《中国古代建筑史》的编写工作。现在想来，感到十分庆幸!

在 70 年代末期，组织编写《中国古代建筑技术史》，大家集合在一起也是件不容易的事。这么多人在一起难免有些磕磕碰碰，意见不一。我就说"如果大家闹意见，我们这么多人这么长时间的劳动就付之东流了。咱还要以大局为重，团结在一起把这书弄好了! "这句话靠拢了人心，说服了大家。这就是我在当时起到的作用!

林 当时是一直待在北京吗？出书的经费是哪里来的？

｜赵 集中工作前后持续了几个月。中间要回学校上课，还要调研。大家都是抛家舍业地在做事情。出差的经费、住宿都是中科院提供的，租用北京一家建筑工程公司的宿舍和食堂。每个人都是一两个月才能回去。自1976年4月召开编写工作会议至1980年初，书稿已经全部撰写完成，前后持续近四年，参加协作单位四十多家，编写及绘图人员有一百多人。工作量很大！第一版是1985年在香港出版的，当时中科院申请专项外汇，印数很少，质量非常好的。

林 当时出版这本书大概需要多少经费，您还记得吗？肯定是巨大的数字！

｜赵 这个不记得了。书有10斤重。

林 当时定价是多少？

｜赵 这本书当时很贵的。一般书都很便宜，这个书定价800元。还有英文版，专门请了"文革"期间没事儿做的设计院留美的几位老总做翻译。真是抓住了好时机。（英文版）也是香港出版，内有大量彩色的图纸、照片，当时大陆出版的技术还达不到。

林 嗯，80年代的800块钱，这可是"巨款"呢！英文版的书大陆没见过。80年代以前，那会儿去调查时条件怎么样？

｜赵 如果是集体出差，条件要好些。个人出去就难了。记得，我一个人去山西去五台山调查，什么车都没有。步行进山，兜里背个西安陶瓷厂的大茶缸和一双筷子。沿路上，很不卫生的。在路上什么都不吃，只吃捞面条。捞到自己的缸里，给点盐和醋就行，一路走进山里。与寺庙里和尚同吃同住，多少钱直接付给他。那时候的调查就是这样的，可没有现在的车和农家乐。在佛光寺，想看哪爬哪，没有那么多限制。

林 嗯，很辛苦，但这也有那个年代做学问的好处。

｜赵 可以想见，营造学社时期，梁先生和林先生他们那一代，虽然有些经费支持，但是也要雇农民的架子车，拉到很偏僻的地方（有古建筑保留的地点），还要爬到梁上、顶上观察、画图。对于这些留学回来的人来说，（调查）也很辛苦的。做调查就是很辛苦！书上的建筑要自己亲自看！当时去调查看到的都是没有修缮前的东西，那才是古代时期留下来的，原汁原味的，没有经过整容、化妆。现在有些人一说修古建筑，就是焕然一新。这种观念是错误的，遗产保护不是这样的！

林 嗯。遗产保护不是为了新而做，要讲"原真性"！

岳 那时候能近距离地看到原汁原味的古建筑，真是件幸福的事儿！现在（我们）带学生们去考察，看到的多数都是被修（缮）过的，还有好多被围挡，不能近距离地观察构造节点和细部大样，这些只能通过看文献学习了。

林 时间不早了，您歇一会儿。老师还有什么话想说吗？

｜赵 匆匆岁月，流年似水，不觉我已是年届八十有六的高龄老人了。回首这一辈子，尤其是在80年代之前，日子过得很是清苦，人生道路也不平坦，但是对于自己所担负的工作，从事的事业，还总是兢兢业业，全身心的投入，无怨无悔。奉行十二字格言："本分做人，明白做事，随遇而安，泰然终老。"

1　陈业，原中央文化部副部长、党组书记刘芝明之女。毕业于东北工学院建筑系。先后任国家建设部规划局局长、国家土地管理局副局长。出版专著有《新加坡土地管理制度考察》（北京：地震出版社，1992 年）、《江潮集：刘芝明百年诞辰纪念》（沈阳：辽宁出版社，2007 年）等。

2　20 世纪五六十年代，国家实行人才培养的举措之一，要求大多数高校承担培养工农调干生。调干生指来自企事业单位和机关、社会团体以及军队的同志，经组织调派到中专和高校学习的"干部学生"。

3　刘鸿典（1904—1995），字烈武，辽宁宽甸人。1933 年毕业于东北大学建筑系。1928—1932 年师承梁思成、童寯、陈植等大家，是我国"建筑四杰"的直系传人。曾任东北大学建筑系教授、系主任。1956 年任西安建筑工程学院（现西安建筑科技大学）建筑系首任系主任。建筑教育家、书法家，曾任中国建筑学会理事，陕西省土木建筑学会副理事长，中国圆明园学会顾问。长期从事建筑设计的教学与科研，有丰富的建筑设计实践经验，完成上海市中心图书馆、东北工学院冶金馆等 30 多项建筑设计。论文有《建筑理论基本问题探讨》等。

4　郭毓麟（1906—1983），字钟灵，辽宁沈阳人。1932 年毕业于东北大学建筑系。1950—1953 年任沈阳工学院建筑系主任，1953—1956 年人东北工学院建筑系主任，1956 年随东北工学院建筑系迁西安，并入西安建筑工程学院。1956—1958 年，任西安建筑工程学院教务处长；1963—1982 年，任西安冶金建筑学院图书馆馆长。曾讲授工业建筑设计原理、工业建筑设计、民用建筑、建筑构造等课程。

5　张似赞（1927—2015），广东汕头人。1950 年毕业于浙江杭州之江大学，后赴沈阳东北工学院建筑系任教，1956 年随校西迁入西安建筑工程学院。任西安建筑科技大学教授，建筑教育家、世界建筑史学家。出版《新建筑与包豪斯》《建筑空间论》《希腊建筑》等译著，为建筑史、建筑理论的教学与研究奠定了重要基础，获得中国建筑学会"建筑教育特别奖""世界建筑史教育终生成就奖""世界建筑史教学研究维特鲁威奖"。

6　张缙学，1927 年生，辽宁本溪人。西安建筑科技大学教授。1953 年毕业于东北工学院建筑系。1953—1955 年东北工学院任教，1955—1957 年入清华大学城市规划进修班学习，1957 年后一直任教于西安建筑工程学院。从事建筑学、城乡规划与设计专业的教学与科研工作。主要讲授建筑设计、建筑设计基础和城乡规划理论与设计等课程。

7　广士奎（1927—2011），辽宁抚顺人。西安建筑科技大学教授，中国共产党党员。1953 年毕业于东北工学院建筑设计专业，同年留校在工业建筑教研室。1961 年苏联莫斯科建筑工程学院研究生毕业，获苏联技术科学副博士学位，学成归国，后在西安冶金学院任教，从事工业建筑设计的教学与科研。改革开放初期，在西安冶金建筑学院恢复建筑系时任首任系主任。发表论文 20 余篇，编写《房屋建筑学》铅印教材。

8　陈绍蕃（1919—2017），生于北京。1940 年毕业于上海中法工学院土木工程系，1943 年于重庆国立中央大学（现东南大学）研究院结构工程学部获硕士学位。我国著名结构工程专家和教育家，钢结构事业的开拓者，西安建筑科技大学资深教授，中国土木工程学会第四、五届理事，中国钢结构协会理事，全国钢结构技术标准委员会顾问委员，美国"结构稳定研究学会"（SSRC）终身会员。主要研究方向为钢结构性能与设计原理，结构稳定与抗震。多次获部委级科技进步奖、优秀国家标准规范奖和国家级科技进步奖等。著有《钢结构设计原理》等。主要论文有《钢压弯构件弯扭屈曲的研究》等。

9　梅占馨，1930 年生，吉林双阳人。1953 年毕业于东北工学院结构专业。1957 年任职西安建筑工程学院，曾为西安建筑科技大学教授，博士生导师。研究方向为高层与超高层结构抗震理论研究。主要从事固体力学、结构力学、高层结构设计方面的教学与科研工作。

10　朝邑黄河滩农场位于今陕西渭南大荔县朝邑镇，黄河西岸。

11　"三线"工程是 1964—1980 年期间国家的一项重大战略决策。在"备战备荒为人民""好人好马上三线"的时代号召下，以战备为指导思想的大规模国防、科技、工业和交通基本设施建设。建设的重点在西南、西北。

12　张驭寰，1926 年生。中国科学院自然科学研究所研究员，中国古代建筑史学专家。1951 年毕业于东北大学工学院建筑系。多年一直从事中国古代建筑史与古代建筑的研究工作，对中国寺院建筑、塔、元代木构、城池做过大量的实地考察，有着深入的研究。有《中华古建筑》《中国城池史》《中国名塔》等专著。

13　汪之力（1913—2010），建筑学家，曾任中国建筑学会名誉理事、中国风景园林学会顾问、中国圆明园学会副会长。1950 年 5 月，参与创立东北工学院，任党总支书记兼第一副院长。1956 年组织成立建筑工程部建筑科学研究院并任院长兼党委书记。主编《中国古代建筑史》《中国传统民居》，发表《风景学简绎》《论综合科学与综合艺术的建筑学》《中国传统民居的脉络》《圆明园整修初探》等论文 30 余篇。

魏启山先生谈古磁州窑窑场生产工艺流程及其建筑营建 [1]

受访者简介　　**魏启山**

男，1940 年出生在中国磁州窑之乡彭城 [2]，魏氏陶瓷世家，第三代传人。工艺美术大师、中国磁州窑陶瓷世家、中国磁州窑陶瓷名家。曾任中国磁州窑文化艺术研究会副会长、中国磁州窑收藏家协会顾问、磁州窑文化艺术研究院副院长、中国陶瓷工业协会会员、中国民间文艺家协会会员、新传统陶瓷文化之旅策划人，中国磁州窑非物质文化遗产项目（正宗）非遗传承人等职务。魏启山先生一直致力于陶瓷创作和窑炉的建造，对磁州窑窑炉的衍生颇有造诣。他收集了大量的磁州窑陶瓷珍品，与夫人共同复原了磁州窑窑场的模型。

采访者： 马玉洁（河北工程大学建筑与艺术学院）、孙鹏宇（河北工程大学建筑与艺术学院）、杨佳楠（河北工程大学建筑与艺术学院）

访谈时间： 2019 年 5 月 19 日

访谈地点： 河北省邯郸市磁州窑民间艺术博物馆

整理情况： 2019 年 7 月 6 日整理

审阅情况： 经魏启山先生审阅

访谈背景： 彭城镇地属河北省邯郸市原峰峰矿区，它是古磁州窑主要的分布区域。磁州窑是我国北方最大的民窑体系。从北齐至明清，磁州窑中心窑场辗转迁移。彭城其他几处如临水、观台、冶子、贾壁等窑场遗迹几乎消失殆尽，只有彭城窑火绵延千年，陶瓷手工业遗存的数量较多，原真性保护较好。在窑场遗存中，馒头窑和工作洞相对完整，但原始工艺流程的施工场及其附属建筑已经遭到破坏，不复存在。魏启山先生携夫人自制模型，复原了古磁州窑窑场的原始生产工艺流程。这些复原模型承载了重要的历史信息，对于研究早期陶瓷手工业作坊具有重要的意义。磁州窑制瓷生产工序主要为取瓷土—碾釉—揉泥—旋坯—施釉—彩绘—入窑烧制等工艺，最终出窑完成各类器具。访谈共进行了 2 个多小时，期间魏启山先生畅谈了个人从业经历，重点讲解古磁州窑原始生产工艺流程，口述了窑场生产性建筑中馒头窑和工作洞的营建。

魏启山先生，2019 年 5 月 19 日摄于磁州窑民间艺术博物馆

马玉洁　以下简称马
孙鹏宇　以下简称孙
杨佳楠　以下简称杨
魏启山　以下简称魏

彭城古磁州窑窑场原始生产工艺流程

马　魏老师，您好，请给我们介绍一下磁州窑窑场复原模型的情况。

┃魏　你好，马老师！这个博物馆的模型是我和夫人谢凤琴一起复原的。我们先从陶瓷釉料开始。陶瓷烧造工艺流程中第一步是取瓷土，瓷土包括各种釉料。釉料经过碾压、沉淀，才能用在陶瓷器胎上上釉。陶瓷釉料是覆盖在陶瓷坯体上的玻璃态薄层，它改善了陶瓷制品的表面性能，使其显得十分光滑。陶瓷坯体不上釉料，烧制出的陶瓷器物颜色发黑发暗，但是上了釉料，陶瓷制品颜色发白发亮。所以当地称这些釉料叫化妆土。打个比方，就像女孩子化妆，脸上涂抹粉底一样。左侧第一个是长石。磁州窑的装饰技法是上两遍釉，陶瓷坯体上的第一遍釉是底釉，第二遍是白色的长石釉。下一个是碱石，碱石实际上是耐火材料，按照含铝成分的多少，它又分为 A 石、B 石、C 石、D 石。其中，A 石、B 石含铝量大，A 石含铝量达到 80%；C 石、D 石含铝量比较小。我们常用的是 C 石、D 石，材料比较软。黑药釉，它可以起到止血化瘀的作用，所以名称中用了"药"字。上黑药釉可以使陶瓷烧制出黑色。大青土、二青土的产地在张家楼。你们应该去过张家楼，张家楼的土有三个特长，一是做出来的碗，一敲能发出清脆的声音；二是往里面倒热水，马上就能端，日常生活里我们盛的米粥端起来不烧手；三是保存食物的时间长。我们平时吃的面条，在夏天盛在碗里过夜，第二天依然不变味道。由于其他地方烧碗的材料含铝，因而所盛食物容易变质变味。这个是秆子土（音译），这种土能吃，也叫观音土。最后这个是铁锈花的原材料，叫斑花土。剩下的是普通的青石和笼土。

① 碾瓷土　　　　　　② 淘洗瓷土　　　　　　③ 揉泥

④ 拉坯　　　　　　　⑤ 上釉　　　　　　　　⑥ 入窑

磁州窑制瓷工艺流程
孟淑华摄于中国磁州窑博物馆

孙　这些土的产地主要是在哪里？

　魏　张家楼[3]的土层，从上到下依次是黄土、秆子土、二青土、大青土、煤。所以在开采煤的时候，把瓷土也一起开挖了。义井[4]也生产大青土、二青土，但是稳定性不好，需要掺上彭城的大青土、二青土。民间有一种说法是"义井的土，彭城的掺"。刘起沟主要生产笼土，包括张家楼西南角的柳条村也生产笼土。但是刘起沟[5]笼土的质量强于柳条村的，打个比方说，刘起沟造的笼盔可以装二十个碗，其他地方就装不足二十个。

马　这个模型是展示碾釉的场景吧？

　魏　是的。认识了釉料，接下来，我们看看陶瓷釉料是如何进行碾压处理的。圆形碾池内放置的釉料是碱石。大碾砣由牲口拉着，窑工一边赶着牲口，一边向碾池内浇水。釉料碾压后放入沉淀池。沉淀池在六个圆口水缸最前端，是由砖砌筑的。待釉料沉淀完成，将合格的釉料放入圆口水缸里，以备储藏来用[6]。各种釉料碾压完，就要打泥料了。咱们拉坯也好，做造型也好，用的都是泥料，主要的成分是大青土和二青土。我们需要把泥料均匀搅拌。搅拌的设备有圆形耙池、小石磙和搅拌棍。碾池的中心水平固定一根粗壮木杆，木杆上垂直插有几个细木棍，木杆的末端穿入一个小石磙。木杆转动，细木棍顺势搅拌泥料。泥料的搅拌离不开水，所以耙池的旁边一定要打一口井。你们看一下这个井。井口不是圆形的，是方形的。为什么呢？在元朝统治中原的时期，出于避讳的原因，不让打圆（谐音元）口的井。因为农村的家庭需要浇园、浇地、吃水，

各种釉料展示
杨佳楠摄

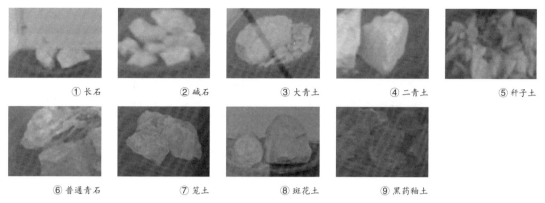

① 长石　　② 碱石　　③ 大青土　　④ 二青土　　⑤ 秆子土

⑥ 普通青石　　⑦ 笼土　　⑧ 斑花土　　⑨ 黑药釉土

磁州窑陶瓷常用釉料

所以中原的井特别多。打一口井非常辛苦，当时全部都是人工打井，不像现在的机械化便于钻眼。有些人不愿意再重新打方口井，就在圆形井口的周围用砖围成方形的檐边，来应付检查。

孙　魏老师，那个模型是拉坯的吗？

|魏　是的。北方称为"旋"坯，南方称为"利"坯。制作方法一样，只是叫法不同。脱坯是利用模子制作。这是生产原料铁锈花的。旁边有一个大缸，靠手动来回晃动。这个杵端头的砣是硬砂石的，先研磨再沉淀，反复多次。生产的装饰釉，就是铁锈花，磁州窑叫斑花。

马　魏老师，下面的模型也是碾釉吗？

|魏　不是的。我们现在看到的模型是窑场粉碎匣钵的场景。旁边堆放的原料是就匣钵料，碾压处理后用来制作匣钵。匣钵是陶瓷领域的术语，彭城当地称为笼盔[7]。你们想做磁州窑的研究，必须懂得地方方言和专业术语。匣钵是装陶瓷原胎用的，它是陶瓷烧造过程中不可缺少的用具。我们将陶瓷原胎放入匣钵，再把一个个装满陶瓷原胎的匣钵摆置在窑炉里，完成入窑烧制的工艺流程。碾压匣钵料的工具，类似圆柱体，当地称其为碌子，碌子两端的大小不同，小头在内，大头朝外。它共有八个楞，不平行，倾斜且有角度[8]。碌子两端固定一个木框，牲口拖拉木框，做圆周运动。匣钵料被碌子碾碎、压实。碌

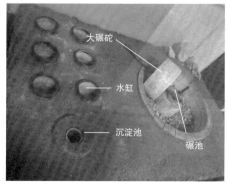

碱石釉料碾池模型

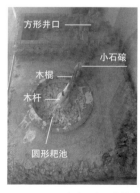

耙池及方口井模型
马玉洁摄

泥条盘筑模型
马玉洁摄

拉坯模型
马玉洁摄

过滤铁花釉的大缸及杵
马玉洁摄

子的八个楞再把压实的匣钵料掀起、捣埴。当时没有粉碎机这样的设备，工人就不需要用铁锹去铲动，减少了劳动量。它是彭城街的一大怪："八楞磙子，两驴拽"。早期粉碎匣钵原料的工具设施就是这样。

马　匣钵（笼盔）在彭城随处可见，彭城街还流传这样一句话："彭城街，五里长，叽里拐弯笼盔墙。"[9]

　｜魏　笼盔（匣钵）墙是彭城的建筑特色。刚才我们看到是匣钵料粉碎的工具模型，接下来，我们看看匣钵的制作过程。仔细地观察匣钵，我们会发现，它呈圆柱体，是由一圈一圈的泥条盘绕而成的，这种制作的方法叫作泥条盘筑。它始于新石器时期。复原模型正中有两个圆形石盘，它们由一条传送带联系在一起。其中一个石盘上立有一根棍子，如果窑工握紧棍子，使其围绕圆心转动，就可以带动两个石盘，这样另一端石盘的窑工，便能轻松地将泥条在转动的石盘上盘绕。匣钵底面积的大小和高度，由装载的陶瓷器皿来决定，窑工灵活调整。

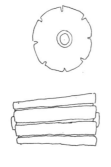

磙子外立面示意图
马玉洁绘

磙子俯视图示意图
魏启山绘

彭城磁州窑窑场建筑的营建

杨 魏老师，这个复原模型是储藏房间吗？

| **魏** 这个是仓库，主要是放煤放柴的。每一个陶瓷作坊的规模不同，窑主（窑场的主人）根据需要来盖仓库，所以它的大小每家都不一样。仓库一般会放在靠里的位置，主要怕其他人偷。

马 仓库和办公建筑都是窑场建筑里的辅助空间，这个模型应该是办公室吧？

| **魏** 是的。办公室主要是供窑主使用。一般设在窑场的高处，这样老板能看到出来进去的人。办公建筑用青砖材料建造，平屋顶。建筑约6米开间，3米进深。大门开在正中，两边有对称长窗。另外，说到磁州窑的技艺传承到不同的地方，主要受到历史的原因。例如，元朝统治中原地区时，一些窑口的窑工迫于生存，逃难各处，这才把磁州窑的烧制技艺传播到各地。

马 魏老师，能给我们介绍一下窑炉吗？

| **魏** 馒头窑是主要的生产建筑。在建筑界里它是构筑物，在陶瓷界来说，它属于设备。窑炉的形式随着生产发展，形式也在不断地更新。现在陶瓷工厂里主要是梭式窑、隧道窑，生产力比过去的馒头窑强很多。馒头窑是用柴烧和煤烧，主要靠人工生产。而梭式窑和隧道窑可以用电烧，靠机械生产。馒头窑、梭式窑、隧道窑都是根据它们的外观来进行命名的，形象而生动。比如馒头窑为什么称为馒头窑？你们看它的外观像窝头，老百姓希望一日三餐吃上馒头。窑炉顶部的窟窿叫冷却孔，也叫马眼儿。上面的冷却孔叫作天子眼。这里的学问很大，陶瓷界里有专科，叫热工学。有关窑炉怎么砌筑，一会儿我动手给你们画一画。后面是烟囱，这种形状主要是在燃烧的时候有拉力的作用。馒头窑根据火焰的燃烧方式分为直焰窑 [10] 和倒焰窑 [11]。这个模型是直焰窑。概括的和你们讲一下。两边的坑是掏灰渣用的，还有烧柴、烧煤的火膛，火膛 [12] 是用耐火砖砌筑，预留出小窟窿，上面放煤下面落灰。砖的砌筑也是很科学的。

杨 请您给我们说一下窑炉的搭建流程。

| **魏** 我画一个剖面图。窑炉从底向上砌筑，先砌窑帮，后砌窑顶。窑帮外轮廓呈马蹄形，垂直砌筑。窑顶呈穹顶状，砌砖开始层层收口。每层砖按圆形依次排列，层层"咬茬"错落。"咬茬"就是上下两

仓库模型
马玉洁摄

窑场办公建筑模型
马玉洁摄

层砖错缝砌筑，道理类似砖墙砌筑法。砌砖围绕的圆半径越来越小，砌筑到顶留出天子眼。窑炉用专门烧制的砖砌筑，带弧度的。也可以用耐火砖垒，按照曲度砌成弧形，两砖之间会有隙缝，然后用陶瓷片砸到缝隙里固定。一圈垒好之后，用锤子敲陶瓷片，在敲的过程中，要掌握一定的平衡度，敲的力度要均匀，不能轻一下，重一下，那很难形成圆形。结构的整体性更结实。

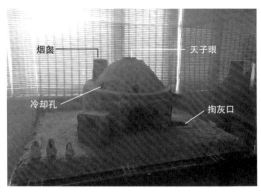

馒头窑模型
马玉洁摄

马 魏老师，还想请教一下，在磁州窑窑场中的工作洞所用的砖和窑炉中的砖是一样的吗？

| **魏** 不一样。窑炉中的砖是耐火砖。工作洞中的砖是青砖，尺寸更大一些。

杨 那砌筑窑炉的时候是站在哪里？

| **魏** 工人站在外面砌筑。站在窑身上，一层一层向里收。

马 那么窑顶收口越来越小，如何施工？

| **魏** 窑顶的砌筑完全是凭大师傅个人经验。不同于现在的施工，砌多高用计算机辅助，工人通过数砖来决定怎么收砖。最难的地方是天子眼。每层砖越来越向上收，到了最顶端，砖不是平的，向内倾斜。这也是最危险的地方，操作失误会造成塌陷。施工到这个地方，工人会放一个笼盔塞在中间，用陶瓷片把缝隙塞实。我总结了一个经验，从天子眼到窑台底端固定一根钢管，水平的地方套个圈，它可以来回转动，每一层往上收。我在河北平乡县建造了一个窑炉，施工用了这个方法。每垒几层，用横杆旋转找平。当然这是我个人想出的办法。现在的施工，用砂浆泥，连续敲，这是不对的。应该抹上耐火泥，只敲一下。为什么不能敲第二下，因为再敲砖很容易移动，空气就进去了，不牢固。刚才你提到的工作洞，也是一样。砌筑拱券先建洞腿，两边站两个人，立脚手架。砌砖用泥浆，一抹一敲。不能敲两三下，那样局部的黏结性不好。

马 那么工作洞[13]的拱圈，砖与砖的缝隙也需要用陶瓷填缝吧？

| **魏** 需要。道理是一样的，洞腿先建成，洞端头先砌起"和尚头"[14]，开始起拱，一圈一圈的拱券由里向外逐步完成。再砌筑几圈，开始填缝，用陶瓷片均匀的敲打，否则受力不均，容易倾斜，甚至坍塌。做建筑的、做设计的一定要学会施工，只做设计只能说学习了百分之三十。平时要多实践，不懂就问。我的态度是只要是自己知道的一定得毫无保留地告知，不留遗憾。

马 魏老师，像这种无模具起拱的建造方法，出现在哪些建筑类型中？有专业的施工队吗？

| **魏** 这种建造还出现在民居和南响堂寺里。不仅仅在彭城，其他地区也出现过。确实有专业的施工队伍，都是师傅带徒弟。目前会这种手艺的工匠寥寥无几，在世的几乎没有了，我应该算是一个。当时在富田遗址[15]附近的陶瓷厂，我担任过厂长。富田遗址有一些窑炉没有窑顶，只剩下窑帮，我负责修缮过，修建了窑顶。

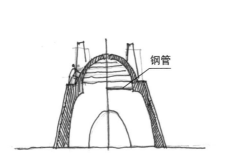

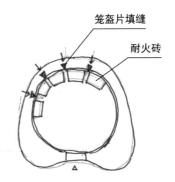

钢管

馒头窑纵剖断面示意图
依据魏启山先生口述整理
马玉洁绘

笼盔片填缝

耐火砖

馒头窑穹顶水平截面示意图
依据魏启山先生口述整理
马玉洁绘

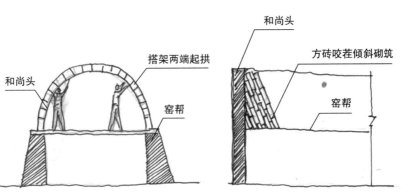

和尚头

搭架两端起拱

窑帮

和尚头

方砖咬茬倾斜砌筑

窑帮

工作洞剖面示意图
依据魏启山先生口述整理
马玉洁绘

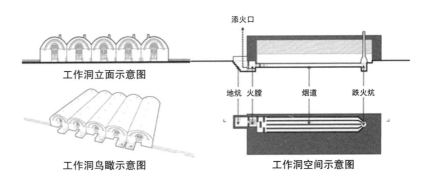

工作洞立面示意图

工作洞鸟瞰示意图

添火口

地炕   火膛   烟道   跌火炕

工作洞空间示意图

工作洞示意图
梁莉华、马玉洁绘

马 除您之外，我们现在还能找到会这种建造手艺的人吗？

Ｉ魏 几乎找不到了。一方面，我从十几岁开始学徒，到现在八十岁了，比我年龄大的已经不在世了，关注的不多。另一方面，陶瓷业是分工种的，有的只会砌砖，有的只学和泥，综合性的人本身就少。现在国家重视，要把非物质文化遗产和物质文化遗产传承下来，但现在的问题是人亡艺亡，这种状况很普遍。

马 非常遗憾的。我们调研访谈的目的，也是希望能够找到更多像您这样的传承人，把历史记录下来，开展抢救工作。

1　课题项目：HB16YS012 河北省社会科学基金项目《彭城磁州窑建筑美学与文化重建研究》。

2　彭城，位于河北省邯郸市峰峰矿区，它是磁州窑主要的分布区域。1982 年，由中国硅酸盐研究会编写的《中国陶瓷史》中，对磁州窑进行系统、科学的总结和论证，明确指出："磁州窑系是我国北方最大的民窑体系"，并提出"磁州窑主要分为漳河流域的观台与滏阳河流域的彭城镇两个区域"。

3　张家楼，位于河北省邯郸市峰峰矿区彭城镇内。张家楼旧宅主要是磁州窑早期的窑工生活的地方。建筑材料使用了陶瓷烧造的废旧材料——笼盔，具有地域特色。

4　义井，属于河北省邯郸市峰峰矿区主要镇区。义井当地擅长烧造砂锅。砂锅可用来熬中药或炖菜。

5　刘起沟，位于河北省邯郸市峰峰矿区彭城镇内。

6　水缸，彭城本地擅长烧大缸，当地居民用其储水。在磁州窑的窑场，工人们将几口大缸深埋在地下，露出缸口，作为储藏釉料来用。

7　匣钵（笼盔），用来装瓷胎的。准备入窑炉烧造的器物叫作瓷胎。，匣钵的主要功能是将窑火隔离于器物之外，使其免受窑火直接侵扰，保证器物在烧造过程中能够受热均匀。匣钵高度为 30～60 厘米不等，直径为 20～40 厘米的圆柱体，强度大、耐高温，有中空隔热保温的作用。废弃后的匣钵被当地人用作建筑材料，主要应用于墙体，彭城当地称其为笼盔墙。

8　碌子，用石材制作，其表面有八条楞，每个楞之间有凹槽。在石碌碾动的时候，石碌的重量在压实的同时，这些有倾斜角度的楞条可以把压实的土层掀起。如此反复循环压实—捣壇的过程，起到碾压原料的作用。这种工具的使用，减少了人力的消耗。

9　笼盔墙，笼盔（匣钵）是彭城当地烧窑的工具，陶瓷坯体用笼盔装烧。笼盔的使用次数是有上限的，达到上限的笼盔不能重复使用，所以很多废旧笼盔被弃置街头。后当地居民，利用笼盔和砖一起砌筑墙体，以减少开支，故称为笼盔墙。至今彭城街区的笼盔墙随处可见。

10　我国古代砖瓦窑，按照火焰燃烧方向，可以分为直焰窑、横焰窑、倒焰窑。直焰窑，体积小，构造简单。火焰直接通过火膛升到窑室。火焰的方向是直的，故称为直焰窑。

11　倒焰窑，倒焰窑的火苗由火膛升起，先上升到窑顶，碰到顶部返回倒而向下。火焰在窑室内先升后降低，回旋的时间长，因而热量得以充分的利用。

12　火膛，属于馒头窑的结构部分。彭城当地的火膛用耐火砖砌筑，平面布局类似箅子，横纵交叉。

13　工作洞，是磁州窑手工业生产时期主要的生产性空间。平面呈长方形，顶部起拱。它是工人拉坯、绘画，以及冬季晾胚的主要场地。

14　和尚头，专指工作洞端头的墙体，起支撑作用。因为形状大致呈半圆形，类似和尚的光头，所以在彭城当地称其为"和尚头"。

15　富田遗址，是目前保护较为完好的磁州窑窑场遗址。窑炉主要是馒头窑，共 14 个，以明清两代为主。工作洞 5 条，水井 1 口，磨盘 1 个。除富田遗址外，磁州窑盐店遗址保存也较为完好。

四川民居中的编壁墙研究——夹泥匠人李国锐师傅访谈

受访者简介

李国锐

男，1943年生，四川省资阳市安岳县石羊镇人。自1961年（18岁）学习泥瓦作，学艺2年，从业50余年，会作灰塑脊、火连圈、编壁墙等泥瓦。主要在安岳本地做工，修缮过安岳圆觉洞、大佛寺等建筑。

采访者： 赵芸（成都文物考古研究院）

访谈时间： 2018年3月20日、2019年12月3日

访谈地点： 四川省资阳市安岳县教钟寺

整理情况： 资料整理于2018年6月4日。2019年11月29日，经李国锐匠师确认后，再次修订该笔录。2019年12月3日，对李国锐匠师进行电话补访，并再次整理资料，在此基础上形成本文。

审阅情况： 文稿未经受访者审阅

访谈背景： 川地气候湿热，建筑需要通风透气。当地民居常用白色编壁墙、灰色小青瓦，在适应气候的同时形成了质朴素雅的民居特征。穿斗结构的四川民居，其典型特点是柱径小、柱子密，在柱与柱之间安装墙体，且墙体较北方建筑更轻薄。富裕之家或木料充足之地，一穿以下用木板墙[1]，一穿以上用编壁墙[2]。木料缺乏时，全部墙体均采用编壁墙，山区等木材更充裕的地区整个墙面全用木板。为完成"川地传统建筑大木工艺调查报告"中墙体部分的写作，笔者前后两次访谈了四川省资阳市安岳县夹泥匠李国锐师傅，以明晰编壁墙的工艺做法。

赵　芸　以下简称赵
李国锐　以下简称李

编壁墙概述

赵　编壁墙匠人是属于泥水匠还是单独的工种?

　李　以前的土（本地）泥水匠现在叫"砖工"，以前我们叫"夹泥匠"，指专门夹壁头（做编壁墙）的匠人。那些也给小青瓦房做灰脊的，又叫"盖匠"。脊、檐口、编壁墙以前盖匠都会做。庙子里面搬鳌尖（做翼角的灰塑角花），也是我们在做。

赵　一个三间的房子做完所有编壁大概要多久? 要多少个工?

　李　这个要看施工现场条件，要看主人家搭架的情况，如果只是用楼梯去做就慢得很。那个（要多少个工）不一定。

赵　脚手架是木匠退场以后你们重新搭的?

　李　重新搭的。用竹子搭，现在也有用钢管搭的。做编壁墙两面都要搭架，比较麻烦，因为两面都要抹灰，工作的时候需要使劲（用力），架子不好还不敢去呢!

赵　如果两面都搭好架子，做编壁墙的速度如何?

　李　如果是夹壁头（做竹骨架层）、上泥、上灰，还要吹（打磨平整），一个人一天只能做两三平方米，就是一个工两三个平方。

白墙灰瓦的四川民居

全板壁墙

半编壁墙（一穿以上做编壁）

全编壁墙

赵 编壁墙有没有从底下一直做到屋顶的?

　|李 也有人从下面一直做到顶的。

赵 墙面最宽能做到多宽? 太宽的墙面你们是需要划分成几个小块的吧?

　|李 划分墙面主要依靠木匠打撑子(木边框),木匠用竖向的木条给编壁墙先做好边框才行。

赵 一般木撑子的间距多少? 1 米左右?

　|李 木工知道大概的间距,他们打撑子(木边框)的时候就会考虑这个壁头怎么分才稳。

赵 观察编壁墙最宽就是 1.2 米左右,还会更宽么?

　|李 一般那种就算是大壁头(面积较大的编壁墙)了。

赵 编壁墙的高度方向有没有限制呢?

　|李 高度无所谓,有的打 5 道、6 道的道子篾。太高的墙多打几道道子(篾)就是了,道子(篾)间隔大概 18 ～ 19 公分。如果主人家赶工期我们就少打一点道子(篾),这样编起来要快一些;主人家不忙,道子(篾)就多打一两道,编起要硬扎(牢固)一些。

编壁墙的材料

赵 编壁墙的主要材料有哪些?

　|李 竹子编骨架,在上面抹泥,最上面抹白灰。

赵 你们用的是哪种竹子?

　|李 我们安岳这边的慈竹,其他竹子不行,没得软性(柔韧性),只有那种大竹子——慈竹才行。[3]

赵 竹子要不要晒干? 还是直接可以编? 用青篾[4] 还是黄篾? 使用之前要不要泡水?

　|李 直接用新鲜竹子,都不泡水的。编壁的竹子现在(12 月)要赶快砍,开春(春天过后)来砍就要生虫。

赵 砍竹子一般是什么时候?

　|李 冬天,现在砍最好。一般就是从八九月份开始砍,来年 2 月以后砍的就不行,要生虫。

赵 就是 9 月以后到次年的春节之前?

　|李 对。

赵 慈竹有多厚?

　|李 那个竹子太厚了,要用刀削掉几毫米才得行。

赵 泥一般从哪儿来?

李 有水田、稻田的地方就用田里的稀泥来做,没有的话就挖干泥来做。用黄泥(干泥的一种)比较费劲,最好是水田里的稀泥。把泥和谷壳、稻草混合在一起,人工用脚踩。一般一栋三开间,15～20平方米的房子,编壁墙一共要用100斤谷壳、20～30斤稻草,一挑泥巴。用扎刀把稻草斩断,洒进土里面然后加水,再加谷壳或者糠,用锄头和铲子人工翻拌泥土直到均匀,然后加水用脚踩。

赵 一挑泥巴大概多重?

李 一挑就是两大筬箕,有100多斤。可以涂三间房子的墙壁。但是遇到有的房子高、壁头大的,可能要用1.5挑泥巴,就是3筬箕。筬箕是用细篾条编的,有点类似撮箕。但是撮箕是宽篾条编的,而且要大些。现在基本没人用了。

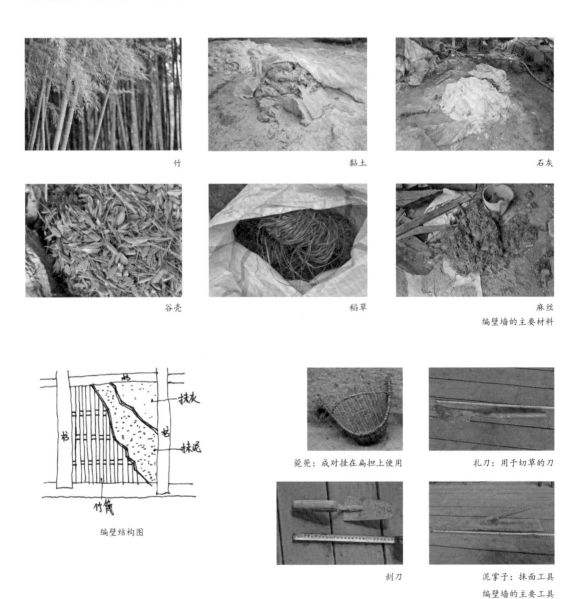

竹　　　　　　　　黏土　　　　　　　　石灰

谷壳　　　　　　　稻草　　　　　　　　麻丝
　　　　　　　　　　　　　　　　　编壁墙的主要材料

编壁结构图

筬箕:成对挂在扁担上使用　　　扎刀:用于切草的刀

刮刀　　　　　　　泥掌子:抹面工具
　　　　　　　　　　编壁墙的主要工具

赵 谷壳、稻草需要事先处理么?

|李 要把稻草砍成 5 ～ 6 公分,也就是两寸(约 6.66 厘米)左右的长度。

赵 稻田里面的稀泥取出来可以直接用?

|李 那个是最好的材料,但要先把里面的杂草挑出来扔掉,再加谷壳和稻草用脚踩。踩到脚底不怎么粘泥,脚能轻松拿出来就好了。

赵 如果没有水田,干泥一般用哪种土?

|李 干泥要用黏土,不能有沙。把土堆积起来,最好堆在公路这种硬质地面上,方便翻转。踩完的泥土发两到三天,抹墙的时候就不粘掌子基本就可以了。

赵 踩的时候要加水,那发的时候要不要再加水?

|李 这个主要看土的干湿度。我们每天有人去翻拌泥土,观察、掌握干湿度。如果太干,就适当加水。土要发到完全融,一点也不能有子子(颗粒),非常柔和(柔软)的状态。否则抹上墙后,泥层容易脱落或者开裂。而且在天气太热的时候给墙面抹泥,也会开裂。一般抹泥,要气温低的时候做,让它慢慢干燥,这样才比较均匀。

赵 白灰的材料是什么?

|李 石灰,石头的那种。因为石膏和稀泥不能结合。把石灰加水发起,用筛子筛,筛好以后再加麻筋。麻筋用弯刀剁成段,用水淘洗干净再混合。

赵 石灰的灰里面加了麻的?

|李 对,没有麻丝的话用人的头发也可以,就是那种剃头剪下来的头发。

赵 一般灰和麻丝的比例是多少?

|李 100 斤干石灰混 1 ～ 1.5 斤麻丝就行,多了也不行,多了泥(抹)不开。

赵 麻筋要不要加工到很细?

|李 要,把麻绳用刀斩成比较短的若干段,然后用箭竹棍拍打,直至变成很细的丝。然后淘洗干净,混入石灰里。淘洗干净的麻丝才能让灰更白。

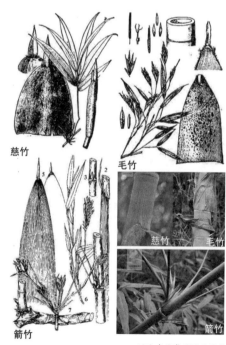

川地建筑常用竹子种类

编壁[5]的工艺做法[6]——竹骨架层[7]

赵 编壁是在地面上编好才安装还是直接在墙上编织?

｜李 直接在墙上编。先打道子,然后在脚手架上编,在下面编了再放上去怎么生(安)得稳嘛?

赵 相当于在下面拿篾片上去编?

｜李 哦(是),先把道子篾打好,两端的脚篾打好开始编。道子篾是搭梯子上去量好然后在下面做好上去安,边篾是用比较长的竹篾一边编一边裁(砍断)。

赵 编篾的顺序大致是什么?

｜李 先是横向的道子篾,也就是主篾;还有最下面的钉子,就是钉钉儿篾(钉子篾);钉钉儿打归一[8]了,编这个脚篾,上下各两皮;最后就是竖直的编篾。有的位置用斜签篾代替钉钉儿篾和脚篾。

赵 相当于道子篾是最主要的框架?

｜李 是的。

赵 (道子篾)是三片大的竹篾还是三根小的箭竹?

｜李 每一道道子篾是三根大篾条,这边栽(安)两根,那边栽(安)一根,这样才稳定。编好的壁头打都打不烂(打不坏)。道子篾要横着打(编),编篾要立起(竖着)编。道子篾的编法我们叫"两头倒正",就是一共六根(竹篾),这头打三根,那头打三根,两头就是六根[9]。

赵 钉子篾是什么?

｜李 用在编壁框上下的竹钉,间距大概20公分。穿枋一般宽6公分,钉子篾打在穿枋的中间。钉子篾打好后,上下各编两皮脚篾,用来固定编篾的两端。

赵 钉子篾就是一些竹钉?

｜李 对,这么长一颗的竹钉(手指比划约5厘米)。脚篾卡在钉子篾上,只编两根,然后编篾插在脚篾之间。

赵 钉子篾一般多宽?

｜李 一个拇指那么宽就好。安装之前先要用凿子在穿枋上打眼。还有一种叫斜签篾,用在最高处靠屋面的墙壁,它的顶边是斜的,底边是正的,顶上安的就是斜签篾。它的两端固定在瓜柱和柱子上,一

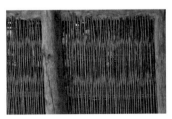

箭竹编壁墙

慈竹编壁墙

不同材料的编壁墙

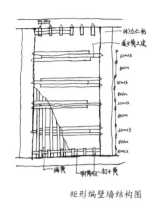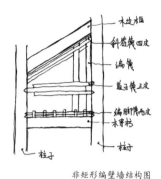

矩形编壁墙结构图　　　　　　非矩形编壁墙结构图
编壁墙竹骨架层的构成

般是四块（篾片）重起。安边篾的时候，下面是正的，打钉钉儿篾（钉子篾）和脚篾，上面就用斜签篾代替钉子篾和编脚篾了。边篾的上下都被固定了，就不会落（掉），桷板（椽子）下面亲丝严缝（缝隙很小）的。

赵　固定四皮斜签篾的柱子上是每侧都有四个眼子还是一侧各有两个？

　李　一侧两个。斜签篾的前面是砍尖的，大概指姆那么宽。每一侧柱子固定两皮，像道子篾那样固定[10]。这样边篾穿进斜签篾上下编织，就能被卡住了，斜签篾的作用主要是固定边篾的。

赵　相当于四根斜签篾在一排上，编的时候就一上一下的把编篾穿过去？

　李　对的。下面是打竹钉，然后编两皮脚篾，接着打道子，斜起打，一边打两个，另一边打一个，就开始编（编篾）。

赵　钉钉儿篾和脚篾之后就是安道子篾？

　李　最开始是打钉钉儿（竹钉篾），然后下面编两块篾片（编脚篾），接着打道子篾。从下往上打，每个道子篾共三根竹篾，第一道左边两根，右边一根；第二道右边两根，左边一根，要鸳鸯（左右交错），它的结构才好。第三道同第一道。打几道（道子篾）主要看壁头高矮，有的打两道，有的打三道。一般房子大多数都是三道（道子篾），80公分左右的就要打三道，低于80公分的打两道都可以。

赵　编的时候三根道子篾是当成一根经线还是每根都要被边篾上下交错编织？

　李　三道当成一根，只编一次，不用编几次。

赵　为什么不把道子篾的两端都固定住，每根道子篾只固定一端，末端会有一个空隙？

　李　要鸳鸯（交错）。那边一根这边两根，那边两根这边一根，两边交替起来，不重样。因为你要有空隙才好操作。就像木匠一样，抵拢（两端填满）了就不好操作了，留点位置才好操作。

赵　每种篾条的尺寸大致是多少？到底多宽？

　李　钉子篾、脚篾、编篾一个拇指那么宽（约1厘米），道子篾每一根三指宽（约3厘米）。钉子篾间距大概在20公分左右，一般用手卡就知道间距了。脚篾上下两皮，大概一共两公分，两端夹在钉子中间，编好就跟席子一样没得缝隙。用斜签篾的就不用钉子篾和脚篾了。斜签篾每道四皮，每皮一个指姆宽，一共四指宽（约4厘米），跟道子篾一样交错编织，是鸳鸯的。

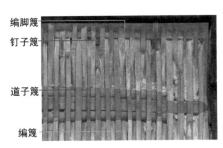

编脚篾
钉子篾
道子篾
编篾

编壁墙竹骨架层

竹骨架制作中的测量工具——步尺

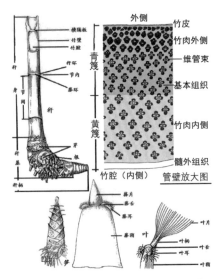

竹子结构及青篾、黄篾示意图
根据《中国竹类图志》底图改绘

赵 你们用什么来量编壁长短?

| 李 一个叫"步尺"的尺子,我们又叫"走马尺",是现场临时做的。用篾片弯个圆圈,用两皮篾片互相斗[11]。比如你要量一米的框,你就用两个 50 ～ 60 公分的篾片斗起来,做一个圆形的篾圈把他们别(卡)进去,这样就是一个活动的走马尺[12]。

赵 一般道子篾多厚比较合适?

| 李 半公分以内吧。

赵 脚篾多厚?

| 李 不到半公分,和编篾厚度一样,大概两三毫米。

赵 钉子篾大概多厚?

| 李 砍道子篾的时候,那些锯下来的弯兜兜(竹节),把黄篾(竹子背面)取掉就可以做钉子篾。(钉子篾)不能太厚,厚了边子(边框)也要很厚,泥(抹灰)起来就背(浪费)材料。钉子篾要薄一些,编壁墙做出来才整洁、美观。

赵 钉子篾用的是竹节部分?

| 李 对,把它取掉一层,把黄篾取掉。(用)弯兜兜的位置硬度比较大。

赵 (钉子篾)是把表面青篾和背面黄篾都取掉,只要中间那一层?

| 李 (钉子篾)青那层要留着,不能取(去掉),那层硬度比较大,只能去掉黄篾。但是编篾和编脚篾基本没有受力要求,就可以用稍微软一些的黄篾。

编壁的工艺做法——泥灰层 [13]

赵　泥只抹一遍就可以了吧？

李　（只抹）一遍。抹一遍差不多是 2～3 公分厚，抹完就看不到篾块（篾条）了，两面加起来怎么都有 5 公分（厚）了。

赵　然后等泥干透了再抹白灰？

李　一般不等干透就上石灰。泥里面干透了再抹石灰，几年过后石灰就掉了。这个天气（早春）或者冬天，抹上泥等两三天抹石灰。热天（夏天），头一天抹泥第二天就可以抹石灰。

赵　泥半干就要上灰？

李　对，这样子要稳当（牢固）些。太干了灰和泥巴就不贴合。泥巴太干，灰就不能吃到泥巴里面去，时间久了石灰自然就从泥巴层脱落了。

赵　白灰一般抹几遍？

李　白灰层上下要抹很多遍，我们叫"壹拾贰面的活路" [14]，（墙的）两面都要抹灰。抹完泥上石灰之前要吹 [15]（抹平抛光），然后上石灰也要吹。

赵　有的壁头四周有线脚，你们做不做？

李　那种比较麻烦，我们一般不做。如果要做的话把头道做好了（第一层泥层抹完），快干的时候用尺子比着刮刀去割，那个线脚就画出来了。一般画两根，我们说"两道手脚" [16]。这种做法叫"冒台"，就是把边上压薄让中间鼓起来，我们篾匠又叫"戗边"。

赵　做冒台的时候你们用什么割直线？

李　用木头做的尺枋。放平了用掌子贴上去，再用挫板打。

赵　抹灰的时候除了掌子你们还用哪些工具？

李　用"抹子"，就是喊的那个"掌子"。先把泥巴抹上去。后面用来抹灰的那种掌子更光滑、更轻。装灰的工具现在用的是卖的那种胶灰盘，原来就是用木板自己做的。用一个桶把灰拎到上面去，桶里面放一个铁抹子，用它把灰盛到灰盘里面再往墙上抹。用完一块再盛一块到灰盘上去。房子比较大的，我们会在房子中间直接堆土，有时站在土上面一边涂抹一边取土。

编壁墙灰层细部

发石灰，李林东摄

铲麻丝
有边框的编壁墙

编壁纹样类型一　　　　　　　　　　　编壁纹样类型二
赵元祥摄　　　　　　　　　　　　　　　赵元祥摄

采访后记

刘致平先生在《四川住宅建筑概说》中提道："四川竹子是随处皆是，很是便宜，我们在汉代明器及唐宋画像上常看到这种结构，虽然它的壁体也许用其他材料编成。总而言之这夹泥墙确是很早就用而且很普遍。"陈明达在《略述西南区的古建筑及研究方向》中说："在川西川南现存的若干清代初期中期的建筑中，有些可以灵活运用的墙壁，它是以木编框，两面编行抹灰做成，可以随时拆卸安装。它具有一种可以大量生产和标准化的性能。"营造学社西迁时期，前辈学者们已注意到这一广泛存在于四川的墙体做法。这种简单、高效的墙体蕴含了中国营造传统中"因地制宜""因材施用"的营造智慧。从技艺和材料层面来看，主要有以下两点：

（1）在穿斗结构墙体的最高处，由于屋面曲线的存在，该位置墙体顶边的斜率各不相同，如果用板壁墙，需要逐个量取尺寸。木材加工对尺寸的精度要求比竹篾这种柔性材料更高，木板与边框须严丝合缝，若整个墙面全做板壁，浪费材料且不经济。在洞口形状不规则的上部墙体处用编壁墙，在人体可以接触到的下部墙体处用板壁墙，经济且美观。

（2）综合地理、气候，因地制宜的巧用材料。竹子在四川随处皆是，结合泥土制作成的墙体非常便宜。川地大部处于亚热带，建筑保温需求并不突出，土层较厚的平原地区用稻田土，土层稀薄的丘陵山区用黏土都能制作编壁墙。同时，工匠充分发挥竹子不同部位的性能——保留硬度较大的青篾制作成固定结构的道子篾、钉子篾，将去掉青皮的柔韧黄篾作为用于编织的编篾、脚篾，将硬度最大的竹节制作成会被敲击的钉子篾。这种因材施用、物尽其用的智慧建立在匠人对竹子各部性能充分、透彻的理解之上。

编壁墙是一种古老的做法，与《营造法式》中记载的"隔截编道"[17]做法基本相同。自营造学社西迁时期，前辈学者们再次关注到编壁墙已近一个甲子，关于该墙体的专项研究尚属空白。所幸，编壁匠人仍活跃在四川各地的文物修缮工程中，编壁技艺以活态的形式延续着，这为学术研究和遗产保护提供了不可多得的案例。

1　木板墙，在四川地区又被称为"板壁墙"。做法是在柱与柱之间安矩形木边框，框厚5～6厘米，边框内侧凿一深约0.5厘米的通槽，将厚约1厘米的墙板卡入槽内。更讲究的做法将墙体主要看面的边框与墙板做平，类似北方的镜面墙，川地称为"宝壁墙"。

2　这种白色墙体被称为"编壁墙"，又叫"编竹夹泥墙""夹泥墙""壁头"，是由竹篾、竹棍或藤条编织骨架，然后涂抹混合了稻草的泥土，并在最外层抹白灰。它轻薄透气，同时能吸收一定潮气。大部分编壁墙的宽度小于建筑之檩距，多在1.1米以内，高度从0.3～3米不等，厚度约5～8厘米。

3　川地建筑常用的竹子有箭竹、毛竹、慈竹等。慈竹是四川、贵州、湖南等地特有的稀有品种，仅分布于海拔1000米以下的平地和低丘陵地区。秆粗壁厚，直径4～8厘米，秆高8～12米，竹质细腻，纤维韧性特强，能启成薄如蝉翼、细如发丝的竹篾丝，编织成似绸绢的工艺品，是最佳的竹编材料。箭竹秆小型，少数为中型，粗可达5厘米，秆壁厚2～3.5毫米，通常不用劈开，直接整根使用。毛竹别名楠竹，是川地分布面积较大，分布最广的大型竹。其径18厘米，高可达20米以上，生长快，生长量大，是建筑中梁柱、棚架、脚手架等的常用材料。其篾性优良，也可作为编织材料使用。编壁匠认为编壁墙的首选材料是慈竹，箭竹和毛竹次之。

4　竹子的外表皮为青色，内部位淡黄色。含有外表皮的竹篾一面呈青色，称为"青篾"；不含外表皮的竹篾两面均为黄色，称为"黄篾"。工匠认为青篾硬度比黄篾更大，质量更佳。

5　在盆地低山、丘陵、平原地区，慈竹为主要使用竹种，编壁墙用慈竹篾编织，作法如李国锐匠师所述。但是慈竹生长受到地区、坡度级、土壤肥力及海拔的限制，部分不产慈竹的高海拔地区，采用整根箭竹直接编织骨架。部分矮且宽的墙体，为了更稳固，将结构支撑的主篾——横向的道子篾，改为纵向编织。

6　编壁墙竹骨架层的主要制作步骤，编篾以横向的编脚篾、道子篾为主篾，竖直方向的编篾为辅，制作方法如下：
　　（1）打钉子篾（宽约1厘米，长约5～6米），在木边框上下以约20厘米的间距凿眼，将钉子篾竖直卡入榫眼内。
　　（2）以钉子篾为经，上下交错编约1厘米宽脚篾两根。
　　（3）在边框左右打孔，编道子篾两组。每组道子篾总宽9厘米，由三根宽约3厘米的道子篾组成，每根篾条仅一侧固定于边框上。注意榫眼左右均衡分布，若第一组道子篾榫眼位置为左—右—左，第二组榫眼位置则为右—左—右。每组间距20～25厘米左右，一般打两组，墙高若超过80厘米需要打三组。
　　（4）最后编织编篾（宽约1厘米）。编篾下端插入脚篾固定，以道子篾为经，由下自上编制，到端部时插入顶端脚篾内固定。如竹席一般依次编织，直到编篾覆盖整个板框框。
　　（5）若遇到墙体顶端边框为斜边，需将顶部的钉子篾和脚篾以四根斜签篾替换。斜签篾宽约1厘米，平行于斜边通过榫眼固定在左右立框上，固定方式同道子篾，仅一端固定于立框上另一端悬空，其作用等同于脚篾起固定编篾的作用。

7　编壁竹骨架主要由钉子篾（钉钉儿篾）、编脚篾、编篾、道子篾、斜签篾组成。其中斜签篾仅在最高处的非矩形编壁处使用，用于斜边代替钉子篾和编脚篾。钉钉儿篾（钉子篾）和脚篾，上面就用斜签篾代替钉子篾和编脚篾了。边篾的上下都被固定了，就不会落（掉），楠板（椽子）下面亲丝严缝的。

8　"归一"，四川方言，表示好了，完成的意思。"钉钉儿打归一了编这个脚篾"指钉钉儿篾安好以后再开始编脚篾。

9　每一道道子篾仅通过单侧的榫眼固定在柱子上，两道道子篾一共6根篾条，左边柱子上3个榫眼，右边柱子上3个榫眼，一共6个榫眼固定6根竹篾。

10　其实跟道子墨是类似的，一边打一个眼子进去，另一边打两个眼子进去，一边一道，一边两道，最顶上两道重叠在一起，一共四道。

11　"斗"在四川方言中有"凑""聚合"等意思。步尺中的两皮篾片互相斗指的是同时使用两根长度较短的篾片穿过竹篾圈，通过这两根篾片的伸缩来量取长度，即用这两皮篾片一起量取长度。

12　由于编壁墙制作中需要反复测量边框左右、上下的间距，若使用刻度尺需要反复读数，易产生大量误差。此外部分编壁距离地面3米以上，施工中反复上下脚手架测量，会耗费大量时间。为解决这个问题，工匠发明了一种名叫"步尺""步尺块块儿"或"跑马尺"的临时性工具。环篾成圈，过该竹圈放十字相交的竹篾。以一根较短的横向竹篾与竹圈一起作为固定纵向长竹篾的骨架，纵向两根长约1米的竹篾通过上下交错的编织方式卡在竹圈上。测量时，这两根纵向长竹篾可前后错动调整测量长度，测量区间为1～2米。若需要测量更大的长度，更换更长的纵向竹篾即可。这种步尺可调整长度到两端刚好卡在编壁墙的上下边框之间，根据"以物量物"的原理记录尺寸。

13 编壁墙的纹样制作有两种方式，一种是在泥层做纹样，这种情况多见于墙体四周较为简单的边线线脚，采用压实部分泥土的方式。另一种是在白灰层做纹样，在半干的白灰层用模具将纹饰印在墙面上，多适用于较为复杂、面积较大的整块花纹。

14 四川话"活路"的意思是活计。"壹拾贰面活路"指编壁墙的两面各抹六次白灰，两面一共就是十二次。有时候"壹拾贰面"只是用来表示抹灰层需要做很多次（相比泥层），不一定是十二次。

15 吹，指用泥掌子或其他打磨工具将泥层、灰层打磨平整并抛光的操作。

16 "两道手脚"，指两根线脚需要画两次，一共两道工序。

17 "'隔截编道'就是隔断墙木框架内竹编（以便抹灰泥）的部分""造隔截壁桯内竹编道之制：每壁高五尺，分作四格。上下各横用经一道。格内横用经三道。至横经纵纬相交织之。每经一道用竹三片，纬用竹一片"，参见：梁思成《〈营造法式〉注释》，卷第十二竹作制度。

参考文献

[1] 曹小军，李呈翔，魏素才，等.四川慈竹生长现状调查与分析 [J].世界竹藤通讯，2009（6）：24-28.

[2] 何晶.四川汉族地区传统民居中因地制宜的建造智慧——浅析四川汉族地区传统民居中的竹编夹泥墙 [J].四川水泥，2019（5）：336.

[3] 陈奎伊."竹"在民居中的应用及其现代演绎 [J].四川建筑，2015，35（4）：24-28.

[4] 陈明达.略述西南区的古建筑及研究方向 [J].文物，1951，11：106-113.

[5] 刘致平.中国居住建筑简史：城市、住宅、园林 [M].北京：中国建筑出版社，1990：248.

[6] 易同培.四川竹类植物志 [M].北京：中国林业出版社，1997.

[7] 易同培.中国竹类图志 [M].北京：科学出版社，2008.

[8] 丁宝章，王遂义.河南植物志：第四册 [M].北京：河南科学技术出版社，1997：62.

[9] 中国科学院中国植物志编辑委员会.中国植物志 [M].北京：科学出版社，2004：132.

[10] 植物志编委会.浙江植物志 [M].杭州：浙江科技出版社，1993：132.

[11] 易同培，史军义.中国竹类图志 [M].北京：中国林业出版社，2008.

[12] 刘一星，赵广杰.木材学 [M].北京：中国林业出版社，2012.

[13] 梁思成.《营造法式》注释 [M].北京：生活·读书·新知三联书店，2013.

磁州窑艺术大师刘立忠先生口述记录

受访者简介　　**刘立忠**

男，1944 年出生在河北邯郸峰峰陶瓷重镇——彭城的陶瓷世家之一，自其曾祖父起四代人从事民间陶瓷制作。中国工艺美术大师、联合国民间工艺美术大师、中国民间文化杰出传承人，现任中国古陶瓷研究会理事、磁州窑研究会副会长、磁州窑遗址博物馆馆长。先生为传承磁州窑的文化与技艺，实现自己的陶瓷梦想，一直坚持不懈地进行创作，同时开办磁州窑体验作坊，积极向社会宣传和传播磁州窑文化。

采访者：　杨彩虹（河北工程大学建筑与艺术学院）、马玉洁（河北工程大学建筑与艺术学院）

文稿整理：　杨艳（河北工程大学建筑与艺术学院）

访谈时间：　2017 年 3 月 24 日

访谈地点：　河北省邯郸市彭城镇盐店遗址（磁州窑遗址博物馆）

整理情况：　照片及文字资料整理于 2017 年 3 月 26 日

审阅情况：　未经刘立忠先生审阅

访谈背景：　在对磁州窑的现场勘察与调研中，多次采访了刘立忠、魏启山、任双合、闫宝山、安际衡等多位磁州窑的中国陶瓷艺术大师，以及对磁州窑理论研究有巨大贡献的刘志国先生等人。通过和他们面对面的交流，获得了珍贵的历史资料，也目睹了大师们秉承工匠精神，用他们的宝贵技艺，传承磁州窑文化。通过对多位大师的采访，加上现场调研和档案资料的查阅，我们对获取的资料进行了对比、校正和确认，使研究得以顺利进行。在采访中我们也发现，当前对磁州窑历史和工艺耳熟能详的几位大师均已是七十余岁高龄，虽然如此，当他们谈论到磁州窑文化时却都是滔滔不绝，神采飞扬，表达出他们对职业的热爱，对文化的尊重。面对他们脸上岁月刻下的皱纹和满头苍苍的银发，我们深感所得资料、信息的不易和宝贵，将他们记忆中掌握的历史信息记录下来，认真求证，刻不容缓！

刘立忠先生作为磁州窑优秀的工匠，对磁州窑的技艺传承和文化传播有很大贡献。采访者为研究磁州窑的制作工艺和窑炉的结构作了此次访谈，访谈时长 1 小时，期间刘立忠先生讲解了磁州窑概况、瓷器装饰文字、馒头窑建筑及烧窑过程等内容。

采访时与大师合影
左起：马玉洁、刘立忠、杨彩虹、孟淑华

杨彩虹　以下简称杨
刘立忠　以下简称刘
马玉洁　以下简称马

杨　刘老师您好，我是河北工程大学的老师，我叫杨彩虹。我们在做磁州窑 [1] 的建筑遗存研究，有一些关于磁州窑的问题希望向您请教一下。

　刘　可以。先简单给你们介绍一下磁州窑的知识。磁州窑是最大的一个民间窑体系 [2]。因为什么？因为磁州窑生产农业社会用的器皿，老百姓平时用得最多。在供应国家贡品上，磁州窑也是很厉害的。记载可考的磁州窑贡瓷 [3]，在明代年贡1万多件，就是岁贡，岁岁年年贡。而其他的窑通常只有一种特殊的贡品或者是特殊的烧造，供应皇宫大量实用物品的还是磁州窑。在北京元代遗址被发掘时，出土物品中百分之七十多都是磁州窑的瓷片。这证明了我们磁州窑确实是很庞大的一个窑系，而且供应整个国家老百姓、皇家使用。

　　磁州窑是在北方生产白瓷的一个诞生地，是中国瓷器的发现证明了现在古人类的发展（史）。"非洲起源说" [4] 已经逐渐被推掉了，这是为什么？是因为我们的猿人的发现，在河北的泥河湾，200多万年前，就已经有了泥河湾的原始猿人，已经有了人类活动的迹象，还发现了当时的石器。2008年，考古学家在许昌发现了许昌人的头盖骨。还有元谋人、湖北的蓝田人、北京人等的发现。这就证实了我们中国人的老祖先在这里生息繁衍。最早有人类活动以来，人类开始使用火时，陶瓷就呈现了，这也是很重要的一种因素。火跟泥巴经过烧结变成另一个物质，我们把它叫作（陶）"瓷"，严格地讲，这个瓷就是烧琉璃瓦的，烧黄土，一般黏土的瓦烧坏了，成了次瓦，烧成流动的，已经不变形的那种物质，叫作"瓷"。但是真正的"磁"呢，是磁县 [5] 的"磁"。因为北京磁器口就是这个磁县的"磁"，就是卖磁的地，重庆磁器码头也是这个"磁"，日本、东南亚各国（尤其新加坡）、朝鲜、越南都还用磁县的"磁"，主要是因为这个"磁"就是代表磁器的。我们小时候，写磁器就写磁县的"磁"，很少写次瓦的"瓷"，后来因为1956年文字改革了，才规定了"瓷"这个字是代表陶瓷的。

磁州窑对人类的贡献，是原生原味的，它是中国瓷器诞生地之一。为什么？因为古人类的活动证明了这里自古就是中华民族繁衍生息的一个中心地带。安阳殷墟遗址离这里多近呢，120华里（相当于60公里）就是殷墟，这些都是有记载的。5000年历史记载，在殷墟发现了最早的妇好墓的白陶器。陶器分为两种，一种是黄泥巴的这种陶器，陶瓷颜色有红、青等；另一种是纯白土的白陶瓷。那时外国也闻讯来考察，美国当时有人来考察，问"你们知道白陶器是什么吗？"我说白陶器是瓷器的瓷母，最早的陶器是使用一般黏土做的；（白陶器）真正使用了陶瓷的瓷土，叫作高铝矾土、硅酸盐土，那么它应当就是瓷器的祖先了。

杨 咱们这儿的白土村和磁州窑有关系吗？

｜刘 这里的地名都跟瓷器名有关。如果考察一下历史你就知道，这个白土就是生产白瓷的，青土就是烧青碗的。贾璧也是瓷器的一个名，璧是玉璧的璧，贾是商贾的贾，贾就是可以买卖的。这下你明白了吧，原来河南的鹤壁和邢台的驻跸，还有山西的赵壁、张壁、砖壁等都是生产古陶瓷的地方，可以通过地名找古窑址。所以中国的许多地名包含着陶瓷文化的发展历史，这些地方往往就是陶瓷制造的发源地。

杨 咱们磁州窑烧制瓷器的窑一直就是馒头型的吗？

｜刘 中国瓷器发源有两种不同的道，一种是北方，一种是南方。北方是黄土高坡，黄土地比较多，所以古人类在黄土里挖洞，住在半穴式的窑洞。烧陶器的炉膛，一般都在黄土里挖，所以北方最早的是黄土穴式窑。这种黄土穴式窑使当时的人们形成一种惯性思维，认为黄土越厚越保温，越容易烧，而且烧得的温度高。这是一种观念，这种观念一直到资源匮乏的时候，比如，柴没了、水断了、运输不方便了，窑址便逐渐从山地、坡地往平原迁移，变成砖石结构，虽然这时窑还是建成厚厚的壁，只是不再是纯黄土的。

磁州窑和磁州窑系的所有窑都是馒头窑，洞状结构的生产厂房，这就证明了北方生产跟南方不一样。南方是将柴放在地下，然后把胚体放在柴上，四周再码上柴，用泥巴一抹，四周一点火。这样烧完了，窑也塌了，再把里面的陶器拿出来，这是南方最原始的一个烧窑方式。

而北方不一样，先在黄土里掏个洞，再把洞弄几个窟窿，在底下放柴火，它就有了窑壁，这样在火通过的时候，火会把上面的陶器烧好。柴烧完了之后，把门打开，把陶器拿出来，窑还可以继续使用。南方是抹一次就会塌一次，所以南方的窑最终发展成龙窑和阶梯窑。找一个坡度，它的窑炉高度最高就是一摸手[6]高，是烧大件东西的。烧小件东西的窑，一般都很矮（刘老先生半蹲下），需要弯腰在里面烧制。南方一直在投柴，所以说在窑腔里的火焰里，有柴的烟雾。柴的烟雾是炭颗粒，它渗透到胚和釉内以后，就形成南方的青瓷。

峰峰彭城盐店遗址的清代馒头窑与工作洞

刘立忠大师部分作品

　　北方烧白瓷。为什么北方烧的是白瓷呢？因为北方往穴式窑里面放柴必须解决冒烟，最终想办法捅个窟窿，叫烟往外走。当窟窿不小心捅大了，本来烧青瓷，突然窑腔的空气运转得特别快，放的柴很快把空气中的炭颗粒都带走了，青瓷就烧不成了，变成白色和黄色的了。这个颜色也好看，能不能把它专门追求成白色？就在烧制前去掉了橙色剂的铁，于是北方白瓷就诞生了。所以中国的陶瓷史是南青北白的瓷器。

　　当中国出现白瓷了，就有了在白瓷上做装饰的窑——五大官窑，分别是钧、汝、官、哥、定。除了定窑是北方白瓷生产类的窑以外，剩余四个窑都是单色釉。釉是一种技能，官窑器基本上是仿青铜金银这些器皿的造型，然后加上釉。这种艺术层级是比较低的，因为它只是仿造这样一个造型，但它的技术是高超的，我们叫作技术形态。

　　北方磁州窑，因为它的瓷土是比较粗糙的，又要满足老百姓对美的需求，装点我们的生活，所以在粗瓷上想办法，千方百计不厌其烦地去做装饰，这就是磁州窑下的工夫。磁州窑体现了中华文化的一个源根。我们民族文字的起源是河南安阳小屯村的甲骨文，它是象形文。它利用图形作文字使用，（象形）文字就影响了我们中国人，真正表达自己意愿、思想和意识的方式，意象的表达。书画都是形象思维的一种再现，即使你用毛笔画也是抽象的，它也是符号。磁州窑用毛笔画的顿挫撇捺都是有讲究的，它的绘画是多么样的抽象、东方、中国。只有从磁州窑装饰绘画的角度，深入研究磁州窑民间艺术时，才会知道磁州窑是真的代表我们中国文化。

　　因为磁州窑千年窑火不断，始终在烧造，而且历代烧造的产品，每隔 20 年就有新工艺、新材料、新装饰出现。所以磁州窑能够创作出在白瓷上用毛笔绘画，世界上最早的釉下彩便在此诞生，世界上最早的釉上彩也在此诞生。釉下彩的技能和釉上彩技能都早景德镇 300 ～ 500 年。元代青花瓷兴盛，什么原因？有两个：一是北方窑工大量南迁，把这种技术带过去了。二是元代对汉文化的排斥，大量艺人从事手工艺生产。文化人去写剧本、写小曲了，诗词少有。有一些能书会画的文人，投入到陶瓷装饰，就迎来陶瓷装饰的大输血。这个输血是对民间中国文化的输血，所以元代的青花也好，元代磁州窑文化也好，确实是东方大气的古文化，中国文人味儿特时兴的时期。就像"文革"时期一样，在"文革"后期，那些被压抑着不允许随意画中国画的艺术家们来到磁州窑以后，恨不得稍微解放一点，只要有更优秀的作品，就要去给你干活。在这个阶段磁州窑迎来了另一个辉煌，这个辉煌就是大量的艺术家能够深入到生产工业的第一线，去表达自己的意愿，用自己的笔画出自己的心声。所以磁州窑的建树就是可以把自己孩童时期玩的那些都画出来，带着一种感情的，随意又不随意。因为它的毛笔绘画受工艺制约，它不是那种轻描细写，需画底稿。所以越仔细品味磁州窑文化，就会越觉得它是了不得的文化，第一是因为它本身就代表了东方，第二是它代表了朴实的中国人真正的美、嗜好。

杨 妇好墓的白瓷有没有考证出来？是不是我们这边儿生产的？

┃**刘** 这个不敢随便说，因为考古界重证据，它往往排斥逻辑的推断。美国人来的时候我告诉他们，我们曾经在最艰苦的时期吃过一种土，叫观音土，就是瓷土的一种，我们叫白干。白干的土是在地壳褶皱运动的时候，露出地壳的一个断层表面，土在这个层次露出以后，经日晒雨淋，变得松散，变成泥巴了，在水的冲刷下沉淀到一边，人们把这种泥土拿来制作的就是最早的陶器了。

釉是怎么产生的呢？釉是窑汗，是窑里烧的柴火与窑炉壁上的黄土结合以后，在高温情况下，突然形成一个熔点，滴到上面了。然后发现陶瓷挺光，再思考，釉就产生了。釉是草木灰 7 份，加土 3 份。烧窑的草木灰，漂洗干净了加 3 份的土，就是最早的灰釉。灰釉是最早的青瓷，但是它加了一部分铁，成色变成青色。在上海博物馆有一件白陶器上就印着铜纹，是铜迹花纹，但是白陶的。这是当时的一个证据。当然我也收藏了几块白瓷，因为我原先也去小屯村捡过。

杨 这离那儿很近。

┃**刘** 这里以前属于安阳，安阳管磁州。到了清朝以后才属河北，原先都是属于河南安阳的。

马 之前我看过一些早期磁州窑的演变。就像您说的，它原来是在半地下的，然后逐渐才到地面上。我们是建筑学院的老师，一直在想，磁州窑半地下是否与早期人类穴居有关，后来再到地面上，建筑跟它是否相承。以前我也问过一些专家和老师，但他们也没有给出一个明确的方向。但今天您说的确实给了我很大的提醒，由于外界自然环境的变迁，导致它从原来的半地下，然后到在地面上的演变，是这样的过程吗？

┃**刘** 这个过程是从陶瓷考古的角度说，越往上游的窑址就比下游年代稍微古远一点。人类一直跟随水的变化。因为陶瓷生产必须靠水运。运输是第一[7]，水利是第二，有水和泥是第三。真正第一是运输。陶瓷很沉，以前的人们需要用水运。所以窑址的大批生产必须跟着水源，烧瓷器跟着河水变迁而迁移。所以从全穴式、半穴式，由于逐渐从山坡地到平原来，它不得不改变建筑形式。

马 促使磁州窑改变的原因是什么？除了自然环境的变化，您能再跟我们说一下，哪些（因素）促成了这种变迁？

┃**刘** 这种变化一个是自然因素，比如说天气炎热、寒冷、潮湿还是干旱。但更重要的（因素）是，人为破坏。比如烧柴，烧窑要烧好多柴。像我这个窑，烧一窑要烧 120 吨煤炭，要是柴的话就要 200 吨。大量的砍柴致柴禾短缺，像景德镇周围没有柴了，就只好在 150 公里以外获取柴再运柴，那时还不如把窑迁过去，这就是劳动成本。再就是资源匮乏，因为树被砍掉后，上边不蓄水了，水源必然会向下。人们砍伐树木太严重了，生活、做饭都需要烧柴。柴米油盐酱醋茶，柴第一，人对柴的依赖，绝对是在首位，

磁州窑中心窑址与漳河滏阳河关系图

植被的破坏是迁移很重要的原因之一。还有就是人们掌握了规律，发现了坡地不如平地，在平地上生产生活更便捷，就由坡地向下迁到低处的平原上了。

马　清代的磁州窑两边有一个类似于龛位的洞口，那个洞口有什么作用？

　｜刘　有两个作用，第一是对于窑神的一种敬畏，它本身就是敬窑神的龛。每当烧窑时，窑主跟烧工都会去放一个小香炉烧炷香，虽然那里头没有神。第二，就是在后期演变成生产时放置必需工具的地方，为什么是必需工具呢？烧炉火时，火的辐射热很大，烧窑的时候，大炉膛很大，封窑门分成两层砖，里边一层砖是干码，没有和泥，就只是用耐火材料码起来。第二层砖在外侧，在高温阶段，只留一个小的投火口，投火投柴投煤。煤铣有很长的把，是很讲究的，铲一次煤走几步还要对得很准，对那小眼里，扔到哪个地方（刘大师现场演示做端杆的姿势，走起了步伐，身段姿势稳实优美）。烧工很讲究技艺，煤铣前边有个铁的小铲，煤放多了拿不动，一般就两斤煤，就足够了。铁铲后面有一个铁棒，之后才是木棒，要不刚伸进窑炉里就烧着了。煤铣大约接近一丈（约3.33米）多长，比人还高，因为它必须能把煤扔到窑炉的深处。这个龛里边还放了一点我们生产的匣钵碎片。匣钵片就放在这个龛上。为什么呢？

如果窑火将炉膛烧出了一个窟窿，这样地下通火时就会漏煤，冷空气进来以后，那边就要降温，这样温度就不均匀，这时候烧工就有责任，怎么样把它堵上？单靠煤，扔进去煤没有焦化，就会哗啦啦往下淌。这样我们就用匣钵片放在小铲上，铲一个笼盔片，然后把这笼盔片一下子搁那窟窿上，而且必须要搁得很准。然后再扔两块大的煤块，把它堵起来，这就是烧工要做的事情。烧工要像牧羊人一样，他随便从地上捡起小土块，用脚一踢，说打哪个羊犄角就打哪个羊犄角，这就是种技术。

杨　您这个动作就像电影里演的全聚德挂烤鸭的情节，那个步伐，那个走位，它还要不断地翻转，每一个动作、步伐都是很准确的。

　｜刘　我们这讲七步，投炭三四步不等。这是为什么？因为多少不一样，远近不一样。三步是往回里搁的，是近处往角放的。

馒头窑的入口和龛位

四步是往另一个角，七步是往前的。烧工走步非常有意思，一般就坐一个凳子，等到投炭的时候，老烧工才动手。真出这事了，老烧工从看火口往里一看，那有个窟窿洞，洞多大，需要用多大的笼盔，最后拿多大的东西来搁上。比如说准备三块，那小徒弟就准备三块，搁在那，要没放准，就再来一块。

马　我在一些文献上看到过，它称这个孔叫观察孔。是这样吗？

　刘　我们叫投煤孔或是观火孔，有观火的作用，但投煤是第一。

马　那它可能忽略掉了这个功能，很多文献说它是观察孔。您这么一解释就更合适了。

　刘　窑炉的结构是这样的，我画一个示意图。

我们的窑炉结构，基本上是一个馒头状，有两个烟囱，都不会高过顶，顶部有一个通风口，通风口处有几个马眼，叫天子眼。护墙周围能够上人，还有一个上人作用。上边走人，能够上到房顶，堵眼。主要和胚体的潮湿有关，窑内自然水需要排除。另外它的窑壁，除了窑门以外，它还有两个这样的，有一台辘轳，这里呢，窑炉底下是火膛，在火膛下边还有个大券，人在底下可以进去，人必须下到底下捅火、捅灰，然后再把灰装到笋头里头，把它绞上去。整个结构，看似是一个平面，但实际上里面很深，除了一个炉膛，深度基本接近2米，单就这个炉膛的火深度，窑炉的在这里面是斜的，窑炉的地坪是斜的。

马　斜的话，码东西不就歪了吗？

　刘　歪了，靠支，靠底下的那个炉床（也叫窑床，陶瓷窑炉中放置坯件的地方，位于窑室的底部）。

马　做成阶梯状？

　刘　阶梯支状，就是支撑，底下就必须得有通风。那不走火怎么办？底下温度很低怎么办？它这个就是后边的两个烟囱，烟囱下边还有一个掉火孔，这个火从这里上来，往这里跌一下再升，是个倒焰。这就是整个的结构。

马　像观台窑那边的图片图纸我看过，有考古人员测绘过。

　刘　这已经是穴式窑发展的高端的时候，它有进展的。最浅的就是平地，烟囱也在平地。比如点火坑，是人在底下的高度，拱券就有一人多高才能够。

 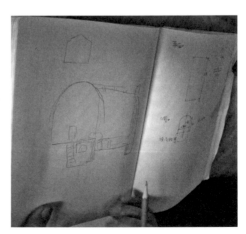

刘立忠讲述窑炉结构　　　　　　　　　刘立忠所绘窑炉示意图

邯郸市博物馆的馒头窑模型 　　　　　　　　　　　　　　　馒头窑及侧边的窑井

马 人要下去的话，肯定要低于地平高了吧？

｜刘 下去要从这里下去（指那低矮的洞，但已被填上），这个地方这个孔（窑井），人用脚蹬着两边阶梯自己下来，和煤灰是在一起的，窑炉两边两个：一个是空气流动，燃煤需要大量的空气流动，没有空气流动，不通风火不旺，但是风太大也不行，把瓷器就吹坏了。所以这叫通风掏灰孔，我们叫井。这井很深的，基本上有 3 米。整个窑炉有 3 层楼高。因为我们要在里面码胚子搭架子，跟建筑一样，把胚垒到和窑顶齐。

杨 现在我看瓷器上釉的时候看不明白，上釉时拿个碗在釉的浆料里面上半个，然后再上另外一面，如果碰着某些地方，不就不那么完整了吗？

｜刘 其实我们有技术的，拿一个胚碗，在釉盆里面一旋（当地读音 xué），我们叫旋着上釉。只有碗里头有，外边一点都没有，满满当当，推多大的力道，还要在里面打个转，浆在里边都上完了，最后边上一点也没有，我们就叫掉里沾外。掉白里子就是纯白的，外边再沾上黑的，有两种不同的方法，但是效果一样，只是手的习惯不同。但是它就是推着釉子在碗里面凹处打个转，然后和瓷结合好，而且厚度相当的时候，把握得好，迅速就上来了。

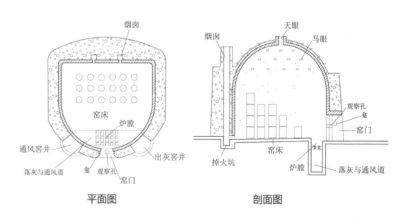

平面图　　　　　　　剖面图

馒头窑示意图
作者根据刘立忠叙述和遗址调研绘制

杨 瓷器里只有均窑有开片吗？

Ⅰ**刘** 开片是哪个窑都有的，开片是陶瓷的缺陷。

杨 开片这就是属于次品了吗？

Ⅰ**刘** 不是，因为胚体和釉体的膨胀系数不一样，在自然空气当中的水和温度又有变化，再加上不同釉间温度的变化，玻璃体容易炸裂，所有窑都有这种情况，只不过人们有意识地利用了开片。像青瓷，然后再给它人为地上一定的开裂颜色，比如说高锰酸钾，还有黑墨水，都可以作为颜料添加到水里，把瓷器浸泡进去，然后拿出来，裂缝间就有颜色了。

事实上，那个纹理最初是自然使用的时候一直用抹布，上面自然的污垢擦洗形成的纹理。但人们认为是冰裂纹，就是米子裂和别的裂纹，一直到成为一个追求的时候，就追求胚体和釉的膨胀系数的差异，这样就形成了开裂的现象。但真正好的制瓷者，要求它是没有龟裂的。

杨 刘老师，今天已经占用您很长时间了，我们回去整理一下您今天给的资料，希望还有机会向您继续请教。

1   1924 年，英国的霍普逊在《远东陶磁手册》中最早提出了"磁州窑"这一称谓。期间学术界对"磁州窑"的称谓持赞同或异议两种观点。1982 年，由中国硅酸盐研究会编写的《中国陶瓷史》，对磁州窑给予系统、科学的总结和论证，明确指出"磁州窑系是我国北方最大的民窑体系"，并提出"磁州窑主要分为漳河流域的观台与滏阳河流域的彭城镇两个区域"。元代观台窑场断烧，窑场中心转移至峰峰彭城，由此开启了彭城千年窑场的历史。

2   1982 年由中国硅酸盐研究会编写的《中国陶瓷史》，对磁州窑进行系统、科学的总结和论证，明确指出"磁州窑系是我国北方最大的民窑体系"。

3   明嘉靖三十二年《磁州志·赋役》记载："弘治十一年（1547 年）贡……瓶坛一万一千九百三十六个。"

4   "非洲起源说"认为，人类共同的祖先来自 5 万年前的非洲。

5   磁县，古称磁州，位于河北省南端漳河之滨，以县西九十里有磁山产磁石而得名。有漳河、滏阳河、芒牛河三大河流穿境而过，磁县有烟煤、石灰石、耐火黏土、陶土、红砂土、膨润土、上水石等 20 多种矿产资源，是著名的中国磁州窑文化的发祥地。

6   一摸手，即人在站立状态把手臂向上伸展至最高处的高度。

7   宋、金时期磁州窑的中心窑场位于漳河磁州境内的观台镇，随着燃料的枯竭，明清时期中心窑场转移到滏阳河上游的彭城镇。滏阳河发源于峰峰矿区羊角铺村西白龙池，系由元宝泉等 72 泉汇合而成的河流，彭城位于滏阳河源头附近。滏阳河流经邯郸并向北到沧州献县与滹沱河汇流，称子牙河。子牙河向北汇入海河，直至入海。在宋、金、元时期，滏阳河为漳河的一条主要的支流，是漳河的分支水系，进入明代后，随着彭城瓷器生产规模逐渐超越观台等窑场，瓷器外运的需求增加，加上漳河水患不断，使航运受到干扰，官府实施了人工将滏阳河水改道的工程，把滏阳河从漳河水道中分流出来，免受漳河水患的牵连。

参考文献

[1] 卫奇. 泥河湾盆地——东亚古人类文化摇篮 [J]. 化石，2002（04）：5-7.

马来西亚高巴三万的华人"做风水"——洪亚宝与李金兴造墓师访谈 [1]

受访者简介

洪亚宝

男，1946 年生。人称花名韩进平，祖籍福建南安，从 12 岁起就随着祖父到华人坟山"做风水"（造墓）和拾金 [2]。

李金兴

男，祖籍福建安溪，洪亚宝的师傅。

采访者： 陈耀威（华侨大学建筑学院）

访谈时间： 2018 年 4 月 7 日

访谈地点： 马来西亚槟城州威省高巴三万

整理情况： 访谈用福建话，整理时略有调整。录像资料整理于 2019 年

审阅情况： 未经韩进平与李金兴先生审阅

访谈背景： 华人移民在东南亚，传承华族文化习俗，其中墓葬与清明扫墓基本上跟随原乡的做法。不过在移居国，华人往往得埋葬在族群的公共墓地，在马来西亚称为"公冢"或"义山"。依照华人传统，公冢通常选择设在山丘坡地。公冢大大小小的坟茔，多数是传承自原乡的设计形式，亦反映华人对风水观念的重视。为了研究华人坟墓和相关墓葬习俗，访谈者在清明节到槟城威省高巴三万（Kubang Semang）[3] 的华人公冢调研，幸运遇上一位愿意接受访谈的造墓师韩进平，在场还有另一位，被韩进平称为师傅的李金兴，遂一并作口述记录，内容主要讲述华人墓坟的形制，拾金（捡骨），清明祭拜，最后也触及马来人与华人墓葬的不同。

受访者 韩进平（洪亚宝）

受访者 李金兴

洪亚宝　以下简称洪
李金兴　以下简称李
陈耀威　以下简称威

威　请问什么大名？

　洪　我名是阿平，洪亚平，我的真名是洪亚宝，我来到这里花名人家就叫阿平，又再花名就是 Ham Chim Peng（咸煎饼），写成"韩进平"，你问小孩大人们都认识我。

威　什么省人？

　洪　福建人，南安十一都。

威　您几岁？

　洪　73岁。

威　您姓什么？

　李　姓李，李金兴（Lee Kim Heng）。

威　什么省人？

　李　福建安溪人。

　洪　他（李金兴）退休了，是他传（技艺）给我，我再传过别人的。

威　他也是你的师傅吗？

　洪　对，他是我的师傅。

威　您是跟谁学的呢？

　李　以前跟很多人学，一手过一手的，有福建人也有潮州人。

　洪　我12岁在这地方学校读书，下午放学就跟着我的阿公在这粒（座）山跑了。

威　那时候你阿公也是做这个（做风水）？

　洪　对，我阿公也是做这个，每天得踩脚踏车上山，因为路斜他推不上去，他牵脚踏车头我就推车尾。

威　那你的爸爸有做吗？

　洪　我的爸爸早过世了，我的阿公做而已。

有关坟墓形式

威 请问华人的坟墓形式，基本上有哪些？

洪 最重要的是墓牌（墓碑），有墓翼（墓翅），前面有墓桌和墓手，后面是墓龟。

洪 （在纸上画）这是牌，（左右）有牌冀，两边的叫双靠手，墓牌前面的那个这是桌子，接到左右边，叫"通天桌"或"全天桌"，那是没子孙巷的。有子孙巷的是左右留空间，是福建人的做法。通天桌比较好摆放祭品，不足的话才摆在地上。现代人多不留子孙巷了。

威 墓牌的尺寸最小多大？

李 尺二（约 0.36 米），两尺二（约 0.67 米），最大两尺八（约 0.85 米）。有一种"冲天牌"大概六尺（约 1.82 米），是三块并起来。有的是整块石头，不分段，多数是用本地石，便宜一点。

威 （墓碑）几寸厚，5 寸（约 12.70 厘米）？

洪 9 寸（约 22.86 厘米）啊，8 寸（20.32 厘米），差不多 8 寸这样。

威 是用本地大山脚 [4] 的石头吗？

洪 大山脚 St. Anne [5] 的石头，但是现在不便宜了。

威 怎样安置？

洪 用吊车来吊。

威 曲手 [6] 角一支支的叫什么柱？

李 手柱。

威 你说手柱四角的代表做官？叫什么名？

李 四角的叫官印，以前清朝的时候做官。有官印一定会有查某娴（婢女），金童玉女 [7] 嘛。福建体（形式）的，牌旁边还放"山明水秀"，就是"手尾柱"。

威 那个叫"手尾柱"？

李 对，你看到刻"山明水秀"就是了。

威 听说从墓龟流旁下来的水有往内或往外流的两种？

李 往内流的是一节节墓手，最后有"葫芦涌"挡着水不外流，内流的就没做"葫芦涌"。

洪 以前"山伯"所做的墓，（墓埕）都要有一个池。

威 山伯是什么？

洪 "山伯"是 20 世纪 60 年代的风水先生。

威 姓什么，名什么呢？

洪 不清楚，山伯就对了。

威 他是什么人？什么籍贯人？

| 洪　照说是唐山（中国）来的，什么籍贯，我不知道。应该也是福建人，他的福建话也很深。那个旧时代，这边八九十巴仙（89%）的坟墓风水是他看的。他的功夫是真的很高明，地一挖下去，几尺什么土他都能知道。

威　所以他做的全部要装水（半圆的墓埕浅盛水）？

| 洪　前面全都要装水的，现在是要做平的，要知道如果下雨，严重盛水还要你去捞，要算数百元。

威　墓龟通常要多高？

| 洪　要趴着像鳖一样。

威　要像鳖啊？不是像龟吗？

| 洪　龟的是福建体（形式），后面高高的那是福建体，鳖的是潮州体。

威：鳖的是什么样子呢？

| 洪：鳖的话就比较趴，没有翘屁股，是趴下去的。福建体它后面的土要高。

威　要多少尺呢？

| 洪　没说多少尺，不要高过墓头，就是说有后山撑啦，说来都是人在做怪啦。

威　请问墓碑头包灰框的是属于哪个籍贯的做法？

| 李　广东、海南、客家人、福州人的是要包的，还有广西。

威　客家人是怎么样的？

| 洪　左右两边和上面也是圆的，要包着他的墓头。

威　不管什么客吗？如永定客、海陆丰客也都是？

| 洪　不管什么客都一样。他们就要做包三个（弧形）花样，比如坟头在这边，他们就要包给他搞起来。旁边要一个拖下去，双边这样子咯。

威　那有什么名字吗？

| 洪　那个我就不会叫，不过他们坟牌的名字有啦。

威　请问坟墓通常有多宽？

| 李　六尺半（约 1.98 米），十二尺（约 3.65 米），十六尺（约 4.87 米），二十五尺到三十尺（约 7.62 米～9.14 米）。

威　这些全部是风水尺还是西式尺（英尺）计算？

| 李　风水尺[8]，英尺啦。现在没有中尺了，要加两寸半（约 6.35 厘米）。

威　中尺要加两寸（约 5 厘米），你刚刚说的风水尺也是？

| 李　风水尺是跟西式尺相似，如果要用中尺，一尺要加两寸（约 5 厘米）。风水尺可给你看到吉或不吉的尺寸。

威　什么时候开始用西尺？

　李　不知道。

　洪　很久了。

威　有二三十年吗？

　洪　有了，有可能是不止了。

　李　中尺比较多人不会用，因为要加两寸（约 5 厘米）。

威　墓碑上的字数据说要符合风水尺上的寸字对吗？

　李　对，不过潮州人和福建人的不同。

威　潮州人的是叫什么？

　李　生、老、病、苦、死，福建人的是兴、旺、衰、离。

　洪　字一定要合准，好像我们三十六的字，不好嘛，就要合到三十八，是这样子咯。[9]

威　请问坟墓旁的后土 [10] 是代表什么呢？

　李　土地公。

威　土地公跟我们大伯公（福德正神）一样吗？

　李　不一样。

威　后土位置是怎么决定的？

　李　由地理先生（风水师）或师公（道士）看了决定，要右边或左边的。看左边比较低就放左边，右边低就放右边。

威　给它平衡吗？

　李　不是，是好像挡住它。

　洪　挡着它的水路不要给别人抢去。

有关公冢与风水

威　每个坟山都有风水形胜，你们知道高巴三万这公冢的叫什么穴？

　洪　渔网穴。

威　是什么意思？

　洪　我也不会说啦。

　李　像人家打鱼的网，你去看就知道了，他是这样下的。

　洪　打网下去捕到的巴仙数会多。

　洪　这里风水好，有位置安葬的就开心死了，峇眼（Bagan）[11] 和古楼（Kuala

高巴三万华人公冢

Kurau）[12] 那边的都来这里埋葬。他们那里没有坟山。

威 那么远也来啊？

｜李 吃鸦片的、老人院的、子孙回唐山的都来葬，变乱葬岗了。

威 现在山的背面有开采石矿，会破坏那个风水哦。

｜洪 现在啊，他们用炸药开采，整个地都会动。

威 坟山的福德祠里是普通的大伯公还是另外一种的伯公？

｜李 这个是顾山伯公，一个山有葬死人的，就有了福德正神。

｜洪 这山山尾一边有龙神，龙神位，另一边有龙母。

威 你相信墓葬风水吗？

｜洪 我跟你老实说啦，说到风水也是骗骗人的，假如他的儿孙不去工作赚钱的话，坐吃山都会崩，一块好的地，坟墓坐山向海也照样衰败。

｜李 我们华人富不过三代的，有的他自己出来做事，没靠爸爸的不一样嘛。

｜洪 我跟你说，风水是说保佑我们平安，儿孙平安，就像我们拜神也是一样，保佑我们出入平安，只是这样而已。

｜李 做个纪念罢了。

威 有没有遇过什么奇怪的事情？

｜洪 没有，我跟你说，如果你现在不相信，你明天半夜2点还是12点来，我拿手电筒到上面，你站在下面看我上面照灯下来看看（还是不会看到上面有什么灵异的东西）。

威 你没有看过什么东西吗？

｜洪 这个东西说看不到是很难说的，我们没有怕它，它们就会怕我们，它们不敢来犯我们，我们也不要去冒犯它们。上面你要小便不能乱射，蹲着小便没关系，如果随便小便不久就会出事。

威 它会怎么样了？如果小便乱射？

｜洪 乱射会喷到它们嘛，如果你喷到比较凶的人他就会刮你巴掌，是不是这样说啊？就是有这样的事情。

｜李 要看晚上去武拉必（Berapit）[13] 新冢拿手电筒就可看到，有磷光，像在海上可看到一样，像鱼鳞会泛光。这里老冢没了，下雨什么都没有了。

有关拾金与棺木

威 拾金是怎样的？

｜洪 拾金呢，我们给他订个日子，早上我们先去拜。是看如果他们有请先生（法师）来我们就容易，我们不需要去看时间和日子。如果没有我们就要自己看，对我们重要就对了。

韩进平造的墓

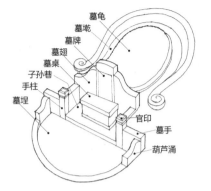

墓龟
墓墩
墓牌
墓翅
墓桌
子孙巷
手柱
墓埕
官印
墓手
葫芦涌

福建形式的坟墓，陈耀威绘

威 看通书[14]啊？

| **洪** 对，看了我们拜了就挖。

威 挖了然后呢？

| **洪** 好了看他们的主人要拿去哪里？如果说主人要拿去别的地方的，就要拿他的骨灰瓮来，我们就翻咯，翻了敲一敲然后放进瓮里咯。

威 你有念经吗？

| **洪** 我有念。

威 念什么经呢？

| **洪** 念很多种经，骗人的经。我这样子跟你说比较容易，知道吗？

威 说什么呢？说过什么呢？

| **洪** 说好的咯，保佑我们平安啦，这样而已，知道吗？送去槟城住红毛楼（洋楼）咯。

| **李** 开土时要避开。

威 你看过什么？

| **洪** 有，以前多数都是（穿）满清的衣咯，现在都是新时代了，满清的衣服没有了。

威 那些拾起来的都丢掉了？

| **洪** 没有啦，全部都烂了，哪里还有剩的呢。

威 通常多少件衣服？

| **李** 他们问神或风水先生的，要叫你穿几件衣就穿几件咯。

| **洪** 现在我跟你说老实话，如果比较有钱的就穿 24 件衣服去，大衣啊全部一大箱包在一起就对了，这样子一件多少钱呢？以前是穿僵尸的衣服，做官的，那个是满清的衣。

| **李** 华人是会放犒钱（纸钱，下同）在棺材里面。

｜洪 华人的犒钱，你知道犒钱吗？如果我们儿孙子多的话，一人一块犒钱棺材放到满。犒钱大概那么长，如果要火化好像烧了没什么能着火，烧的人就去找青竹子，让他着火。着火了竹子就会啪啪爆破咯，犒钱就比较容易着火烧。

｜洪 你知道吗，像我们的老爸过世的话多数放白米在下面，现在要烧的放干冰，才不留汁。现在都不用了，下面放一层塑胶布。以前没塑胶，流到整条马路的。

威 棺木用的是什么木？

｜洪 Yati（Jati 柚木）[15]啊，才能耐久。如果是杂木棺材，三年就破了，好像现在的红毛棺材（西式棺材）不到一两年，全部都塌了。

威 Batu[16]有吗？

｜洪 Batu 有。

威 Chengal[17]有吗？

｜洪 有，全部有的。因为那个比较硬。

威 能耐多久？

｜洪 那个有十年啊，不会坏的。

威 你拾金看到棺材板全都没有了？

｜洪 没有了，现在拾金有的剩下一点盖，五六十年剩一点盖，没有了。

威 有看到陪葬品吗？

｜洪 玉的就有遇过，玉多数是娘惹[18]和潮州人的，有的已裂了。那些玉，有人要用来避邪，那个就比较好用，如果（有人）有用到就会跟你买。

威 有金器（金饰）吗？

｜洪 那么久我就没遇过金器。

威 金齿（黄金的牙套）有吗，多吗？

｜洪 金齿啊，真的有，不多啦，两三只而已。

威 棺材盖有吗？

｜洪 棺材盖有，有的他的骨就没有，化掉了，不过我认为这以前有可能没葬，没放人。

威 衣冠冢？

威 有见过尸骨不化的吗？

｜洪 有，手脚全部有，头也有，十几年来还存在。

威 看了会恶心吗？

｜洪 不会，如果你要看捡骨就给我留一个电话。

有关清明扫墓，及华人与马来人、印度人等的比较

威 清明扫墓时压金纸是什么意思呢？

| **李** 压金纸只是表示有人来拜祭过。

| **洪** 都是糊纸店的在作怪，以前有的只是压金和压银，旧时是放长条的黄纸钱和白纸钱，较长的，插了就用石子压紧。现在还有插旗仔或撒闪金粉，以前哪里有？那是暹罗的风俗。

威 这些老的坟墓，还有人来拜吗？

| **李** 只有曾孙有来拜。玄孙，玄玄孙，五代之后更没人来拜了。

| **洪** 这个啊，我看再多五年、十年就没人来拜了。小孩子不能全部带来，忌讳嘛。

威 我看以后这样子也没人来拜了。

| **洪** 你看现在的人，他们的孙孙有的也不要来了。

威 少很多哦，这几年少了很多。

| **李** 拜不完了，儿孙他们怎么拜，他们需要拜很多个。

| **洪** 说来说去我们华人比较糟糕啦，风水（坟墓）做一个就好了，爸爸儿子全部拜这里就好了嘛，不需要分开葬在这边又那边，不像马来人这样就一处。

威 请问马来人是怎样埋葬的？

| **洪** 马来人呢，他们虽然没有棺材，但是他们包白布，这样放倒。是我们华人说衰他们，说什么都丢下去，然后盖起来。其实不是真的，他们也是两三个人站在墓穴下面，然后上面的接下来，有的扶中间，有的扶旁边或扶下面，慢慢放下去。

| **洪** 他们有家族的墓位，不会烦恼说像死在吉隆坡会载来这里，一定要放这里的。

威 你说他们要叠，旧的还要挖更深放下去。

| **洪** 有一个是挖比较深，他的公公呢就埋放更深一点咯。

威 多深呢？

| **洪** 过人高。

威 叠到完又在旁边去了？

| **洪** 不会完的，他们好像叠了就叠到旁边再放更深咯，这一格是他们的就对了，所以说地小小还是葬不完。

| **洪** 印度人的墓也是和华人墓一样的。

威 也是一起摆的？

| **洪** 也是一样一粒一粒。

威 他的头向哪里呢？

墓碑头包灰框

| 洪　一样的。

威　脚向外面？

| 洪　也是一样的，脚向前面，我们的墓碑摆这里，全部一样的。印度人跟泰国人差不多一样用烧的。以前我们华人呢没用柴烧的，是泰国人都用柴烧，以前印度人也是。

| 洪　所以说华人真的很糟糕，应该我们的阿公放下去以后我们也放在这边嘛，拜一个地方就好了，不需要去拜好几个地方。还有，好像比较富有的，他的阿公先过世，阿嫲（祖母）比较迟过世的话，阿嫲就不能放了，怎么说呢？不能动，动的话家会产破。

| 洪　我们华人太没有规律了。不过现在的墓园山庄，倒希望你买越多地越好啊。

1　国家自然科学基金资助项目：闽南近代华侨建筑文化东南亚传播交流的跨境比较研究（编号：51578251）。

2　拾金：俗称"拾骨""捡金"或"捡风水"，就是在祖先埋葬若干年后，选定吉日掘开坟墓，由拾骨师傅捡出遗骨，把骨头上的泥土擦拭干净，然后装进骨坛里，重新迁葬他处。近年多数人都是把骨坛放置在纳骨塔，以节省土地空间的使用。

3　高巴三万（Kubang Semang），位于马来西亚槟城州威省威中县之武拉必（Berapit）北边。

4　大山脚（马来语：Bukit Mertajam，简称"BM"）是马来西亚槟城州威省威中县县城，隶属于威省市政厅。

5　大山脚圣安纳教堂（英语：St Anne's Church, Bukit Mertajam），是马来西亚一座著名的罗马天主教教堂，位于槟城州威中县大山脚。它是天主教槟城教区的本堂区之一。

6　一节节的墓手又叫曲手。

7　他是指另有手柱做金童玉女的雕像。

8　风水尺有鲁班尺和九天玄女尺两种。鲁班尺全长50.4厘米，均分成8个刻度，依次为财、病、离、义、官、劫、害、本。其中财、义、官、本为吉度尺寸，病、离、劫、害为凶度尺寸。鲁班尺在古代民间常用于门，现在门、家具、木材、石材等都较常用；九天玄女尺则主要用于家具。

9　例如墓碑上有36个字，第36字落在"离"，不吉，就要加一个字，合"兴"或两个字合"旺"。

10　在坟墓旁小碑或具有小墓龟式的形体，上写"后土"或"灵山"，是土地神的代表。

11　峇眼（Bagan），北海别名，威北县县府。

12　瓜拉古楼（Kuala Kurau），简称古楼，是位于马来西亚霹雳州吉辇县西部的一个渔村。

13　武拉必大山脚市郊。

14　通书是中华文化中的民间历书。

15　柚木（Tectona grandis，俗称Teak）。

16　巴堵柳桉（Balau，Selangan Batu，Shorea spp，俗称Batu）。

17　新棒果香木，亦称橡果木（Neobalanocarpus heimii，俗称Chengal）。

18　峇峇娘惹（马来语：Baba Nyonya 或者 Peranakan），又称土生华人或海峡华人，是指15世纪初期到17世纪之间开始定居在马六甲、印尼、新加坡、泰国和缅甸一带的中国明代、清代移民的后裔。这些人的文化在一定程度上受到当地马来人或其他非华人族群的影响。男性称为峇峇，女性称为娘惹。

陈平教授谈古塔修缮

受访者简介 **陈平**

男，1956 年生，甘肃省平凉市庄浪县人。西安建筑科技大学土木学院教授，结构工程专业，参与国家文物局专家组工作。1978 年 3 月—1981 年 12 月就读于西安冶金建筑学院（今西安建筑科技大学）建筑工程系，获学士学位；1982 年 1 月—1984 年 11 月就读西安冶金建筑学院建筑工程系，获硕士学位。导师为张剑霄先生（1911—2015）。毕业后即留校任教，入建筑工程系（今土木学院）。长期从事中国古建筑保护与工程结构抗震、砖石结构研究与保护工作；主持完成多项砖石古塔的纠偏抢险及地基加固工程，陕西省地区包括旬邑泰塔、眉县净光寺塔、西安万寿寺塔等；主持完成多项建筑遗产保护重大工程，如河南省开封市玉皇阁整体顶升、新疆高昌故城土遗址保护加固工程（一、二、三、四期，持续十余年）等；参与国家文物局"山西应县木塔二层明层倾斜变形试验研究"及陕西省文物局一系列重要课题的研究工作。曾获国家科技进步二等奖 1 项（2009-R08），陕西省科技进步二等奖 2 项，等等。

采访者： 林源（西安建筑科技大学），岳岩敏（西安建筑科技大学），卞聪（西安建筑科技大学）

访谈时间： 2020 年 1 月 14 日上午

访谈地点： 西安建筑科技大学·建筑遗产保护教研室（教学主楼办公室）

整理情况： 李元亨、林源整理

审阅情况： 经陈平教授审阅

访谈背景： 砖石塔是中国古代建筑的一种重要类型，时至今日全国各地仍保存有 3000 余处砖石古塔。作为古代的多高层建筑，砖石塔是中国古代砖石建造技术水平的集中体现。由于历史原因及各种自然灾害与人为因素的影响，这些砖石古塔普遍存在不同程度的整体结构安全问题及局部破损缺失问题等。陈平教授及其团队多年来从对砖石塔的现状勘察、病害评估，到抢险加固、纠偏处理、地基加固等各个保护环节积累了丰富的经验，并从实践探索中发展成为一整套较为成熟的技术体系，对古代砖石塔的保护在原则、理念和方法均有很大的贡献。2019 年 9 月，陈平教授将多年工程实践的重要案例汇总整理，出版《窣堵千秋未寂寥——古塔建筑纠偏与加固工程案例》（北京：中国建筑工业出版社）。又值陈教授主持的陕西省合阳大象寺塔抢险工程竣工在即，以此为契机，请陈平教授回顾多年的古塔保护维修工作，并谈谈对当下我国建筑遗产保护实践的若干看法与理论思考。

陈　平　以下简称陈
林　源　以下简称林
岳岩敏　以下简称岳
卞　聪　以下简称卞

砖石古塔基础的处理方式

林　古塔维修的工作您做了多少年了？

|陈　从 2001 年开始，宝鸡眉县净光寺塔 1 是第一个。

林　净光寺塔现在又在维修呢！

|陈　这次是维修，当时只是纠偏。说到塔最早接触的是扶风法门寺塔，当时是 1984 年，我研究生刚毕业。那时候法门寺塔半边塌了 2，侯卫东 3 毕业以后就去了（陕西省）文（物）管（理委员）会（工作），他把我拉去看法门寺塔。

林　您那会只是做了净光寺塔的纠偏没有修是吧？

|陈　只纠偏，当时国家总共只给了 10 万元。

林　10 万元钱？对于这个塔的纠偏工程是个什么样的概念，是不是很紧张？

|陈　确实非常紧张。比萨斜塔体量要大一些，他们研究准备了 17 年，花了 4000 万美元，到 2001 年进行了适当纠偏。我们稍微晚一点，当时国家只给了 10 万元。因为陕西塔比较多，又地处湿陷性黄土地区，斜塔保护的压力要大一些。眉县净光寺塔位于医院家属楼旁边，斜的比较严重，舆论呼声较大，主管部门就让我们做一下试验。应该说我们做得比较大胆，没条件上一些保护性措施。

林　您说的比萨斜塔是纠偏做了 17 年，还是只前期准备工作就花了 17 年？

|陈　从前期准备研究到完工。遗产保护工作前期研究很重要，实施起来相对简单。研究阶段试验了很多办法。所谓的完工，实际上就是把比较紧迫的危险消除了。人家那个塔相对还是比较稳定的，塔顶偏移有 4.5 米，矫正了 450 毫米多一点，据说是按照以前的倾斜速率，可以维持 300 年。300 年以后塔才会回到纠偏前的状态。

林　所以纠偏回正 450 毫米多就够了。

|陈　对，这与塔的构造也有关系。比萨斜塔 60 多米高，但是塔身比较胖，不像我们的塔比较高耸一些，在力学上就是它的高宽比或者长细比相对来说小一些，所以稳定性好一些，这是一点；第二点，它是大理石砌的，与咱们的砖塔相比，大理石塔的整体性还是要好一些。

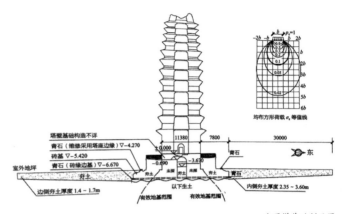

小雁塔基础剖面图
引自：陈平《窣堵千秋未寂寥——古塔建筑纠偏与加固工程案例》

林 石头塔每层的收分也不像中国的砖塔收得那么厉害，基本上可以看作是上下一般粗。那您那会就 10 万块钱，怎么能解决这些问题呢？

｜陈 国家是没钱。（当时）因为陕西地区好几座塔倒了，像扶风县法门寺塔倒了（一半），武功县报本寺塔拆掉重砌了。

林 报本寺塔是整个倒掉了重砌的？

｜陈 是倾斜严重，有安全危险，就拆掉重砌了。塔斜的原因比较多，首先，古人在建塔的时候，不怎么处理地基，也不做面积比较大的基础。有一种观点说，唐代建塔是平地起塔，就是不做地基。从小雁塔来看，确实是这样。眉县的净光寺塔也基本是这样，地基很简单，基本没有做处理。

林 现在小雁塔的底下有一个很高的基座。

｜陈 从力学上看，这种基座没有多大意义，主要是视觉效果的作用。

林 小雁塔的地基和现在的台基是什么关系？

｜陈 地基是指塔身下面承受压力的土壤[4]，台基则是地面以上塔身周围的台阶。我这书里面有照片给你看看。

岳 一般的地基有多深？

｜陈 从现有资料看，古人一般做得较浅。

岳 这就是导致塔倾斜的主要原因吗？

｜陈 这是原因之一，第二个原因是咱们陕西地区是湿陷性黄土，这种土在干燥的时候承载力还是可以的，但是比较怕水。你可以把它想象成海绵状的结构，盐把它们连接在一起，遇见水以后盐一溶化，土就会塌陷。

林 您说唐塔基础处理得很简单除了挖深很浅还有什么？

｜陈 不是挖深很浅，几乎就是平地起塔。

林 是下挖一点还是完全不挖？

丨陈 一般会下挖一点，也有不挖的。

林 那相当于（小雁塔）地基基本没挖，塔就直接往上做了。

丨陈 从现有资料看，小雁塔地基处理深度在现有地面下 2 米左右，塔中部地宫在这个高度之上。塔周现有地面以下 2 米左右为夯土，唐代地面有可能在现状地面以下，夯土有可能是以后做的。从这个作法和深度看，当时处理很简单。

岳 唐塔的塔基深度有一个经验值吗？

丨陈 应当没有。过去建塔都比较慢，净光寺塔（前后）建了 47 年[5]，塔的旁边有个经幢记载了从哪一年到哪一年的建造过程。其他塔还没有看到这样的记录。一般而言，建塔时间都比较长。这样就有个好处——慢慢压，其实压也是一种地基处理的方法，你看现在地基处理用重锤夯，就是把刚才说的絮状结构破坏掉，压密实。建塔时慢慢建，建上好几十年，下面的土会自然而然地被压密实一些，也就是说稳定一些。

林 您说古人是有意地拉长建塔的施工工期和过程吗？

丨陈 可能还不是有意的。

林 也可能就是没钱了，比如说我有钱盖两层，然后再出去化缘筹钱，回来再盖一点，无意中造成了结构上的这种处理，但是也有可能是有意识这样做的。

丨陈 这个目前就不得而知了，不好判断。

林 也就是说唐代塔基的处理没有一个很规范的或者标准化的作法。

丨陈 直到后期都没有（塔基处理）。前几天我们去验收（岐山县）太平寺塔，宋塔。地勘人员发现下面有直径 15 米、深 6 米的卵石和土混合的地基，卵石这么大（用手比划，大约 20 厘米）。根据我的经验，眉县净光寺塔下面有一层卵石，10 ～ 20 多厘米的大石，可是这样的（用纸片操作示意），考古人员把它叫作潦石，说是建塔的时候要采取这种宗教仪式，石头摆成的样子，象征星象，人在中间可能要做一些奠基的仪式。只发现了一层。他们说太平寺塔下卵石的范围是 15 米，深 6 米，那么大，我不太相信，我问他们具体情况都说不清楚。我说他们，这么重要的东西，千年等一回，都没有详细勘查和记录下来，连照片都拿不出来，太可惜了。旬邑的泰塔[6]也是宋塔，关于泰塔的地基处理我很清楚，它的处理范围没这么大（指 15 米方圆，6 米深），泰塔比太平寺塔要高好多。而且从力学上看，地基处理这么大的范围意义也不大，关键是深度够就行。因为实际上塔对地基压力基本是沿 45° 角扩散的。

泰塔地基底部
陈平教授提供

林 您说塔的高度与地基的深度有没有一个比例或者经验值？

　陈 应当有，你看现在的高层建筑，要求地下埋的深度不得少于上面高度的 1/10，这是从稳定性上来说的，塔就是古代的高层建筑。还有一点，越往下处理，下面的土相对来说更稳定，上层的土沉积时间短，（稳定性）还是差一些。

林 那您说像比萨斜塔那样的，它的地基是个什么样？

　陈 咱们陕西地区的土是湿陷性，比萨斜塔塔基土层我记得是淤泥质，总的来说它的压缩性也比较大，塔在建的时候就斜了。

林 意大利的斜塔不只有比萨斜塔，我在意大利见到的斜塔可多了。

　陈 应当和我说的一样，过去对塔基一般都不做特殊处理。现代地基处理技术是伴随着现代化建设的发展而发展的。现代工程力学开始于伽利略（Galileo Galilei，1564—1642）的简支梁试验，现代岩土力学则开始于 K. 泰尔扎基（Karl Terzaghi,1883—1963）。像塔这么庞大的古代建筑不出问题是比较难的。

林 那根据您刚才说的就是基础的深度与地面之上塔身的高度似乎没有一定的比值范围。

　陈 应当没有形成固定的关系。这个问题也比较复杂，与什么有关呢，一是塔的高度，二是塔下地质构造。假如建在岩石上，那什么都不用处理，直接在上面建就行了。下面如果是淤泥、淤泥夹层，那就必须处理。现在的类似建筑其地基处理一般都是打桩，在建桥梁的时候有些桩要打 70～80 米深。

林 陕西以外地区也有斜塔，就是说不在湿陷性黄土地区塔也会发生倾斜。

　陈 有这种可能，这还是塔下土层压缩性的问题。南方也有斜的塔，但是南方地区相对来说土层比较薄，岩石比较浅，陕西地区黄土土层厚，七八十米都有。

林 所以说岩石浅依然会带来这些问题。

　陈 如果下面基岩是斜的，上面的土层就会一边厚一边薄（不均匀），一样会有这问题。沉降是难免的，无论怎么处理还是必然有沉降，怕的是不均匀沉降。（沉降有两个方面问题）一是大小的问题，一是均匀不均匀的问题。

林 也就是说，江南地区的斜塔不见得要比黄土地区要少。

　陈 还是要少一些，因为咱陕西的古塔基数大，唐塔 80% 都在这里。浙江好像有一个斜的塔，资料显示倾斜了 7° 多，已经斜得相当厉害了，但是塔很低。我到山西运城地区，看到有些唐塔，不在县城里的，比较偏远，都是小型塔，找两个小伙子都能把它们推直。小塔比较好办，大型塔比较困难，我们处理的基本都属于大型塔。抢救泰塔的技术难度是前所未有的。

林 从塔的体量和高度来说，陕西现存的宋塔普遍比较大个，全国都是少见的。高陵的昭慧寺塔是明塔，我看明塔好像歪的不多，像泾阳的崇文塔 [7]，那么高一点都不歪。

　陈 这个应当说也与地震有关系，崇文塔是地震 [8] 以后重建的。

岳 从唐、宋到明、清，随着时间的推移，您认为塔地基的处理方式有什么变化？技术方面是否有什么进步？

陈 崇文塔的地基资料目前还不清楚。其他塔地基处理的资料也不多，目前还不能归纳出规律性的结论。

岳 与塔的结构是不是也有关系？很多唐、宋塔的塔身是单层塔壁的。

陈 塔倾斜主要是其高度及压在地基上的重量。崇文塔压在地基上的重量我估计在每平方米 60 吨以上，咱们关中的黄土一般是每平方米 20 吨就到（承载）极限了。

林 那崇文塔的基础应该很特别。

陈 目前没有看到资料，应当和当地的地质条件也有关系。目前咱们国家总的来说，对于保护工程的研究太少，工程费用中就没有研究经费。日本某寺庙的东、西两塔，其中一座维修用了 15 年，他们把大量精力用在研究上。我们的施工队伍大多只要有个好匠人就算不错了，技术层面的要求往往达不到，有研究能力者极其稀有。当年处理净光寺塔，因为塔紧靠着县医院家属院，对于住户有安全威胁，所以定的目标即是，能矫正则好，不能矫正就拆了。

林 一个唐塔，修不了就拆？

陈 那没办法，就是实验性的。

林 有些塔就在荒郊野外，所以倒了就倒了……您刚才说倒了的塔还有哪些？长安县的二龙塔？

陈 二龙塔是"文革"中被部分拆除，组织农民去拆的。

林 它在荒郊野外为什么要拆呢？

陈 "文革"破四旧，拆的砖生产队还可以用。二龙塔拆的非常可惜，它和小雁塔同一时期建的，形制也相同，做研究就可以互相佐证。前几年对残留部分进行了维修，维修效果比较差，也没有留下可供后人研究的资料。

林 那都怎么维修的？重建了？

陈 没有，原塔（剩下的部分）也还比较高，就在剩下的那部分（塔身）上面盖了个顶。

林 二龙塔以前的历史资料、记录、照片之类哪里能找到？

陈 没看到资料，那个可能是塔的维修里面最失败的一个。那个塔的历史价值很高，虽然残损成那样。二龙塔、小雁塔和大理的崇圣寺千寻塔，都有一定的相似度，二龙塔的外观形状基本上和小雁塔是一样的。下面基层的文化管理部门素质还是比较差的……

林 除了专业素质，对文物也没感情……2001 年您修了净光寺塔以后呢，又修了哪个？

陈 纠偏处理的第二个塔就是西安万寿寺塔[9]，2013 年修的。当时要是不加支撑可能就已经塌了。应当是 2011 年左右开始倾斜，我记得好像是"五•一"的时候发现的，当时我去广州出差，回来以后去现场看，几天就变化很大，有 3 天就斜了 200 多毫米，速度非常快，实在没办法了，只能先用钢架支着。万寿寺塔是明塔，有个特点，是六层的。

林 陕西地区的塔双数层的还有好几座呢……万寿寺塔倾斜也是地基问题造成的？

丨陈　万寿寺塔斜得很早。以前交大（西安交通大学）还有专门课题研究。塔往这边斜，他们的方法是在另一边挂些石头，想用这种改变重心的方法把塔拉过来，那都是一些很幼稚的想法。因为塔是砖砌的，砖之间的黏接材料强度很低，塔体横断面是不能承担拉应力的。

万寿寺在西光中学校园里，2010 年左右学校做了个橡胶操场，地面铺橡胶等于把水封住了，但是塔周围的排水没做好，特别是操场周围一圈的排水沟，在塔附近是以 PVC 管接通的，接头处没做好，漏水了，所以造成塔基湿陷，急剧倾斜。万寿寺塔地基处理的方法比较简单[10]，塔下约 2 米厚度夯土，但上部 1 米以黄土和红黏土相间夯筑，关中人称之为"五花土"。塔基本没有放大基础。

林　那您认为古人不重视塔地基与基础是因为觉得不需要还是因为没有这种意识？

丨陈　可能还是没有这个意识，殿堂建筑的地基也挖的不深。另外我觉得可能还有观念的问题，再一个就是技术问题。塔的地基处理相对较复杂，比殿堂建筑要复杂，殿堂的荷载相对小一些。塔是高层建筑，稳定性更差。

林　关于这个地基的问题我还想跟您讨教一下，早期的建筑都是满堂夯，大概隋唐时候开始做条形的夯土基址，就是沿着柱子的轴线。再往后发展，就只做磉墩（柱础下的砖砌地基）了，磉墩中间做拦土墙，这种现象要么就是技术越来越进步了，要么就是越来越知道偷懒了。

丨陈　总的来说，对殿堂建筑，做磉墩一般可以满足要求。基础的处理技术在发展，力的概念在逐渐形成。

林　就是，偷懒的前提是工匠们能够搞明白这个原理才敢"偷懒"。

丨陈　这是一点，第二点，殿堂建筑对地基的处理技术需求不高，没有太大的荷载，

林　可是对于塔，（塔身）又高、底面积又小，还不重视处理基础，这点很神奇。

丨陈　现代建筑对地基处理是非常重视的，室内回填土也得夯，不夯实的话也要沉陷的。目前看到的古塔地基与基础资料还比较少。所以我说太平寺塔这么重要的资料，就这么放过去了。以小雁塔来说，塔壁砌到下面有没有放脚，砌到什么位置，都不知道。其实要搞清楚这个很简单，只需要在塔的侧面挖一个探槽就知道了，对塔也不会有影响。

林　净光寺塔和万寿寺塔的纠偏工程有什么不同的地方吗？

丨陈　万寿寺塔纠偏走了一个比较完整的程序，从塔倾斜时候的支撑、抢救，到后期的纠偏。净光寺塔因为经费限制稍微纠了一下，稳定之后就再也没有采取什么措施，到现在 20 年了，因为净光寺塔的地基土比较干。万寿寺塔下面的土很湿，它的纠偏难度更大，它不只是斜了，还沉降了大约 60 厘米，所以除了纠偏还把整个塔体往上抬升了，现在塔基比周围操场的地坪稍高一些。

林　您抬升万寿寺塔和抬升开封玉皇阁用的技术一样吗？

丨陈　两个差不多，但是有区别。玉皇阁平面是方形的，体量也大，情况要比万寿寺塔复杂得多。

岳　塔倾斜抢救的时候一般采取什么措施？

丨陈　应视情况不同确定。万寿寺塔用了三组钢架支顶。泰塔太大，钢架支持比较勉强。

岳　纠偏的施工过程一般来说要持续多长时间呢？

| 陈 泰塔前后做了三年，不敢快，因为塔体纠偏过程中塔身自身内部应力要慢慢调整，回正得太快，很容易出现脆性破坏。

岳 那回正的速度大概怎么控制？

| 陈 有一个经验值是一天不均匀迫降不得超过 2 厘米。泰塔 50 多米高，偏了超过 3 米。钢架支住以后，晚上能很清楚地听见钢架被压得嘎嘎响。这样大型的塔，纠偏只能是用迫降的方法，不敢用抬的方法让塔回正。万寿寺塔敢抬，泰塔就不敢，泰塔甚至局部低的一侧都不敢抬。我们采取了其他办法。

纠偏前的万寿寺塔

林 我记得您当时讲过处理泰塔时，是从塔基下面把土往外抽，低的一侧不动，然后让高的一侧慢慢下降。

| 陈 基本是这样，但低的一侧也会有所下降。

林 高的一侧下降的多，然后整体再慢慢回正。

| 陈 对，但是迫降方法要完全矫正是比较困难的，可以结合塔下地基加固做一些微调整。

卞 泰塔基础是怎么处理的？

| 陈 泰塔原来也没有放大基础，这次纠偏抢险后通过人工盾构 11 的办法做了一个钢筋混凝土梁组成的网格状基础，下面静压桩。

林 我记得您讲过也就是不到一人高的通道。

| 陈 对，在塔底下，人钻进去把土挖出来，人工挖一个梁的空洞模板，把钢筋骨架放进去，然后浇筑混凝土。按设计好的顺序，先做放射状布置的，一个一个交叉着做，做完放射状梁以后，在里外各做一道圈梁，织成网子，形成整体，然后在这下面压桩。

卞 那它（网格）就没有穿过塔的中心。

| 陈 对，中间是空的。

卞 那只是做一个基础，一个框架，然后把塔箍住。

| 陈 不是箍住，只给塔做了个基础，塔在上面。

岳 这个深度（指后做的塔的基础）在什么位置？

| 陈 它与塔体底面的砖之间留了 10 厘米厚的土，相当于一个垫层，起缓冲作用。不能直接贴着砖做，贴着砖跟前过去，有些砖就可能破坏了。网状的基础做好了下面就压桩。

林 泰塔是修完万寿寺塔以后做的？

| 陈 2013 年万寿寺塔工程收尾时，11 月就发现泰塔问题严重了，我们是 2014 年 8 月进场的。

林 泰塔以前不斜，从 2013 年 11 月开始斜的吗？

｜陈 泰塔一直是斜的，每年就斜 1 ～ 2 厘米。我们从 2004 年就开始关注了。当时我有个想法就是在高的那一边放一些沙袋，用脚手架做个框子，用些沙袋在那压着。比萨斜塔用的是铅块压，咱没这么多铅块沙袋也行，但是没有实施。2014 年国庆节几天连阴雨以后泰塔就开始以很快的速度倾斜。

卞 那是什么原因造成加速的呢？

｜陈 泰塔的地基重量我们估算大致是 56 吨每平方米，超出黄土可承受的荷载太多了。再加上地下水位发生变化。地下水位变化的原因我们到现在还没完全搞明白，南侧地下水位要比北侧高将近 1 米，这水哪来的一直不明白。另一个可能原因就是盗洞，2013 年 10 月前后，有一伙盗贼，把泰塔地宫盗掘了。我们中间做圈梁就是为了把地宫让开，当时虽然没有探出有地宫，但是想可能会有。

林 这伙盗贼挖到了地宫吗？

｜陈 他们挖到了。10 月份盗的，11 月发现塔就加速倾斜了，而且倾斜的方向就在盗洞的方向。

林 就是说盗洞在这边，它就往盗洞这边斜。

｜陈 对，东北方向，陕西的塔基本上都是往北斜。

林 盗掘是导致质变的最终原因吗？

｜陈 这个目前也是一个推测，突然倾斜加速的时间和方向，都是和盗掘的时间和方向重合的。所以，古塔的保护有一个很重要方面——不光要保护地面以上的也要保护地面以下的。这一次咱们陕西的塔就被盗了五个，以后会不会再发生呢……

林 对于古塔的保护除了安全方面，各种基础信息的提取、记录也是非常重要迫切的。

｜陈 最起码保护措施要做到位，要能发挥作用。如果不能达到预期效果还不如不做，做了还可能是破坏性的。前面说过，保护工程有三个层面，一是匠人层面，二是技术层面，三是研究层面，起码技术层面要有保证。日本人修个塔能做上十几年，人家做一段静下来研究一段，出专著、出成果。总的来说我们这方面对历史、考古还是研究不够。我们虽然修了这么几个塔，但是对于古塔的地基构造，还没有能得出一些清晰完整的概念。

林 因为案例不够多，不能都挖开勘察基础。泰塔结束后您又修了哪个塔？

｜陈 2018 年 7 月开始合阳大象寺塔 [12] 的纠偏，还没有完工。

林 什么时候竣工？

｜陈 2020 年 6 月左右，2 年时间。

岳 陈老师，在纠偏过程中要做力学模型分析吗？

｜陈 要用计算机模拟，做分析和计算。

林 您再给我们讲讲除了您纠偏的这些塔，您参与的其他古塔的维修保护工作吧。

陈 除了上面几例，还参与了其他一些塔的维修。比如说大雁塔，是有安全隐患的。

林 您是说大雁塔倾斜以外的其他问题？

陈 大雁塔倾斜目前构不成安全问题，主要是外面包砌的那层砖，和原来的塔体连接简单，已经历过几百年，又受到汶川地震的影响，有局部脱离现象。

林 外包的砖就像化的妆，可能一片片地往下掉。

卞 内外两层之间可以加粘结材料吗？

陈 不好加。由于时间的原因，内外砖两侧缝隙表面会有灰尘、风化层、污垢等物质，即使压力灌注高强度粘接材料，也难以直接粘接缝隙两侧结构体，这就像金属材料焊接中的假焊。真正的粘接，必须彻底清理缝隙两侧构件表面的非结构粉尘，还必须以丙酮类材料清洗，只有粘接在真正的结构构件上，粘接材料才能发挥作用。这些工艺对于大雁塔很难实现。记得南方有座石桥，仿木构造，很有特点，部分构件断裂，他们通过注浆的办法粘接加固，据说还在大学的实验室做过粘接试验，强度很好。殊不知，现场的粘接环境与实验室是有天壤差别的，这就是缺乏工程经验。

林 而且可能粘结材料没断，要保护的构件断了，因为后加的材料比遗产本体结实。

陈 对的。

卞 那大雁塔怎么办呢？

陈 首先应当做一些研究。大雁塔经历过华县大地震，已是伤痕累累。汶川地震以后我第一时间上去看，里面裂缝纵横。好在大雁塔比较矮敦，底宽 25 米，相对稳定。2016 年我们做了大雁塔二层南侧塔檐抢险加固工程。当时的情形非常危险，新包砌的砖和原来的塔体之间有很大的裂缝，拳头都能伸进去。

林 那采取了什么措施呢？

陈 进行了小范围择砌[13]，并加强了外包层与塔体的拉结，应该不会再出问题。

大雁塔的内部构造

岳 我记得曾有某大学的团队做过大雁塔的勘察，有什么新发现？

陈 曾经使用探地雷达扫描技术对大雁塔塔体进行探查，就像咱们去医院 B 超检查，2006 年做的。勘察报告说，大雁塔第一层外面是 1.2 米的砖，里面是土，砖表土芯；第二层是 0.9 米的砖，里面是土。我们认为这个勘察结论太离谱了，大雁塔是经历过华县大地震的，8.3 级，大地失色，山移河徙，如果扫描结论正确，大雁塔是不可能从地震中保存下来！我们请示有关方面，做了几个微孔（40 毫米芯样）探查，探孔布在三层东侧偏北，从外面探 2 米多深，全是砖，从东侧券洞探 1.5 米，也是砖。探查结果是明代外包 600 毫米可信，但探查深度内未见填土。

林 那这就说明大雁塔就是个纯砖塔，而不是一直以来被认为的是个土芯砖表的塔。

陈 基本可以确定，从塔的结构布置来看，应该是全砖的。

岳 是他们的探查设备不行吗？

│陈 这个设备一方面是操作，再一个方面就像做 B 超一样，那个看的人也很关键。

卞 陈老师，古塔除了基础这部分的问题，塔体会不会有开裂的问题？

│陈 从既往的破坏形态看，沿中轴面的破裂是古塔建筑主要的、也是最可怕的破坏形态。小雁塔、法门寺塔都发生过这样的破裂。

林 就是从中间劈开。

│陈 是的。塔体倾斜或弯曲以后中轴面会产生较大的剪应力，这个面的抗剪能力不够，塔体就会破裂，尤其对于开有门窗洞口的塔。

卞 那开裂怎么修补呢？

│陈 简单且有效的办法就是加箍。西安小雁塔 1964 年整修中，在塔 2、5、7、9、11 各层檐上加钢板腰箍，对提高塔中轴线抗剪能力极有效果。正是这几道钢板腰箍，使得小雁塔在 2008 年"5·12"汶川 8 级特大地震中有良好表现。小雁塔虽然相对大雁塔来说高耸一点，自震周期要长一些，汶川地震对西安来说是远震，远震主要是长周期波，应当破坏严重一些。但是小雁塔没坏，大雁塔就破坏严重一些。

林 因为小雁塔有箍。

卞 加箍的做法对塔的外观形象会不会有影响？

│陈 一般不会有大的影响，加在塔檐上方，一个箍一般就 10 毫米厚，足够了。

岳 那宽度呢？

│陈 宽度 10～15 厘米就够了，人在下面仰视看不见。再一个，塔那么大，加一个箍也不影响什么。文物的保护就是在各种利害关系之间找一个平衡，找一个最佳点。

卞 除了加箍之外是不是还需要对砖做一些替换？

东侧外壁 840 毫米深度芯样（唐砖）　　　　东侧外壁 1500 毫米深度芯样（唐砖）

引自：陈平《窣堵千秋未寂寥——古塔建筑纠偏与加固工程案例》

｜陈 砖的替换从受力上来说不太合适。原来的那个砖（是）压着的，受很大的力，你把它掏出来它的应力就释放了，你再塞回去就很难达到原来的应力水平了。尽可能不替换，除非不得已。

林 也就是说，对塔体开裂最好的维修办法就是加个箍。

｜陈 对，就加箍，加箍是最有效的，也是最简单的方式。

卞 现在咱们讨论的都是砖塔，木塔也是这样的吗？

｜陈 木塔也是这个道理。

卞 我看大雁塔的塔刹像是后来修的？

｜陈 对，史料记载，华县大地震慈恩寺大雁塔"塔顶坠压使碑亭毁"。但是那个应当是有根据的复原，塔刹这个东西平常不会有啥问题，但是地震的时候很难保证，很高，很重，地震的鞭梢效应[14]，很难保护下来。

林 前一段时间您是不是受邀作为专家去缅甸修塔了呀？

｜陈 去看了一下。有可能的话你应该带学生去缅甸看看，那儿遍地是塔，光蒲甘一个小镇子，保存有 2000 多座塔。这次咱们国家承担的是最大的那个塔的维修，东西方向就有 90 多米，南北方向 60 多米，高度也是 60 多米，塔庙结合。

林 这 2000 多座塔都是古代的塔？

｜陈 11 世纪到 13 世纪的。

林 看来那里是个佛教中心。那些塔是什么问题，也是倾斜吗，还是开裂？

｜陈 缅甸位于印澳板块与欧亚板块的结合部，地震多发，这些塔主要是地震开裂。

卞 您说是不是有必要做一个技术集，针对不同的类型，具体各个环节该怎么做？

｜陈 可以有一个大致的原则，具体技术措施还是要根据具体情况来处理。

林 大家还有什么问题吗？

｜陈 以后可以经常坐一块聊一聊，我也向你们学习。

林 主要是我们向您学习，配合您做古塔相关的研究工作。

｜陈 今年（2020）我想把研究重心放在缅甸塔方面。1983 年联合国教科文组织与前南斯拉夫一个大学做过一些系统的研究。负责人是地震工程学方面的专家，他们从缅甸的板块构造特点入手，把蒲甘地区的地质构造、岩土条件、地震危险性，一些典型塔的结构特点、地震反应，以及某些塔的保护措施等进行了系统的研究。现在看里面有些观点还是有些问题，特别是地震反应分析及后期保护措施这块，但是你得承认，人家做得很扎实，很全面。文物保护涉及的学科太多，很难把各个方面都掌握。我们的长处在于力学功底、结构工程及工程抗震方面，但遇到其他如地质等方面的问题，我们就说不太清楚。

岳、卞 谢谢陈老师！

1 净光寺塔平面为正方形，底层边长 4.6 米；7 层，通高 20.4 米。始建年代不详，一说建于初唐；二说建于唐宪宗元和十二年（817）；三说建于宋元祐二年（1087），明洪武十六年（1383）重修。净光寺塔地基土中隔 0.3 米左右分布一层径约 20 厘米圆石，圆石间距约 30 厘米，有关专家称之为"潦石"，共 3 层。塔基边缘直接施二级台阶，无特殊构造。

2 1981 年法门寺塔塔身半边倒塌。

3 侯卫东，陈平教授的研究生班同学。1981—1984 年师从西安冶金建筑学院建筑历史学科奠基人赵立瀛教授攻读建筑历史与理论硕士学位，研究生毕业后至陕西省文物局工作；1998—2007 年任西安文物保护修复中心主任，后调至中国文化遗产研究院（原名中国文物研究所），先后任总工程师、副院长、书记；2009—2018 年任 ICOMOS 中国委员会副理事长、国家文物局专家组专家、二级研究员。

4 小雁塔基座周围约 30 米内地下为均匀的夯土，靠近塔基的夯土深度约为 2.35～3.6 米，探凿的最远处夯土深度约 1.4～1.7 米，塔基正下方部分尚未探凿。

5 唐朝元和十二年至咸通九年（817—864）。

6 泰塔一层室内原砖铺地以下为 1.26～1.96 米深的夯实填土，以粉质粘土为主，混有少许瓦片、直径 3～5 厘米的卵石，卵石含量达 20% 左右，含植物根系、黑色碳渣，偶见个别直径约为 16 厘米的石块；再往下为 1.8～4.9 米深的素填土，以粉质粘土为主，含少量砖瓦碎块、黑碳渣，见植物根系、白色钙质条纹；再往下为 3.1～7.1 米深的黄土状土（粉质粘土），经判定为新近堆积黄土。

7 我国现存最高的砖塔。为倡导泾阳、三原和高陵三地之文风而建，故名"崇文"。始建于明万历十九年（1591），万历三十六年（1608）竣工。平面正八边形，13 层，通高 87.2 米。

8 此处地震是指明嘉靖三十五年年初（阴历，1555 年底至 1556 年初）发生的关中大地震，震中在华县，也称华县大地震。

9 万寿寺塔始建于明万历年间，平面正六边形，底层边长 3.05 米；6 层，通高 22.26 米。

10 万寿寺台基由 10 层青砖砌筑而成，地面上下各 5 层，基础埋深 500 毫米。基础底面以下为 2.1 米厚的夯填土，塔体纠偏施工中揭露塔基下方 1.0 米深度范围内的处理方式为一层黄土、一层红粘土交替夯筑。

11 人工挖掘隧道，在掘进的同时构建（铺设）支撑性钢架（管片）。

12 大象寺塔建于宋，平面为正方形，底层边长 4.8 米，13 层，现高 28 米。

13 对局部酥碱、空鼓、鼓胀或损坏的墙体进行选择性的修补、重砌。

14 鞭梢效应（Whipping Effect）指当建筑物受地震作用时，它顶部的小突出部分由于质量和刚度比较小，在每一个来回的转折瞬间，形成较大的速度，产生较大的位移，就和鞭子的尖一样，这种现象称为鞭梢效应。在《工程抗震术语标准》规范中是这样写的：在地震作用下，高层建筑或其他建（构）筑物顶部细长突出部分振幅剧烈增大的现象。

参考文献

[1] 陈平，赵冬，王伟，等.眉县净光寺塔纠偏工程 [J].西安建筑科技大学学报（自然科学版），2003（01）：44-47.

[2] 陈平，郝宁，陈一凡，等.西安万寿寺塔纠偏保护研究 [J].文博，2015（04）：84-87.

[3] 姚谦峰，卢俊龙，张荫.砖石古塔抗震加固对策探讨 [J].工业建筑，2007（09）：115-118.

[4] 陈平.窆堵千秋未寂寥——古塔建筑纠偏与加固工程案例 [M].北京：中国建筑工业出版社，2019.

[5] 陈平，姚谦峰，赵冬.西安大雁塔抗震能力研究 [J].建筑结构学报，1999（01）：46-49.

[6] 陈平，赵冬，沈治国.古塔纠偏的有限元应力分析 [J].西安建筑科技大学学报（自然科学版），2006（02）：241-244.

闽南匠师与东南亚华侨建筑的保护修复
——文思古建修复团队访谈记录 [1]

受访者
简介

萧文思

男，1966 年出生，中国福建晋江东石镇萧下村人。16 岁随名师黄世清之子黄仲坡师傅学习剪黏、彩绘和园林设计。1992 年首次到马来西亚霹雳太平青厝区承建协天宫李王府牌楼，先后修复槟城龙山堂邱公司、马六甲青云亭及槟城潮州会馆等四十多座华侨建筑。修复作品"槟城邱公司龙山堂修复工程"获得 2001 年马来西亚建筑师公会古迹修复奖，"马六甲青云亭主殿修复工程"及"槟城潮州会馆韩江家庙修复工程"获得联合国教科文组织亚太区文化遗产保护奖之优秀奖，并于 2005 年在马来西亚正式成立文思古建有限公司。

陈清怀

男，1979 年出生，中国福建晋江东石镇埕边村人。16 岁师承父亲陈永宝，学习世家传承的古建手艺。2000 年首次到马来西亚参加文思古建修复工程，先后参与修复马六甲青云亭、龙山堂邱公司、福德祠等华侨建筑。现为文思古建主要负责人，主持华侨建筑修复工程。

采访者： 涂小锵（华侨大学建筑学院）、陈耀威（华侨大学建筑学院）、陈志宏（华侨大学建筑学院）
访谈时间： 从 2018 年 6 月至 2019 年 7 月多次到槟城文思古建办公室及福德祠等施工现场采访记录，2019 年 12 月拜访萧文思师傅做进一步访问
访谈地点： 马来西亚槟城及福建省厦门市
整理情况： 现场记录整理于 2019 年 12 月。访谈部分用闽南语，整理时略有调整。
审阅情况： 未经受访者审阅
访谈背景： 华侨建筑是随着华侨华人在海内外交流、迁徙、定居过程中形成的具有中外文化交流特点的建筑文化现象。尽管槟城邱公司、潮州会馆等华侨建筑通过专家严格的历史与建筑研究，测绘与规划设计，并按照古迹的原则进行修复，但在东南亚调研中发现，仍有大量的华侨建筑由于传统技术断层、彩绘匠师难寻、原有材料缺失、缺乏华人古建筑专家、业主缺乏古迹保护观念，以及经费不足等方面的问题，对建筑原貌造成不同程度的破坏。据马来西亚古迹修复建筑师黄木锦介绍，"华侨建筑多由华人自己修复，其他族群只能配合一些简单的工作，对于彩绘、剪黏、大小木作等古建技术多是请国内不同地方的师傅来完成"。其中闽南匠师在东南亚作出了重要贡献，以文思古建团队为例，在马来西亚等地为时二十多年的华侨建筑修复工作，多与 Arkitek LLA 有限公司、陈耀威文史建筑研究室及黄木锦建筑师事务所等当地古建修复事务所进行配合。本次通过对文思古建的采访了解，梳理华人在海外古迹修复中扮演的角色以及在时代背景下面临的困境，以期能对海外华侨建筑的保护有更多借鉴意义。

2019 年文思古建创始人萧文思（右）与
采访者分享华侨建筑修复历程，陈耀威摄

现文思古建主要负责人陈清怀
陈耀威摄

萧文思　以下简称萧
陈清怀　以下简称怀
陈志宏　以下简称宏
陈耀威　以下简称威
涂小锵　以下简称涂

关于文思古建修复团队的情况

宏　萧师傅您好，我们是华侨大学建筑学院的师生，这两本书送给您，是关于我们今年（2019）在华侨大学举办的"第二届中国建筑口述史学术讨论会" [2] 和"华侨建筑展" [3] 的。我们在做海外华侨建筑修复情况的课题，您的公司"文思古建"在东南亚修缮过大量的华侨建筑，想向您请教团队在东南亚古建筑修复的情况。

　|　**萧**　这个好啊，这个很有意义，谢谢。

宏　您是什么时候第一次到东南亚做修复？为什么当时会考虑去马来西亚？

　|　**萧**　第一次去马来西亚太平是 1992 年。那时候因为我爸爸的兄弟都在那边住，他们小时候就过去了。我伯父有一次回来问我要不要过去做。我们做的第一个项目李王府（牌楼）[4] 就是我们东石镇的人到太平落地生根后建的庙。我伯父在庙里面做财务管理，他们理事开会修建牌楼的时候我伯父告诉他们说，我侄儿做这个做得很好，然后就让我去做。

宏　您去马来西亚之前有了解过那边的古建筑保留情况吗？您的公司是去马来西亚之前就成立的吗？

　|　**萧**　没有，我是去了才知道那边古建筑保留的还蛮多。文思古建公司真正成立的时间是在 2005 年，本头公巷大伯公庙 [5] 修复的时候。开始是挂靠在别人的公司，那时抽成很高，印象中是要到百分之二十。而且没有马来西亚这边公司的话，屋主或者业主会担心我们拿了订金跑掉，我们也怕没有拿订金开始做工的话到时候他们不承认，而且自己备材料也要垫很多的本钱。所以在当地成立公司比较好。

宏　除了马来西亚，在海外还有在哪些地方接项目吗？目前一共修了多少栋华侨建筑？

| 萧 大概有四十几座。主要是以马来西亚为主，还有在泰国普吉岛、印尼 [6] 的，不过不多，去那边签证不好办。

宏 会修复哪些建筑类型？

| 萧 寺庙、会馆比较多，酒店、园林、店屋少一些，其实都可以修。

宏 都是华侨建筑吗？会修复非华人的建筑吗？

| 萧 都是华侨建筑。马来西亚有三大种族，印度人、马来人和我们华人，其他种族不会叫华人去修。因为不理解他们的文化，很多东西不知道他们的故事就不知道怎么去修，修复不到他们的精华。就像我们在修复这些会馆、寺庙的时候，会先了解他们的历史、年代，包括他们之前建造或者修复的师傅。我们基本上可以从手工、结构上去判断他们是广东的、闽南的还是潮州的手法，这样才能修复好。

宏 您的团队现在有哪些匠师？来自哪里？

| 萧 我们做太多年了，现在有完整的匠师团队，包括大木作、小木作、泥水瓦作、油漆、彩绘以及剪黏灰塑，等等。现在主要是阿怀(陈清怀)在马来西亚负责。除了油漆师傅主要是从福建莆田那边去的 [7]，其他的师傅基本上是从福建晋江过去的，阿罗（蔡中川）[8] 跟我一起的时间最久，还有阿里（萧天助）[9]、何清金 [10]，还有很多，他们的手艺都很好。

文思古建团队蔡中川师傅在潮州会馆
修复人物灰塑
陈耀威摄

文思古建团队何清金于福德祠
内制作亭景剪黏
涂小锵摄

文思古建团队萧天助于福德正神庙戏台
屋顶做剪黏脊饰
涂小锵摄

文思古建团队王丰收于福德正神庙戏台
与孟加拉国劳工配合做亭景
陈耀威摄

文思古建团队黄黎明于福德正
神庙戏台上大漆
涂小锵摄

萧文思领取联合国教科文组织亚太区
文化遗产保护奖奖牌
陈耀威摄

槟城邱公司龙山堂修复工程
陈耀威摄

马六甲青云亭主殿修复工程
陈耀威摄

槟城潮州会馆韩江家庙修复工程
陈耀威摄

关于首次到马来西亚修复华侨建筑的经历

威　您 1992 年到太平修建李王府牌楼的时候，建筑材料是在哪里买的，从中国带过去的吗？

｜**萧**　除了木材之外，全部是从中国带去的。这个比较有趣，他们庙里的理事有一位是做旅游的，刚好那次带了团来中国玩，有很多人。我把要用的材料包装好之后给他们一人带一点，就帮我把所有的材料和工具都带过去了。

威　工具也从中国带吗？

｜**萧**　对，包括施工的工具，不然马来西亚那边看到你带工具肯定知道你是要进去做工，就不让你过去了。

威　马来西亚那边没有的买吗？

｜**萧**　他们大部分都没有。有一些有，但和中国还是不一样。比如那个贝壳灰 [11]，我们是用海蛎吃完以后的壳来做的，而他们是去海里捞死掉的再烧，然后用机器粉碎弄成粉，因为（海蛎）在海里泡太久之后胶质就没有了，那个质量就差得很多。我们中国这边海蛎是活的，然后用炉烧出来以后再泼水发酵，会变成粉。再将粉进行筛选，能漏下来比较细的就是上等粉。我们以前还要用石磨来碾，碾好后黏性效果才好。闽南有句话翻译过来就是说"灰要是没有碾，就和土一样"。一开始我们也没有经验，装好一包一包，连水分都带过去。装在货柜里面上船，水分都会跑出来，还很重。弄的海关都呱呱叫，后来懂得弄成粉带过去马来西亚在那边另外加工。

威　那时候需要办理工作签证吗？

｜**萧**　其实是要，当时第一次去是办理旅游签，只能待一个月。

威　一个月做得完吗？

｜**萧**　可以，材料都是这边提前弄好带过去。剪黏用的那些我都提前在这边剪好，装好一包一包。我和我弟弟两个人过去二十天就给他做好。

威　您第一次到太平的工资是多少还记得吗？

｜**萧**　那个时候一块钱（马币）应该是可以换三块（人民币）。刚开始和我弟弟过去，没有计较工钱，就整天一直做。刚开始去很喜欢做工，做好了再跟他算钱，差不多拿了三四千块（马币）。

关于初期参与马来西亚华侨建筑修复的经历

涂　您当时怎么接到的这个天福宫 [12] 的项目？是有人推荐吗？

｜**萧**　这个我也不太清楚为什么会找到我。他在北海其实离太平还是比较远，应该是有听人家说有中国人在做这些。他有个晚上找我过去看，跟我说要怎么做怎么做。我跟他说这样一个月做不来，旅游签证不行，要那个做工的（工作签证）。他说他有办法，这个不用我管。这样就开始了第二个项目。

涂　那个时候出国容易吗？是马来西亚那边负责办理签证吗？

┃萧 那个时候很难，比现在难太多了，我记得一本护照要两万多块钱，那时候两万块很值钱的。还要拿到马来西亚移民厅的批文，才能在中国申请，手续很麻烦。而且那个时候不怎么开放，年龄也不合格，不到 30 岁不能过去。

对，我去做北海天福宫的时候就是庙里面帮忙安排的。当时里面有位上议员是在庙里面做主席的，他去帮我申请的，申请的是"特别技术工"。所以有了工作签证以后这场工我就一次性做了一年。那个时候价钱也不敢开高，做完整个项目大概是三万块（马币），其实开一二十万他们应该也会给，但是当时觉得有人找我们做就已经很开心了。

涂 做天福宫一共带了多少人过去？

┃萧 我和我弟弟（萧文妙），还有阿怀的哥哥（陈清荣），他哥哥是找我学的。

涂 多久回家一次？当时如何和家里人联系？

┃萧 那个时候申请到的工作签证中途是不能回国的，中途回来的话就不能再去了。所以当时去的话基本上是一年才回国一次，要回来也可以，要做特别申请，手续上比较麻烦。

那时候打电话很贵，一分钟八块（马币），打一次都要五十块钱左右。差不多一个月打一两次。

涂 刚到之时觉得困难吗？有员工待不住跑回去的吗？

┃萧 基本上不会，就是刚到的时候会觉得天气热。其实在马来西亚比在中国还更好做，那边虽然热，但是我们会在建筑上方搭建临时的屋面。那边下雨下很多，做一半会被雨冲掉，所以我们可以把经费算在项目里。但是在中国这个经费不能算进去，没办法搭。不过主要是家庭的原因，因为出来一次要一整年。大家差不多是娶老婆生小孩的时候，出来一整年比较不可以接受。

涂 当时住在工地还是住在什么地方？吃饭如何解决？

┃萧 马来西亚这边的庙宇和其他机构都有蛮多房子，里面有可以住的地方。做槟城邱公司的时候有的是住在祠堂里面，有的是住在他们的店屋里。有些工程也是会住工地里面，做青云亭和邱公司的时候要两地跑就是住在工地里面，吃饭就自己做。

涂 还有遇到哪些困难？有遇到收保护费的吗？

┃萧 有一些黑帮会偶尔来吓唬你，他说是什么老大叫过来的，你给他一点钱就好。其实我后来知道也不算黑帮，是骗人的，就是那些吃白粉的。有时候给他们十块二十块就可以了。

涂 来要钱的都是华人吗？还是有其他族群？

┃萧 基本上是华人。马来人比较少，印度人也会。

涂 有让他们帮忙做工吗？

┃萧 没有，他们不会做工，也没有力气。他们来捣乱的哪敢让他们做工。还会偷东西的，我们做潮州会馆的时候，电饭煲、麻将都被他们偷去。

涂 在哪个项目有遇到这样的情况？从第一个开始就有吗？

┃萧 第一个不会，第一个是自己人。第二个项目天福宫开始就偶尔有，一开始会来，后来都认识了就没有来了。还有做槟城本头公巷大伯公庙的时候印象很深，有很多吃白粉的被抓，应该有十来个，当时我们堆了一大堆沙子在那工地上，等筛沙子的时候就筛到了白粉。

涂 和其他族群有矛盾吗？

┃萧 基本上不会，都挺友好，他们素质都蛮不错，大家还比较亲切。

涂 有同行的竞争对手吗？当时华人匠师在马来西亚是怎样的地位身份，会被看不起吗？

┃萧 我当时1992年过去的时候，除了吉隆坡不太了解，其他地方可以说基本上是没有中国这边的过去做修复的。被看不起是不会，就是中国给他们感觉还是很穷，会觉得我们是穷人，有时候还会请我们吃饭，会感觉我们在中国吃不到这么好的东西，都是穿破破烂烂的裤子。

涂 当时通过哪些渠道拿到项目？有遇到赔钱的项目吗？

┃萧 基本上都是靠互相介绍。我很少和他们争，我就认真做工，生意那些我不太懂。赔钱是不会，就是有些工程赚的少。有的公会不是很有钱，筹钱比较慢，会拖欠比较久。不给的一般是要私人的才会，在槟城碰到一个，一直欠着不给，后来去世了就拿不到钱了，他老婆也不承认。

涂 为什么申请手续这么麻烦您还会选择到马来西亚？

┃萧 那边确实好赚一点。他们的钱比较大，一块钱马币可以换人民币二三块。而且那个时候请过去的员工大概一天给到一百块钱就算很高的了。

涂 这个价钱是哪一年，您刚过去的时候吗？

┃萧 大概是1998年做槟城柑仔园华严寺的时候，还有2000年做邱公司这个时间，那个时候人就很多了，差不多请了二十来人，在马来西亚一天差不多是一百来块（人民币），要看工人的情况，有的价钱高一些，应该有快到二百块。在中国一天应该是二十块左右。

涂 早期到马来西亚的时候其他工人从什么地方请的？会和当地的族群合作吗？

┃萧 师傅一般是从中国过去的，其他杂工是庙里面的人负责请的，请他们来帮忙做一些杂工，比如挑土、搬东西。他们不是当地马来人，是其他国家来做工的，大部分是孟加拉、印尼这些地方的。

涂 马来西亚那边假期很多，周日也不让做工，那你们也一样休息吗？

┃萧 没有，华人普遍都比较拼。那时候过去一整年基本上都在拼，我们一直做，白天做，晚上就睡觉。只有偶尔出去玩一次而已。都在拼要把作品做得好看，打出名声，还要赚钱。偶尔有比较大的假期的时候，组团出去玩一两次而已。

我们每天都在做，早上差不多八点就开工，做到天黑，有时候可以做到晚上八点。周六、周日也做，有规定周日不能做工我们也做。即使没有做工也没有其他事情做，我们让工人停他们也不愿意停，早点做完就可以早点回国。

关于马来西亚华侨建筑修复成熟阶段的经历

涂　您修复的马六甲青云亭和槟城潮州会馆都获得了联合国教科文组织亚太区文化遗产保护奖，当时是怎么接到这两个项目的?

　萧　这个主要是因为建筑师卢光裕 [13]，他认识我就找我去做。

涂　您和卢光裕是怎么认识的?

　萧　是我做天福宫的时候，他的员工郑景辉去那边了解我们的工程，拍照片，后来就认识了。卢光裕在那边名声很好，也非常认真，最开始和他合作是做邱公司的戏台。槟城张弼士故居是他们一起买下来的，一开始找了苏州那边的来修，他们那边的师傅不懂剪黏这些的，还用桐油掺白灰水去油墙，蛋清去搅彩绘的颜料，这些都乱做。后来我在做柑仔园华严寺的时候，他找到我去帮他修围墙，做线条。那个时候他就知道我们做得很好。

涂　现在拿项目的方式有发生哪些变化?

　萧　没有太大变化。其实都是他们找到我们的，我们都是靠口碑，没有打广告。做好后他们自然会来找我们。

涂　现在同样做这行的人多吗? 竞争比之前更激烈吗?

　萧　有一些。不过他们主要还是做新建项目，槟城比较出名的老建筑主要都是我们修的。他们有修槟城的天公坛，新山的柔佛古庙都被他们修坏了。你要是说他们不好还会被骂。还有谢公司一开始也是其他人修的，他们修不好再找我们去帮忙修。

涂　在修复马来西亚精美建筑的过程中，哪栋建筑印象特别深刻?

　萧　马六甲青云亭那个最精美，手工非常细致。邱公司的整体体态好，手工还是青云亭比较好一点。

涂　与其他族群的工人合作久了，他们会听福建话吗? 会和你们拜师学艺吗?

　萧　只会听一点点，有一两个学得比较好。他们不会学这些手艺，他们的想法和我们不一样，在马来西亚赚一天回去也就有很多钱了，比较容易满足，不会想再学更多。华人会有一些，刚过去两三年就有很多人要和我们学。

关于文思古建在东南亚修复华侨建筑的方式

涂　华侨建筑的修复有哪些流程? 与在中国有哪些区别?

　怀　步骤基本一样。在中国的速度比较快，人力也比较充足。修理时的干预比较少。在东南亚会有学者去登报讲修复有问题，就要停工。结构相对也会比较美，所以修复的时间也比较长。还有一个是，工人从中国请过来是有限度的，比如在中国我需要手工的，就可以找个人来帮忙几天，做完了就可以拿工钱走了，但是在这里不行，叫人来帮忙几天没人来的，而且各方面费用都很高，必须要一两个月的时间。

涂　您的团队在修复的时候会有哪几种模式?

| 怀 一是修旧如旧。这个一般是与老照片对比，如果是黑白的照片就根据理事会成员的回忆或根据时期特点，就算是新的也要做得旧，包括手工的手法和材料的颜色。

二是稍微改造。有时候为了修复得更好需要牺牲一些美观。比如在古晋的玄天上帝庙，修复的时候加宽了排水天沟，鸟瞰时会影响到一些美观，但保护了屋顶。还有就是以前建造的技术和木头没有现在的好，所以现在在修复的时候会视情况增大出挑，这个需要与建筑师进行协调商量。比如天井位置会增大一些出挑，更好的保护木材不会被雨淋到。

三是"改朝换代"。意思就是将旧的拆下，重新做一个新的安上去。这个就要看业主的预算，涉及工期的问题，修复一个旧的比重做一个新的要多很多时间。如果我用我自己的手工去做一个一样的要一天，那修复一个旧的可能要三天。

涂 稍微改造的话和前期设计能搭上吗？验收的时候合格吗？

| 怀 可以，设计师也只能定出一个大概的数字，他们理论会懂，但是做法不太懂，因为泥水工不能用尺量着做的，但是木工能。所以设计师无法精确给出一个数字，在泥水方面我们讲"尺不过三"，意思就是说，一尺可以有不超过三寸的误差，三寸以内都不算误差。但是木头就要百分百准。所以这部分是要靠手法来控制的。

涂 但是这部分多出来的你们要出更多的材料费？

| 怀 是，从商业来讲对我们没有好处，但是也不会差很多。而且修复古迹的师傅一般对这种神明都比较尊重，也算是作一点贡献，就像庙里面要拜拜，捐一点香油钱一样。所以一般不会计较这些。一百也是赚，九十也是赚，我们是希望做得更好。

关于文思古建在东南亚修复华侨建筑遇到的问题

涂 华人建筑的材料都是从中国来吗？

| 怀 这个不一定，如果从中国进，材料少的话很难进，而且运输时间长。所以很多会这个手工的人会在本地烧制，从本地买。但是在本地烧制的形状和质量肯定和中国的不一样，也是可以提供一些给本地人去用。有一些是做商业贸易的，会直接从中国去买。

涂 在本地烧制的也是华人吗？

| 怀 是，也是华人。本地烧制的屋瓦与中国的形状会有点区别，但是（因为是修复）要买的（数量）不多。

涂 您在修复过程中会遇到什么材料问题吗？

| 怀 基本上在中国是可以全部找得到，但是每一个年代的手法完全不一样。比如简单的一个碗（20世纪）60年代和80年代的碗，后来的人就觉得以前的碗不够大，产量和价值都不够高，改进了以后就是大的碗。所以材料问题就是找不到一模一样的，虽然颜色更好也会更鲜亮更持久。

涂 那如何解决（材料的问题）？

怀 这个就要靠磨合。虽然业主可以自己订购，但是一座庙所需要的量不多，自己去定的话费用高，理事应该不会愿意出这笔钱。而且就算有钱，也没有工厂会给你加工，不是做不出来，是不做。所以材料会发生很大的改变，只能接受这个材料。

涂 剪黏的材料也会发生很大的变化吗？

怀 会，现在材料会差很多，颜色也会输很多。颜色会改变很多；以前的矿物粉跟现在的差别很大，以前的比较纯，现在的比较粗；以前老师傅用的方法可能也是模仿不到。

涂 屋瓦方面呢？

怀 以前中国没有抓环保的时候，包括村里面都可以做这个，用炉来烧制售卖。但是现在抓环保，很多工厂就倒了，很多土方法都不能用了，瓦片也就更贵了，质量也差很多。所以现在店家变少了，做法也变得更快速，更简单，供不应求嘛。现在古建筑修复用了很多现代的做法，比如广东的烧制法，不需要在炉里面烧几十天，只需要过那个管道，用电的温度去烤，几秒钟就可以生产一片。手工方面也是差很多，以前的老师傅工艺好，现在的年轻人很多都不愿意学，学不到精华。

涂 修复中遇到哪些问题？

怀 首先是我们前面讲的材料问题，很多以前的材料找不到了，只能用新的替代。另外是在东南亚修复干扰多，当地学者会对修缮过程进行登报指点和影响舆论，所以后来我们就遮起来修缮施工。

第二个是价钱问题。以前纯手工的作品耗时较久，工艺精美，想要做到一样的效果用时很久，价钱也比较高。中国工人相对本地华人或孟加拉国人工资较高，所以有些项目因报价过高没有投标成功，比如槟城孙中山纪念馆屋顶部分就是他们自己找当地华人来修。很多精美的细部虽然是很美，但业主不是有足够经费的话，这个一般就只能简单概括地去做。有很多直接买好构件装上去，修复师也慢慢要被淘汰。

再者就是在实际的修复过程中，会发现一些原本的设计问题。以现在的方法去看，它们的连接会有一些问题，当时的手工功夫好，不代表设计就一定很好。如果按原有的去修复，就会发现很多问题。这一部分我们需要跟耀威老师（建筑师）商量，在设计图纸上就要修改。当然，这个不会影响整体的结构和外观。

涂 您的团队在修复以前精美建筑的时候在手艺上遇到过什么问题？

怀 以我的经验来看，首先我们去修的建筑本身就是经典，包括它的石雕、木雕、剪黏，还有屋顶等来展现庙的灵魂，以前都是请人手工慢慢制作的，但那个时候做的东西比较平顺。我们现在有很多辅助工具可以代替，工人的手法会做得更立体，问题也就来了，我们需要模拟之前比较平顺的做法，所以现在需要花费比正常多的时间慢慢去模拟原来的那种味道。我们早期刚和耀威老师合作的一两年需要磨合，因为我们请来的工匠也不能理解，他们觉得自己做得更精美，但是和建筑原有的区别很大。直到后来做青云亭和邱公司才理解，手法有一定改变，理解到有一些平滑的会更好。

涂 那些非常精美的剪黏或者其他构件你们都可以复原吗？

怀 以我工人现在的能力可以达到百分之八十的复原。而且现在的技术也比较快，因为我们已经融合到修复的手法了，包括颜色和手工。但是如果预算太少或者业主要求要做新，我们就会把旧的撤下来，再做回新的上去。木雕部分也一样，坏掉的部分我们直接拿掉重新做过。还有剪黏，比如这个细的龙鳞，我们直接拿掉工期就省了很多。一个屋顶的费用有的开价十多万，有的三十几万，同样是一个屋顶为什么会差这么多，都是有原因的。

涂　您的工人多来自福建，那修复其他派系的建筑时候能上手吗？

丨怀　这个也要磨合，一开始接触会比较慢。如果是建筑是闽南的，我们工人基本上可以直接上手。如果是广东潮州的，我们必须要拍照，先做记录，才来进行修复。不然屋顶一清，我们就很难做回去。每一个要修理的部分都要先拍照记录它们的细节。

关于未来华侨建筑修复的看法

涂　现在请中国的工人会遇到哪些困难？

丨怀　签证手续还是不好办，而且费用很高。现在从中国请短期的工人很难请，国内的项目现在多了，工钱也不便宜，很多人就不愿意到外地来，加上现在一块钱的马币只能换到一块七人民币左右，其实在国内的工资已经比这里高了。

现在的工人也比较输给以前了，工人年龄越来越大，眼睛也都比较差了。新的培养不起来，他们也不接受我们的培养，人家一家只有一个孩子，哪里舍得让他去做屋顶晒太阳，去学画画可以，去爬屋顶哪里舍得。

涂　有当地人可以传承这门手艺吗？

丨怀　没有，他们断代太久了，没人会，也没人学。现在的人不愿意学。

宏　您怎么看古建修复这个行业之后的发展？

丨萧　现在手工去修复的价格很贵，很多都支付不起。这个和那种工艺品烧出来黏上去的差别非常大，而且技术上也没得比。不过大部分人看那花花绿绿的都觉得很好看，那种其实是没有技术含量的，只有内行人才看得懂。认真按照原样去修复的反而不讨好，会被人嫌贵，还嫌弃说这里不好那里不好，给人家看起来就是没有修，也没有那么美。你要按照传统去做，是赚不到钱的。

屋顶的剪黏、油漆等，好的工艺和差的差别太大了。还有亭景[14]的人物，你去德化买一尊做好的安上去，一尊才几十块。你要让阿罗去做，人物带骑动物的，至少要两天，一尊就要好几百，上千块。还有邱公司的那个体积很大的亭景，它的工序很复杂，我们当时去修的时候一个就要修整个月，修一个就要三四万块，现在去做应该要十万块。中国的保护意识还是有待加强，有时候你要特意去保护，人家还会骂你有点神经。

宏　未来有什么考虑？

丨怀　在我们退休之前，工作都是没有问题的，还是有的做，但是没有年轻人跟上。目前还考虑不了那么多，只能先完成手头上的工作，对社会的贡献就是这样，然后赚一点钱，用我们的手工坚持到我们退休。对这些民间的庙宇用我们的手法去做出来，也就是我们的一点贡献。然后有人愿意学我们也愿意教。

丨萧　这个说不太准，不能强求。因为我们有一大部分也是兴趣，不是要赚很多钱。做还是有的做，但现在要赚大钱很难。我感觉二十年后应该就会衰退，没有什么人会做了，不是我们不要教人家，是没有人学。这个问题不知道怎么解决。

宏　明白了，非常感谢您给我们分享了这么多，谢谢。

1　国家自然科学基金资助项目：闽南近代华侨建筑文化东南亚传播交流的跨境比较研究（编号：51578251）。

2　陈志宏、陈芬芳《中国建筑口述史文库第二辑：建筑记忆与多元化历史》，上海：同济大学出版社，2019年。

3　该书为华侨建筑展汇总整理成宣传册《华侨建筑展》，未正式出版。

4　马来西亚太平青厝区协天宫李王府，始建于1971年，1992年委托文思古建团队在庙地两处入口各加建闽式牌楼。

5　本头公巷大伯公庙，即福德正神庙，坐落于槟城乔治市本头公巷57号（No.57, Armenian Street, George Town, Penang）。原为建德堂秘密会社基地，隐蔽在店屋群内，主体建筑坐东北朝西南，正对戏台，是闽南寺庙与殖民地盂加楼的结合体。

6　2002年参与泰国普吉岛定光堂修复工程，项目包括屋顶瓦作、剪黏、油漆及彩绘等；2005年参与普吉岛青龙宫太原堂承建工程；2012年参与印尼峇淡（Batam）清水祖师公宫承建工程等。

7　黄黎明（1975— ），祖籍福建莆田市仙游县园庄镇霞山村，师承叔叔黄德福，擅长油漆和安金。19岁开始在泉州晋江乡里观音庙跟随叔叔学习油漆工艺；22岁出师后在晋江、石狮、南安各乡镇参与祖屋、祠堂、寺庙等油漆工作；29岁（2004年）开始跟随萧文思到马来西亚参与槟城潮州会馆工程。

8　蔡中川（1965— ），祖籍福建泉州市惠安县洛阳镇西吟头庵边村，师承父亲蔡重庆，擅长剪黏、彩绘。13岁开始在泉州学徒；16岁出师后跟着父亲做工，主要在晋江南安等地修复古厝和华侨厝；33岁（1997年）开始跟随萧文思到马来西亚太平参与凤山寺修复工程。

9　萧天助（1969— ），祖籍福建晋江东石镇萧下村，师承叔叔萧文思，擅长泥水、剪黏。18岁开始跟叔叔萧文思学习泥水手艺；21岁开始在晋江传统庙宇学习剪黏，包括修缮华侨屋和传统红砖石厝；28岁（1997年）开始跟随萧文思到马来西亚参与修复工程。

10　何清金（1963— ），祖籍福建泉州市惠安县洛阳镇西吟头庵边村，师承岳父蔡重庆（蔡中川的父亲），擅长剪黏。15岁开始学徒，1997年左右开始跟随萧文思到马来西亚参与修复工程。

11　贝壳灰，是煅烧贝壳而成的传统建筑材料，常与沙、土等混合用于砖砌黏合、粉刷墙面及粉光表面层等。

12　马来西亚槟城北海船仔头天福宫，是马来西亚北马唯一一间主奉三国时代福将顺平侯赵子龙元帅的庙宇。文思古建于1993年受托于天福宫重建，将庙宇重建成双层建筑。

13　即Laurence Loh（卢光裕），马来西亚籍建筑师，Arkitek LLA有限公司董事长，香港大学副教授，曾被联合国教科文组织委任为澳门和中国开平世界遗产名录的现场评估员。负责修复的槟城张弼士故居曾获得联合国教科文组织亚太地区文化遗产保护奖。现为马来西亚古迹保留协会副会长、槟城国家博物馆理事会理事、槟城艺术馆主席及槟城文物信托基金的技术顾问。

14　亭景，也称为牌头，即规带下端放置一座假山布景，有时可设小亭阁，再配以剪黏人物或交趾烧，成为一组文武戏出，兼有装饰及增加重量之作用，以防屋檐被风吹起。引自：李乾朗《台湾古建筑图解事典》，台北：远流出版社，2003年。

口述史工作经验交流及论文

"口述史"方法在乡土营造研究中的若干问题解析[1]

李 浈

同济大学建筑与城市规划学院

刘军瑞

河南理工大学建筑与艺术设计学院

摘　要： 对乡土营造的口述史料、口述方法和口述历史等几个重要概念进行解析，提出乡土营造口述人员要以匠师为主，兼顾屋主、邻里等人群，并注意利用建成或营造中的建筑实物、测绘图和照片等作为引导材料，启发受访者思路，以期使访谈言之有物，名物相符。本文解析了匠师和屋主因自身的经济、功能和精神等诉求，而引起的关于巫术、技能、利益和竞争等话题的不同立场，分析了乡土营造研究中匠师重实质轻表述、重当下轻过去、重本土轻外风，以及择人、行话、避人等行规的局限，最后提出用观察、测绘、实验等方法对口述史料进行鉴别，去伪存真。

关键词： 口述史　乡土营造　匠师　语境　鉴别

1 释名

近年口述史研究颇为劲热，学术上呈现持续的盛况。但在营造工艺的领域，我们"冷眼看热潮"，似乎有些概念、方法等有失原真。按姚力先生的看法，"口述史属于史学，包括史料、研究方法和分支学科三层含义。"[2] 故口述史料、口述方法、口述历史是乡土营造领域的三个核心概念。

口述史料，唐纳德·里奇先生认为其是："以录音访谈（interview）的方式搜集口传记忆以及具有历史意义的个人观点。"乡土营造的口述史料主要是向匠师或屋主进行访谈获得，内容包括：①口述者信息：职业、年龄、籍贯、住址、联系方式等；②访问者信息：访问、记录、整理等人的信息；③背景信息：访谈的主题、时间、地点、时长等；④实证材料：授权书或知情声明、现场照片、签名等；⑤访问记录：笔记、录音、录像等；⑥采访手记：访谈过程、受访人状态、采访人感受等；⑦辅助材料：建筑及其环境、模型、工具、测绘图、照片、录像等；⑧阶段成果：与术语、匠意、匠技、习俗、手风[3]等营造相关的图文信息。例如，顾祥甫匠师口授的《鸳鸯厅大木作施工法》，介绍了其平面和竖向尺寸，构件形制与做法，施工程序等内容，可认为是口述史料。[4]

口述方法是"通过传统的笔录、录音或录影等现代技术手段方式收集、整理历史事件的当事人或者目击者回忆的历史研究方法"。[5] 乡土营造口述史的研究方法是受过专业训练或有一定经验的访问者就乡土营造的匠意、匠语、匠技、匠俗、手风等议题向当事人、见证人或传承人进行访问，并对笔记、录音或录像等史料进行整理、分析、辨别，进而与文献记载比对，最终得出结论的研究方法。在乡土营造研究中，"口述史"方法主要应用于历时性、叙事性的匠派匠系、人物事迹、机构变迁、营造事件、营造仪文等议题的记录和整理，对于需要参与观察、操作展示的议题，如术语、仪式、手风、工艺等议题，亦是有效的辅助方法。

口述历史是"通过有计划的访谈和录音技术，对某一个特定问题获取第一手口述资料，然后再经过筛选和比照，分析和辨伪，进行历史研究的方法及其成果"。[6] 乡土营造的口述历史成果主要有二类：一类是人或组织机构等的相关事件、历史、发展线索等。人物传记，一般是访谈本人或与其有社会、经济、技艺等关联人员获得的口述史料，写作时以人物的人生经历为主线，围绕家庭背景、出生、成长、习艺、执业、授徒、项目、荣誉等话题撰写而成。机构口述史是通过对本机构的创始人、工作人员及其相关人员的口述，获得本机构的创立、发展、辉煌、解体等不同阶段主要人物的人生经历、工作内容、工作成果、治学思想、研究方法、团队协作等内容。另一类是乡土建筑本身的策划、营造、使用、修缮等事件的历史。一般是通过屋主口述获得史料，是家族历史的一部分。例如，刘致平先生记录了四川省威远县郭学林函告自宅信息，讲述了郭家以农业起家后经营典当铺致富，后因天旱民饥，郭家先祖以工代振修造自宅，并介绍了当时领头师傅、一般师傅、小工的每日工价及其工艺评价。[7] 从这个意义上看，"人"和"物"是乡土营造口述史方法应该关注的两个重点。

2 乡土营造口述史研究中的"人"和"物"

2.1 人

在乡土建筑的全生命周期中，匠师、屋主、邻里、学界、政府主管部门的工作人员等人群分别完成其策划、备料、营造、使用、管理、修缮、拆除、研究等一个或几个具体任务，也构成了受访人群主体（表1）。我们认为乡土营造领域口述史研究宜以匠师为核心口述人群，兼顾屋主、邻里等其他辅助人群。工匠和屋主大多是来自农民。早期人们是农忙务农，农闲务工，后来发达地区分化出了专业营造组织。即便是专业工匠亦可给自己造房子，因此工匠和屋主之间并不能截然分开，民匠合一现象在全国各地亦很常见。

表1 乡土营造口述人群一览

口述人群	具体人群
权属相关人群	屋主：建筑遗存的营造者、使用者、管理者等，可是个人，亦可是法人； 邻里：亲戚、朋友、乡村文化人、干部等
非权属相关人群	匠师：领头师傅、各作工头、一般师傅、学徒、帮工等； 学者：建筑史研究者、文博系统研究者、文化旅游研究者等； 政策制定者：旅游与文化部门、住房与城乡建设部门、环境保护部、国土资源部等的工作人员

2.2.1 匠师

乡土营造参与匠师一般由多人组成，有领头1人，副领头1～2人，各作工头1～2人，各作师傅若干，另有小工、学徒若干，工程复杂时会适当增加人手。不同工种匠师们术业有专攻，一般是对自己从事的工种知识经验较多，而对于其他工种并不专精。以营造术语为例，术语是匠师和屋主以及匠师间进行交流的工具，是一个完整的表述系统。材料和工艺是营造研究最核心的内容，特别是针对主要的构件和工艺都有明确的称谓和作法，而对于一些细小的装饰性构件，只有专门制作的匠师才能详细区分。例如，课题组2019年7月在山东省菏泽市巨野县核桃园镇前王庄村调查发现，券门上的砖雕都被匠师称作"狗牙"，而当地石匠师傅不能进一步分辨"狗牙"的种类。

领头师傅是营造项目的接洽、设计、施工和管理的负责人，掌握了设计、施工、监理等全局性的知识技能，其核心技艺是通过父子或师徒传承。例如，鲁中平囤顶石头房子由于木结构简单，而砌筑石墙相对复杂且工作量大，因此营造团队的领头师傅是石匠，而粤东硬山搁檩砖房民居的领头师傅是泥水匠。中国乡土建筑大多数是木梁板柱承重，墙体通常仅承自重，有"墙倒屋不塌"的特征，因此大多数营造队伍以木工为领头师傅。例如，北京故宫的领头者称为"掌案"，南方不少地区称其为"掌墨"，四川一带称其为"墨斗"，如李墨斗、张墨斗等。

一般师傅能够掌握材料加工、构件组装等基本技能，平常所谓的学徒出师也是技艺达到一般师傅的水平。木作、泥水、石作等主要工种，一般有1～2个工头负责组织、分工，掌握本工种全部技艺，除此之外则是一般的师傅。营造团体中还有一些独立的辅助工种，如彩画、雕刻等工种。学徒处于学艺阶段，而小工则由于技能水平有限，主要从事搬运、解料、搅拌等体力劳动，他们的工作没有太大技术含量，因此他们对营造影响有限。

乡土营造口述史的访谈对象是掌握了营造技艺的人，大致可分三种情况：一是无书写能力的匠师，因教育程度较低，无法将技艺转化为文字和图形；二是无书写动力的匠师，因本人实践业务较忙，虽有丰富的实践经验，但尚未梳理，且本人执业生涯对此类书写无要求；三是无书写意识的匠师，虽然能意识到自己技艺的价值，但是对学术规范不熟悉，其自撰成果无法与学术界对接。

2.1.2 其他

屋主的经济实力、功能需求、审美取向是影响乡土营造品质的关键。屋主可分为营造者和使用者，亦可同一人兼具两种身份。有主持实际营造经验的屋主，对于材料选择、营造过程、工时、用料、仪式、红包发放、宴请、设计等方面比较熟悉；而使用者，往往对上述信息有所耳闻，同时对房屋的使用功能如空间分配、各建筑质量的优缺利弊等有较好的了解。

邻里。屋主的邻里关系包括：亲戚、朋友、邻居、干部、乡村文化人等。这些人长期生活于本村落，熟悉村落的文化背景，有时是不可忽视的受访对象。这些人群或施以材料援助，或给予经济支持，或给予人力援助，积极参加各种营造活动或仪式。例如，刘致平先生在《云南一颗印》图版中有记录了麦地村村长对村落道路曲折变化的解释。另有盛行于全国各地"上梁"[8]仪式、迁居仪式，如"暖房、温锅"[9]等都需要邻里的参与、见证。

2.2 物

2.2.1 在建乡土建筑及营造环境

营造、修缮、拆除工地是进行营造研究最直观的场所。在实际建造或修缮过程中，匠师一边操作一边讲解技术要点，全程进行跟踪拍摄，对实际操作按施工步骤进行详细解释和记录，亦可对于营造过程中的习俗和仪式进行全方位观察，还能对基础、榫卯、苫背、角梁、飞椽等建成后不可全见部位的构造和工艺清楚记录。例如，20世纪30年代杨廷宝先生在基泰公司主持天坛祈年殿、圜丘（宰牲亭）、皇穹宇等北京古建筑修缮

工程时，梁思成与林徽因等得以访问该工地，并接触和了解大量匠师的技术与术语。在拆除现场中，一些平常不易见到的题字、做法甚至巫术魇胜等都可以一览无余。例如建筑史学家刘致平一直比较重视拆除现场的研究，曾在"文革"中坚持观察西直门城墙拆除，认为"明代城墙包着元代城墙的双朝代城墙，扒开来才能看到元代城，十分难得一见"。[10]

2.2.2 建成遗产及其环境

合适的营造现场一般不能应有尽有，而建成遗产及其环境则是最常见的访谈实物。利用受访者的历史经验，可以一定程度上弥补建成遗产及其环境的时空局限。通过在现场提问、讲解，营造术语可以当场指认，设计法则可以现场验证。例如，刘敦桢先生在成都调查时的日记记载"上午九时，走谒李伯骧君，承介绍木工杨姓、泥工雷姓，同赴文殊院，调查当地建筑名词"。[11]又如，刘敦桢先生曾经为刘先觉教授讲解苏州园林，"最初的时候，刘老先生（刘敦桢）把我们这一批人先带到苏州，大概花了三四天的时间，主要是在拙政园、留园、网师园三个园林里面看。刘老先生一面走一面仔细地给我们讲解：园林为什么是这样布置的，这样布置有什么特点。他先带我们熟悉整个环境，了解布局的总体特征，边走边具体讲一路的房子、植物、假山。[12]

2.2.3 匠师代表作品

匠师本人的代表作品是进行乡土营造研究的重要实物，匠师对营造的材料、工艺、手风以及营造过程都非常熟悉，同时对于营造中的用料规格、用工时间等方面也有较为详实的一手资料，也可以验证施工图纸和后期建筑物之间的完成度，亦可对建筑进行使用后评价。同济大学沈黎博士的著作《香山帮匠作系统研究》中就通过香山帮在苏州镇湖镇西京村万佛寺项目：选择其中天王殿和万佛堂两个单体为例，梳理了香山帮非遗传人薛福鑫的各作营造做法、营造仪式和习俗等学术信息。[13]

2.3 乡土营造口述人的立场

古代匠师们服务的对象有官员、商人、地主等,最少也是有建房之资的屋主,某种意义上匠师相对弱势,因此匠师和屋主的相互斗争,从来都是暗箱操作。乡土营造的成功实施是一个相互妥协的过程,因为一旦斗争公开,匠师将失去活计,而屋主可以另找营造团体替代;反过来,建筑本身的质量影响有可能屋主的身家性命,一般说屋主亦不敢对匠师过分苛责。因此,美国人类学家斯科特在《弱者的武器》一书中总结的"偷懒、装糊涂、偷工减料、以次充好、假装顺从、偷盗、诽谤"等不公开、非暴力的斗争方式就屡见不鲜;口碑和巫术也是斗争双方的常用武器。

乡土营造有其技术性的一面,例如柱子不能支撑,房子就会坍塌;屋面防水没有做好,房屋就会漏水,因此技术研究可类比于盲人摸象,每个人摸一块,拼到一起可能是一个大象的轮廓。而口述的对象是人,有各自的个性和利益诉求,如果不能警惕这一点,口述史研究可能就会陷入"罗生门"的误区。

2.4 匠师立场

匠师能够持续不断地承揽到业务不仅关乎个人声誉,还关乎家庭生计。由于乡土建筑类型有限,工法又相当成熟,很多技术形态都已有定式,即知道几个关键尺寸就可知该怎么做,屋主对此也有一定了解,匠师可能在屋主能力不及或看不到的地方做点偷工减料、以次充好、巫蛊魇胜之类的小动作,因此工匠的技能和道德水平也是影响乡土营造的重要因素。当然,工匠出于对自身技艺的追求及口碑的重视,精益求精进行营造也屡见不鲜。

2.4.1 巫术魇胜

屋主担心会巫术的匠师使坏,出于顾虑就不敢雇其做工,因此受访匠师往往对巫术无论信与

不信都津津乐道,但大多是语焉不详,接受本团队访问的工匠都宣称自己从未使用过。工匠家中也偶尔能够发现巫术魇胜相关的秘籍抄本。从博弈的角度,可以认为匠师们搬出阴阳、风水之说,加上一点神秘性、威胁之以子孙后代兴衰祸福的言辞是为了和屋主斗争,保护自己的设计和经济利益。至于匠师本人是否笃信巫术魇胜,则是不易验证的课题。在田野调查中,巫术现象亦不乏见。匠语云"瓦房三间,不用倒木半寸"[14],可见柱子等竖向构件类使用的木料均忌讳倒置。据李哲扬《潮州大木构架》记载,潮阳棉城青龙门的正是此类,金柱被倒置。另有拜亭正立面上成对设置的麒麟木雕团,……这两块木雕制作虽然无误,但是却被调换方位安装,结果两只麒麟都身朝内而头扭向外,貌若互不理睬,按老的说法这是要屋主"兄弟不和"的凶局[15]。

2.4.2 技能形象

匠师技能的话题,不仅是一个面子问题,还涉及生计问题,匠师必须对自己的技术有自信,方能打消雇主的顾虑,承揽到业务。例如课题组在浙江省宁波市前童村向匠师童遵禄问及另一位很高明的匠师(童先梅)时,他先是称不认识,然后又说应当手艺不如童岳善(童遵禄最得意的徒弟)。事实上在如此小的村镇里,老一代的木匠之间不可能不熟悉,但不愿意轻易说别人比较好。[16]与之相反,所有受访匠师形容自己的工作态度、工作技能的时候总是不吝溢美之词。[17]

2.5 屋主立场

建筑的营造是关乎一个家庭生命财产安全,婚姻成败的大事,应是深思熟虑的结果。屋主的基地阔狭、经济状况和审美爱好是影响乡土营造的关键因素,建筑的规模大小、形式选择和工艺选择均由其决定。在园林营建中甚至有"三分匠师,七分主人"之说。屋主通过参观匠师团队的建成作品,打听其工艺水平、时间控制和经济控制,

进行综合评比，然后结合自己的各方面条件决定邀请哪家承担项目。

2.5.1 工料程式

工料分离。屋主自行购买建筑材料，可避免匠师在购料过程中索要回扣的恶习。也有地区屋主常常利用农闲制作土坯、砖瓦、上山采石和伐木。例如陈明达先生记录关中民居"一般农民建造房屋都是经过长期准备的，往往是从种植树苗开始。在陕西西安附近的农民简直就称他们种的树为柱梁或椽子，用作梁柱的树约二十年左右，用作椽子的树五年左右，便可成材"。[18]

长短计工。如果是做日工，屋主要监督匠师出勤情况，也要避免匠师有工无活，还要注意监督匠师不得大材小用。如果是做包工，要防止匠师不顾及施工质量的赶工。课题组于2019年7月在山东省菏泽市巨野县前王庄村调研时，石匠领尺王允山师傅言"以本村三间平顶石头房子为例，做日工一般需要200个工，如果是包工则需要150～160个工"。这就是说，撇开营造质量不予考虑，当地日工功效相当于包工功效的75%。

2.5.2 同行相竞

官式建筑可以通过《营造法式》《工程做法》等文献的形制、工艺和施工定额进行项目管理和验收。乡土建筑形式类型多样，无法式可依，加上屋主自身对营造技艺不精通，因此常常通过在营造中引入竞争机制，通过"货比货"的方式，可以有效督促工匠。本村中或邻近村中同期有类似工地开工也有相近的效果。

对场，又称"劈做"，屋主为寻求较合理的造价，并防患承包者偷工减料，以左右对分之法使两组匠师竞争，匠师为求良好声誉和经济回报，必然全力以赴。据李乾朗教授调查，"中国南方浙、闽、粤及台湾一带，很普遍可以发现一座传统古建筑由两组匠师合作完成的实例，通常以中轴线划分左右两边，分别由两组匠师施工，建筑物的高低宽窄相同，但细部却各异其趣，特别是斗及施雕的构件，尺寸不同而雕刻图案内容亦不同。"[19]

3 乡土营造口述史料局限

3.1 人群构成的局限

《唐律疏议》记载："物勒工名，以考其诚，功有不当，必行其罪。"朱启钤先生用实质营造，考工之事，来说明建筑行业的特征。下文所说的"重"是指重视，重点关注，"轻"就是非重点，非轻视之意。

3.1.1 重实质轻表述

建筑不同于舞蹈、戏剧、文学等艺术形式，属实质的艺术。其特征是设计施工一体化，匠意与匠技高度融合于建筑物本身。材料与构造、结构与工艺是营造的根本，这些方面出问题，小则返潮漏雨，大则房倒屋塌，因此所有匠师都必须非常重视。而习俗、仪式、术语、手风等都是在某个阶段才能呈现的信息，随着营造的结束，部分消失了，部分隐匿了，部分削弱了，因此匠师的重视程度不一。这也可以解释在匠语的田野调查中，经常会遇到匠师说，"这个字行，那个字也行，只要造不错，用哪个字都无所谓！"匠语具体应用中简化、谐音、借代等用法司空见惯。又如，对于建筑史学界可将鲁班尺和营造尺的功能和用途区分很清楚，而在匠师中却持随意的态度，甚至故弄玄虚。很多地方，如苏州一带的工匠将曲尺称为"鲁班尺"，浙江大学张玉瑜老师在田野调查中发现，泉州南安地区还有一种小曲尺尺身5寸（约16.66厘米）、尺翼1尺（约33.33厘米），专门用于小型榫卯的制作。工匠说："这种L形的尺在木工之间即称为曲尺，但对外行者（如东家）则以'鲁班尺'称之，以增加其技艺的神秘性质。"[20]对于此类口述史料，研究者应予以警惕，切不可以讹传讹，将已经明了的学术问题又弄糊涂。

3.1.2 重当下轻过去

匠师和屋主不是专业的建筑历史研究人员，因此掌握的技艺或知识往往限于师门所传或自身实践经验。例如古建专家陈明达教授也注意到这个问题，在接受天津大学研究生采访时讲到，最初听老师傅讲解故宫遗构，"但是，那时的老工人所知道的也很有限。他们只能知道他那一生所知道的，即清代的建筑技术，清代以前的就说不清了。"[21] 又如，刘致平先生1949年前就发现了屋主也有此类问题："笔者在抗日战争结束以前在四川西部调查了大小住宅约一二百所，仔细测绘的有六十余所，已如上述，因为许多住宅已非原主住用，所以对当时（如清初或中叶）居住的情况无法确知，当时家庭各组织状况亦无法确知。许多事只能言其大概，这是无可奈何的事。"[22]

3.1.3 重本土轻外风

匠师的知识经验往往受执业地域范围的局限。笔者于2019年10月，参加了在宁波保国寺举行的"哲匠之手——中日建筑交流两千年的技艺特展"举行的学术研讨会。日本国宝级大木匠阿保昭泽展示了用刨子刨出约5厘米宽、3微米厚刨花的高超技艺。在随后的研讨会中该匠师对于保国寺的一个木构件的加工提出了自己的看法，认为是用锛[23]加工的。有国内同行认为刮刀和单刃斧等工具亦可达到相同的效果，而这两种技术笔者在浙江临海亦曾也亲眼见过，确有相同功效，但该阿保昭泽师傅仍坚持自己的观点，无法理解并同意中方同行看法。

工匠技艺的习得主要有三种途径：师承、模仿、试错。其中，师承的经验最可靠，往往能通过简单匠诀传承，这些口诀及解读亦是做口述史的重点[24]；模仿和试错就可能失败，经常会有试错多次仍不能成功的情况。鉴于工匠本身无系统的建筑结构力学知识，因此其技艺往往会局限于自己活动的地域，而可能不熟悉本地之外的成功经验。如北京大学方拥教授记载："从1980年代中期开始，泉州……承天寺和开元寺内木构殿堂先后大修，其他古建筑则急需测绘建档。在承天寺大雄宝殿施工中，没有进行前期研究，便由匠师拆卸。可是即使年届花甲的领班师傅，亦不具备

足够的经验。面对纵横交错的屋架，他们犹豫良久，最终决定，以明间为中心，先拆对称的半边；留下另一边作为参照。这是一个明智的决定，但其弊端在于，当纵向分割进行到中央时，具有水平联系作用的榫卯节点悉遭损毁。"后来到1986—1987年泉州开元寺落架大修，修建委员会邀请到东南大学郭湖生教授为组织者，"中国文化遗产研究院教授级高级工程师杜仙洲为技术顾问，方拥为工地建筑师，施工进展顺利……"[25]

3.2 行规环境局限

乡土营造技艺的正常传承是异姓拜师和父子相传，"师徒制"下，匠师习艺不易，正常情况下对其他人员是自发排斥，一般不会轻易向采访者说出核心技术。学术研究和营造实践属于不同行业，无竞争关系，在访谈中让受访人明白该道理对采访是有利的。

3.2.1 择人

匠师们通过异姓拜师或父子相传获得技术，并通过大量的实践和少量口诀、抄本实现技艺来传承。因为在一个特定的地域内业务有限，匠师们往往有"教会徒弟饿死师傅"的顾虑，师傅往往保留一些重要的"秘技"不教，不到最后或物色到可靠的人不会传授，因此关门弟子非常重要。对大量的学徒而言，投入师门，可学得一门糊口的操作技能，成为领头师傅的可能性不大。例如朱启钤编著的《哲匠录》记载了明末匠师梁九向师傅冯巧学习营造宫殿的掌故。梁九求学数载不得真传，而服侍左右不懈益恭。最终，冯巧认为梁九可教，将技艺悉数授予，使得梁九成为康熙三十四年重建太和殿的领班师傅。

3.2.2 行话

即同行业语，也叫黑话。现有资料表明：闽南、河北、湖北、江西、江苏等地木作、石作、泥水作都有使用。行话中"有一部分是因应行业特点和特殊需要而创造使用的'隐语'，目的是'为

了保证行业纯正和防止他人随便窃取行业手艺的机密'，就会将工艺内容的表述信息进行异化编码，或者说加密编码。这不是耳濡目染的表述方式，而是可以增加了一套语言系统来保证他们所掌握的传统营造工艺的保密性。这些行话不仅体现在营造行业中的专业术语中，甚至连一些普通的词汇也被重新定义了"。[26] 行话加密方式有：缓读、反切、摹状、藏字、谐音、拆字、比喻、借代、双关、省字、换字等方式。以营造工具行话举例：墨斗，在保定的工匠中称为"提炉"，而湖北的工匠称之为"江湖"；尺子，保定的工匠称为"较量"，湖北的工匠称为"量天子"；斧子，保定工匠称为"百宝斤头"，江苏南通、泰兴工匠称为"代富"，湖北工匠称为"开山子"，而香山帮称为"三十六"等[27]。

3.2.3 避人

为了避免手艺被外人"偷"学[28]，营造成本等信息外传，匠师在进行核心技艺的制图、工艺或经济核算等时刻会避开或支走其他人，这就造成历史学家只能记其人、记其事，不能留存技艺，此亦是我国营造技艺不常见于典籍的重要原因，亦表明营造技艺未纳入官方教育体系。例如，朱启钤编著的《哲匠录》记录到宋代怀丙和喻皓两位大匠修缮、修造佛塔，均是封闭施工现场，不让记事者参加。[29] 另有欧玄子先生提到在闽西客家地区"九厅十八井"建筑的大木匠作中，营造工地向当地工匠和耆老全程开放，接受当地的意见和建议，以便让建筑物营造过程和成果均符合当地做法与文化，但在当地工匠提出要加入营造团队时，却没有实现。[30]

4 乡土营造口述史料鉴别与验证

北魏农学家贾思勰述："采捃经传，爰及歌谣，询之老成，验之行事。"意为（经验）来自经书典籍，人物传记，旁及风土歌谣，并向老成持重、经验丰富的人问询，最后要和事实进行验证。该论述用之乡土营造口述史调查也非常贴切。乡土建筑表现出的因地制宜、灵活变通的表象特征，其本质有内在的结构逻辑、构造逻辑或文化逻辑。口述史料往往需要亲自验证，方为有效，验证方法择要如下。

4.1 观察法

观察法是指用肉眼或借助各种仪器观测建筑遗存表观特征的方法，同时记录观察者自身的感受，以下方面可用。

设计手法。视差的利用可以用观察法验证。对于匠师提出的视差与实用。"闻之匠师云：天花平顶粉刷亦须中部微凸，则仰视之则平。而铺地亦然，如是不仅视之平整，且于清洁排水均有便。"[31]

防灾做法。例如，为了解决出头的椽子因为风吹、日晒、雨淋等原因先烂的问题，可能有以下解决办法：用耐候性好的木头做椽子；将椽子涂刷油漆；在椽子端头增加封檐板；将椽子后尾留长，过几年把端头截掉，向外延伸一点；在腐朽的椽子一侧附加一根椽子承重，或换一根椽子；用金属将椽子头包扎起来；等等。乡土营造中具体采用何种办法，观察即可得到。

施工做法。施工中不可避免地会产生误差，为了避免将误差积累为错误，就需要有效地将误差化解，因此各种做法都要留有余地。通常的做法是，两个大的构件之间插入一个小构件，按照"抓大放小""欺软怕硬"的博弈原则进行调整。这类构件有：抱框（抱柱）、垫块、驼峰、童柱、斗，甚至灰缝等，均有一定调节作用。

4.2 测绘法

《古建筑测绘规范》（CH/T 6005—2018）对古建筑测绘的定义是对古建筑几何尺寸、空间位置、形态、材质等现状信息进行调查、测量及制图的全过程。包括如下三方面：

长度。是对于实物的测量，例如层高，刘致平先生在《云南一颗印》记录昆明民居有"七上八下"的说法，即二楼柱高七尺，一楼柱高八尺，可通过实物丈量验证。又如，营造尺长。对于一些匠师口述的尺长，或新旧营造尺换算口诀，可以通过实物进行验证。课题组在广东省中山市民居调查中，沙溪镇豪吐村的张仲伟师傅讲自家祖宅明间净宽为 1.08 丈，实测 4050 毫米，并且他有一把长 375 毫米的营造尺，4050÷10.8=375，物、法、人相统一，这可作为当地 375 营造尺存在的证据之一。

重量。山东省济宁市嘉祥县有一种青砖当地叫作"老八斤"。苏州香山帮工匠也经常用砖的重量来形容砖的规格。用弹簧秤称一下，就知道匠师们说的老八斤是在何种情况下称重得来。

数量。与当前工程估料同理，砖瓦、梁柱、椽子等可通过现场数数进行估算验证。例如，江西省吉安市有匠诀"万瓦三间薄薄摊"，意思是一万瓦，勉强够铺设三间房屋，要想富裕，还需要增加若干，可通过工匠口述瓦片压露方式和瓦垄的长度进行每垄瓦的数量的估算或直接数出每垄瓦数目，乘以垄数即可得到瓦片总数；又如山东袭氏庄园估算口诀："屋三间，坯三千，一行砖线二百砖。"对于较厚墙体内部的砖或土坯用量，则需要知晓工匠口述砖或土坯的砌筑方式，然后结合砖或土坯的规格进行估算，与口诀验证。

4.3 实验法

通过实验法可以验证构件的性能、房屋的防灾性能、景观植物的成活率等。建筑史学家刘致平先生曾访问北京石人张后人张蔚廷先生，记录了一条有趣的线索："假山石上的青苔是将小米粥泼在上面，几天后便可长成青苔。"[32]这种线索是否可行，可能还需要以下几个问题的资料：粥是什么粥？黏稠度如何？石是什么石？粥在什么时间泼洒？是否需要背阴或者引种？长出的是何种青苔？该经验适用范围如何？只有通过实验的方法，才可认为该技艺被完整地保存下来了。

4.4 其他

经济视角也是理解乡土营造的重要视角，主要有以下三方面：

材料经济性。大量使用的材料一般是较经济的，而较贵的材料则是用在重点位置，如厅堂、大门或仅起点缀使用，精神象征大于实用功能。例如，云南白族民居的神龛："柿子凳，松子壳，柏子心"，即用柿子树木料做神龛基座，因为柿子树结的果实多而甜，象征子孙繁荣，家业兴盛。用雌松木料做神龛主体，一方面由于雌松木是建房的主要木料，神龛主体是神龛用料最大的部分，经济实用；另一方面，雌松结的松果里，松子数量更多，又有"送子"的谐音，暗示家族旺盛，人丁发达。用柏树木料做神龛内众祖宗的牌位，象征崇敬的纪念[33]。另如，椿木被称为"万木之王"，在滇南"一颗印"民居营造中，大木构架必须用一点椿木，哪怕是做一个小小的销子，这样可以避邪[34]。

工艺经济性。①简和繁。对于多数的匠师来讲，工作就是为了谋生，因此在施工过程中自然倾向简化构件类型、降低施工难度，常见的方法有：采用以物量物的方法，大量性构件制作时会使用模板，统一参照物，避免换算，可以减少出错几率；选用适宜的量划工具如丈杆、五尺杆、三尺杆、二尺杆和曲尺测量定位不同尺度的物件，是提高效率的有效手段。材料相同的情况下，工艺复杂耗费劳动时间较多，则等级高。以广东省中山市民居中室内地面铺设规格为 370 毫米 × 370 毫米 × 35 毫米的大阶砖为例。有三种铺法，对缝直铺、错缝直铺、45° 斜铺。因 45° 斜铺，需要切砖、打磨、费时较多，多用于正厅地面；错缝直铺等级稍低，多用与卧室地面，对缝直铺最简单，多用于库房和厨房地面。②方和圆。圆料由于接近木材生长的外形，加工时弃材较少，工时消耗少，因此同样材料，圆料比方料等级低。江西省吉安市二层的天门式民居正贴常用通柱，一层是人们停留的空间用方柱，二层不住人的空间用圆柱，这种做法兼顾了审美和省料两种需求。

人工经济性。人流量大、停留时间长或等级高的部位，往往会做得精细一些，用高水平匠师，薪酬也较高；其他部位可做的粗糙些，用一般的匠师，薪酬会略低。例如鲁中平囤顶石头房子墙体厚度500毫米左右，有内外两层组成：外侧是大石头砌筑，称"包大墙"，必须用师傅；内侧是小石头垒砌，称"包里子"，小工即可。建筑四角、山墙（承重墙）、临街墙面因观瞻要求，需要水平更高的师傅砌筑，打门砧石、腰砧石、门窗上、下石因需要和木门窗扇配合，精度要求高且有精美的雕刻纹样，因此需要最高水平的石匠。

5 结语

5.1 纲举目张

乡土营造研究的主要口述人群是匠师，而匠师往往受文化水平和个人经历限制，加上重营造轻表述、重当前轻历史、重本土轻外风的特点，同时有择人、行话、避人等行规习俗，因此需要在访谈前调研营造现场或建成作品，并准备好充分的文献史料，明晰需要访谈的问题，整理出详实可行的口述大纲和访谈计划，并对访谈中出现的有价值的信息追踪。在访谈中要善于借助实物、模型、测绘图或照片等启发受访人思路，同时充分利用乡土建筑自身的营造顺序和匠师本人的从业历程两条非常重要而明晰的线索，做到纲举目张。

5.2 去伪存真

对于收集到的史料，一方面要注意受访人的立场，分析其话语背后的经济、口碑、技术等诉求对言语的影响，避免以讹传讹；另一方面综合用观察法、测绘法、实验法及其他方法对其进行验证，去伪存真。同时将口述史料和文献、实物相互验证，做到受访者口述的营造的法则、文献档案和建筑遗存三者相统一，从而真实、系统地记录乡土营造技艺。

5.3 信而有征

刘敦桢先生曾主张，历史研究要落实于"做"，说到底建筑是做出来的，不是停留在想象和言谈所能实现的，"要让人看了会动手做出来"。[35] 这就要求我们要从营造的角度确保研究的真实性，特别需要重视位置与形状、材料与构造、结构与工艺等营造的核心问题，同时对于匠意、匠语、匠俗、手风等相关内容做到旁搜远绍。同时遵守口述史学科的操作规程，做好前期准备，有序进行现场访问，保存好记录材料和实证材料，以备查验，进而使乡土营造的口述史料、建筑历史研究克服"见物不见人"的缺憾。[36]

1 国家自然科学基金资助项目（批准号：51878450，51738008）。

2 姚力《我国口述史学发展的困境与前景》，《当代中国史研究》，2005 年，第 1 期。

3 手风指构件加工的具体做法，主要流派有关系，有些和匠技有关系。

4 顾祥甫口授，邹宫伍绘图记录，陈从周校阅并跋《鸳鸯厅大木作施工法》。见：张驭寰《古建筑名家谈》，北京：中国建筑工业出版社，2011，294-297 页。

5 王媛《对建筑史研究中"口述史"方法应用的探讨——以浙西南民居考察为例》，《同济大学学报（社会科学版）》，2009 年，第 10 期，53 页。

6 梁景和、王胜《关于口述史的思考》，《首都师范大学学报（社会科学版）》，2007 年，第 5 期，10-15 页。

7 刘致平《中国居住建筑简史——城市、住宅、园林（附：四川住宅建筑）》，北京：中国建筑工业出版社，1990 年，180 页。

8 上梁，主要是指安装建筑物屋顶最高一根中梁的过程。而这里所谓的"中梁"除了建筑结构实用上的重要位置外，同时更有其无形的宗教层面的意义。因此，在上梁典礼中借着梁的作用，来连接庙宇建构本身、天地、神灵与宗教人之间的关系，通书上说："上梁有如人之加冠"。

9 温锅，是民间流传至今的一项习俗，山东省城乡极为普遍。又称"温居""暖房""烧炕""添囤"，指新房落成后，乔迁或兄弟分家一方迁进新宅者，热情邀请亲戚朋友前来认识新家门，亲友、邻居携带礼品前去庆贺，主人设宴款待来贺者的习俗，包含着众人添柴火焰高的互助传统。

10 丛亚平《建筑魂——记著名古建筑学家刘致平》，《华中建筑》，1995 年，第 2 期，35 页。

11 《川、康古建筑调查日记》，1939 年 8 月 26 日—1940 年 2 月 16 日，见：《刘敦桢全集：第三卷》，北京：中国建筑工业出版社，2007 年，290 页。

12 刘先觉口述，高钢、胡占芳、丘阳采访记录，见：《中国建筑研究室口述史》，南京：东南大学出版社，2013 年，120-121 页。

13 沈黎《香山帮匠作系统研究》，上海：同济大学出版社，2011 年，99-118 页。

14 原因是工匠们认为营造中将木材按照它生长的状况使用，房屋就会比较坚固。

15 李哲扬《潮州大木构架》，广州：广东人民出版社，2009 年，242 页。

16 杨达《"班艺"永续——传统营造工艺保护的理论与策略研究》，上海：同济大学，2012 年，88-89 页。

17 2019 年 7 月课题组访问山东省泰安市岱岳区道朗镇拉马洼村 71 岁的徐富仲石匠的对话，可反映一些事实。如问：屋主对师傅们的招待伙食状况是否影响做工质量？答：无论东家的招待饭食好坏，师傅们都要好好干活。如果谁管饭好，就好好干，管得不好就不好好干，这样会影响名声，后面会没人找你了。贫寒家庭，盖房尤其不宜，应该好好帮助，凭良心。就是工钱也是有了就给，年终可以催催，不能逼账，实在没有就转年再说。再如问：招待好坏完全一样？答：细说也有点差别，招待的好的人家，往往活做得细一点，工期紧一点。正所谓"钱买身子饭买活，肉鱼买的闲不着"。屋主可以分为财主和员外。不拿匠师当人看，只是有钱而已，工匠称之为"财主"。对匠师态度好，热心的，给他做事，不用打听，工匠敬称之为"员外"。

18 陈明达《中国封建社会木结构建筑技术的发展》，见：建筑理论及历史研究室编《建筑历史研究：第一辑》，北京：中国建筑科学研究院建筑情报研究所，1982 年，58 页。

19 李乾朗《对场营造》，《古建园林技术》，2011 年，第 3 期，51 页。

20 张玉瑜《福建传统大木工匠技艺研究》，南京：东南大学出版社，2010 年，113 页。

21 陈明达《古建筑与雕塑史论》，北京：文物出版社，1998 年，211 页。

22 刘致平《中国居住建筑简史——城市、住宅、园林（附：四川住宅建筑）》，北京：中国建筑工业出版社，1990 年，195 页。

23 锄，平木器名。

24 张家骥《拱券升拱的传统定制与做法规则口诀》，《古建园林技术》，1987 年，第 6 期，56 页。拱券的技术难题最主要的是变形问题。……（笔者注：拆除券胎后）券就会发生反弧、裂缝，甚至塌落。为了避免这种现象，前辈匠师的办法是在砌筑前把原定失高加大。平口券也使其起拱，使拱券筑成变形后，失高回到原定的限度以内。后来逐渐形成制度，这个制度叫："升拱"，或叫"增拱"。口诀：发券必起一二三，圆拱平券第一关。升拱加一过一六，不多不少正好够。四分加一抬二五，斜分定轴不用数。平口起拱一百三，莫忘三四两相连。

25 参见：王莉慧《建筑史解码人》，北京：中国建筑工业出版社，2006 年，338 页。

26 杨达《"班艺"永续——传统营造工艺保护的理论与策略研究》，上海：同济大学，2012 年，48-49 页。

27 同上，266-268 页。

28 偷学是我国手工艺行业普遍的一种现象，此处沿用工匠口语，非贬义。在营造团队中，掌墨师傅的核心技术只会传授给预备接班的极少数人，其他掌握了一般技术的家族成员或徒弟想掌握往往都是偷学，因此常有学不全，甚至领会错误的情况。

29 杨永生《哲匠录》，北京：中国建筑工业出版社，2005 年，80-87 页。其一（宋）怀丙，真定人，巧思出天性，非学能至。真定构木为浮图十三级，势龙孤绝。既久而中级大柱坏，欲西北倾，他匠莫能为。怀丙度其长，别作柱，命众工维而止。已而却众工，以一介自从，闭门户良久易柱下，不闻斧凿声。其二，（宋）喻皓，宋初杭州都料匠。不食荤茹，性绝巧。端拱二年，开宝寺开宝塔於边境，喻皓为匠。皓先作塔式以献，每建一级，外设帷帘，但闻椎击之声。凡一月而一级成，其梁柱龃龉未安者，皓周旋试之，持槌橦击数十，即皆牢整。

30 欧玄子《造梁树——整体技艺观视角下闽西客家地区"九厅十八井"建筑的大木匠作》，《建筑遗产》，2018 年，第 1 期，63 页。有好几位木工提出加入这次的营造团队，王师傅应和着，但是实际上并没有人真正加入进来。一则他们更本地化的技术可能会动摇掌墨的王师傅的权威，而掌墨师傅的权威对整个营造活动的顺利开展必不可少；二则施工势必涉及到利益问题，本地工匠对"内幕"知道太多，对于王师傅的团队乃至邓老板，都可能有不利影响。

31 路秉杰《陈从周纪念文集》，上海科学技术出版公司，2002 年，322 页。

32 刘致平《〈北海静心斋的园林建筑〉——为纪念林徽因、张蔚廷先生所作》，《华中建筑》，1986 年，第 2 期，33 页。

33 宾慧中《滇西北剑川匠系世传营造口诀研究》，《建筑遗产》，2016 年，第 3 期，106 页。

34 杨立峰《匠作·匠场·手风——滇南"一颗印"民居大木匠作调查研究》，上海：同济大学，2005 年，224 页。苏勇匠师："椿木比较少见，价格是松木的十倍以上，大的椿木料子很难找到，因此除了在门窗隔扇商用一些椿木条外，很少用椿木做梁架上的大构件。但一幢房子的梁架中总是要用一点椿木，哪怕是做一个小小的销子，这样可以避邪，也可以避免梁架发出莫名其妙的响声。这块椿木就被叫作梁架的'镇山之宝'。"

35 郭湖生《忆士能师》，《刘敦桢先生诞辰 110 周年纪念暨中国建筑史学史研讨会论文集》，北京：中国建筑工业出版社，2009 年，202 页。

36 杨永生《哲匠录》，北京：中国建筑工业出版社，2005 年，8 页。七十多年前朱启钤先生创办中国营造学社时的主旨……特别重视创造这许许多多无价珍宝建筑实践之人。人们常说"见物不见人"，是一种缺憾。因为物是人创造出来的，反映了人的智慧、人的技巧、人的力量，人的情感等都寄托在物上。

参考文献

[1] 李浈，雷冬霞．中国南方传统营造技艺区划与谱系研究——对传播学理论与方法的借鉴 [J]．建筑遗产，2018（3）：16–21.

[2] 李浈．营造意为贵，匠艺能者师——泛江南地域乡土建筑营造技艺整体性研究的意义、思路与方法 [J]．建筑学报，2016（2）：78–83.

[3] 伊东忠太．中国纪行——伊东忠太建筑学考察手记．薛雅明，王铁钧，译．北京：中国画报出版社，2017.

[4] 刘敦桢．刘敦桢全集：第三卷 [M]．北京：中国建筑工业出版社，2007.

[5] 刘致平．中国居住建筑简史——城市、住宅、园林（附：四川住宅建筑）[M]．北京：中国建筑工业出版社，1990.

[6] 刘致平．云南一颗印 [J]．华中建筑，1996（3）：76–82.

[7] 陈从周．梓室余墨 [M]．北京：生活·读书·新知三联书店，1999.

[8] 赖德霖．中国近代思想史与建筑史学史 [M]．北京：建筑工业出版社，2016.

[9] 庄晓东．文化传播：历史、理论与现实 [M]．北京：人民出版社，2003：42.

[10] 游汝杰，周振鹤．方言与中国文化 [J]．复旦学报（社会科学版），1985（03）：232–237.

[11] 杨立峰．匠作·匠场·手风——滇南"一颗印"民居大木匠作调查研究 [D]．上海：同济大学，2005.

[12] 张玉瑜．福建传统大木匠师技艺研究 [M]．南京：东南大学出版社，2010.

[13] 陈伯超，刘思铎．中国建筑口述史文库（第一辑）：抢救记忆中的历史 [M]．上海：同济大学出版社，2018.

[14] 陈志宏，陈芬芳．中国建筑口述史文库（第二辑）：建筑记忆与多元化历史 [M]．上海：同济大学出版社，2019.

中国传统民居建筑的权衡之美——匠师口述传统中的模数与比例

吴鼎航

香港珠海学院

摘　要： 1934 年，林徽因在梁思成所著的《清式营造则例》中论述："中国建筑美之精髓蕴于其权衡之中"，并强调"所谓（权衡，即是）增一分则太长，减一分则太短。" 林徽因之论述虽然受到所处时代的历史影响，但其论述却是无可置疑的。本文通过采访和解密匠师的口述传统，探索隐藏在匠师营造口诀中的权衡尺寸，并通过对中国传统哲学理论的讨论，追本溯源，论证中国传统民居建筑的权衡之美。本文所持论点为：中国传统民居建筑的权衡之美，是通过建筑的权衡尺寸，即"九"与"六"和比例"三二比"，演绎中国哲学传统中的大宇宙秩序；而这种权衡尺寸是隐藏在匠师的口述传统中，两者分别象征着大宇宙秩序中的"天"与"地"，"阳"与"阴"；通过模数和比例的权衡尺寸，建筑遂成为大宇宙秩序的一部分，而人居其中，则达到中国哲学传统中所追求的"天人合一"。

关键词： 口述传统　权衡之美　模数与比例

1 中国传统建筑的权衡之美：
增一分则太长，减一分则太短

至于论建筑上的美，浅而易见，当然是其轮廓、色彩、材质等，但美的大部分精神所在，却蕴于其权衡之中；长与短之比，平面上各大小部分之分配，立体上各体积各部分之轻重均等，所谓增一分则太长，减一分则太短的玄妙。

林徽因《绪论》
见：梁思成著《清式营造则例》[1]

1934 年，林徽因在梁思成出版的《清式营造则例》一书《绪论》中指出，中国建筑的美之精髓蕴含于"权衡之中"，并指出"权衡"是"长短之比、平面上各大小部分之分配、立体上各体积各部分之轻重均等"，即"所谓的增一分则太长，减一分则太短"。林指出中国建筑作为"完善建筑"的第三个要素：美观，是除却建筑外观上之"轮廓、色彩、材质"后的"权衡"，后林又有文字指出这种美观是"在木料限制下经营结构'权衡俊美'"。[2]

虽然梁思成与林徽因对于建筑三要素的论述与他们所处的历史时代背景相关联，[3] 但他们对于中国建筑美之精神的论述却是无可置疑的。权衡，依《辞源》所释，"指量物体轻重之具。权，秤锤；衡，秤杆。平正，衡量。淮南子本经：'故谨于权衡准绳，审乎轻重。'"[4] 即权衡原本之意为：度量物件之轻重，而"权"与"衡"则分别指代度量所用工具之"秤锤"与"秤杆"，进而引申为"标准 / 准则 / 准绳"之意。在中国传统建筑中，权衡则是指建筑各部分尺寸大小之"标准"分配，从而使建筑在平面上、立面上，乃至整体上呈现出"美"之状态。[5] 而通过"权衡"尺寸所呈现出来的美学精神，是为中国传统建筑的权衡之美。

中国传统建筑的权衡之美，其尺寸并非是随机的或是仅仅满足其物理上的功能性需求，如结构的合理性或空间的舒适性，而是能够进一步呈现或强调其哲学的，或言，形而上的美学观点（aesthetic beauty）；换言之，每一个尺寸背后都有其哲学的或形而上的意义（meaning）或价值（value），此为真正的权衡之美，是为中国传统建筑的美之精髓。真正意义上的"增一分则太长，减一分则太短"，应是建筑尺寸的增减在物理上或许对于结构的合理性，或空间的舒适性并无过分的影响，然而却会破坏其背后哲学的或形而上的意义或价值。

中国传统建筑可分为官式与非官式民居两类。官式建筑之权衡尺寸可见于北宋崇宁二年（1103）由时任将作监 [6] 李诚（1035—1110）所编修的《营造法式》（以下简称《法式》），以及清代雍正十二年（1734）由爱新觉罗·允礼（1697—1738）等所编撰的《工程做法》（以下简称《做法》）。在宋《法式》"卷四：大木作制度一"的开卷中便指出"凡构屋之制，皆以材为祖。材有八等，度屋之大小，因而用之"[7]，指出宋代建筑的大木结构之营造都是以"材"，即栱的标准横断面，[8] 作为其根本的权衡（也是一种计量模数），并指出"材"有八个等级，需按建筑之等级、大小选用。而在《做法》中，则直接以"斗口"，即柱头科（"科"为清代对斗栱的称谓）的坐斗斗口宽度，作为尺寸的基本单位。然而，同源根植于中国营造传统下的民居建筑却不尽相同，其尺寸之权衡并未被"材"或是"斗口"所限制，亦未被任何文字所记录，而是隐藏在匠师的口述传统中。

言而总之，中国传统建筑之美的精髓蕴于权衡之中，建筑各部尺寸之权衡使建筑在整体上呈现出最终的美。不同于中国传统官式建筑，如宋式之"材"或清式之"斗口"，有文字实录，民居建筑的权衡尺寸则是隐藏在民间匠师的口述传统中。

2 中国传统民居建筑的权衡之美：匠师的口述传统与营造尺寸

中国传统民居建筑的权衡之美，即权衡尺寸，是隐藏在匠师的口述传统中。所谓匠师，或大匠师，是指建筑营建过程中主持的大木匠，或称大师傅；又因其在营建过程中需用墨斗弹墨放线以标化尺寸，故（大）匠师也称掌墨师，或掌墨（大）匠。[9] 匠师所掌握的营造知识通过口述的方式由师傅授予弟子，久而久之便成为中国建筑行业内的口述传统。[10] 匠师的口述传统是其赖以生存的根本，故匠师会对本门派的口述传统进行加密，如替换、对调、去除专业术语等方式，使之成为晦涩难懂的口诀。[11] 匠师的营造口诀包含了大量的营建信息，如地盘的布局、侧样的设计、营造的禁忌等，其中最为关键的莫过于尺寸的权衡。下文将以潮汕营造核心口诀"尺单"为例，进一步阐述中国传统民居建筑的权衡之美。

2.1 匠师的口述传统：营造口诀"尺单"

潮汕民居建筑营造口诀的核心之一为"尺单"，"尺"意为尺寸、度量、标注，"单"有记录、记载之意；"尺单"依其字面之意为"尺寸/度量/标注之记录"。营造口诀"尺单"是一个关乎建筑平面尺寸的口诀，用以记录、指引"四点金"的平面营建。"四点金"为潮汕民居建筑的基本样式。[12]"四点金"可视为北京四合院民居样式的变体，以小尺度的上厅、天井、左/右厢房或廊、上厅、及内外凹肚门组成，详见图1。其名源于屋顶四处山墙（当地称厝头）常以五行中金元素作为装饰，故名"四点金"。匠师以"四点金"为原型，通过纵横向的加法和减法，可组合成不同形式的潮汕民居建筑样式，如"五间过""三座落""趴狮"，甚至可叠加发展成为大规模的建筑组群，当地称"厝落"。

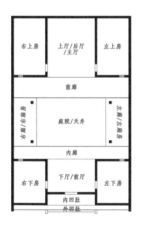

图 1 潮汕民居建筑的基本样式"四点金"

营造口诀"尺单"是经由口述传统转化而来的图文形式口诀。据当地匠师所言，"尺单"是某一位大匠师记录加密流传下来的，目的在于混淆、扰乱外来的偷师者。"尺单"由商码组成，[13] 并排列成"十"字图形。

如图2所示，"十"字形"尺单"的图文形式实质上与"四点金"的平面布局一致，"十"字的横向部分依序代表开间面宽和墙体厚度，而纵向部分则依序代表"四点金"中主要空间的进深。在进一步对"尺单"进行解密前，须知中国传统建筑的度量体系是十进制关系的"分、寸、尺、丈、引"，[14] 即"一引"等于"十丈"、"一丈"

图 2 营造口诀"尺单"

等于"十尺"、"一尺"等于"十寸"、"一寸"等于"十分"。在中国，历朝历代都视度量体系为一个极为复杂的难题，即便是同一时期不同地区，一尺之长度亦不尽相同，而在不同的匠师门派体系中，亦是如此。在潮汕当地，一尺约等于297.75毫米。

商码在"尺单"中以如下方式运作："丨"代表 1，"刂"或者"二"代表 2，"川"代表 3，"乄"代表 4，"ｘ"代表 5，"亠"代表 6，"亖"代表 7，"亖"代表 8，"夊"代表 9，"0"代表 10。此外，"寸"是唯一出现在"尺单"中的度量单位。比如，9 寸的表达方式是"夊寸"，1.8寸则是"丨寸亖"；若是 1.8 尺，则"尺"会被省略，表达为"丨亖"；当要表达大尺度时，则所有度量单位都会被省略，如 18.6 尺是"丨亖亠"，而22.6 尺则是"刂二亠"。其余的度量单位丈、尺、分则未运用在"尺单"中；而"引"作为大尺度度量单位，则极少用于单体建筑中。因此，商码在营造口诀"尺单"中的表达方式可被释译，见表 1。

故，营造口诀"尺单"可被更正为图 3。

表 1　释译商码在营造口诀"尺单"中的表达方式

商码与阿拉伯数字									
商码	丨	刂／二	川	乄	ｘ	亠	亖	亖	夊	0
阿拉伯数字	1	2	3	4	5	6	7	8	9	10
商码在"尺单"中的表达方式									
"尺单"中的商码与度量单位"寸"	夊寸		丨寸亖		丨亖		丨亖亠		刂二亠	
"尺单"中商码与度量单位"寸"的释译	9 寸		1.8 寸		1.8 尺		18.6 尺		22.6 尺	

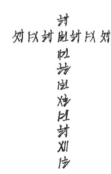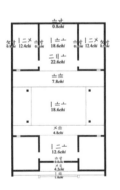

图 3　隐藏在营造口诀"尺单"中的"四点金"尺寸

可见，营造口诀"尺单"包含了"四点金"最为基本的尺寸及平面布局。"尺单"是一个理想状态下、无任何现实条件限制下、完美的"四点金"建筑原型。以"尺单"中隐藏的尺寸为根本，匠师可依不同的雇主要求或不同的地理情况进行缩放、增减，即可建造不同形式的民居建筑或院落。综上所述，营造口诀"尺单"是潮汕民居建筑营造的根本所在，是匠师建筑营造时的核心准绳。

2.2 营造口诀"尺单"中所隐藏的权衡尺寸

"尺单"隐藏的尺寸是经由匠师精心设计与权衡考量的，均是由模数"九"和/或"六"组合而成；换言之，完美"四点金"建筑原型的地盘尺寸是基于"9寸（0.9尺）"和"6寸（0.6尺）"的模数度量体系。如庭院/天井的进深为18.6尺，

是为模数9寸的20倍再加上模数6寸；而前厅进深12.6尺、内廊进深4.8尺、前廊进深7.8尺，则分别是模数6寸的21倍、8倍、13倍；其余尺寸若加上临近墙体之厚度亦符合模数度量体系，如上厅/主厅/后厅的进深为22.6尺，加上后寮墙之厚度0.8尺，则是26倍9寸模数。详见表2。

综上所述，中国传统民居建筑的权衡尺寸蕴于匠师的口述传统中。如在潮汕匠师的营造口诀"尺单"中，便隐藏了"四点金"中各部的主要尺寸，这些尺寸一方面是出于空间舒适性的考量，另一方面是为了契合模数"九"与"六"，即"9寸"（0.9尺）和"6寸"（0.6尺）的模数度量体系。那么为何匠师要将尺寸之权衡冠以模数体系？如前廊进深为7.8尺，为什么不取完整之7.5尺或8尺，以方便营建之计算？何故定要取7.8尺？原因是这些尺寸在模数体系下呈现了中国传统哲学的或形而上的美学观，是为天人合一之大宇宙秩序观。

表2 营造口诀"尺单"中所隐藏的模数："九"与"六"

项目	"尺单"中所隐藏的"四点金"尺寸	尺寸的模数构成 （基本模数：9寸/0.9尺及6寸/0.6尺）				
上厅/主厅/后厅进深 （含后寮墙厚）	22.6尺+0.8尺=23.4尺	23.4尺=	0.9尺	×26		
前廊进深	7.8尺	7.8尺=	0.9尺	×8+	0.6尺	
庭院/天井进深	18.6尺	18.6尺=	0.9尺	×20+	0.6尺	
内廊进深	4.8尺	4.8尺=	0.9尺	×4+	0.6尺	×2
下厅/前厅进深	12.6尺	12.6尺=	0.9尺	×14		
内凹肚进深	4.2尺	4.2尺=	0.9尺	×4+	0.6尺	
外凹肚进深	1.8尺	1.8尺=	0.9尺	×2		
左/右上房面阔 （含中部隔墙）	12.4尺+0.8尺=13.2尺	13.2尺=	0.9尺	×14+	0.6尺	
上厅/主厅/后厅面宽	18.6尺	18.6尺=	0.9尺	×20+	0.6尺	
"四点金"总进深	46.8尺	46.8尺=	0.9尺	×52		

3　中国传统哲学的或形而上的美学观：天人合一

中国传统建筑的营造是一个追求"天人合一"的过程。[15]"天人合一"的形而上哲学理论可溯源至老子（公元前 571？—公元前 471？），尔后由庄子（公元前 389—公元前 286），在《庄子·齐物论》中有文：

> 天地与我并生，而万物与我为一。[16]

庄子将自身（我）放在大宇宙中（"天地"），[17]并且与世间万物合而为"一"的论述，实质就是"天人合一"的形而上的哲学理论。尔后这种哲学理论在传统的各个行业中被进一步论述。例如，在"工"这个行业中，《周礼·冬官·考工记》便有文字记载：

> 天有时，地有气，材有美，工有巧。合此四者，然后可以为良。[18]

在这段文字中，天时与地气指的是自然界的规律，而材美与工巧则是人为的因素，唯有"天"工和"人"工的"合一"才能够制作"良"物。[19]同理，匠师的建筑营造亦是一个"天人合一"的实践过程，即通过实体的建筑物去实现与大宇宙秩序中的"天"与"地"的合一，最终达到天地之间，人居其中。

3.1　中国古代的大宇宙秩序观：符号（象）与数字（数）

中国古代学者从未间断地去理解和诠释未知的大宇宙秩序，[20]并试图通过符号与数字，即象数之学，[21]去解读大宇宙秩序。如在享有群经之首的《易经》中，便用符号"—"和"--"代表未知宇宙的两种最根本的能量——"阳"和"阴"，而"阳"同时也代表了大宇宙秩序中的"天"，而"阴"则代表了"地"。另在《系辞上传》[22]中则有文如下："天一，地二，天三，地四，天五，地六，天七，地八，天九，地十。"[23]以数字来象征"天"与"地"。罗马尼亚宗教史学家、哲学家米尔恰·伊利亚德（Mircea Eliade，1907—1986）在其论著《永恒回归的神话：宇宙与历史》（*The Myth of the Eternal Return: Cosmos and History*）中对于古代社会用符号与数字的运用亦持同样观点，他指出："……古代社会形而上的概念并非总是通过理论性的语言来表述的；而是（通过）符号、神话、仪式，并在不同的层面上，通过一些更为合适的方式，去表达一个复杂的体系，（这个表达）对于事物的真实性具有一致的（群体）认同性。"[24]

3.2　中国古代大宇宙秩序中的"天"与"地"、"阳"与"阴"

在中国的传统哲学理论中，数字"九"象征着大宇宙秩序的"天"，"六"则象征着大宇宙秩序的"地"。事实上，数字"九"与"六"源于中国古代的黄钟律管与林钟律管，两者分别用于吹奏和校正宫音（C）和徵音（G）。[25]黄钟在中国度量衡历史上则有着举足轻重的地位。中国近现代科学家吴承洛（1892—1955）在《中国度量衡史》中指出："汉以后历朝度量衡，每取汉志之说，或求于黄钟之律，或专凭秬黍作法……均本于汉书律历志，即清初康熙亲自定制，亦不离黄钟与秬黍之说。"[26]东汉史学家班固（32—92）所著《汉书·律历志》中便有文字明确指出黄钟作度量衡的根本：

> 度者，分、寸、尺、丈、引也，所以度长短也，本起于黄钟之长。
>
> 量者，龠、合、升、斗、斛也，所以量多少也，本起于黄钟之龠。
>
> 权者，铢、两、斤、钧、石也，所以称物平施，知轻重也，本起于黄钟之重。

可见自汉代起，黄钟（律管）便是"度长短""量多少""知轻重"的根本来源。美国加州大学洛杉矶分校（University of California, Los Angeles, UCLA）艺术史系教授罗泰（Lothar von Falkenhausen）更是指出黄钟律管的寓意所在，"在文字语义中，'律'（指律管中的'律'）被翻译为'音高标准'，并没有被局限在音乐理论上。作为法律的术语，'律'表示'规则'（regulations），借用其在音乐中作为音调之意，（'律'）也有'规则的，度量标准'（的寓意）。"[27]罗泰又进一步指出："在中国古代，音乐这一门艺术是具有严格的规范（意在指明中国古代的音乐艺术，是一种准则）。最令人印象深刻的音乐表演被嵌入到具备仪式性的庆典（仪式）中，（它便）被赋予了保持宇宙秩序（cosmos）的力量。"[28]而同样在《律历志》中，关于黄钟与林钟的重要性，及其律管之长度，则有文云：

> 三统者，天施，地化，人事之纪也。十一月，乾之初九，阳气伏于地下，始著为一，万物萌动，钟于太阴，故黄钟为天统，律长九寸。九者，所以究极中和，为万物元也。易曰：立天之道，曰阴与阳。六月，坤之初六，阴气受任于太阳，继养化柔，万物生长，楙之于未，令种刚强大，故林钟为地统，律长六寸。六者，所以含阳之施，楙之于六合之内，令刚柔有体也。立地之道，曰柔与刚。

《律历志》的文字对黄钟和林钟律管做了具体的描述。依原文之意，黄钟为"阳"气生之月（十一月，即仲冬），对应于音律中的黄钟，其律管之长为9寸。林钟为"阴"气生之月（六月，即季夏），对应于音律中的林钟，其律管之长为6寸。[29]《律历志》以音乐中的十二律配十二月，以正大宇宙之秩序，如现代新儒家冯友兰（1895—1990）所述："十二律中黄钟律管最长，音最浊，大吕律管次长，音次浊。太簇律管又次长，音又次浊。十一月在一岁中为阳生之月，以黄钟配之，以后即以音之清浊为标准，顺序下配，至应钟律管最短，音最清，即以十月配之，而一岁亦终矣。唯一岁之中，阳气生于十一月，极盛于五月，至六月而阴生。此后阳渐衰，阴渐盛，极于十月。"此外，按《律历志》所述，黄钟为六十四卦中"乾（☰）"卦之初九，即第一阳爻"—"，而林钟则为六十四卦中"坤（☷）"卦之初六，即第一阴爻"--"，"阳"与"阴"之互动便产生宇宙万物，实为大宇宙中之秩序。[30]简言之，黄钟之9寸与林钟之6寸分别象征着大宇宙秩序中的"阳"，即"天"；"阴"，即"地"，是为中国传统哲学理论中两种最为根本的源动力，两者间的互动产生了天地万物。

此外，数字"九"与"六"所成之"三二比"，亦是中国哲学传统对于宇宙论中"数"之阐述。如在《说卦转》中便有文：

> 参天两地而倚数。[31]

当中，"叁"（三）与"两"（二）分别代表"天"与"地"。唐代经学家孔颖达（574—648）在《周易正义》中对"参天两地而倚数"作出详细解释，他指出：

> 七、九为奇，天数也；六、八为偶，地数也，故取奇于天，取偶于地；而立七、八、九、六之数也，何以参两为目奇偶者？盖古之奇偶，亦以三两言之；且以两是偶数之始，三是奇数之初故也。[32]

在孔颖达的论述中，他指出"叁"（三）与"两"（二）分别是指奇数与偶数，前者代表"天"，后者代表"地"，而"三"是所有数字中奇数的开始，[33]而"二"则是偶数的开始。而南宋理学家朱熹（1130—1200）也持相同观点，朱熹论：

> 天下之数都只始于三、二。谓如阳数九，只是三三而九之；阴数六，只是三二而六之。故孔子云：参天两地而倚数。此数之本也。[34]

可见，在对未知宇宙的探索中，历代学者认为大宇宙之秩序——即"天"与"地"，可经由数字来解释；[35]当中"三"象征宇宙秩序中的"天"，而"二"则象征了"地"，两者之比自然而然亦成为大宇宙秩序之数学诠释，是为中国传统哲学大宇宙秩序观，或言"数"之美学观。

3.3 中国古代大宇宙秩序观的实体化：天地之间，人居其中

南宋哲学家陆九渊（1139—1193）有文："宇宙便是吾心，吾心即是宇宙。"[36] 陆九渊所表达的便是人内心世界的心，与大宇宙秩序之间的"合一"。因此，当这种"合一"被实现时，作为个体的人，也便成为时间与空间的一部分，成为大宇宙秩序的一部分。于民居建筑而言，当通过模数"九"与"六"，或者比例"三二比"，去重新构筑或演绎大宇宙之秩序时，人居于其中，自然而然便与宇宙秩序相吻合，最终达至"天人合一"，即所谓之天地之间，人居其中。

综上，在中国传统民居建筑中，模数"九"与"六"，或比例"三二比"，只是作为匠师演绎"天""地"之法的方式，其本身的重要性远远比不上其最终之目的，即通过模数或比例使得居住者与宇宙秩序相"合一"。如同数学，其美妙之处并非是数字本身或是通过数学公式去控制数字，而是通过数字去表理性的美；如同音乐，其美妙之处不在于音符本身或是通过乐理去控制音符，而是通过音符去表达美的旋律。塞吉·兰（Serge Lang，1927—2005），前耶鲁大学数学教授，20世纪美国最伟大数学家之一，在其论著《数学之美：三次公开演讲》（*The Beauty of Doing Mathematics: Three Public Dialogues*）中记录了他询问学生关于数学的问题，"我问（你）：'数学对你意味着什么？'有人回答：'对于数字的控制，对结构（数学公式）的控制。'如果我问音乐对你意味着什么，你会回答：'对于音符的控制吗？'"[37] 英国数学家高德菲·哈代（Godfrey H. Hardy，1877—1947）亦持同样观点，他指出："数学家的（工作）方式／模式，与画家或诗人一样，

必须是美的；（数学家的）想法，与（画家的）颜色或（诗人的）文字一样，必须（将颜色或文字）以和谐的方式组合在一起。"[38] 同理在中国传统民居建筑中，真正的美，是通过模数或尺寸去表达对于大宇宙秩序的理性认知，此为中国传统哲学的，或形而上的美学观点，或言，权衡之美。

4 结语

中国传统建筑的美之精髓，并非是色彩、外观、材质上肉眼所及的感官美，而是通过建筑的权衡尺寸，去表达对于大宇宙秩序的理性认知，是一种理性的美，或言，权衡之美。中国传统民居建筑，以模数"九"与"六"，比例"三二比"，作为权衡，去调配建筑各部之尺寸，使得建筑在整体上呈现出理性之美；而权衡尺寸，则是隐藏在匠师的口述传统之中，并经由历代匠师加密成为晦涩难懂之口诀，再通过师承口授之制传承下来。中国传统民居建筑的权衡尺寸，不仅满足了建筑作为居住功能的需求，更重要的是，其本身所演绎的大宇宙秩序中的"天"与"地"，"阳"与"阴"，呈现了中国传统哲学的，或形而上的美学观点——"天地之间，人居其中"，最终达到"天人合一"。由模数"九"与"六"，比例"三二比"所组成的建筑尺寸，是为"增一分则太长，减一分则太短"，为中国传统民居建筑的权衡之美。

本文为作者博士论文 *Heaven, Earth and Man: Aesthetic Beauty in Chinese Traditional Vernacular Architecture: An Inquiry in The Master Builders' Oral Tradition and the Vernacular Built-Form in Chaozhou*（Ph.D. Dissertation of The University of Hong Kong, 2017）中节选章节的中文翻译与再整理。感谢导师龙炳颐先生的悉心指导，感谢潮州匠师吴国智先生的无私奉献。

1 梁思成《清式营造则例》，北京：中国建筑工业出版社，1981 年，8 页。

2 "中国建筑，不容疑义，曾经具备过以上所说的三个要素：适用、坚固、美观。在木料限制下经营结构'权衡俊美的'……"林徽因《绪论》，见：梁思成《清式营造则例》，北京：中国建筑工业出版社，1981 年，8 页。林徽因的《绪论》是基于她在 1932 年《中国营造学社会汇刊》第三卷第一期刊载的《论中国建筑之几个特征》一文，后经修改重组而成。林徽因在文中提及的"建筑三要素"出自罗马工程师马可·维特鲁威（Marcus Vitruvius Pollio，公元前约 80—70 年至公元前约 15 年）的论著《建筑十书》（De Architectura），其中的第一书第三章中，维特鲁威指出："所有这些都必须在充分考虑（建筑的）坚固性、适用性、美观性的基础上进行建造。"英文原文为："All these must be built with due reference to durability, convenience, and beauty." Vitruvius, M. H. Morgan（trans），and Herbert L. Warren（illust），The Ten Books on Architecture（Cambridge, Massachusetts: Harvard University Press, 1914: 17）。

3 梁思成与林徽因对于中国建筑史的写作，尤其是对于中国建筑的结构理性主义的评价标准，离不开他们在宾夕法尼亚大学（University of Pennsylvania）艺术学院的教学背景，使得他们注重建筑之形式和与之相应的结构体系；再加上他们的写作时代背景——归国学者对于民族建筑复兴以及新中国之民族建筑风格的探索。详见：赖德霖《梁思成、林徽因中国建筑史写作表征》，《二十一世纪》，2001 年，第 64 期，90-99 页。

4 广东、广西、湖南、河南辞源修订组，商务印书馆编辑部编《辞源》，北京：商务印书馆，1979 年，1649-1650 页。《辞源》中的"淮南子本经"指的是《淮南子》中的《本经训》。

5 这也是为何梁思成在《清式营造则例》的后部，对各种构件如斗栱、梁、柱、枋等的尺寸冠以"权衡"二字，并将其列表命名为"各部权衡尺寸表"。详见：梁思成《清式营造则例》，北京：中国建筑工业出版社，1981 年，87-99 页。

6 将作监，官司名。"秦汉有将作少府。汉景帝中六年（公元前 145 年 10 月—公元前 144 年 9 月）改名将作大匠（《汉书·百官表》上）。将作监之名始于隋开皇二十年（公元 600 年）（《六典》卷 22《将作监》）。北宋沿置。宋前期，工匠之政，归隶三司修造案。神宗熙宁四年（公元 1071 年），将作监始正名，始专领在京修造事（《长编》，卷 228 壬午）。元丰（公元 1078—1085 年）行新政，罢三司，举凡土木工匠板筑造作之政令、城壁宫室桥梁街道舟车营造之事，总归本监掌管（《宋史·职官志》五《将作监》、《分纪》卷 22《将作监》）。"龚延明《宋代官制辞典》，北京：中华书局，1997 年，367 页。

7 梁思成《营造法式注释·卷上》，北京：清华大学出版社，1983 年，89 页。

8 梁思成在注解《营造法式》时指出："'材'的实质为材是一座殿堂的斗栱中用来做栱的标准断面的木材。"梁思成《营造法式注释·卷上》，北京：清华大学出版社，1983 年，89 页。"材"不仅有断面尺寸，而且可以按长度计算功限。如工匠用小尺度度量单位"分"（即"份"。梁思成创作了"分°"这个单位以区分普通的长度度量单位尺、寸、分）。在"材"与"分°"之间又取"栔"作为中间辅助单位，"栔"是足材和单材之间的差额。故宋代官式建筑有"材、栔、分°"三级模数体制。详见：潘谷西、何建中《〈营造法式〉解读》，南京：东南大学出版社，2005 年，44 页。

9 唐代文学家李华（715—766）在《含元殿赋》中有文"栋宇绳墨之间，邻於政教"。〔唐〕李华《含元殿赋》，《续修四库全书》卷 639，上海：上海古籍出版社，1995 年，197 页。"绳墨"是指建筑营建时匠人所用两项最为基本的工具，一是用于度量水平或判定垂直的"绳"，二是用于标化尺寸的"墨"（线）。

10 以口述传统为根本，匠师对一系列建筑活动，如堪舆选址、放线下料、立柱起架、上梁盖瓦等，进行指导和监工。在实际的操作中，匠师有时会使用到等比例缩放的图纸或模型，但多为辅助之用，抑或匠师用来向雇主展现最终的"成果"，以获取酬劳。实际上，绝大部分的营建都是依靠匠师的口述传统。再者，"中国建筑的营造错综复杂，如在营造过程中，对于木构件榫卯的开凿，尺寸可精确至'毫厘'，这些都无法用文字或图纸来表达。其次，营造规则的应用也并非墨守成规，而是需要匠师根据不同场地、不同建筑，甚至不同业主的要求进行相应的调整与修正。"吴鼎航《中国传统建筑营造中的口述传统》，《中国建筑口述史文库（第二辑）：建筑记忆与多元化历史》，上海：同济大学出版社，2019 年，251 页。

11 吴鼎航《中国传统建筑营造中的口述传统》，《中国建筑口述史文库（第二辑）：建筑记忆与多元化历史》，上海：同济大学出版社，2019 年，250 页。

12 潮汕主要指现今行政区划下的潮州市、汕头市、揭阳市、汕尾市。

13 商码，为中国古代表示数目的所用之符号。现今某些传统的行业，如中草药店，仍旧用商码。

14 分、寸、尺、丈、引是中国古代长度度量单位。在《汉书·律历志》中有文："度者，分寸尺丈引也，所以度长短也。"〔汉〕班固《宋版汉书庆元刊本：上卷》，东京：汲古书院，2007 年，478 页。

15 吴鼎航《中国传统建筑营造中的口述传统》，《中国建筑口述史文库（第二辑）：建筑记忆与多元化历史》，上海：同济大学出版社，2019年，249页。

16 杨柳桥《庄子译注》，上海：上海古籍出版社，2007年，25页。

17 现代新儒家冯友兰（1895—1990）在《中国哲学史》中指出，"在中国文字中，所谓天有五义：曰物质之天，即与地相对之天。曰主宰之天，即所谓皇天上帝，有人格的天、帝。曰命运之天，乃指人生中吾人所无奈何者，如孟子所谓："若夫成功则天也"之天是也。曰自然之天，乃指自然之运行，如《荀子·天论篇》所说之天是也。曰义理之天，乃谓宇宙之最高原理，如《中庸》所说"天命之位性"之天是也。冯友兰《中国哲学史》，北京：中华书局，1947年，55页。"建筑营造所追求'天人合一'中的'天'正是五义中的'义理之天'，是宇宙中最高的原理。"吴鼎航《中国传统建筑营造中的口述传统》，《中国建筑口述史（第二辑）：建筑记忆与多元化历史》，上海：同济大学出版社，2019年，249页。

18 〔清〕孙诒让《周礼正义》，《续修四库全书》卷84，上海：上海古籍出版社，1995年，441页。

19 吴鼎航《中国传统建筑营造中的口述传统》，《中国建筑口述史文库（第二辑）：建筑记忆与多元化历史》，上海：同济大学出版社，2019年，249页。

20 大宇宙秩序（Cosmic Order）是古代中国的自然观与宇宙论。中国古代学者主要通过关联性思维（Correlative Thought）去理解大宇宙秩序。"关联性思维是中国宇宙论的最根本组成部分。然而，它并非仅存在于中国，而是出现在许多文明中，根植在人类学家们所定义的原始文化中。关联性思维一般而言（旨在）宇宙领域中诸多现实（世界）的秩序，如个人、（国家）政体、（宇宙）天体之间建立系统性的关联。""在中国早期，最普遍的关联性思维模式是基于人（man）和宇宙（cosmos），微观世界（microcosm）和宏观世界（macrocosm）之间的关联。"Jahn B. Henderson, *The Development and Decline of Chinese Cosmology*（New York: Columbia University Press, 1984: 1-2）。英文原文为："Correlative thought is the most basic ingredient of Chinese cosmology. It is not, however, exclusively Chinese; it appears prominently in the intellectual history of most civilizations, and has roots in what anthropologists call primitive cultures. Correlative thinking in general draws systematic correspondences among aspects of various orders of reality or realms of the cosmos, such as the human body, the body politic, and the heavenly bodies." "The most universal mode of correlative thought to appear in early China was that based on the correspondence between man and the cosmos, microcosm and macrocosm."

21 冯友兰在其著作《中国哲学史》中（《两汉之际谶纬及象数之学》章节）便引用《左传·僖公十五年》韩简之言"龟象也，筮数也。物生而后有象，象而后有滋，滋而后有数"。并指明"所谓先有物而后有象，有象而后有数，此乃与常识相合之说。"尔后又指明"但《易传》系以为有物而后有象。八卦之象，乃伏羲仰观俯察所得。既有此象，人乃取之以制器。故象虽在人为的物之先，而实在天然的物之后也。此后八卦之地位日益高。讲《易》者，渐以为先有数，后有象，最后有物。此点汉人尚未明言，至宋儒始明言之。故所谓象数之学，发达于汉，而大成于宋"。冯友兰《中国哲学史》，北京：中华书局，1947年，548页。

22 《系辞上传》，相传为春秋孔子（公元前551年—公元前479年）所著，实际上为孔子后儒家智者所整理，冠以孔子之名，是为先秦儒家智慧之大集成。《系辞上传》为《十翼》中之著作，《十翼》即《易传》，是对《易经》之注释。《十翼》包括《彖上传》《彖下传》《象上传》《象下传》《文言传》《系辞上传》《系辞下传》《说卦传》《序卦传》《杂卦传》。

23 〔汉〕郑玄注，〔宋〕王应麟辑，〔清〕丁杰后定，〔清〕张惠言订《周易郑注》，《续修四库全书》卷1，上海：上海古籍出版社，1995年，116页。

24 Mircea Eliade, *The Myth of the Eternal Return: Cosmos and History*（New York: Pantheon Books, 1954: 3）。英文原文："…metaphysical concepts of the archaic world were not always formulated in theoretical language; but the symbol, the myth, the rite, express, on different planes and through the means proper to them, a complex system of coherent affirmations about the ultimate reality of things…"

25 中国古代把乐律定为五声，即宫（C）、商（D）、角（E）、徵（G）、羽（A），与之相对应的律管分别为黄钟律管、太蔟律管、姑洗律管、林钟律管、南吕律管。

26 吴承洛《中国度量衡史》，北京：商务印书馆，1937年，13页。

27 Lothar von Falkenhausen, *Suspended Music: Chime-bells in the Culture of Bronze Age China*（Berkeley: University of California Press, 1994: 310）。英文原文为："In the semantic field of the term lü 律, here translated as 'pitch standard', is not limited to musicology. As a legal term, lü means 'regulations' and with reference to tones in music, it also connotes 'regulator, measuring standard.'"

28 Lothar von Falkenhausen, *Suspended Music: Chime-bells in the Culture of Bronze Age China*（Berkeley: University of California Press, 1994: 1）。英文原文为："In ancient China, the art of music was strictly regulated. The most impressive musical performances were embedded in ritual celebrations, to which as attributed the power to keep the cosmos in harmony…"

29 关于将黄钟与林钟分别被配入历法中的十一月（仲冬）和六月（季夏），详见《礼记·月令》："仲冬之月，日在斗，昏东壁中，轸旦中。其日壬癸。其帝颛顼，其神玄冥。其虫介。其音羽，律中黄钟。""季夏之月，日在柳，昏火中，旦奎中。其日丙丁。其帝炎帝，其神祝融。其虫羽。其音征，律中林钟。"〔汉〕郑玄注，〔唐〕孔颖达正义，吕友仁整理《礼记正义》，上海：上海古籍出版社，2008 年，677 页、729 页。

30 《周易乾凿度》中有文："乾，阳也；坤，阴也，并治而交错行。乾贞于十一月子，左行，阳时六；坤贞于六月未，右行，阴时六。以顺成其岁，岁终从于屯蒙。"〔汉〕郑玄注《周易乾凿度》，《纬书集成》，上海：上海古籍出版社，1994 年，54 页。冯友兰对上文作进一步解释，"十一月当乾之初九，正月当九二，三月当九三，五月当九四，七月当九五，九月当上九。此所谓'乾贞于子，左行，阳时六'也。六月当坤初六。八月当六二，十月当六三，十二月当六四，二月当六五，四月当上六。此所谓'坤贞于六月未，右行阴时六'也。"冯友兰《中国哲学史》，北京：中华书局，1947 年，568 页。

31 〔宋〕王应麟辑，〔清〕丁杰后定，〔清〕张惠言订《周易郑注》，《续修四库全书》卷 1，上海：上海古籍出版社，1995 年，116 页。

32 〔唐〕孔颖达疏《周易正义》，《续修四库全书》卷 1，上海：上海古籍出版社，1995 年，275 页。

33 在中国传统文化中，数字"一"被视为中性数字，有万物之始、万物之本之意，无奇偶之分。如《淮南子·诠言训》中便有文："一也者，万物之本也，无敌之道也。"何宁《淮南子集释》，北京：中华书局，1998 年，1012 页。

34 〔宋〕朱熹《周易十三》，《朱子全书》第 16 册，上海：上海古籍出版社，2002 年，2610 页。

35 中国历史上，汉代（公元前 206 年—公元 220 年）与宋代（960—1279）是思想最为开放的两个时代，当中不乏学者对于宇宙哲学论之诠释与再诠释，大致经由立书著说或注解前人之作两种方式完成。如汉代大家董仲舒（公元前 109 年—公元前 104 年）之《春秋繁露》、班固的《汉书》、淮南王刘安（公元前 179 年—公元前 122 年）及其门客之《淮南子》等，而宋代则有朱熹、周敦颐（1017—1073）、邵雍（1011—1077）、张载（1020—1077）、程颢（1032—1085）、程颐（1033—1107）等大家之著作留世。

36 陆九渊《象山先生全集》，上海：上海商务印书馆，1935 年，489 页。

37 Serge Lang, *The Beauty of Doing Mathematics: Three Public Dialogues*（New York: Springer-Verlag, 1985: 31）。英文原文为："I asked: 'What does mathematics mean to you?' And some people answered: 'The manipulation of numbers, the manipulation of structures.' And if I had asked what music means to you, would you have answered: 'The manipulation of notes?'"

38 Godfrey H. Hardy, *A Mathematician's Apology*（London:Cambridge University Press, 1948: 25）。英文原文为："The mathematician's patterns, like the painter's or the poet's, must be beautiful; the ideas, like the colors or the words, must fit together in a harmonious way."

参考文献

[1] 司马迁 . 史记 [M]// 续修四库全书：卷 262. 上海：上海古籍出版社，1995.

[2] 班固 . 宋版汉书庆元刊本：上卷 [M]. 松本市教育委员会文化材课，编 . 东京：汲古书院，2007.

[3] 郑玄，注 . 周易乾凿度 [M]// 纬书集成 . 上海：上海古籍出版社，1994.

[4] 王应麟, 辑.丁杰, 后定.张惠言, 订正.臧庸, 辑.周易郑注 [M]// 续修四库全书: 卷 1.上海: 上海古籍出版社, 1995.

[5] 郑玄, 注.孔颖达, 正义.吕友仁, 整理.礼记正义 [M].上海: 上海古籍出版社, 2008.

[6] 孔颖达, 疏.周易正义 [M]// 续修四库全书: 卷 1.上海: 上海古籍出版社, 1995.

[7] 李华.含元殿赋 [M]// 续修四库全书: 卷 639.上海: 上海古籍出版社, 1995.

[8] 朱熹.周易十三 [M]// 朱子全书: 第 16 册.上海: 上海古籍出版社, 2002.

[9] 陆九渊.象山先生全集 [M].上海: 上海商务印书馆, 1935.

[10] 孙诒让.周礼正义 [M]// 续修四库全书: 卷 84, 上海: 上海古籍出版社, 1995.

[11] 冯友兰.中国哲学史 [M].北京: 中华书局, 1947.

[12] 龚延明.宋代官制辞典 [M].北京: 中华书局, 1997 年.

[13] 广东、广西、湖南、河南辞源修订组, 商务印书馆编辑部编.辞源 [M].北京: 商务印书馆, 1979.

[14] 何宁.淮南子集释 [M].北京: 中华书局, 1998.

[15] 赖德霖.梁思成、林徽因中国建筑史写作表征 [J].二十一世纪, 2001（4）: 90–99.

[16] 梁思成.清式营造则例 [M].北京: 中国建筑工业出版社, 1981.

[17] 梁思成.营造法式注释: 卷上 [M].北京: 清华大学出版社, 1983.

[18] 林徽因.论中国建筑之几个特征 [J].中国营造学社汇刊, 1932（3）: 162–179.

[19] 龙炳颐.中国传统民居建筑 [M].香港: 香港区域市政局, 1991.

[20] 潘谷西, 何建中.《营造法式》解读 [M].南京: 东南大学出版社, 2005.

[21] 吴承洛.中国度量衡史 [M].北京: 商务印书馆, 1937.

[22] 吴鼎航.中国传统建筑营造中的口述传统 [M]// 陈志宏, 陈芬芳.中国建筑口述史文库（第二辑）: 建筑记忆与多元化历史.上海: 同济大学出版社, 2019: 246–254.

[23] 吴国智.营造要诀基础研究·上 [J].古建园林技术, 1994（3）: 33–37.

[24] 吴国智.营造要诀基础研究·下 [J].古建园林技术, 1994（4）: 30–34.

[25] 吴国智.潮州民居侧样之排列构成: 下厅九桁式 [J].古建园林技术, 1998（3）: 35–40.

[26] 杨柳桥.庄子译注 [M].上海: 上海古籍出版社, 2007.

[27] HARDY G H. A Mathematician's Apology[M].Cambridge University Press，1948.

[28] HENDERSON J B. The Development and Decline of Chinese Cosmology. New York: Columbia University Press, 1984.

[29] LANG S. The Beauty of Doing Mathematics: Three Public Dialogues[M]. New York：Springer–Verlag, 1985.

[30] NEEDHAM J, WANG L. Science and civilization in China: Physics and physical technology, Volume 3: Mathematics and the Sciences of the Heavens and the Earth. Cambridge: Cambridge University Press, 1959.

[31] VITRUVIUS, MORGAN M H, WARREN H L. The Ten Books on Architecture[M]. Cambridge, Massachusetts: Harvard University Press, 1914.

[32] VON F L. Suspended Music: Chime–bells in the Culture of Bronze Age China[M]. Berkeley: University of California Press, 1994.

[33] WU D H. Heaven, Earth and Man: Aesthetic Beauty in Chinese Traditional Vernacular Architecture: An Inquiry in The Master Builders' Oral Tradition and the Vernacular Built–Form in Chaozhou[D]. Hong Kong: The University of Hong Kong, 2017.

"过往即他乡"[1]——基于当地居民口述史的胡同整治更新反思

齐莹 朱方钰

北京建筑大学建筑学院

摘 要： 城市遗产处在不断流动变化的过程中，所谓保护本身就是一系列"文化—社会"互动的进程。传统的北京历史街区保护中过多关注建筑实体的价值判断，而忽视居民体验与社会发展的关系。为了回答"为何保护，为谁保护"的问题，本文通过街区访谈、多人交叉论证的方式，收集北京胡同中长住居民的城市记忆与居住故事，倾听居民对近年来发生在各条胡同的整治工作的感受。由此绘制出胡同典型居民的画像，从内部提升、院落腾退及政策执行、街道整治和街面改造三个方面探讨工作的效果及问题，并对北京历史街区胡同的更新命题进行反思。

关键词： 胡同居民 口述史 自主建造 风貌整治 邻里社区

1 引言

胡同生活与四合院，是物质空间更是文化想象。正如大卫罗温索（David Lowenthal）所说，"遗产从来没有仅仅被保存，他们总是被后代不断加强或弱化。"随着近四十年在北京发生的各种改造及政策设定，胡同生活也留下了多层次不同时代的烙印，呈现出日益杂居化、底层化、停滞化的趋势。在近五年内，北京市政府针对内城发展的滞后开展了一系列的整治活动：从"封墙堵洞"到"十有十无"，从"街道整治"到"保护复兴"。如东城区从 2015 年开始以南锣鼓巷地区雨儿胡同等四条胡同为试点，通过"申请式腾退"外迁部分居民，降低人口密度改善留住居民生活。胡同街道界面也进行整治：原有电路网线整理入地、建筑临街界面材料、色彩参考传统工艺形式进行整修。随着街道管理权力的扩大及"社区规划师"制度的推广，整治工作正在加速推进。类似的整治活动出现在多片历史街区中，包括砖塔胡同、西安门片区、白塔寺片区、东四片区、环什刹海地区、前门外片区等。

整个过程投入庞大且动作迅猛，从早期的腾退资金投入到后期的社区规划师入驻，都体现了政府对内城历史街区改造的决心，但越是在这种时候，越有必要不时驻足审视工作的效果。北京建筑大学历建专业与北京建筑设计研究院吴晨工作室连续三年进行了雨儿胡同、环什刹海片区的调研及更新设计研究工作。此次试图借助口述史为工具，了解区域的历史流变、多维度价值及生活情态。作为对历史街区更新工作的回顾，也期望给予后续工作更多的启发与借鉴。

常规的建筑史研究关注历史建筑价值层面的名人、大事，遵循着传统的价值观念与审美观念，将目光集中在建筑形式这个静态、直观的题材上。而口述历史访谈能在为何建造和如何建造上提供更为丰富的见解和内涵。作为一项近年才引入建筑史学的研究方法，推动传统上对于历史城市与建筑遗产保护的研究由官书型的史学研究开始转向民间领域，由最初的文献考证、考古测绘拓展到多学科研究方法的融合应用。从方法论角度切入，本次课题采用现代口述史的工作方法，以生活在历史街区的居民为记录对象，希望通过此法或可在以下四个方面助力历史建筑保护及城市更新工作：

（1）完善区域的价值认知。在保护工作的分析阶段，深入挖掘更多的物质及非物质信息，了解物质遗存、非物质遗存演变轨迹。在价值评估层面，有助于进一步深入挖掘历史价值、情感价值；在城市文脉及关联域层面，强化物、人、景、事的联系，有助于进一步了解保护对象。

（2）工作前期，深入了解核心矛盾和重点问题。在设计提升及功能业态策划阶段，挖掘当地需求，更有效地捕捉问题与矛盾点，从而确保相关工作的针对性和有效性，实现历史街区保护更新的"人本立场"，挖掘社区居民的认同感及参与感。

（3）工作后期，在保护工作完成后的复盘及评价阶段。收集各方面反馈，有助于客观整理总结历史街区保护成果中涉及"经济利益提升、社会生活优化、管理体制改善"等方面的经验，探索构建共赢发展的长效保护机制。

（4）记录访谈的过程也是专业领域采访人与受访群体的一次学术影响过程，口述历史是双方共同参与制作的产物，沟通互动有助于受访人进一步理解历史环境价值，推动遗产保护认识的普及和社会化参与。

2 工作流程与访谈操作

访谈人以 2～3 人小组为单位，以历史城市居民或劳动者为访谈对象，围绕历史城市及建筑内的生活体验和经历、感受，进行对话式访谈。调研范围包括南锣鼓巷、法源寺、什刹海、雍和宫、南北长街、铁树斜街等 8 个历史片区（图 1）。工作过程包括五个环节（图 2）：

（1）前期研究。划定采访题材并进行全面研究：采访问题的设计可直接影响到访谈结果的精确程度，通过规划本册、新闻、著作等内容的阅读，对所在区域历史、社会背景、近年变更形成初步了解，避免过于粗浅的问题。在构建采访问题大纲的时候，既要关注该地区所处的生活背景、文化生活、从属行业以及社会阶层等，同时也应精细到访谈对象的年龄、个人收入、儿时记忆等细微方面。因人而异地应变不同性格、不同个体之间的访谈状况，有导向地促使受访者表达出内心的真实想法。

（2）访谈对象选择。围绕胡同生活的访谈对象选择上希望不只是被动的使用者，同时也是积极的建设者。在城市变更浪潮中，这类人群数量

也正在萎缩，这也是激发这一选题的原因之一。选择有针对性、代表性，同时有具有深入生活体验的对象是整个口述工作的关键。与此同时，访谈人的个人准备也很重要，充分考虑扩充问题的深度、广度。在"问得更宽、问得更广"的情况下所能产生的种种关联或相扣的环节，避免局促在狭窄的焦点访谈中。

（3）现场对话。通常控制在半小时到一小时内，争取与受访人的日常休闲、散步等生活节奏契合。访谈人灵活掌握场所的转移及活动状态。实践证明，谈兴正浓的受访人会主动进行场景的转移，以提供更多的信息和实证。

（4）信息整理与回顾。转录软件和录音设备的发展为快速整理语言和图像材料提供了保障。在口述内容的文字化整理过程中，注意保留受访人的谈话口吻和语气。

（5）与专业工作结合进行的反思。

以上各个环节联系紧密，但其中最为重要的环节还是访谈对象的选择。在课题的前期预设中提出适宜及不适宜作为访谈对象的人群特征，其核心在于对胡同生活的参与度和作用力强度。例如胡同里的养鸽人、种花人是北京胡同文化中的

图 1 受访人区域分布图

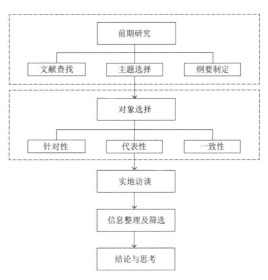

图 2 技术流程图

独特文化景观塑造者，他们也面临着各种管理和日常的烦恼；传统四合院建筑受气候影响，一年到头小修小补不断，包括除草、加保温、排淤等，古建小工需求频繁但又缺少固定的物业服务；北京特色的红箍胡同大妈作为符号化的角色出现在各种文艺创作中，她们在公共管理不足的街区中承担起串联起胡同社会关系的重责……这些身体力行参与影响到胡同街区景观及事务的人群是我们的首选目标。而体验为时过短、认识浮于表面风貌的游客或者候鸟型外来务工人员，由于其缺少归属感和认同感，是受访人选择时要避免的。

各访谈小组通过观察、初步沟通到最终确认选定受访人，并且基于一定的问题框架进行对话。排除掉信息不完整的人群后，此次有效受访居民人数 32 人。笔者对受访人群的年龄结构、就业状态、籍贯等基本信息进行了统计（图 3）：居民的年龄分布跨度从 32 岁到 91 岁，60 岁以上的退休人群占了 60% 以上。此次遇到的 40 岁以下青壮年均出生在北京当地，老年人则有四分之一来自周边区县。居住时长方面，大半居民已经在此生活超过半个世纪，历经了"文革"、改革开放、城市大发展、历史街区整治更新多个时期。从职业与收入来说，大多数居民业已退休，每月 3000 ～ 5000 元退休金，25% 的

人员仍处在工作状态中，主要为服务周边的个体经营及建筑领域，仅有 2 人就业与生活区域距离较远。

通过总结，可以看出受访对象的总体特征呈现出以下特点：

（1）老龄化状态明显且趋势加重。访谈工作进行了半个月，时间跨度包括周末和工作日上下午，尽管不乏工作日年轻人外出的原因，但在受访者表达中也强调出社区的老龄化趋势。随着整体居住质量的提升和人均居住面积的增加，新住宅与老院子的落差愈加明显，除了感情导向和习惯依赖的老年人仍然留驻外，年轻子女及其后代均已离开。可以预见的未来是这一趋势将日益明显。

（2）经济层面低收入群体占比突出。与北京二环内老城建筑面积单价奇高对应的，是此地的居民境况窘迫，收入有限。造成这一怪相的原因一方面是老年人退休后的收入降低，另一方面当地普遍劳动技能低端造成收入较低。随着城市整体发展，原有历史文化资源的积淀已带动了地产价值。这种落差极大地影响到了当地居民的主观感受，表现为对更新措施的肯定和对整体工作的否定的矛盾心态。

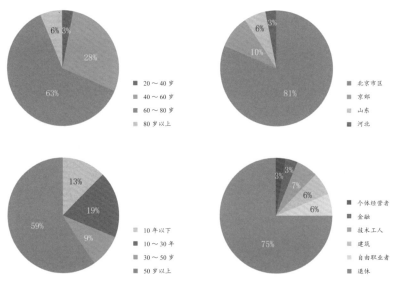

图 3 受访人年龄结构示意图、原始籍贯示意图、胡同生活时长、就业状态示意图

3 记述与研究

口述访谈涉及日常生活、城市记忆、爱好娱乐等多个方面，此次重点关注对胡同整治的更新评价部分[2]。主要分为三个部分。

3.1 自主营造、内部基础设施提升

受访者 方大爷、刘大妈[3]

方大爷，69 岁。山东德州人，小学学历。退休收入 3000 ～ 4000 元 / 月，一家三代居住。

问 您现在还住在胡同里，生活状态是怎么样的？您觉得跟之前比会有提高吗？

｜A 一直想要自己翻盖一下，但是也受到制约。因为必定面积空间都已经是满满的了，两家人家是一堵墙，很麻烦，很烦恼。

问 基础的生活设施之类的，近几年有提升吗？

｜A 也有。一家整了太阳能热水器，街坊四邻一看好，厨房整个太阳能热水器什么的，你有钱弄，我也弄。现在用热水方便了，敢花钱了。另外，公共便所的档次也提高了。老百姓才明白公共卫生间是分三六九等的。

问 那是哪样的三六九等？

｜A 瓷砖、隐秘性，还有空调、暖风、凉风。因为现在附近开始有那些好的、有空调的卫生间了。

｜B 最大的变化就是卫生间。这事儿改造得特别好。原来是那种蹲坑儿，特别臭，整条街上半条街都能闻见，现在厕所改造了，还加了空调了，虽然不（常）开吧，但是它摆上了。证明老百姓生活还是好了。

问 那这次改造就只改了临着大街的建筑吗？巷道深处的就没有改吗？

｜A 你上里面看看去呗，既然采访，进去看看就知道是什么样子了，小心电线哈。骆驼祥子那会还是土路呢，现在是石头的，（冬季冰冻）老年人走老摔跤。

久居胡同的方大爷说过一句细想略显心酸的话："现在我也经常看电视剧，看到里面年轻人住的环境，平常我也会问一些年轻人是这样的吗，他们说就是这样的。"平房院落与现代住宅存在着明显的落差。在访谈中我们看到了居民为了追上这种落差不断进行的自主尝试。而自主尝试、自发建造正是所有传统民居几百年来赖以延续的根本。历史上，自主营造体现在各种日常养护及维修中，小工四季走街串巷；在当代，这种尝试体现在基础设施提升的工作上，如供暖、排水等项目。今日的基础更新最大的转变在于工程组织不再是由居民自下而上的进行，而是由政府和街道、房管局统一自上而下的推动。这种转变从风貌上或有统一感，但在合理性、适应度上则存在明显的割裂感。

在建筑主体修缮方面，设计院出身的建筑师往往对古建法式了解有限，受结构安全局限，设计用料规格普遍较大，过度依赖有限的几本官式古建资料。设计四合院民居，大梁尺寸达到 400 ～ 500 毫米宽、椽径达 80 ～ 90 毫米，远超测绘调研时观察到的 300 毫米过梁与两寸（60 毫米）椽子。这也从侧面暴露出北京传统民居研究领域的空白。

基础设施更新包括厕所、淋浴、厨房间、晾晒、保温、供暖等方面，其中厕所问题更是所有受访者共同的关注点。近年来的各项上位管理以"整理"为名束缚了居民的各种自发建造，变相导致了当地居民生活形态的固化和活力的减退，迫于客观条件只能安于眼前的物质条件，将改善的期望寄托在政府等外界力量上。唯一在管理政策缝隙中保留了自主营造的应当说是胡同的养鸽人，通过对雍和宫地区多位鸽主家的访谈，发现他们或多或少还巧妙地保留了自己的鸽舍并且不断优化[4]，是夹缝中仅存的变量。

3.2 院落腾退及政策执行

受访者 胡大爷、5 号院居民、王大爷[5]

胡大爷，1950 年生，居住于帽儿胡同，从小生长于此，退休前是供销社售货员。

问 会不会统一拆迁？

|A 统一不了。而且南锣鼓巷是北京的历史文化风景点，是做改造，不像有的地儿都推了。我们院 6 家，走了 2 家还剩 4 家。您自己家弄不好，想走走不了。像我，两个妹妹两个弟弟，妹妹无所谓，嫁人走出去了，两个弟弟就要找你要钱。这不是家产，是公房，房管局管。可是国家政策在那呢，你户口本 6 个人，都得签字，不签就搬不了。这就有讨价还价的了。就比如我这 300 万元（补偿款），两个弟弟一人要 100 万元，人家不管你这个（还有没有房住）。老话说"利益面前没有亲情"。真正利益面前亲哥们儿都不行，知道吗，谁自己合适就得。仇人转兄弟，恩爱转夫妻，这都有说道的。你看争这个的都是五六十岁，最小五十七八的，头发都白了，还争呢。人在利益面前都比较贪婪。没有说像咱中国传统的孝悌有序、兄友弟恭。就是只顾眼前，"今天有酒今日醉，不管明天何处挥"。时代变了，这里的气质啊、规矩有所改变。

问 您在这住了几十年，您的邻居们呢？

|B 什么邻居不邻居的，现在都是咱们说都是外地人。住了很久吗？不对。你们想，你房间便宜我住得久一点，有好多是租房，他住了个一两年或者是不到一年就走了。你要今天涨（租金），明天涨，年年涨，（他）住不起了，可不就搬家！

问 平常在一个院子里会有一些公共活动吗？平常交集多吗？

|C 他们的生活就是白天出去上班，晚上回来。我和老伴的生活就是每天早上起来，去超市，吃早饭，看看电视，中午午休，下午出来和其他

的老人在这个地方聊聊天，太阳落下去了差不多就该回家吃饭，晚上收拾一下就该睡觉了。一天也不会有什么交集，也没有那些公共的生活互动。

问 关于拆迁腾退待遇如何？

|C 政策一个是要取之于民用于民，然后他不取之于民，直接下达命令。一个是政策下达也不能反复，不能这个领导来了一个样，那个领导来了就变样了，不断的翻牌，这谁也受不了。然后说这个拆迁，搬迁的补偿问题，其实这个问题很简单，就是公开化。这个杂院里有三十家，大家每一家到底是个什么样，然后给你们补助了多少钱，给你的调配是怎么调配的，藏着掖着，又想干这事又不让人知道，真要是好事，大公无私何必藏着掖着。

与 20 世纪 90 年代最早面对院落拆迁腾退的受访者不同，现在居民留驻此地的主要原因多是迫于现实产权及经济的束缚，还有些留恋周边良好的文化与景观资源，但很少人强调情感及人情原因。不是居民的情感愈加麻木，而是随着周边生活变动速度加快，曾经的人情牵绊变得格外脆弱。在关于城市记忆的叙述中，多人都提到了青少年时期的美好体验，但对近十年的邻里则提及甚少。不同于老城区居民普遍想要多争拆迁补偿、拒绝搬迁的刻板印象，居民多数支持及向往搬迁。对新的搬迁政策的出台和公平度都表达了迫切的关注。

随着北京内城景区化、绅士化的转变，胡同"新"移民已呈现出两种类型：一是提供底层服务的外地短租居民，就近工作，以 1000～2000 元每月的价格租间平房，满足最基础的生活要求；另一类是门户紧闭的精英化、绅士化群体，拥有整座院落而日常门户紧闭。这些人群毗邻而居，但互不往来。北京胡同长驻的典型人群则日渐年暮，伴随着他们一同消失的，还有老舍、王朔笔下老北京的人情故事与弧光。

3.3 街道整治和街面改造

受访者 刘大爷、五金店主王姓父子[6]

五金店王先生父子，回族，父亲年龄 70 岁，房管所退休水电工人；儿子年龄 46 岁，两人在此居住 29 年。

问 您对这条胡同风貌整治效果如何看？

  ｜ A 我觉着吧，改革了半天，没有像微信网络上看到的四五十年代的那种情况。也不知道政府想恢复成什么样子的，看新闻呗。

问 您对现在四合院整治效果怎么看？

  ｜ B 我再重复一点，就是说四合院是所谓达官贵人住的地方，居民家就是个大杂院，比棚户区还棚户区，就那么两三间小房。为了生活得盖个小厨房，再盖个小仓库，结果是密不透风，采光、通风要按照公安消防部门来看，这都是隐患。整治就是拆除呗。

问 您经历的这条胡同最大改造政策是什么？

  ｜ C 最大的改造就是封堵开墙打洞的政策。我这是公租房，十多年前北房改南房，对外开门政府是支持的，复员军人，自己创业开了一个五金店，主要做焊接，服务对象是单位、学校、街坊四邻。开墙打洞力度大，好多门脸儿都不让干了，外地的没资格证的也不行。本来我这儿生意挺好的。去年政策的事情让我也很生气，政府又改了政策，跟我有啥关系，折腾我。我说你看这条胡同儿，一共一百多间，一百多间有的人把房租出去了，封了他们的顶多就是伤个皮；我这是自谋出路，自己经营，你要把我封了，那我这半条命就没了。我经营合法，要营业执照有营业执照，要发票有发票，安全检查每礼拜来我都配合，你给我安置了可以封堵我。我把房交给你们都可以。那天那儿站了二十多个保安，综合整治办的，我这种民生（要求）你们完全的记录下来，政府现在想怎么干就怎么干。

通过口述访谈，我们可能触碰到一个建筑师和专家们都不愿意接受的结论：在胡同里，建筑遗产或许还能得到重视，但历史风貌是居民关注议题的末梢。胡同里的京味儿文化只存在于老一辈人的记忆里或者景区的布景、艺术的演绎中，年轻人的记忆已经和这片地区的历史文化远离。居民普遍对"传统风貌"概念是模糊的。受访的多位老人并不认同自己居住的是北京"四合院"，对于街道整治后的立面风貌评价仅在材质、色彩和整洁度。胡同风貌和特色的话语权已经转移到不在此地生活的学者与设计师手中，他们作为干预者，抱着浪漫的乡愁去批判现存的景观，并创造了一个不属于任何一个时代的"风貌"。

4 结语

通过这一时间段的观察收集，我们从另一面照见了胡同更新工程工作中的种种，切实地意识到口述史的力量。就访谈到的胡同居民生涯而言，过多的行政干预已经磨损了居民的原动力，老龄化趋势导致自发行动并且主动干预社区景观的人数愈加稀少，曾经最有凝聚力和人情的社区正在消亡。留守的老年人逐渐变成城市环境的陌生人。与此同时，新移民正在入驻，但相互疏离，建立新的邻里社区才是未来发展的方向。无论是现代概念还是传统经验，"社区"都是指一个地方、一群人，出于共同目标兴趣或价值观，进行共同事务及日常交互。适老性设计与新社区应该是街区发展的方向，或许可以重现老居民口中胡同、四合院作为人和人之间交往的场所的和睦气氛，激发出新的胡同文化。

关于物质空间的保护更新，单纯的修旧"如旧"或"如初"已经无法体现该地区文化内涵的全部意义，旧的历史文化与现代社会生活之间的碰撞才是在当下设计师需要重点思考的问题。"我们要有保留地对待过去，向它学习、从中汲取灵感、迁就它、但是要从中走出来。"在现代化的设计手段中，除了考虑材料、结构在历史留下的痕迹，更应当尊重该地区居民的意愿，而不是梦回"民国"或者任何一个以前的时代，不过度地干预历史街区每个阶段的更新改造，保留外界与本地居民对该地区最纯粹的历史记忆（图4）。

图4　其他访谈内容全文见豆瓣小站"院内院外实验室"，可通过扫描二维码进入

附　访谈问题基本框架

一、基本信息

1.　个人——年龄、籍贯、教育水平、工作背景、收入水平

2.　家庭——人口构成、工作状态、健康程度

二、胡同生活经验

1.　居住状态——居住密度、居住质量

2.　情感分享，喜爱之处，宝贵的记忆，怀念的年龄段

3.　不满之处和不便之处

三、人居邻里关系

1.　家族规模及邻里交友状态变化

2.　矛盾点常见处

3.　整治前后的邻里关系变化

四、院落腾退政策相关

1.　区域政策内容和评价

2.　前期宣讲及组织工作评价

3.　自我或者亲友的腾退选择及经验

五、街道整治效果评价

1.　整治启动前的社会咨询和意见征集情况如何

2.　施工过程中的博弈与调整

3.　整治后效果评价

六、院落内部及室内基础设施提升

1.　原有基础设施情况及自主改造历程

2.　近期统一改造工程评价，是否会参与共建合作

3.　基础设施品质改造的经济成本

说明：以上问题根据受访对象的年龄、态度、知识水平的差异灵活调整。通过前期闲聊和爱好、经验请教后慢慢进入正题。根据对方兴趣选择介绍重点，不必全面覆盖。

1　本论文为北京未来城市高精尖中心支持课题（项目编号：UDC2018020511），北京建筑大学校设科研基金人文社科项目（项目编号：ZF15049）。

2　其他角度内容及各区域口述全文见豆瓣小站"院内院外实验室"，受访人对话均已上传。

3　采访者：朱方钰、李媛媛、陈元。访谈时间：2019年11月29日。访谈地点：文煜宅门口。

4　作为北京古城重要景观的鸽子近年来呈不断减少的趋势，背后是鸽主的老龄化与街道管理的限制。多位鸽主从政策交叉中找疏漏，为自己的鸽舍寻求合理性和安全感，相关鸽主的口述记录见豆瓣小站。

5　采访者：朱方钰等。访谈时间：2019年11月29日。访谈地点：文煜宅。

6　采访者：胡萍、杨梦。访谈时间：2019年11月20日。访谈地点：大觉胡同、南半截胡同。

参考文献

[1]　DAVID L, MARCUS B. Our Past before Us: Why do We Save It? [M]. London: Maurice Temple Smith Ltd, 1981.

[2]　DAVID L. The Past is a Foreign Country [M]. London: Cambridge University Press, 1985.

[3]　盖伦特，罗宾逊.邻里规划：社区、网络与管理[M].北京：中国建筑工业出版社，2015.

紫禁城边的去与留——政治中心更替下的南北长街变迁

孙靖宇　刘子琦

北京建筑大学建筑学院

摘　要:　北京胡同众多，随着时代的发展与社会变革，胡同也在不断变迁。除升级转变居住模式外，现有胡同功能多转变为商业、文化旅游及创意办公。本文研究的南北长街内的胡同，由于其作为中南海与故宫之间仅有的一条长街，独特的地理位置使这片胡同的功能转变与政治紧密相连。本文将以口述史的方式，在访谈后整理记录曾在这里生活过的居民对长街的回忆。结合史料对比及突出普遍价值（OUV）的价值评估，研究明代以来中南海及紫禁城的变化对南北长街产生的影响，讨论南北长街在时代变迁中的延续与消逝。

关键词:　南北长街　功能变迁　口述史　政治中心

1 引言

南北长街位于北京内城西部，全长 1556 米，东临故宫，西靠中南海，是故宫与中南海之间的"夹道"。民国初年，袁世凯政府在社稷坛墙上打开豁口，开辟新街，修建拱门，上题"南长街"，1965 年设立北长街，自此正式有南北长街之名。但北京的新一轮总体规划强调中央行政区职能，要将其中居住的居民全部迁出。南北长街，在北京第一批旧城 25 片历史文化保护区范围内，拥有昭显庙、升平署戏楼、福佑寺 3 个市级文物保护单位。下文将采用访谈与查阅文献古籍的方式，通过梳理发生过的历史事件，街区内的主要建筑及周边主要功能区的建设过程，对街区在行政职能与历史文化等方面进行价值评估。研究居民迁出后产生的影响及针对未来更新的保护建议。

在口述史的研究中，我们寻找到一对在南北长街出生，直到 2005 年因政府征收政策才搬离的父女二人。父亲在 1959 年出生，从小生活在北长街靠近西华门附近，1969 年从西华门附近搬至北长街。女儿 1987 年出生，到高中毕业前一直在此居住，童年回忆十分丰富精彩。父亲的祖辈即生活在北京，几代人曾在这一带居住，因此周边亲属朋友关系十分融洽，对胡同及南北长街充满感情，归属感较强。

2 南北长街的发展历程

2.1 明清时期——行政职能为主

2.1.1 南北长街形成的历史时期

南北长街是皇城保护区的重要组成部分，也是历代重要政治中心围合区域。辽金时代，对三海一带自然湖泊就有开拓，从元代于金中都东侧建立元大都，开新渠导水，形成现今基础布局。

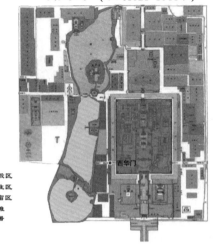

图 1 明代皇城功能分区（1621—1644 年）

彼时南北长街仅是太液池东岸的池塘，居民聚落由小而大分布，同时以太液池西为当时临时的"视朝之所"。到明代，太液池基本形成今日中南海之格局，遂以其为游憩之所，将紫禁城作为中心。于两者间的南北长街成为皇城禁地，设有官署机构，如银作局、宝钞司、御用监、兵仗局等，作为完全为宫城服务的夹道。在历史上，万寿兴隆寺始建于明代，最初为明代兵仗局的佛堂，是供奉兵器的地方（图 1）。

到了清代，南北长街（当时名为西华门北街）又聚集了众多王府、寺庙和私人官邸，如掌仪司、静默寺等，从允许居民迁入，开始形成民居和胡同，南北长街的变化开始逐渐变小，京城也开始了"三海"工程的修建。

这个经历了元明清三朝的园林，在清代达到其顶峰的阶段，成为清朝实质上的政治中心，随着光绪及慈禧先后于三海去世，中南海的皇权中心行将告终，这也成为中南海后期作为政治中心的一大转折，此时紫禁城仍在封建帝制覆灭的浪潮中残喘，所以南北长街依然被封建皇权包围（图 2、图 3）。

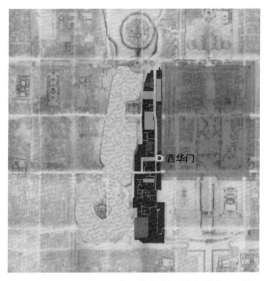

图 2 乾隆时期功能分区（1750 年）
作者自绘

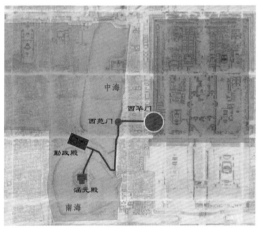

图 3 皇家紫禁城至中南海路线图
作者自绘

2.1.2 明清时期的皇家生活

过去因为清康熙帝生母出生于万寿兴隆寺，康熙帝命人两次重修，道咸以来，西华门外只有北街，称北长街，到金鳌玉蝀桥东门，南侧无门可出，仅南府乐部及各项杂役人等居住。万寿兴隆寺成为太监居所，至五六十年代始用作民居。历史上还曾有织女河从中南海东墙流出，穿过南长街到中山公园，河上还有东西两座桥，取牛郎织女之意，解放时期改为暗河，并在其上建造了办公楼，曾经一幕幕依然消逝，独留由暗河修建的菖蒲河公园让人们回忆往昔。

2.2 民国变迁——逐步开放

2.2.1 南北长街的发展变化时期

辛亥革命以后，中南海又被袁世凯政府作为新的政治中心，北洋政府开始在此主政。紫禁城告别了清溥仪居住的封建宫城，建立了古物陈列所。1916 年在领导人变迁之际，中南海曾对外开放，这也是中南海历史上第一次对民众开放。1929 年起，中南海曾作为国家公园对外开放（三海公园更名为中南海公园）。期间抗日战争爆发，从日伪政府的政治权力中心，到傅作义进驻中南海，再到和平解放北京城，这段时间是南北长街距离政治中心"最远"的时期。1946 年国民政府在此办公，至 1948 年中南海停止游览，开始党中央国务院长期驻扎于此。

2.2.2 民国时期的居民生活

此时的南长街 54 号院迎来了海外归来的梁启超，梁思成和林徽因的订婚仪式就是在此处举办，可惜 54 号院所在的胡同后来成了 161 中学。这段时间恰是满开化的父亲于西华门西经营店铺的时期，经历了其所述的"烟铺事件"。1923 年班禅九世来京住在中南海，后设立佛教学会，奠定了北长街佛学研究形成的基础，以福佑寺为班禅驻北平办事处。毛泽东同志也曾居住于此，开展早期政治活动，将其称为"平民通讯社"印刷车间。

2.3 四九年之后——开放与多元化发展

2.3.1 南北长街平稳时期的变迁

1949 年，解放军正式接管中南海之后，南北长街与中南海和故宫终于步入相对平稳的时期。中南海告别了动荡的过去，成为党中央新的政治中心。此时的故宫也正式合并为故宫博物院，自此南北长街告别了过去的封建历史，成为居民生活的一条朴实的街道。1980 年中南海曾再次部分对外开放供游览参观，其出入口就位于南长街的

81 号——中南海东门，这段历史持续到 1988 年。此后中南海响起的就是解放军的号声，南北长街也时常见到解放军列队行走的身影，虽然隔墙隔开了南北长街与中南海直接的联系，但是军民融合的深厚联系依然存在。

2.3.2 四九年后的军民相融

1950 年柳亚子先生就定居于北长街 89 号，同时因党中央定在中南海、陈云、胡耀邦等领导人便在此定居，留下了胡耀邦同志清正廉洁的佳话。

受访者满开化就是在这个时期的北长街出生，感受着军队的号声和解放军的亲切。其小学原是昭显庙（亦称雷神庙），始建于清雍正十年（1732），主祀雷神。1923 年，老舍来此办公，当时就住在庙里东北角的一间小屋内，《骆驼祥子》就诞生于此。而现在的昭显庙仅存有部分结构，作为北长街小学（161 中附属小学）。街上还有一明崇祯时期建造的静默寺，外观保存较好，然已被自来水公司占用，不可参观。

满新的初中是清代掌管宫廷戏曲演出的机构，为宫廷准备演出活动。其一层后改为 161 中学的图书馆，中学仍保留有戏楼，然而在征收改造中，161 中学已搬迁，曾经的历史印记已然不能轻易展现在大众眼前。长街北侧的北海公园向西有一国家图书馆典藏馆，她儿时就在此读书，感受着于白塔的倒影下读书的惬意。因为历史上衙署、王府的影响，奠定了南北长街四合院的质量较好的基础，后期又一直因其中心位置得到及时的维护与修缮，所以整体环境较好（图 4）。

2.4 规划出台——南北长街持续征收

2017 年公布北京新总规，要求提供更好的政务环境和国事活动场所，紧接着 2018 年西城区便开展了南北长街历史文化名城保护腾退工程及环境整治提升项目，开始对南北长街进行征收。在实地调研中，南北长街西侧的胡同近三分之一的

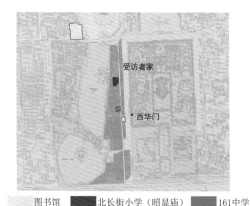

图例：□ 图书馆 ■ 北长街小学（昭显庙） ▨ 161中学

图 4 四九年后的南北长街
作者自绘

区域已经被挡板围住，余下西侧区域绝大多数民宅的居民已经搬离。作为没有见证过街道历史的人，已经完全体会不到街道曾经的面貌，而曾经居住于此的居民也只能与这条从元代开始逐渐形成发展的街道告别，有关街道上的回忆也只能保存在他们心中。

3 南北长街功能转变及价值

3.1 南北长街由单一到多元的功能转变

南北长街两侧故宫和中南海的政治职能与开放性在不同历史时期发生变化。南北长街西侧，中南海一带从太液池到三海，在封建皇权时期，始终是皇家游乐及进行政治活动的皇家禁苑。1949 年前，袁世凯及各路军阀曾短暂入驻中南海，后北伐战争胜利，政治中心南移，曾作为市民公园开放。1949 年后，成为国务院办公所在地，除短暂开放游览外，中南海一直为封闭管理区域。南北长街东侧的故宫，从元代的宫殿区到明清的紫禁城一直宫门重重，直至 1925 年成为故宫博物院才开始对外开放。

南北长街随着两侧宫殿和三海及发展理念的变化，其承载着的功能从单一转为多元，从封闭

转向开放。最初元大都的宫城与太液池之间尚未有南北长街格局,仅是居民聚落与池塘散布之所。明代,太液池基本形成今中南海格局,为皇家游憩之所,夹在紫禁城与三海之间的区域主要为官署机构,是为宫城服务的皇城禁地。清代,皇城三门开始开放允许居民迁入,除原有衙署外,时名西华门北街处又聚集众多王府、寺庙及豪门显贵的私人官邸,有些明代衙署所在地逐渐变为民居与胡同,自此便一直有居民在内居住。南北长街的功能由最初明代服务于皇权的内宫衙署,逐渐加入皇家寺院和王府。私人府邸和市民的入住带来了少量日常的商业店铺。1949年前后,更是增加了学校、图书馆等为更多市民服务的公共类建筑(图5)。

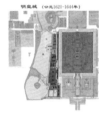

图 5 紫禁城至中南海间南北长街变迁
作者自绘

3.2 物质空间与多元文化价值评估

百年时光,为中南海故宫及南北长街一带积淀了无数珍贵的历史印记,其较高级别的服务职能及原住民的相对稳定,使街区的整体空间与建筑形制保存较好。

表 1 南北长街胡同空间变化

	南北长街	街区变化	院落空间变化			物质空间价值
1750年的南北长街		受元大都影响,街巷空间呈棋盘式布局,因其建筑均为官府衙署、寺庙等功能,所以形制比其他胡同整体较好	升平署戏楼其所在位置后改为大宴乐胡同,其他格局已改,但仍保留有戏楼	福佑寺外垣门西向,钟鼓楼、天王殿3间。东西配殿各3间。大雄宝殿5间,后殿5间	昭显庙有山门、钟鼓楼、前殿、中殿、后殿。山门三间,前殿三间,中殿三间,后殿五间	四合院规格形制保存完好;寺庙等建筑因皇家建造,屋顶呈黄色,有别于其他寺庙;
现在的南北长街		随着居民的迁入,胡同空间逐渐碎片化,但相较于其他胡同,整体感较强,没有形成混乱的杂院式空间	现在该处已经包括在161中学里,戏楼周边小环境也有一定保护,但已在未来改造区域	福佑寺是南北长街保存最完好的一处寺庙,从外部仍可感受到其辉煌,暂不可进入参观	现在作为北长街小学(161中附属小学)。现仍存有后殿和影壁墙	北京内城民国或更早建造且形制较好的建筑较少

注:升平署戏楼、福佑寺、昭显庙为第三批市级文物保护单位。

故宫及中南海作为曾经与现在的政治中心，南北长街因其地理位置及为两侧政治功能服务，具有重要的行政区域职能。但除此之外，随着市民的入住，南北长街由封闭走向开放，发展出了更多的文化品质。根据突出普遍价值（OUV）对文化品质的评价，识别南北长街具有的文化品质类型，其作为故宫和中南海两个政治中心之间仅有的街区，有着地区级稀有的地理环境与独特的社会价值。特殊的区域使在此的居民有着共同的认同感，例如诸多军民一家亲的故事佳话，其背后代表的是更加开放的社会环境与平等的社会制度。诸多文化名人的入住也使这片区域成为证明和承载历史事件及文化事件的场所。

4 结语

作为历史保护街区，既要对其历史延续下来的建筑形式、街区肌理进行保护，又要强调对其中非物质层面的文化与活的文化的关注，保护时代进步带来的成就与其可持续发展的潜力。居民的全部迁出带来的是市民文化与生活气息的消逝，也是曾在此生活过的几代人宝贵精神家园的消逝。中南海与故宫是新时代的政治中心与传统的政治中心的代表，南北长街这一独特的过渡地带以其复杂的功能连接着两者的对立与统一。要体现出这种传统文化与现代文明的交相辉映，对历史与历史建筑、街区的保护不仅是对物质空间的保护，更难的是在扬弃与传承中保护这种开放多元的生机与活力，保护宫城皇权政府与市民和谐相融的相亲与平等，以展现其作为南北长街所代表的突出普遍价值，即包容性、亲和力与人文关怀。

参考文献

[1] 郝霞 . 北京古都风貌保护初探：从南北长街规划谈起 [J]. 北京规划建设，1995（1）：19–22.

[2] 阎启英 . 中南海探秘 [M]. 北京：西苑出版社，2009：5–97.

[3] 杨荣兴 . 关老爷子的脸谱画 [J]. 北京纪事，2014（1）：87–88.

[4] 王佳音 . 清北京皇城布局变迁概说 [J]. 北京规划建设，2013（06）：130–141.

[5] 段勇 . 明清皇宫紫禁城 [M]. 西安：三秦出版社，2006：202–208.

[6] 罗雪挥 . 中南海：曾是寻常百姓家 [J]. 晚报文萃，2009（18）：10–15.

[7] 武在平 . 柳亚子与毛泽东、鲁迅、苏曼殊 [J]. 党史博采，1996（03）：42–43.

[8] 李天 . 国子监历史文化街区院落空间演变机制研究 [D]. 北京：北京建筑大学，2019.

[9] 吴空 . 明清之际中南海变化图解 [J]. 紫光阁，1995（10）：56.

[10] 傅育红 . 清代皇城祈雨庙 [J]. 北京档案史料，2006（2）：219–226.

[11] 刘奕彤 . 传统村落价值评估研究 [D]. 北京：北京建筑大学，2018.

[12] 陈同滨 . 世界文化遗产"良渚古城遗址"突出普遍价值研究 [J]. 中国文化遗产，2019（4）：55–72.

[13] 钟士恩，张捷，章锦河，等 . 世界遗产"突出的普遍价值"及其游客感知研究 [J]. 中国人口·资源与环境，2016，26（10）：161–167.

[14] 张笑楠 . 突出普遍价值评估与遗产构成分析方法研究——以大运河为例 [J]. 文物保护与考古科学，2009（2）：3–10.

材料才是最终的师傅——英石园林技艺传承人邓建才口述访谈

李晓雪 邱晓齐 罗欣妮

华南农业大学林学与风景园林学院
华南农业大学岭南民艺平台

摘　要： 英石作为中国传统园林假山的重要材料，其赏石造园历史可追溯至宋代。英石主要盛产自广东英德地区，其假山工匠也集中在此地。英石材料及园林造景产业在近现代特别是改革开放之后蓬勃发展，但对于英石工匠群体却一直缺乏系统地记录与研究。广东英德人邓建才从20世纪90年代开始，从采石人、叠山工匠到成为英石园林技艺传承人，从业近二十年，见证英石产业及园林造景技艺的发展历程。本文通过邓建才的口述记录英石产业及英石园林造景行业的变迁，以一名工匠的成长历程记述英石行业与园林造景技艺的变化以及发展。

关键词： 20世纪90年代至今　英石园林技艺　邓建才　变迁　传承

1 引言

英石，中国四大园林名石之一，因盛产于广东英德，又称"英德石"。其石灰岩石质的材料特性在大自然作用下使石质表面玲珑剔透、孔洞丰富，在中国传统赏石审美中被赋予"瘦、皱、漏、透、秀"等审美特征，作为中国园林景石与园林假山材料的应用传统已有上千年的发展历史。时至今日，在北方园林、江南园林与岭南园林之中仍有古代英石景石与假山作品留存，见证了英石在中国园林造景中悠久的应用传统。

广东省英德市作为英石的主产地，喀斯特地貌面积达 5.33 万公顷，英石储量 625 亿吨以上。从地理上看，喀斯特熔岩地貌起于南斯拉夫，经过云南石林、贵州、广西中部（桂林山水）等地，其中一条山脉下连至武陵山脉，最后延伸进入广东西北部，在英德西南部英山山脉终止（图 1）。位于英德市区北部 13 公里是英石宗源地——英山，这座方圆 140 平方公里、南北走向的大山蕴藏着丰富的英石资源。[1] 由于得天独厚的英石资源，位于英山脚下的望埠镇早在北宋时期就出现了开采英石的"专业村"，出现了"专以取石为生"的"采人"（即"石农"，见于宋代陆游《老学庵笔记》）。广东英德叠山工匠谱系的记载始自清朝，广东民间流传着这么一句话："广东叠山找英德，英德叠山找望埠"，英德至今仍是英石石材与英石叠山工匠的主要来源地。根据广东英德奇石协会统计，英德叠山工匠集中在英德的沙口镇与望埠镇，其中石农多集中于沙口镇，叠山工匠集中于望埠镇，大部分工匠以叠山或售卖英石材料营生 [2]（图 2、图 3）。叠山工匠作为叠山技艺的传承主体，工匠群体的发展现状以及技艺传承情况，切实影响着英石叠山技艺的传承与发展。

受访者邓建才（图 4），广东省英德市望埠镇人，1975 年生，广东清远市英石园林技艺传承人，从事英石行业近二十年，主要从事英石盆景、假山、园林造景，在全国范围内大型公建、公共

园林、私家花园留下诸多作品。从业二十多年来，他见证了英石行业从山石盆景向园林造景的产业发展历程，也经历了几上几下的行业兴衰，见证着中国园林造景行业伴随着中国社会生活发展与变化的时代变迁。

图 1 英德英山前期山脉发展示意图

图 2 英德市沙口镇与望埠镇区位图

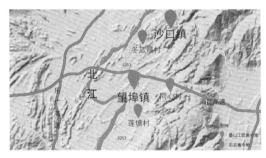

图 3 英德石农和叠山工匠分布图

图 4 邓建才师傅

2 追忆叠山源起 亲历行业变迁

2.1 英德望埠，英石叠山的发源地

20世纪50年代，国家实行人民公社化运动，在农村建设合作社，1958年英德设6个人民公社，望埠与横石塘同属东风人民公社。[3] 在国家农村生产队工作机制影响下，望埠镇延续农村生产队分产到户的模式，动员农村生产队组成采石队，上山小规模开采英石。

英石采集从一根拐杖、一个背篓的时代到一根钢索、一辆吊机的时代，英石在岩层中脱落，在植物的根系中分裂，每一次"横空出世"靠得是匠师的眼力与经验。靠山吃山的英德望埠镇采石农从山脚开始开路，穿过最茂盛的密林，深入最深邃的山洞，攀上最险峻的山崖，"没有人到过的地方才能找到宝贝"（图5）。在很长一段时间里，当地对英石的利用仅仅只是采集，用于观赏石所用，少有经营与园林造景。

邓建才师傅道："（造英德石假山的）传统都是在我们这个镇（英德望埠镇）上出来的。从明清开始，采英德石就是在我这个镇上，（英德望埠镇）同心、丘屋村出了很多师傅。比较早期的时候，那时一整个村子都是做英石的。然后一直到改革开放的时候，他们（广州园林系统的人）是最早一批到我们这边采英石的。"

2.2 行业初始，探索经营模式

70年代末中国改革开放后，英德望埠镇采石生产队解散。1983年，英德市望埠镇政府响应十一届三中全会实行改革的政策，内设农工商联合公司园艺部，推动英石的开发和经营。[2] 1991年，英德工匠将英石盆景与现代电气设备结合，生产出英石雾化盆景，并申报获得国家专利。此后，在英德出现了一批以血缘、地缘关系为纽带的盆景工艺厂，如"中昌""龙山""福星"等专营山石盆景的工艺厂。[4] 同时，中国进出口商品交易会（广交会）为山石盆景外销提供了市场，山石盆景多通过广交会销往世界各地，据说是作为礼品在海外畅销。

邓建才回忆道："我只有初中水平，之后去打了一年工，但不合适自己。因为我们这边（英德望埠镇）就是这个（英石），我也有亲戚接触这个。我的表叔邱声辉，在这个镇上也算是一个比较有名气的师傅。跟他学这个行业，学了有一两个月吧，然后1995年到（广州）三星工艺工厂做盆景，当时高峰时期有70多人，大部分做大理石底座的雾化盆景（图6），加点小灯饰。一般一年大概有一万盆（盆景）出口，1993—1995年是高峰期，通过广交会去美国、德国、加拿大那些地方。"

图5 英德望埠镇采石人

图6 90年代广州三星工艺厂
当时外销海外的英石盆景宣传单张

90 年代，市政园林建设越发受到重视，广州市大规模进行市政园林建设[5]，公共园林建设的热潮也提高了园林中假山造景的需求。与此同时，英德地区开始以私人工程队为主要组织形式，常组织亲属同乡作为工程班底，英石产业成为英德望埠镇全镇参与的核心发展产业。2001 年以后，在外地从事英石销售和英石园林设计施工的队伍多在珠江三角洲一带，其中集中于广州芳村越和花鸟鱼艺大世界。

邓建才师傅回忆道："比较早期的时候，（英德望埠镇）同心村、丘屋村出了很多师傅，那时整个村子都是做英石的。现在也还是这样。有的人是做石头贸易的多，我是做工程多。我在三星工艺厂做假山盆景，后来一步一步学习，跟师傅一两次就学会了，就转入这个假山（园林工程）。我自己去摸索跟着工程走，一切都要靠自己。像在芳村花鸟市场（越和花鸟鱼艺大世界），那边很多做小假山的人，那边做英石的基本上都是同一个村子里的。"

2.3 开拓市场，跟着工程走

2005 年，中国收藏家协会授予英德市"中国英石之乡"称号。[3]2006 年，国家质检总局发布了关于批准对"英石"实施地理标志产品保护的公告，正式将"英石"纳入国家地理标志产品保护。[6]"英石"这个产自英德特定地域、具有上千年历史文化渊源的地理标志产品，被纳入世界知识产权保护体系，在进入国内外市场时多了一道"护身符"。[7]

英石成为国家地理标志产品后，英德落实了划分资源保护区、持证开采、乡镇责任考核等措施，从而确保了资源能合理利用。[8] 2008 年，英石假山盆景列入第二批国家级非物质文化遗产[3]，英石的价值逐渐受到重视，英石文化影响力拓展到全国，英石产业得到很大的发展。叠山工匠们开始走向全国乃至世界各地承接假山工程，主要为私家别墅宅园园林做假山（图 7）。班组组成

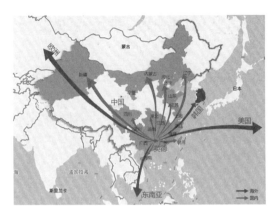

图 7 截至 2019 年调查的广东英德工匠的海内外分布图

多数为英德本地人，大部分是由于项目临时组建成一个班组，亲缘传艺占据较大的比重。

邓建才师傅回忆道："我们经常全国到处去，哪里有工地就去哪里。1999 年开始我去了福建厦门，当时也开了一个小小的石馆。我把（英德）这边的工艺带过去。他们来这边（英德）采购英石过去，需要师傅就找上门，去当地接假山工程做。后来我去了杭州，是杭州最热的时候，连续好几天 40℃ 的天气都在干活，最热的那两三个月都在那边熬过来了。我现在到处去呀，这一年四季，居无定所。作为一个叠山师傅，就跟着工程四处走。"

"我们的英石假山到今天可以说在中国每一个省份、每一个城市都有（望埠）镇上的人在做，别的省份没办法进入广东。我们广东园林其实在全国是处于比较领先的地位。整个（望埠）镇上的人，我们都可以形成一个团体。姓邓的也是其中一个比较（大的）团体。"

3 继承传统工法 探索技艺变革

3.1 盆景叠山，一通则百通

作为一个依靠石头为生的园林叠山师傅，邓建才始终将如何表达好石头本身视作一切营造的根本目的。

"我们要根据遇到的材料，根据石头，把它的特质，把它最好的一面表现出来。如果根据图纸做，没办法体现我们运来的石头最好的一面。我经常不要图纸，脑子里面想，这个石头怎么摆放，什么特质。因为到了这个境界，实际上是一通百通。一看这个石头，它是什么颜色、什么形状、什么特征、特质是什么，要怎么做才能把它那个特质显示出来。到了某个程度，会懂得；没达到，一块石头就是一块石头。今天我做一个东西大家感觉可以，其实我明天再看，慢慢自己去想它的毛病在哪里，缺陷在哪里，我以后我要避免它。"

因为是从学习英石盆景造景入门，之后才转做假山的师傅，邓建才对假山与盆景的关系亦有自己的见解："其实说'假山影响盆景'，我认为是错误的，反过来是盆景影响假山才对。我作为一个师傅，可以负责任地讲这个话，如果一个师傅连盆景都做不好，他假山绝对做不好。反过来，再好的假山师傅，他不一定做得好盆景。盆景是微观的，在一个小小的空间内能做得层次丰富，那山体跌跌宕宕，那我们把它放大做假山，肯定可以的。"

3.2 材料才是最终的师傅

邓建才叠山造景多年，对叠山材料如何选择有自己的经验，对于叠山材料本身亦有他独特的看法："每个山的小气候，石头纹理都有点区别。

如果一个工程用量大的话，我们就尽量在同一片山采石头。因为这个山采下来的纹理跟那个山又不一样，不一定接近。但我除非不做，做就要根据材料尽自己能力去发挥，我心态永远就是这样。因为材料才是最终的师傅，没材料，什么师傅都是没用的。"

除了英石，邓建才少不了要接触其他各种各样的石材："现在比较热门的石头除了英石（图8），还有广西太湖石（图9），就是类似假太湖石那样的石头，我们这边也叫'英石类的太湖石'，在地下挖起来的、有孔洞的那一类，都是喀斯特地貌形成的那些石头，都是石灰石。"

"黄石（假山）我做得不多，实际上黄石用的范围也就在浙江、江苏一带。因为产地就在那边，广东这边的假山除非特意设计进去，不然很少用黄石。而且，我们这边有黄蜡石（图10）可以代替黄石（图11）。"

随着市场大热，园林造景行业的发展，英石石材需求量开采量增大。在英石开采方面，形成望埠镇英山、沙口镇冬瓜铺等主要开采基地，这些地区附近的农民几乎每家每户都有人参与英石开采。英石开采也使得英石资源蕴藏量日益减少，形成疮疤式的山头景象，部分采石场植被受破坏（图12）。[9]

2011年，英德市人民政府发布了《英石地理标志产品保护管理办法》后，限制石材大规模开采。[10]英德政府力图规范采石市场，完善采石管理条例，

图8 英德英石

图9 广西太湖石

图 10 黄蜡石假山

图 11 个园黄石假山

图 12 英德望埠镇英山景象

英石开采供应量明显减少,英石材料价格的抬高增加叠山工程成本。

邓建才师傅说道："近几年到处都开始禁止开采,我们(英德)这边禁得很厉害。现在都宣传环保,环保政策比较严格。政府也想控制一下资源的开发,价格的话相对于以前也高了一点。好的跟不好的(英石)差距很大。如果统货(指批量按斤算的英石)的话也就是三四百块钱,好的就贵了。"

3.3 时代更新,工艺不好衡量

英石叠山技艺随着现代技术的发展,在大型设备的辅助下,采石、运输与叠山技术水平有了长足的提高。现在叠山的石头体量也越变越大,在假山造型上,现在的师傅会比以前更加追求假山的险峻,同时也比以前更加注重绿化搭配。

邓建才提到叠山技艺受技术更新方面的影响颇大:"早期(采石)是没机械的,老一辈拿不到大的好的石头,所以他们都是碎石,体量各方面都偏小。技术更新,时代更新,工艺这个东西不好衡量。比如说,早期水泥的凝固力就远没有我们现在的好。以前勾缝很难看,像早期老师傅他们做的假山很多用水泥去糊,现在的审美这样验收不了的。受机械限制,老一辈使用碎石就得勾缝。那时候人对石头不是欣赏它的纹理,石头的奇形怪状。(现在许多大型假山)它相对简单,因为早期这种(大型假山)很多用水泥作假石头的,现在比较少用水泥做了。基本上用大块的英石,像我们这边山上之前开采那种大块的英石。因为大块的石头配上植物,不管怎么样,它就是也相对自然一点,没有那种人工化的感觉。"

邓建才以在英德望埠镇女足基地中的大型假山作品(图13)和2015年在广州粤剧艺术博物馆的假山作品(图14)为例,讲述英石园林造景技艺上的变化:"传统类型的假山体形比较大,需要用到机械。但是有时机械到不了,就会有纯人工制作的假山。望埠镇女足基地的这座假山基本上快20年了,这是英德最早期的那一批师傅做的,现在找不到那些师傅了。当时他们做不用那么大块,都是很小的英石。玩英石是很早,但真正懂得去做、叠假山的时间其实不久。我一开始看那些师傅去做,都是(用)很小很小的石头去拼,做一个假山要用非常多的铁丝去捆绑。现在做假山可能会壮一点,不会像以前的假山那么瘦,以前造型方面还是做出比较'险'的感觉。像广州粤剧艺术博物馆那种大型的假山现在比较少再用水泥做了。以前像粤剧艺术博物馆这么大的假山

图 13 英德望埠镇国家女足训练基地假山作品

图 14 广州粤剧艺术博物馆假山作品
郭景摄

确实是不多的，我们要找个参照的很难，（以前）没做过这么大的。"

当时粤剧艺术博物馆主创设计师是华南理工大学的郭谦教授。在设计这座假山时，设计师参考中国传统山水绘画的山水画意及戈裕良环秀山庄假山等传统假山意象，现场与邓建才等一线师傅共同讨论及营造，共用英石材料 2600 多吨，主峰最高点达到近 10 米，也是近年来最大体量的英石叠山作品。粤剧艺术博物馆荣获国际风景园林师联合会亚太地区风景园林专业奖"文化和城市景观类"荣誉奖、中国建筑工程鲁班奖、中国建筑设计奖园林景观专业二等奖、中国风景园林学会科学技术奖规划设计奖一等奖等。因为粤剧艺术博物馆作品的影响力，邓建才在行业的认可度逐渐提升。

3.4 风格融合，适境而做

除了大型公共园林设施之中的园林造景需求，社会经济与文化生活水平的提高，大量的私家别墅宅院造园活动兴起，也促进了英石产业及园林造景的发展。邓建才说："最近几年的私家园林造景有融合新风格，比较多融合日式园林的风格，就是枯山水那一种。我也有在做枯山水这一块。日式园林的假山有规矩讲究，线条、轮廓、体量。日式园林的石头配黑松、罗汉松都可以，但黑松会更好。种了树之后，就放形状奇特的石头。有些好的造景树呀，它的枝丫伸得很开，放下去之后，你这块石头就不好靠近它了。（根据）树石配我就可以判断是不是日式风格的。我画的这种（图15）庭院比较窄的地方，像墙边、边缘、边界这些地方都可以做。一般来说先看现场环境，看到环境之后，我凭着经验直觉会有个底，开始选需要多少块石头、什么样的石头、什么形状的树去给它组装、融合，来适应庭院的环境，这样做出来比较准确。"

图 15 邓建才师傅手绘日本假山庭院营造草图

4 顺应行业发展 多维人才培养

4.1 盆景有这个市场，没师傅去做

英德英石产业近 20 年的大发展依然保持着良好的发展态势，但英石产业依然存在瓶颈与挑战。邓建才谈及这几年行业的发展："这两年房地产行情不太好，但是私人工程还是比较多的。私人庭院这种活，都是私人找上我的。现在园林公司压力很大，现在奇石类的行业这两三年都萎缩得很厉害。以前中华英石园（位于英德望埠镇）这边刚开始搞奇石的时候，很多收藏家前来（交易），现在少很多了，（奇石类）生意淡很多。私家园林这一块，因为现在的人比较追求环境，喜欢人跟自然的结合，所以行情稍微好些。盆景这方面和假山比起来，利润是很低的。现在这几年盆景式微了，是淘汰落后的感觉，市场很难接受。有这个市场，没师傅去做。利润薄，不愿意做。"

2013 年，英德市委、市政府制定了《英德市文化强市建设规划纲要（2012—2020）》，出台了扶持文化产业发展的相关政策，从国家战略资源的高度继承传统文化，推崇英石文化及产业的发展。在英石产业日益发展的同时，人才紧缺问题逐步突显，已成为英石产业发展的瓶颈。邓建才师傅感慨道："我们这一代人，文化不高，水平不高，这一点是有点硬伤。我自己的徒弟有些（做这一行）十几年的都有，但是没有留下来的。这个行业是苦行业，绝大部分年轻人接触这个行业就是一种过渡的心态，他们不要求说质量做得怎么样，效果要做成什么样，他们不是这样，他们只要做的能验收，老总满意，能拿到钱，这是最高标准。他们是以这种理念去做事的，这点我是很不赞成的。如果以这个理念去操作，你没办法说这个东西做得不理想，下个东西你要超越自己，你没有这个想法。这个体系，真的，基本就是处于一个被遗忘的角落。"（图 16）

图 16 邓建才师傅讲述英石叠山故事

4.2 师傅最终成就了师傅

2010 年至 2017 年，英德市委市政府连续举办了 5 届英石文化节，促进了英石文化的传播以及英石行业的发展，提高了英石在国内外的知名度和影响力。2017 年，广东省"扬帆计划"、清远市的"启航计划"皆针对英石文化产业进行人才培育计划，促进英石文化保护与研究培育、英石文化推广与英石销售。除了希望能从培养兴趣导入，从而形成有优良的英石产业人才培养体系外，邓建才还认为心态也十分重要，他这样说道："培养新人主要看他对这方面有没有兴趣，没兴趣就不让他做这个。起码你要接触这个行业，也要像你们一样，先系统地接触知识。如果我小孩也做这个，有园林系统知识的学习，加上我传给他手艺，应该会比较好。"

"其实对自己还是有要求的，这个做的不好我希望我下一件做得更好。所以我觉得过了那个浮躁的时期，现在作品是有追求的。我不敢自傲，起码像我这个水平的师傅在这个镇上，还有好几个，他们也是值得我尊重的人。每位师傅都有自己的特色。很多东西都要靠个人灵性也要创新的，有些师傅他一辈子做出来的东西都是同一个款式，他定型了，师傅最终成就了师傅。"

4.3 未来展望，做假山靠积累

自 2008 年英石假山盆景列入第二批国家级非物质文化遗产后，2017 年，英石园林技艺通过审批成为清远市级非物质文化遗产，邓建才成为该技艺的市级传承人。[11] 与此同时，邓建才也在不断调整："我还在申请省级传承人，现在只是清远市级，我是英石造景技艺的传承人。以前就想着养家糊口，慢慢地一直接触（英石行业）之后眼光扩大，会想尽量多做一些好作品。工程（不管）赚不赚钱我都认真去做，做下来客户满意我自己也非常舒服，而且有时候我们做这个假山就规定什么环境去做，总有不同的地形地貌给你发挥，有些地形很不好我们通过石头去破解掉，做出好的效果真得很舒服。因为石头不会坏的，以后我不在了，但这个作品还能留下来，甚至一两百年后可以给人家欣赏。"

2016 年邓建才受到高校园林设计专业的邀请，进入高校开展英石叠山技艺的实操演示与授课。持续三年在华南农业大学《传统园林技艺》的课堂上示范教学英石叠山过程，并指导学生选石、布局、砂浆调制、叠石、勾缝、修形等叠山全过程（图17、图18）。2019 年，他还参与到粤港澳地区的工艺交流活动之中，传授英石叠山的工法，传播英石叠山技艺文化（图19、图20）。

邓建才说道："我自己也在想英石假山要多点培养人，弄一个基地专门培养有兴趣的年轻人。想把他们集中在一起做事，任他们发挥，百石百法嘛，尽量个人发挥（创作）。做假山是靠积累的，起码掌握基础概念。在上课的时候我也经常跟学生说看百遍不如自己动手做一遍，没有固定的模式的，想着什么都可以做，一个盆景可以表达山的一部分，要发挥自己的理论和想象。很多时候一个师傅慢慢做会形成自己固有的模式，如果有

图17 邓建才师傅在华南农业大学指导学生做英石盆景

图18 华南农业大学英石叠山技艺课程合照

图19 邓建才师傅在粤港澳地区工艺交流工作坊

图20 粤港澳地区工艺交流石叠山技艺工作坊合照

多一些人不同想法,甚至一些奇思妙想,集众所长,真得很好。"

目前,邓建才正积极响应广东省"人才驿站"计划,规划英石叠山技艺培训基地的开展,为青年人提供学习英石叠山与山石盆景的平台。作为英石产业及英石园林造景行业变迁的见证者与参与者,他将持续投身于传承与发展英石叠山技艺。

参考文献

[1] 刘音,高伟.英石赏石文化历史源流及发展前景 [J].广东园林,2017,39(4):21–25.

[2] 朱章友.英德市奇石协会工作报告 [R].英德:英德市奇石协会,2013.

[3] 英德市政协文史委员会.英德历史文化普及读本 [M].广州:广东人民出版社,2012:13–83.

[4] 赖展将,林超富,范桂典,等.英石志 [R].英德:政协英德市文史资料委员会,英德市奇石协会,2007:12–13.

[5] 孙易.广州近代公园建设与发展研究 [D].广州:华南理工大学,2010.

[6] 国家质量监督检验检疫总局.关于批准对英德英石实施地理标志产品保护的公告(2006 年第 68 号) [EB/OL].(2006-10-27).http://www.aqsiq.gov.cn/xxgk_13386/jlgg_12538/zjgg/2006/200610/t20061027_315239.htm.

[7] 广东省英德市质量技术监督局.地理标志产品保护助英石点石成金 [EB/OL].(2011-12-22).http://www.yingde.gov.cn/yingde/bmdt/201112/3b8f0f90405c4ff68a5d75ffa2446875.shtml.

[8] 《珠宝玉石》编委会.中国地理标志产品集萃:珠宝玉石 [M].北京:中国质检出版社,2016:86.

[9] 陈燕明,巫知雄,林云.英德英石产业现状与发展研究 [J].广东园林,2017,39(5):23–27.

[10] 张廷厚.英德出台地理标志产品保护管理办法 [EB/OL].(2010-03-04).http://www.yingde.gov.cn/yingde/zwyw/201003/18804e96b07c4c3cae03c6c79ff4ad2a.shtml.

[11] 龙湘黔.关于清远市第六批市级非物质文化遗产代表性项目的公示 [EB/OL].(2017-05-03).http://zwgk.gdqy.gov.cn/0118/700/201807/b90d820722574dcdb57f235ec8c19d9e.shtml.

武翟山乡建营造术语与建筑习俗

姜晓彤 胡英盛 黄晓曼
山东工艺美术学院

摘　要： 鲁西南地区的武翟山村文化底蕴深厚，尤以石头民居为特色。在田野调查过程中主要运用口述史访谈法，搜集地域内匠人和屋主在乡土建筑方面的信息。文章以传统民居建筑为研究主体，获取了大量武翟山村乡建中的营造术语与建筑习俗并对其进行梳理、分类，目的为建筑遗产保护提供科学记录的档案，可使保护工作科学、有效地进行，实现山东地区传统民居文脉的延续。

关键词： 口述史　村落　术语　习俗　乡土建筑

1 引言

建筑口述史虽提出较晚，但早在李诫的《营造法式·劄子》中就已出现并一直贯穿至今。李诫深入实际，总结来自工匠的经验和智慧，书中所收材料3555条，其中3272条"系来自工作相传，并是经久可以行用之法"。关于所收集的材料，都是李诫"勒令匠人逐一解说"，并参阅古代文献和旧有规章制度后，在此科学性、系统性的编纂过程确立了《法式》具有切实指导意义的规范性。因此口述史是乡土建筑研究中的重要内容，它不仅为学术提供了重要的文本信息，同时也推动了当代中国乡土建筑的进一步发展。建筑口述史也在一定程度上通过人、法、物相结合的研究方法挖掘传统营建思想，将传统文化有意识的复兴；在原有文化基础上再造新的文化价值，促使传统换发新的活力。[1] 正如冯骥才先生所说的"非物质文化遗产是无形的、动态的、活动的、是不确定的，它保存在传承人的记忆和行为中，想要把非遗以确定的形式保存下来，口述史是最好的方式。"[2]

2 村落背景

2.1 村落历史

武翟山村历史可追溯到商代，贵族武丁后裔便在此聚族而居，直至东汉末年。因有武氏家族居此，临近的山取名"武宅山"，后演变为"武翟山"[3]。村落位于山东省济宁市嘉祥县纸坊镇东南方（图1），济宁机场以南，洙赵新河以北。村中的石头民居独具匠心，以石、砖、木等乡土材料构筑，在营造术语方面，涉及空间、构件、材料、工艺、装饰以及工具多个方面，与山东其他区域相比内涵丰富且极具地域特色；在营建习俗方面，主要表现在匠俗与民俗这两个方面。营造术语与营建习俗共同构成武翟山村历史文化维度的乡土建筑文脉。

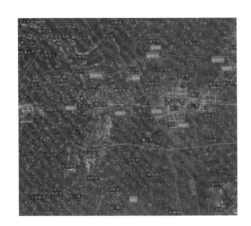
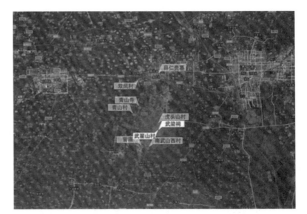

图1 武翟山村村落区位

2.2 村落调研

关于武翟山村，课题组先后三次考察村落。第一次的主要任务是对村落进行走访，整体了解

村落概况（图2），选取村中最具代表性的民居作为研究样本进行测绘，辅以影像记录。根据测绘获得的数据以及测绘中发现的问题对村中的工匠、风水师、屋主、邻里进行有关乡土建筑方面

的口述史访谈。第二、三次的主要任务是对前两次工作的查漏补缺，对存疑的问题进行补访，对遗漏的测绘数据进行补测、补拍。文章的内容与

影像资料主要来自11栋样本院落（图3）、1处沿街立面的测绘，7000余张照片，以及11位相关对象的访谈。

图 2 武翟山村村落布局

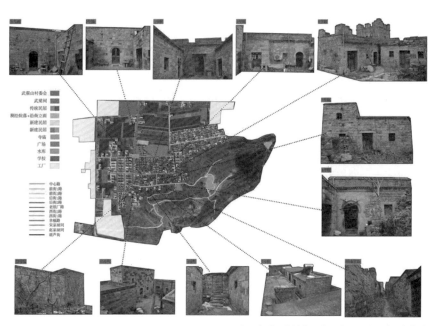

图 3 武翟山村样本院落、基础设施及道路分布图

3 营造术语

3.1 空间

武翟山村民居空间主要由主屋、东屋、西屋、南屋以及过当组成，部分院落有风屋。腰房多设置于二进院落，炮楼为地主庄园所独有。详见表1。

3.2 构件

武翟山村民居构件有用于排水的羊角阁漏、弯阁漏以及直阁漏，有用于固定木门的馍馍卡、皮条卡以及鲤鱼卡，有用于装饰且兼具实用功能的水踩石、门枕石以及腰川，有用于稳固建筑结构的趟子石、角子石、稳梁石、压券石、钉子石，还有用于排水的地沟。详见表2。

表1 空间术语

术语	主屋	东屋	西屋	南屋
释名	即北屋、堂屋，坐北朝南，整栋民居中等级最高，多为长辈的居住空间	即厨屋，坐东朝西，主要为日常烹饪及仓储空间	即偏房，坐西朝东，整栋民居中等级低于堂屋，主要为居住、休息空间	与堂屋相对，一般与过当相连，多用于居住、休息空间，也有闲置作为仓储空间
图片				
术语	风屋	腰房	过当	炮楼
释名	位于民居一层或二层的屋顶，形如平顶小阁楼，设置于屋顶一角，大户人家才有，具有防御功能	二进院落独有空间，多与厨屋相连，在一进院与二进院之间起连接作用	主入口通向内院的交通空间，并与南屋东西相连，有的门户南北两面各设一门	村落中地主庄园独有空间，占据村落制高点，形似烽火台，具有瞭望和防御功能
图片				

表 2　构件术语

术语	羊角阁漏	弯阁漏	直阁漏	馍馍卡
释名	即落水口，用于屋顶的排水，其形如羊角，因此可左右两侧同时排水	即拐弯式落水口，单侧排水，用于民居前有其他建筑的一侧，以防止冲积造成的屋顶损坏	即直落水口，与墙面垂直，单侧排水，用于民居前、后无其他建筑的一侧	即门卡石的一种，用于固定木门扇，形如馍馍，故称之，也有上下两个馍馍式样，被称为双馍馍卡
图片				
术语	皮条卡	鲤鱼卡	水踩石	门枕石
释名	即门卡石的一种，具有固定门扇的作用，为长条矩形，由一块青石制成，也有由中间分节的两块青石制成。通常富裕门户会在这块石头上錾凿横竖组合在一起的平行斜纹，起装饰作用	即门卡石的一种，具有固定门扇的作用，形如灵动的鲤鱼，故称之。其出现年代较晚，因此造型具象生动，并一改原来简单的几何造型门卡，选择具有美好象征的鲤鱼形门卡	多位于堂屋或住屋的门前，由一块或多快较薄的石板组成，且对石料没有特殊要求，石头的形状、大小不一，具有防止积水倒灌入室内的作用，该石板以下的部分被称作下地槽	位于门底两端，左右各有一石，与墙面融为一体，大门处的工艺最为精致，一般会錾凿磨平五面，与墙体相接的一面不做处理，稍次之的会錾凿四面，与墙体连接的一面以及朝向室内的一面不做处理
图片				
术语	腰川	水簸箕	趟子石	角子石
释名	门扇反锁时用于固定木棍的青石，位于门腰处，左右两侧对应，通常与门卡石是同一块石头，大门处较为多用，其他起防御作用的木门也有应用。腰穿主要分为两类：	多位于堂屋正立面的女儿墙处，其开口位置或偏左或偏右，不占据中间位置，由于开口处形如竖起的竹编簸箕，故称之。主要用于传送晾晒于平顶之上的粮食，如若	即用作墙体外立面且錾凿打磨较好的石头，其石料的高度一般控制在 400 毫米，因其高度几乎每一层都趋于一致，所以每一层都是整齐的一趟，而一趟里又有多块石头	即用于民居建筑外墙转角处的石材，因其多用于民居的四角，故称之。石料多运用硬度较高的青石或磨石，在房屋转角处石头一顺一丁垂直压头垒砌并分别延展至垂直的

（续表）

术语	腰川	水簸箕	趟子石	角子石
释名	一种为左、右两侧都有转窝的；另一种为一端为转窝，另一端为旋转180°的"L"形凹槽。二者相比，后者的防御功能更强	门户没有通向屋顶的楼梯，在此口处也可以搭立梯子，连通地面与屋顶。为了保证屋顶结构的结实，开口处的底端多用一块硬度较强的石板插接，以防止屋顶的损毁	组成，故称之，也因其工艺、质量上乘，多用于显眼可视的外墙，因而也被称做"脸儿"，也称"斗子石"由其垒砌的墙面是最规整的一面，有体现门面的意味	两个方向，转角处的石头做五面打磨处理，每一棱边较为笔直，是水平确定时重要的参考线，亦是整栋建筑中最为规整的石材
图片				
术语	地沟	稳梁石	压券石	钉子石
释名	即阳沟，是邻里之间排水的主要通道，多设置于大门的东边。因阳沟里的水多绕过家门，故被称为过门水	用于支撑、固定梁头，分散大梁的荷载，位于梁头下端，一般采用块头较大的青石	也称"拉筋石"，用于券窗或券门上方，具有防止拱券结构变形或垮塌的作用	也称"满墙石"，石头由内及外通体穿过墙面，每隔一段距离就垒砌一块钉子石，起稳固墙体的作用
图片				

3.3 材料

武翟山民居营建时运用的材料多为地域内的自然材料，主要以植物类与石材类为主，麻和青是起到一定黏合作用的抹缝填充材料。苇子是用于屋面构造的防尘、防风材料。碹石、青石、紫石等各类石料取材于村子附近的紫云山，不同硬度的石材应用于不同的建筑部位。详见表3。

3.4 工艺与装饰

武翟山村民居营建工艺极为考究，如头顶缝隙、两半子墙、补豁儿，都是当地的特殊工艺。建筑装饰是建筑工艺的一种艺术表达。武翟山村民居在建筑装饰上青砖部分多为平砖、立砖以及切角砖之间的立体组合，青石部分多为錾凿出的几何纹样之间的平面组合。青砖装饰增添了武翟山村民居女儿墙部分的节奏变化，青石装饰展示了石匠的工艺并丰富了民居建筑的趣味。详见表4。

表 3 材料术语

术语	麻（音 nian）	青	苇子	碴石
释名	一种植物，学名为苘麻、车轮草、青麻。具体做法是将其沤了脱皮，将脱下的皮风干，取径部纤维截成小段，加水同白灰一起搅拌，起浆后填充墙缝，黏合度更高	一种植物，和洋麻性质一样但不是洋麻，洋麻是长叶，但青是圆叶。同麻一样同白灰一起搅拌后用于填充墙缝，但出现的时间相对较晚	一种植物，用于屋面构造，其厚度大约为100毫米，直径约为7毫米，来源于村子东部微山湖地区的湿地	用于墙体中间填充的石头，无石材要求，根据墙体空隙的大小选用石材，空隙小的选小碎石，反之选相对大些的碎石
图片				
术语	青石	紫石	磨石	撵石（马子皮）
释名	硬度大，青白色，耐打磨，多用于房屋转角，外墙面，拉筋石，门腰石，门卡石以及门枕石等极具装饰的部位	硬度较小，茄皮色，产自于村子边上的紫云山，主要用于围墙的垒砌，找平的垒垫以及墙体的填充	又称"黄石"硬度小，较软、暖黄色，主要用于墙体的砌筑以及围墙的垒砌	硬度大，颜色发青，多用于制作磨盘，其剩下的边角料用于民居的砌筑
图片				

注：表中图片除"麻""青"外为课题组拍摄。"麻""青"图片来源于网络（"麻"http://blog.sina.com.cn/s/blog_6304009f01014frk.html；"青"https://www.sohu.com/a/138606499_682254）。

表 4 工艺与装饰术语

术语	头顶缝	两半子墙	补豁儿	掉牙子
释名	通常被称作"头发缝"或"头顶缝",主要指两种石头之间的缝隙,是墙体砌筑的一种特殊工艺	一面墙体由两半组成,中间的缝隙填充碎石。石材较为平整的一面朝外,与空气接触,而不规则的一面朝内,运用碎石、泥巴填充结实	上下两层灰缝重合时跟行一块儿小石头使之错缝搭接的这一工艺被称作"补豁儿"	位于檐口部位,是由带有三个小点儿的三角形连续组成的装饰带,极具装饰意味,是民居建筑中特色装饰工艺
图片				
术语	屹蛋窝	豆其块	布鸽路	柜子墙
释名	青砖制成,呈凹凸有致的水波状,明暗清晰,暗部的结构如同小窝	青石上錾凿的装饰图案,由多个连续的菱形块组成,内部錾有满天星样式的錾纹	青砖平铺倾斜45°组成的连续带状装饰,因该结构会有布鸽停驻,故称之	也称"栏板墙",由青砖垒砌,是一种平砖与立砖相结合的构筑工艺
图片				
术语	顺风旗	满天星	八宝	马扎串
释名	青石上錾凿的装饰图案,由多条平行的直线组成,有横向的、纵向的以及倾斜45°的	青石上錾凿的装饰图案,由多个均匀的小圆点组成,类似棉花籽的形状,故在邻村也称其为"棉籽窝"	青石上錾凿的装饰图案,呈菱形,錾凿的花纹由顺风旗和满天星组成,装饰图案最为丰富,故称之	青石上錾凿的装饰图案,由多条倾斜45°间断的小錾纹组成,有一寸三錾和一寸五錾之分
图片				

3.5 工具

武翟山村民居的营建工具主要包括木工工具和石工工具两大类，其中墨斗、矩是典型的石工工具，凿子、刮牙子、铁冲子等为木工工具。详见表5。

表5 工具术语

术语	墨斗	凿子	矩	刮牙子
释名	建房的基本工具，在墨盒里放入墨汁即可打线，墨线通常作为参考标准	木匠打眼的工具，其规格有2分、3分、4分、5分、6分、9分多种，2分最小，9分最大	建房的基本工具，矩即尺，直角状，在当地也被称为"拐尺"。主要用于测量与画线	木匠工具，主要用于刮门板后的凹槽，满足横木条嵌入，使横木条与木板相扣，用法与刮檐工具相似
图片				
术语	铁冲子	手锤	穿条	锯子
释名	木匠工具，主要用来楔东西，使所做工具更加牢固结实。多用于需要楔木条的榫卯处，上下左右都用其打紧固定	木匠工具，锤子的两头各有作用，一头可以用来钉钉子，另一头可以用来起钉子或调整钉子的方向	木匠工具，前尖后粗，总体细长且刀刃为锯齿状，主要用于制作镂空的矩形、三角形等细小花纹。还有头为圆形的穿条，用于做圆形花纹	木匠工具，较一般工具大，刀刃为铁制锯齿状，手柄为木质且抓握部分较长，主要用于做木工活时锯较小的木材及构件
图片				
术语	手锛	刮槽	刮檐	钻眼
释名	木匠工具，用于砍比较小的木头，锛子刀方向与斧子呈90°垂直关系，用其砍木头	木匠工具，用于制作如抽屉把手（带弧形凹槽）的小部件，其底部为弧面并在中间	木匠工具，主要用于制作木饰线条的小凸起，既具有装饰作用又起到保护的作用，	木匠工具，主要用于木构件的转眼，具体用法是将中间木柄固定于所需转眼处，把

（续表）

术语	手锛	刮槽	刮檐	钻眼
释名	重量与斧子相比较轻，通常不能用其楔木头	嵌有弧形小刀，在木条上来回摩擦就能磨出凹槽，故称之	具体用法与刮槽工具相似	线绳缠在木柄上，留有两头，由两人同时朝相反的方向拉拽，越快越好以获得钻眼，类似于钻木取火的原理
图片				

4 营建习俗

4.1 匠俗

4.1.1 分工算工

武翟山村的民居建筑均由石头建造，因而该地区的石工为主要的工种辅以少量的木工。通常建造民居的施工队至少由 10～12 人组成，主要包括：石工 8～10 人，木工 2～3 人。石工大都来自嘉祥，是当地最贵的工种，主要负责石头的錾凿与石头民居的垒砌，甚至兼具垒砖、扛石头这类工作。在建造中，掌尺是整个施工队中经验最丰富的、建造技术最强的总头目，所以工人要全部听从掌尺的安排。掌尺主要负责建筑的整体设计以及分工、算料、技术督导等工作。除掌尺外，从事过石工工作的称为领尺，他们在建造中各取所长，水平高的多负责打角子、砌门或窗洞口等技术活儿，水平低的则负责扛石、上石、垒石等相对简单的活儿。而木工承担的工作相对石工较少，他们大都来自周边村落或本村，主要负责民居建筑中梁、门、窗，以及家具的制作。

在当地算工有两种方法，一种是生产大队记工分制，根据工人的建造水平记分，最高为 9 分，最少为 1 分（具体计分标准还需进一步访谈），根据每月的总分换取工钱。另一种是民间相助制，由东家自行邀请当地熟络的匠人进行建造，建造期间由东家管饭、管酒。因与建造人员是邻里乡亲，实则为帮忙，因而不算工。

4.1.2 营建原则

武翟山民居的营建都是遵循择吉的原则。定向时，根据八卦定民居主入口大门的朝向及方位，大门的方位代表着民居宅子的吉凶，在当地风水先生会根据"门为宅主房为宾，门转星移定君臣。吉星显耀多福庆，凶方崇高招灾侵"这一口诀断宅。一般生财的旺位是在大门的斜角位，即堂屋位。院落大门开在东南角则最吉（图 4），而西南角因被称为"龟地"，多不设门而是建厕所。择日时，即择开工日，风水先生会根据老黄历来筛选日子，首先，通过月建判断黄道或黑道日，一般除、定、执、危、成代表黄道日，建、满、破、收、闭代表黑道日，在判断完属于哪个月建后再对照老皇历上的表格，确定宜忌开工的日子。通常黄道日为宜，黑道日反之。还有一些择吉的表现，如整个院子的地基在搭建时候忌讳屋前墙比屋后墙宽的棺材形，因此在建造时，石匠会在打地基的时候刻意做成屋前比屋后窄的形制（图 4），屋子前后宽

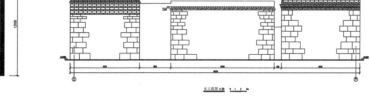

图 4 武翟山村样本院落平面图 　　　　　　　　　　　图 5 武翟山村样本院落东立面图

窄相差的尺寸根据地形而定，没有严格的尺寸控制，一般约在 1～50 厘米之间，只要避开忌讳即可。

武翟山民居建筑高度（图 5）从高到低依次是堂屋、东屋、南屋、西屋，呈圈形递减状，从民居建筑的整体看（加女儿墙），堂屋、南屋高，东屋、西屋低，屋顶走势形如"元宝"，在风水上称之为"元宝屋"。民居若建于坡地之上，地势由北向南逐渐增高，则象征家人生活步步高升，芝麻开花节节高。相邻的两家，堂屋高度不能高于后屋人家堂屋，这是"上山虎吃不过下山虎"的说法。阳沟一般设置于大门东边，这样阳沟里的流水可以环抱家门，在当地称之为"圈门水"，在山东其他地区也有称之为"抱走水"的，是一种吉利与聚财的象征。

4.1.3 营建仪式

上梁是武翟山村最重要的营建仪式，当地的屋梁（图 6）多采用楸木、杨木以及槐木，楸木多用于相对富有的人家，屋梁的平均高度在 3.3 米或 3.8 米。东家会在上梁当天在梁头处贴"今日

上梁好，百事大良吉"的红纸，并摆设盛大酒席、鸣放鞭炮，以图吉利；建房日期（图 7）会在上梁的当天记录在椽子上。与上梁仪式同样重要的酒席会在开工和下架的当天举行，开工摆酒席以庆祝开工大吉，祈求平安；下架即完工，摆酒席以招待匠人及亲朋。在民居建成之后，东家喜好让木工提早打好睡床，在新屋内先过一夜，据当地人说这样做有益于驱赶鬼魂。

4.2 民俗

4.2.1 节日祭拜

武翟山村民认为东为上首，因此香台都立于堂屋的东侧且不正对窗户。每月阴历的初一、十五要在香台前上香、烧纸、磕头，逢年过节时要在香台前祭拜"天爷爷"以及自己的祖先，供祖时要根据自家情况摆牌位进行祭拜。除此之外，家中有婚事也要进行祭拜。

图 6 武翟山村屋梁　　图 7 椽子上的建房日期
　　　　　　　　　　　　　　课题组拍摄

273

图 8 泰山石敢当　　　　　　图 9 灵符　　　　　　　　　图 10 八卦图

每年的农历腊月二十三（俗称小年）贴新的灶王爷像和天爷像，灶王爷像贴在灶旁边，天爷像贴在香台边墙中间靠上的位置。在香台上烧香，摆贡品（石榴、切成四方块的猪肉、鲤鱼、炸馒头）。其余按照大年前夕四扫屋、五蒸馒馍、六杀猪、七八九到春节的传统习俗进行，在农历大年三十的下午要把家族祖先的牌位（有木头的，有纸写的）请到家里，按辈分由大到小从东到西摆放至堂桌的中央，正对堂屋门，并在牌位面前摆上贡品，而后放鞭炮。用纸写的牌位需黏上木棍后插入馒头或咸菜疙瘩里再立于堂桌中央。

4.2.2 婚俗嫁娶

在红娘给介绍后，要书写定亲贴、换生辰八字书。过去的换书有"大换"和"小换"，大换得好几个人，摆大宴席；小换则抱着盒子（当地称"百先"），摆小宴席。换书后找文化人根据生辰八字定结婚日期，其中属相、年龄等都是决定因素。婚礼当天，女方需要按照提前算好的时间进门，对于新娘娶回后下车面朝哪里也要根据生辰八字算出。新娘坐在圈椅上，四人抬着直到屋内才下地。进屋后两位新人要坐仗（即两位新人坐在一起，新郎要在板凳上坐住新娘大衣角，以此表示两人结为夫妻）。坐仗的房间要根据生辰判断东间、西间，抑或南屋、东屋。然后在院子里磕头、喝交杯酒、放火鞭、撒糖果。所有宴请来参加婚礼的亲戚需要系上红色布带，在男女双方两家所经过的路口都需贴有"青龙"字样的红纸黑字的矩形纸条，以图吉利。

4.2.3 禁忌魇胜

武翟山村在民居建筑内的植物配置方面较为讲究，当地村民往往根据"门前不栽柳，家里不栽桑"的俗语来进行树木的种植，避免"柳"同"流"、"桑"同"丧"的谐音，潜藏村民求吉的心理。通常院子里多种植果树，如杏树、枣树、柿子树、石榴树等，但不种植梨树，原因是"梨"同"离"，有不吉利之说。种植的植物不能正对门窗，多种植在门旁或院子的中央。如若逢丧事，则在丧事当年禁忌建房。

武翟山村的魇胜物主要有泰山石敢当（图8）、灵符（图9）以及八卦图（图10）。泰山石敢当是村中具有辟邪镇宅作用的风水石，多位于村中的路口处、墙边以及屋顶处。灵符在武翟山村中少有出现，根据刻在灵符上的"十方诸佛法中王，普庵镇路显成光"字样判断，武翟山村中的灵符具有镇路的作用。八卦图，在武翟山村也有发现，其位于一处样本院落主入口大门正中的过门石上，具有镇宅之用。

5 结语

匠师就是乡土建筑的设计师，要充分理解乡土建筑的核心内容，就必须掌握匠师的思想与技艺并要保护相关匠师。因此，文章的内容主要梳理了以下6位匠人的口述史资料（表6）。

武翟山村作为独具历史文化禀赋的特色村落，村落形态及民居建筑塑造着村民们的生活方式和精神气质，因此要努力留住地域内的特色建筑技艺与历史文化记忆。口述史这一研究方法的应用，为传统民居建筑研究提供了更多元的方法，是借用科学的方法深入乡村的血脉，运用建筑口述史的研究方法挖掘与保护武翟山村濒危的营造术语、营建习俗以及相关的营造技艺。获取大量乡土建筑营造术语对于今后建筑史文本写作和研究具有直接影响，对于山东地区匠语系统的形成有着重要价值并且可以促进乡土建筑的真实性保护以及营造技艺的传承与再生。武翟山村乡土建筑研究所获得的一手资料既可作为学科内口述史方法应用与实践的参考又可以为后继学者及相关人员提供学术研究上的补充和佐证，以填补鲁西南地区乡土建筑研究的空白。

表 6 口述史访谈匠人基本信息

匠人姓名	住址	工种	生年
盖衍渠	武翟山村	石匠	1934 年
赵永庆	武翟山村	木匠	1936 年
耿怀庆	武翟山村	屋主	不详
梁庆金	武翟山村	石匠	1955 年
梁秉公	武翟山村	石匠	1945 年
张林柱	武翟山村	风水师	1939 年

1　刘军瑞、李浈《扇架地区乡土营造口述史研究纲要》，见：陆琦、唐孝祥主编《民居建筑文化与创新——第二十三届中国民居建筑学术会议论文集》，北京：中国建筑工业出版社，2018 年，305-310 页。

2　冯骥才《年画艺人的口头记忆》，见：《中国木版年画传承人口述史丛书》总序，天津大学出版社，2011 年，第 3 页。

3　山东省嘉祥县地方史志编撰委员会编《嘉祥县志》，济南：山东人民出版社，1997 年，641 页。

参考文献

[1] 李浈. 营造意为贵，匠艺能者师——泛江南地域乡土建筑营造技艺整体性研究的意义、思路与方法 [J]. 建筑学报，2016（2）：78-83.

[2] 刘军瑞，李浈. 中国建筑史研究中的口述传统初探——纪念中国营造学社成立 90 周年 [C]// 中国建筑学会建筑史学分会年会暨学术研讨会论文集（上）. 北京：北京工业大学，2019：8-11.

[3] 王树声. 历史文化名城保护与古代风水意象 [J]. 西安建筑科技大学学报（社会科学版），1999（2）：27-30.

[4] 崔勇. 中国营造学社研究 [M]. 南京：东南大学出版社，2004.

[5] 潘鲁生. 美在乡村 [M]. 济南：山东教育出版社，2019.

[6] 巫鸿. 武梁祠 [M]. 柳扬，岑河，译. 北京：生活·读书·新知三联书店，2015：5.

[7] 许雪姬. 台湾口述历史的理论实务与案例 [M]. 台北：台湾口述历史学会，2014.

[8] 东南大学建筑历史与理论研究所. 中国建筑研究室口述史 1953—1965[M]. 南京：东南大学出版社，2013.

鲁中地区石砌民居匠作研究——以济南岚峪村为例

张婷婷 黄晓曼 胡英盛 徐智祥

山东工艺美术学院

摘　要： 传统民居是村落社会发展所衍生的具象载体，不仅拥有上百年的历史文化积淀，还具发展中国特色建筑的设计依托。本文选取岚峪村为样本，对岚峪村的传统民居营建工匠进行访谈，将访谈中所涉及的营造术语和部分内容进行梳理总结，主要针对其村落中的民居平面布局、石墙的构造和墙体节点进行初步研究。

关键词： 岚峪　工匠　营造术语　民居构造

1 引言

在山东,散落于山地与丘陵地带的传统石头民居村落,受地形影响,多以地理环境命名,其中以崮、峪、岭、岗字眼命名的为多数,岚峪村则是其一。岚峪村整体依山而建,于济南长清区孝里镇东南5.1公里处的大峰山齐长城西南山脚下开始蔓延,地理位置优越,交通便利,与方峪村、马岭村相邻(图1)。

岚峪村内分为古建筑和新建筑两个片区,且民居类型和影响村落布局的因素有所差异。古建筑片区为明清时期所建的石砌民居类型,整体依山势而建,区内民居或因损毁改建或保存完善,大多保留有原始建筑的痕迹。新建筑片区为后期建造,主要由钢筋混凝土、红砖等现代材料所营建,整体沿道路而建(图2)。

岚峪村民居的营建方式、取材、构件及命名皆形成于独具特色的历史文化与地理环境之下。这些民居建筑是了解当地营造工艺和民俗的直观窗口,而工匠则是帮助我们窥探窗口的最佳人选。

工匠是乡土营建的创造者,更是传统技艺的传承者,与民居营建相辅相成。纵观中国历史,鲜有传统建筑工匠被列入历史记载之中,多数传统民居营建技艺是通过一代一代的师徒传承、家族传承、邻里相传的模式,依靠言传身教,在言谈举止的熏陶下延续,从而形成一套匠作谱系。因而对传统民居的营建技艺及工匠的研究,需要采用口述史的形式,记载采访时的口述材料,从而获取乡土营建技艺的一手资料。

通过对岚峪村匠人的采访获悉,随着社会的发展,现如今营建技艺的传承者已出现断层与传承者老龄化危机。在采访工匠中,年龄最小者也已65岁,最长者已达90岁高龄。课题组运用口述史的方式,将对工匠的口述素材转化为文本资料,从而使岚峪村传统营造技艺得以记录和传承。为了深入研究岚峪村的民居形式,课题组在村内挑选了26座典型院落进行测绘,并对村中10位工匠和所测屋主进行访谈,下文中的论述依据皆来源于对工匠和屋主口述记录。

图 1 岚峪村地理位置图,为白色框区域

图 2 岚峪村整体村落分布形态
浅色为新建筑片区,深色为古建筑片区,虚线表示村内主干道

2 匠作术语

传统民居研究一直没有专门的语言体系,不断采用非本学科的概念予以阐述,难以阐述其本学科问题的本质(匠作术语地域性较强,口述史工作应针对其所指事物与文献记录、学科常用表达或以图解对应,并尝试建立地方营建术语的语言体系)。建立语言体系有助于研究者与工匠的沟通。不仅有利于解决本学科的概念,还包含有地域特有的人文、方言等内容,可通过工匠提供的当地营建方言,更深入地对地方民居进行研究。

建筑术语体系包含工匠的工种,建筑材料、构件和工艺的名称,以及建房过程中习俗和术数等内容。

各地域房屋营建的称谓都蕴含着地方特色,本文中将当地所采访的工匠所提及的地方名词一一列举,并将其进行分类。这些词条是向岚峪村工匠进行系统采访过程中,由工匠所口述(图3),并在名词后加以解释以便了解其中含义。因在文中已将地方建筑名词列举,所以后文中将直接使用这些名词进行阐述。

采访工匠赵道海

采访工匠张英才

采访工匠查广新、肖洪全

图3 岚峪村工匠采访

2.1 功能空间

院落是由各个功能空间围合而成,布局形式与民居追求良好的朝向息息相关。岚峪村内主屋保证坐北朝南,光照充足,院落内的功能空间营建从自身要求出发,根据宅基地的大小、经济能力和生活需求等因素相结合而对院落进行灵活布局。岚峪村内功能空间具有本土特色,如地窖子、茅子、挂屋、拐屋等,且各个功能空间都有地方术语作称谓。在表1中对岚峪村的功能空间名词列举并进行解释。

表1 院落功能空间名词表

术语	主屋	东屋、西屋、南屋	饭屋	地窖子
释名	即北屋或堂屋,为住房,坐北朝南,为院落中最高的建筑,通常为长辈所居住	即偏房,一般为住房或者储物空间,房屋高度不可超过主屋	即厨房,做饭的地方,还可用于放置杂物和柴草	即地窖,分为两种类型,一种在院内洞口朝天,另一种设在主屋下方,在墙体开设洞口。冬季为了暖和在此纺棉花,以前战争年代可用于藏身,还可储藏农作物
图片				

（续表）

术语	仓房	香台	饭桌	茅子
释名	即粮仓，用以储藏粮食，设在院内空旷处。在粮仓的北面设窗口，避免阳光直射粮仓内部，并用此窗口运粮	即供桌，用石板简易搭建，逢年过节上供烧香，必须挨着北墙摆放	院内石制的简易桌子，可在此吃饭、休息、乘凉	即厕所，通常设房屋外部，为最大面积的利用和防止下蹲上起挂衣服（以前古人穿袍子，比较肥大），一般外部围合为圆弧形
图片				
术语	沤坑	敞棚	花池	挂屋
释名	低于地平的矩形凹坑，原用之养猪	即牛圈，不设门，以几根立石柱作支撑，用以养牛	院内高台，用以种植花草或蔬菜	在主屋之上设二层小屋，一般建在东南角，村内称其为吉星地
图片				
术语	拐屋	土坯屋	厦（音shà）子	胡同道儿
释名	主屋与东（西）屋相连，整体呈"L"形布局	由泥土制作的方块所垒砌而成的房屋	用于储存农作物、农具等杂物的附属小屋	村落街道、巷子，相邻房屋之间的过道
图片				

2.2 墙面构建

墙体为民居重要的构成部分，起承重、围护或分隔的作用。岚峪村民居墙体及墙体细部的营建取材于当地盛产的石料，也有少量墙体为土坯所砌筑，墙面为建筑极富变化的部位，民居的墙身从上至下，内至外皆具功能和装饰的层次变化，因而墙体的各个节点都有相对应的使用功能和地方名词，在表2中一一列举。

表 2　墙面节点名词表

术语	外皮	包里子	前墙、后墙	腰山
释名	墙体外立面的石材垒砌，石头皆经过打制，较为规整	内墙，使用无形乱石所填充，再抹泥或者灰	即前檐墙、后檐墙，房屋纵向的两端墙体	房屋内部的隔墙
图片				

术语	底座	土肩（音 jiǎn）	腰线石	一行（音 xíng）、三行、五行脸子
释名	也叫肩脚，一般和室内地面齐平并突出外墙体30毫米左右	肩脚埋于地下，地基埋的深度通常为400～500毫米	外墙面半腰处嵌一层厚50毫米左右石板，并突出墙体50毫米左右	脸子为门过木（过梁）上方的石头，"行"为门洞上方砌石层数。条石平砌一层叫作一行，过木到屋檐有三行、五行、七行之分
图片				

术语	干搓墙	板打墙	土坯墙	尿墙
释名	以不规整的乱石垒砌，缝隙之间不用灰浆黏合	板筑墙，墙的两侧用木板夹起，用木头卡子钉上，内部填土，打墙、挪板，再打墙，使墙面平整	泥土制作的方块，用以垒砌墙体	屋面雨水顺着屋檐向下流，屋檐窄，雨水则会不断地滴落在土坯墙上，此现象称之为"尿墙"。为了防止此现象，村内粮仓作成倾斜的墙面
图片				

（续表）

术语	咬缝	扯摞（音 chěluo）	里净	出轻
释名	即上面一行石头与下面一行石头错缝垒砌，不能对缝	房屋立面两侧大石头，目的是随着砖越垒越高，防止上面砖掉下，加强稳定性	即净宽，通常指房间内部的宽度	悬窗，门窗洞口上方小洞，为减轻过木石中央压力荷载，一般掏空，结构较为合理
图片				
术语	胡梯口	神龛	蛤蟆洞	错眼
释名	可在内部爬向二层挂屋的洞口，会在一层边角设有楼梯	位于北墙东侧上首位置的神位，为设置神龛的最佳方位，一般会在里面供奉关二爷	入口设置符合人体工学，抗战时期用于藏身，后期用来藏粮	屋檐下方的方形洞口，作通风之用，一般与梁头避开，到冬天时，会用干草或废纸把错眼堵住，为了室内防风。
图片				
术语	楔窝	阳沟	燕窝	蹬（音 dèng）子
释名	当地对开解石头涡的称谓，有"出人才"的说法	大门旁的排水洞口，当地称谓与别处相反，在风水中称为"玉带河"，按当地说法"阳沟里翻不了船"	拱券门上的花纹装饰	即台阶，三蹬子即三层台阶
图片				

术语	门踩石	门台子、迎风石（垂带石）	脸嵌	连顶五
释名	上部有防止雨水倒灌的凸起，下部中空，目的是为了防止雨水内流	门口台阶两侧水平石头称门台子，竖向石头称迎风石或称垂带石，可供邻里闲聊、休息和夏天乘凉	房屋入口处，木门下方的凸起石制门台	台阶和门踩石共五层，称之为"连顶五"
图片				

2.3 屋顶构造

岚峪村民居梁架形式分为单梁、双梁和二梁三种，一般西屋和东屋多为单梁，主屋为双梁或二梁。梁头需压半个墙体，外墙面一般不露梁头，有利于防腐，且露梁头有露粮食的说法，不吉利。

在不露梁头的情况下，梁尽量多挪向墙体内，这样较为安全，而露梁的为次要房间。梁上放檩，檩条多为单数，当檩条不够长时，在梁体上方会多根错落交接的形式。岚峪村内很少使用双数形式，因"双"谐音"丧"，当地认为不吉利。当地屋顶构造的名词在表3中一一列举。

表 3 屋顶构成名词表

术语	平顶房	滚水顶、起脊顶	拦水	砟石层
释名	屋顶有拦水（女儿墙）与阁流（雨水口）构件，屋水通过阁流排出	囤顶，有拦水无阁流，屋面中间高两端低，便于屋水直接排出	屋檐上方条石，高度为300毫米左右，厚度为100～150毫米，是一种高级的囤顶屋面做法	屋顶构造层囤顶最上层，由石灰、砂子、碎石头加黏土撒水敲打而成。西藏地区称"阿嘎土"
图片				

（续表）

术语	苇箔层	夯土层	双梁子、二梁子	檩棒子
释名	屋顶构造层，用芦苇编织的帘子，盖屋顶。苇箔材料最讲究的是用藤条，其次是苇子笆，再是用散苇子。苇箔长度能够到房屋两头，不够长则会接	屋顶构造层，厚120毫米左右，在苇箔层之上，砟石层之下，有保温作用	当地梁架类型，梁体选择杉木较好	梁上的檩条，榆木较好
图片				
术语	摊梁石	编芭	道士帽子	挑檐板
释名	梁头下方垫子，一般不露梁，怕腐蚀，而且露梁谐音"漏粮"，不吉利	用芦苇进行编织，与苇箔编织方法不同，置于檩条之上，夯土层之下	屋顶坡度偏向一方，单面流水	墙体之上屋顶之下覆盖一层60～80毫米厚的石板，并且突出墙体120～150毫米
图片				

2.4 门窗讲究

房屋门窗主要起到室内外空间分隔与联系的作用，并且具备采光、通风和装饰的功能，门主要为板块拼接而成的木扇门，窗多为木制格栅，鲜少有石制。岚峪村乡风淳朴，门窗的并无过多装饰，样式较为简洁。表4将岚峪村的门窗细部名词进行列举。

表 4 门窗细部名词表

术语	板打门	栅板	门卡子	拱券门
释名	用一片片木板拼接制成的木制门	封堵大门下方缝隙的木板，可拆卸	门洞两侧的墙体中部凸起一小块，用于固定门框，讲究做法是在门卡子上雕刻花纹	垂珠连龙院落的门样式，门上端为半圆形砖砌装饰
图片				
术语	伙大门	八字门	窗棂子	睁眼
释名	共用的大门叫伙大门，是指两个院落或多个院落共用一个大门	大门内侧墙体为斜八字，方便门更大限度地打开	窗户竖向木条，一般为单数	在木制门窗上端留50～60毫米的缝隙，既防止过木石挤压门窗木框致其变形，又起通风之用，在冬天时会用干草靶子填堵缝隙，保暖
图片				

2.5 营建工具

工具是工匠展现营建技术所不可或缺的，石料的加工难度大，根据石匠工种等级的区分，所运用的工具有所区别，当地民居并没有过多的细部装饰，所以当地的营建工具并不多样，表 5 为岚峪村中民居营建所运用的主要工具以及地方名词。

表 5 传统营建工具名词表

术语	土山尺	锤子	剁斧印子	钎子（錾子）
释名	1米=1.95土山尺；1土山尺=512.8毫米；土山尺制作方法，手掌第一条纹线到中指指尖为一巴掌，三巴掌为一土山尺。粗略估算，三指为一寸	手锤，可以配合錾子打制石头，一手拿锤子，一手拿錾子，并将錾子顶部自身倾斜进行捶打，需用一定的力度，若使劲太大会崩，刻不好	石匠用的锤子，一侧同普通锤子，另一侧有"V"形凹口，可以添加锋利的铁刃	用来打制石头、雕刻花纹的工具，根据花纹的精细程度选择相应的錾子
图片				

术语	刮沓子	抹子	墨斗	炮锤
释名	用来槌屋面的工具，使屋面结实平整	泥板，抹灰、泥的工具，使墙面整体光滑美观	在建房、刻花纹时用之打线	开山放炮、解大石块的工具，用之开采石头
图片				

3 岚峪村石砌民居平面布局

3.1 布局分类

岚峪村传统民居选址顺应地形脉络，采用院落布局，平面多为合院形式。村落传统民居院落大致可归纳为"一字形"院落、二合院、三合院、四合院的平面布局类型，其中还包括有二合院中"L"形院落形式，三合院中二进院落形式（图4）。

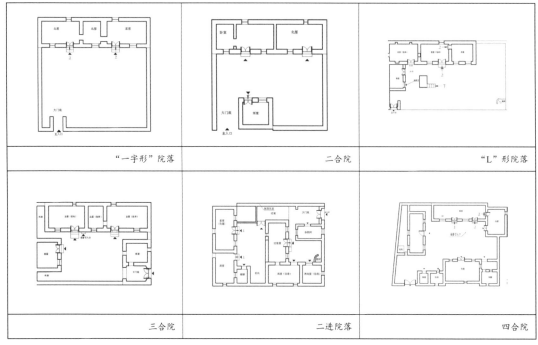

"一字形"院落	二合院	"L"形院落
三合院	二进院落	四合院

图4 岚峪村民居平面布局类型
课题组绘制

3.2 功能空间

从测绘与工匠采访中发现村落中民居的功能空间，为平房且多数带有地窖子，根据宅基地大小，增设功能空间。

3.2.1 地窖子：储藏空间

地窖子为岚峪村的民居特色，分为两种形式，一种为洞口朝天的形式（图5），附有盖子；另一种是位于主屋之下的半地下空间，在墙体上开设洞口（图6）。地窖子内部高度约1.3米，成年人需弯腰进入，在入口处设台阶层层向下进入。附有地窖子的民居地基厚于建筑墙体，且尺寸较于主屋，其空间狭小很多（图7）。地窖子不会特意做防水处理，流入地窖子的水会被泥土地面自然吸收。

图5 洞口朝天形式地窖子

图6 洞口在墙体形式的地窖子

图7 地窖子内部空间

3.2.2 一层：主屋、饭屋、公共空间等

岚峪村内的民居随地基大小而在院内增建功能空间，此院落空间满足村民的日常生活所需，不论地基大小，院落内皆设有大门底（大门通向院落内部的廊道）、主屋、饭屋和休闲活动的院子这类院落必需的功能空间（图8），地基愈大，愈会增设东西屋、粮仓、敞棚、羊圈等功能空间，为更好地服务于生活，但房屋高度不可超过主屋。对于牲畜、粮食等实质性财产，当然需更多空间的饲养与存放，因此从功能空间的多少也可体现出住户的富裕程度。平房空间的便利流线不仅利于牲畜、大件农具的出入管理，也利于邻里之间的相互沟通。

大门底

主屋

院子

图8 岚峪村内功能空间

3.2.3 屋顶：挂屋、晾晒空间

岚峪村的屋顶分为两种形式（图9），一种为滚水顶，又称起脊顶，顶面中间高，四边低且为弧形边，便于屋顶的排水；另一种为平顶房，即在檐板之上砌一圈条石为拦水，高270～300毫米，宽100～150毫米。带拦水的屋顶为营建讲究的房屋，多为主屋和大门底处。建筑高则会在通往屋顶的胡梯口加建挂屋，挂屋为青砖所砌筑，为了防止下雨漏到下层，还可储存一些杂物。屋顶由夯土、砾石层层叠加，坚实耐用，且空间开阔，空气流通性好，日照良好，平时无人在屋顶走动，是村民们晾晒粮食的最佳场所。

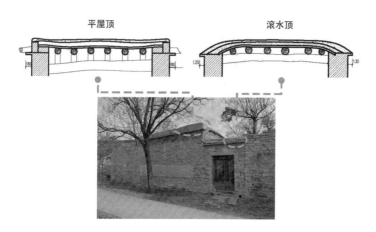

图9 岚峪村屋顶样式

由以上可看出,岚峪村民居的空间划分明确,整合了各空间要素,集结了工匠在营造过程中的经验与智慧,是传统民居百年来所累积的结晶。民居的功能空间以农耕为主,也充分满足了村民的生活需求。

4 岚峪石砌建筑材料

石砌民居主要以石材为民居营建的主要材料,石材的颜色纹理与自然相协调,在营建过程中追求人居环境与自然环境相互融合。处于工匠营建下的人为建筑,利用代代相承的营建技艺,呈现出传统社会背景下文化形态的空间秩序。

4.1 采石

石材为岚峪村传统建筑外墙所使用的材料首选,与所处的地理环境和石材产量息息相关,工匠就近取材于临近山脉,在建房之前依据地基大小预估石材用料,用炸药将大块石头炸开,后打眼顺缝用炮锤砸开,开石头时需注意石材的肌理,顺其纹路开采,最后凿成方块状,使用地排子车来回运输。

4.2 石类

岚峪村的墙体石材根据建筑位置不同,所运用的石材样式和砌筑方式也有所区别。

4.2.1 规整石

因岚峪村对此类石材样式,錾刻一道道短斜横线条,没有统一的名称,所以在本文中将其统称为"规整石"(图10)。此类石材是使用錾刻的方式制作的,较为规整。一般用于大门底外墙和主屋,凸显民居的规整讲究。錾刻线条越多,样式越精细,村落中多采用单数形式,因"双"谐音"丧",认为不吉利。如此錾刻纹路形成简洁大方的立体雕刻样式,是岚峪村民居外墙的讲究做法。

4.2.2 捶打石

常用来作外围墙的垒砌,将院落围合(图11)。捶打石相较于乱碴石,石块体积略大且外形更为规整,同样在石缝之间填以石垫找平。其质朴的风格与当地淳朴的民风相得益彰。

4.2.3 乱碴石

由大小不一,不规整的石料组合而成,一般作建筑内墙,在其中使用碎石嵌缝(图12)。

图10 规整石

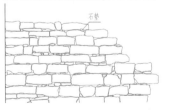

图11 捶打石

图12 乱碴石

课题组拍摄、绘制

图 13 条花石

图 14 角子石

图 15 疙瘩石

图 16 建筑墙体剖面

图 17 外墙上插入短木的位置图

4.2.4 条花石

该石材表面有横向的一条条颜色深浅不一的天然肌理,带有自然美感,当地又称之为"花子石"(图 13)。条花石在当地的石量较少,因而当地生活条件好,对墙体外观平整度要求高的选用此类石材。其石材外观方正规整,石材之间的间隙小,采用石片易压碎,因而采用铁垫作填缝处理,且填以灰泥粘合,使其表面工整美观,是村中富裕人家的民居外墙体做法。

4.2.5 角子石

多用于墙体的转角处,采用体积较大的方形石材,以相互交接砌筑成直角形式(图 14)。角子石从上至下需维持在一个水平面上,约束其外墙的稳定性。

4.2.6 疙瘩石

石块表面稍不平整,有稍稍凸起处,因而称之为疙瘩石(图 15)。将大小均等的疙瘩石顶平垒砌,形成一个工整的墙面。在疙瘩石之间缝隙较大处填以石垫,用以找平,再将石墙填以灰泥,作勾缝处理,这样不但可以隔离外部冷空气,还起美观之效。这类石材虽未经雕刻,仅加工凿平,却也展现出与自然相协调的自身肌理美感。

4.3 砌石

岚峪村石砌民居的石墙由两个半墙部分组合而成,分为外墙和内墙(图 16)。由于石材本身密度大,墙体厚,自重大,底部的荷载量最大,外墙石材规整,底部使用的石块体积最大,且由下至上,石块的体积依次递减且错缝垒砌;内墙由碎乱石头组合,为美观再抹灰或黄泥,相较于黄泥,抹灰更为光滑整洁。

当石材垒砌到一定高度时,工匠会在墙体中插入短木(图 17),一般使用斜木作支撑,向高处继续垒石,既便利又稳定,且拆卸方便。短木的宽度和伸出墙体的长度,依据建筑的墙体宽度和需求而定。使用完后将短木伸出墙体部分截掉即可,对建筑外观并无影响。

5 墙体细部节点

岚峪石砌民居中的石材一般以结构性功能使用为主，也包含装饰性节点，突出其民居特色。

5.1 栓眼

建筑外墙的构件，将牲畜拴住（图18）。分为整块石打制、片石挖孔和木头橛子三种样式，在上能栓绳即可。依生活条件和需求所定，既作实用功效又起到装饰效果。在村内，外墙的栓眼越多，象征着其家庭条件越富裕。

5.2 条石

由于石砌建筑自重较大，门窗洞口的部位上端会采用大块条石（图19），以承接上方压力，通过梁架传递于洞口两边的墙体。门洞下端会有一整块基石，保持门框两端的稳定。窗洞口下方同样也会有一块长条石，保证窗洞两端墙体的稳固。

5.3 石台

门前端的台阶两边会设置小石台（图20），水平方向放置的称之为门台子，竖直方向放置的称之为迎风石，紧贴墙体，与台阶等高，既起到装饰门口的作用，又可劳作之余的休憩之处。

5.4 磕坦儿

位于内墙的门窗之上，一个半掏空的圆弧形空间，占墙体厚度的三分之二，能够减轻梁的压力，还能作储物之用（图21）。

5.5 门卡子

位于门框的中心两端，用于稳定门框，一般装饰于院落大门和主屋，是岚峪村传统民居中装饰最为精细的构件（图22）。装饰内容丰富，常雕刻有鱼纹、竹纹、荷花纹等蕴含有吉祥寓意的纹样装饰，与传统文化相结合，具有浓厚的地方特色。

5.6 阁流

即屋顶的落水口，阁流附于挑檐板之上，放置于平顶房的屋顶（图23），当地有直阁流和弯阁流两种形制，阁流的样式是根据地基来定的，直阁流滴至地面的水距墙体约一土山尺（1土山尺＝512.8毫米），而弯阁流滴的距墙体约半土山尺。阁流是由细工匠所打制，先在体积较大的石材上，用墨线勾勒出阁流外形，再用錾子敲去多余石料。阁流的中间凹进去一道细流水口，顶端作尖，利于水的集中流出；底端与墙体相接，位于屋顶的排水洞口正下方。整个屋顶为平屋顶，但在排水洞口处做下凹状，便于流水。阁流之间的间距视屋顶的坡度而定。

6 结语

传统民居的营建，相关资料的记载甚少。传统民居营建是一项技艺，是需要依赖于工匠的一门"匠学"，工匠凭借所学技艺和营建经验的累积，无图纸、无文献，将营建过程中的各项步骤与工艺铭记于心。传承形式多为一师傅带领多徒弟，用最直观的施工现场实践方式手把手教学。

岚峪村的石匠根据房屋营建流程，有着明确的工种分工安排，分为粗石匠和细石匠两大类。其中粗石匠依据能力和需求分等级为大工和小工，大工负责建筑的石材垒砌这类需技术要求的工作，小工负责石头的开采与运输；细工匠负责门卡子、墀头、阁流、石刻等细致类錾刻工作。

图 18 栓眼

图 19 条石

图 20 石台

图 21 磕坦儿

图 22 门卡子

图 23 阁流

岚峪村的传统石砌民居，历经上百年的历史，其深深扎根于本土文化之中。民居墙体的石材肌理和建筑空间都与自然环境相契合。工匠创造了具有场地认同感的建筑外形，民居所采用的材料、空间构成、结构形制等皆蕴含有浓厚的地方特色。如今对岚峪村传统民居营建技艺相关的资料收集与研究，必不可少的是对当地工匠的访谈，以工匠的口述资料为参照，更深层次的对其所蕴含的价值进行研究，这不仅是对传统民居建筑本身的保护，也是对工匠营建技艺中所蕴含的经验和智慧的非物质文化遗产的传承。

参考文献

[1] 李浈. 营造意为贵, 匠艺能者师——泛江南地域乡土建筑营造技艺整体性研究的意义、思路与方法 [J]. 建筑学报, 2016（2）: 78-83.

[2] 刘军瑞, 王斌, 莫理生. 广东中山传统民居营造技艺初探 [J]. 建筑遗产, 2019（2）: 32-42.

[3] 陈舒含. 冀南太行山区石构民居营造技术研究方法 [J]. 绿色环保建材, 2017（9）: 146.

[4] 陈兴义, 袁平平. 焦作山地传统石砌民居结构与构造初探 [J]. 华中建筑, 2018, 36（8）: 108-111.

[5] 宋海波. 豫北山地传统石砌民居营造技术研究 [D]. 郑州: 郑州大学, 2012.

[6] 邹紫男. 川西传统石构民居的结构体系研究 [D]. 西安: 西安建筑科技大学, 2013.

[7] 张晓楠. 鲁中山区传统石砌民居地域性与建造技艺研究 [D]. 济南: 山东建筑大学, 2014.

[8] 黄美意. 基于口述史方法的闽南溪底派大木匠师谱系研究 [D]. 厦门: 华侨大学, 2019.

老街岁月: 城市更新背景下的口述应用研究——以长沙藩城堤街为例

陈文珊 邹业欣
湖南大学建筑学院

柳丝雨
中南林业科技大学家具与艺术设计学院

摘　要:　随着城市更新进程的不断推进, 大规模推倒重建的模式已遭到批判, 取而代之的是更为关注城市社会生活的地区微更新。如何在保留传统文化的前提下提升片区居民的居住体验, 是长沙潮宗街历史街区有机更新过程中亟待解决的问题。解决这一问题首先要了解该街区的历史沿革, 口述记录作为建筑前期调研资料采集的重要途径, 不仅能全面留存场景记忆, 尽可能完整地保留街道生活, 更能为新建公共空间增添历史意趣。本次口述记录采用随街访谈的形式, 针对两位久住长沙藩城堤片区的社区居民, 从"文夕大火"、老城区格局、商业业态、街巷空间和节点记忆五个方面挖掘个人记忆, 以期为城市有机更新提供新的设计思路。

关键词:　口述历史　历史街区　有机更新

1 引言

"十一五"开始,我国确定了以"修缮""改善""疏散"为关键词的旧城保护总体思路,具体措施也从"大拆大建"转变为"有机更新"[1]。目前正值各省市极力推行大规模旧城改造,除了房屋产权和社区参与等问题,建成环境和历史信息的保留同样也成为改造的焦点,给有机更新带来了巨大挑战。本次选取的改造项目位于长沙老城区中心的藩城堤街道,这一街区不仅是潮宗街历史保护街区的中心区域,更是建设长沙历史步道系统的重要节点。藩城堤巷南起五一大道,北止吉祥巷,与接贵街相接,冷作店[1]、裁缝店、理发店等多种手工业作坊沿巷道无序排开,两侧的建筑经多个业主的违建变得混乱,成为改造的重点。

本文节选自 2019 年 11 月 13 日对社区居民肖振武先生分别于家中和街道的两段访谈,受访者肖振武先生生于 20 世纪 40 年代,一直居住于藩城堤巷,1958 年开始从事街道社区宣传工作直至退休,对该街区有较为深刻的理解。此次口述记录与街区更新与改造同步进行,其目的一方面是为了深入挖掘藩城堤"荒货一条街"的历史,联系当下设计语汇,为改造完成注入新的商业业态提供参考;另一方面,可以为片区历史补充主观性记忆,丰富设计的情感价值和公共空间的功能,从而达到促进城市街区功能提升的效果。

受访者 肖振武[2]

生于 20 世纪 40 年代,一直居住在藩城堤巷。1958 年开始从事街道社区宣传工作直至退休,对该街区有较为深刻的理解。

2 历史背景

柳丝雨 "文夕大火"是古城长沙永远的痛,您作为当年历史的见证者,能否给我们这些晚辈介绍一下当时的情形呢?

肖振武 (家被)毁掉了,"文夕大火"火烧长沙。在民国的时候,好像是 1938 年,"文夕大火"把长沙很多文物古迹、历史街道都烧毁了。现在这些房子都是后来走兵(躲避战乱)回来搭建的,就像我们的这个房子。我们原先一直住在藩城堤,火烧长沙以后,日本人来了就要走兵到外面去,去逃难,我们的祖辈父辈回来以后再重新搭建。也就是说,现在长沙市的很多历史街道虽然轮廓保存下来了,但是很多古建筑都毁掉了,很可惜。这样来说,一叶知秋,我们从藩城堤再去看整个长沙市。

当时大家对国民政府很有意见,主要财产都被烧掉了,还要去走兵逃难,没办法。逃难回来就重建家园,主要是建房子。"文夕大火"以后,日本人并没打到长沙来,大家就回来了。我父亲跟我说过,长沙住不得,他拖儿带女地一路挑着东西就出去了,逃到道林[3]那里。之后火烧长沙,确实毁坏挺多东西,就藩城堤来说变化挺大。

考证分析: 长沙作为拥有千年历史的古城,拥有深厚的物质与非物质历史文化积淀,并在近代化的过程中得到快速发展。但 1937 年抗日战争全面爆发,在次年的"文夕大火"中,千年古城毁于一旦。大火一直烧了两天两夜,遇难市民达 3 万余人,房屋焚毁 5.6 万余栋,占全城房屋的 95.6%。[2] 而在大火之后接连打响的四次战役[4],不仅阻滞了灾后重建的进程,日益频繁的轰炸更是对城市造成了进一步的破坏。

抗战胜利后,长沙城已是一片废墟,大火与战乱使长沙成为公认与广岛、长崎、斯大林格勒并列的二战中损失最为惨重的城市之一,城市人口从 1938 年的 40 多万锐减至 10 万人,灾后重建工作举步维艰。在战后,行政院善后救济总署湖南分署[5]联合长沙市政府,主导进行了善救新村的修建,总计四处善救新村可解决 295 户无房市民的住房问题[6],若以平均每户 6 人计算,共可容纳 1770 人,竣工后移交长沙市政府,组建善救新村管理委员会办理住宅放租事宜。[3] 尽管解决住房的严重匮乏是市政建设的头等大事，但受制于捉襟见肘的战后经济条件，政府主导的重建工作规模极为有限，对于满足居民的迫切需要无疑是杯水车薪，住宅与街道的重建更多依靠逃难归来的居民自发进行。现存的藩城堤老街即是形成于这一时期，在重建过程中街道的布局和轮廓基本得到延续，但具体建筑则呈现出鲜明的时代特点。

3 长沙城市格局及地块区位

柳 您是从小就住在这条街上的老长沙，要说起咱们这条街道乃至于老长沙想必都是如数家珍，还请您介绍一下这条街的来历，和它在整个老长沙中的地位。

| 肖 长沙市不大，原先南门到北门只有七里三分[7]，长沙市就是这么大。但是我们藩城堤是城市中心，（旁边的）五一广场是原先的吉王府[8]，现在还留下很多街道地名：我们这里叫藩城堤是因为曾经是吉王府的一个外围城墙，是护城堤而不是河堤。长沙市有城墙，吉王府又有一个城墙（图1），我们藩城堤到湘江河还很远，但是离便河[9]近，原先城内都有便河。前面叫仓后街，以前是吉王府的仓库。这一路到现在的五一路花园那个位置，（地名）都是围着吉王府取的名称。比如那边蒲塘街，吉王府在那里有三个门，有门就有牌楼，这边叫

西牌楼，那边叫东牌楼，南门口那里原先是叫红牌楼，解放以后拉通了变成环线，但现在还保留了这个古迹的街名。

考证分析： 明清时期，长沙城即是四面城墙以内的范围，北始现湘春路，南终现城南路，西起现沿江大道，东止现建湘路，面积约4.5平方公里[4]。原始格局围绕明吉王府形成，进而发展为现长沙市的城市中心，而藩城堤作为原先明吉王府护城堤的所在位置，同时毗邻城市中心和水运要冲，地理位置十分重要，为藩城堤后来商业的繁荣奠定了水运交通的基础。四周其他街道也是围绕明吉王府取名，从街道的名称和分布可以为推断当时吉王府的规模与布局提供参考。

| 肖 长沙市的街道名称，比如旁边的轩辕殿，原先有个上百年的轩辕宫来纪念轩辕黄帝，现在拆掉了，是西帮（的地盘）。如何说是西帮还是本帮，在藩城堤江西人就叫西帮的，江西老俵；我们湖南人长沙人是本地的，就叫本帮。（所以）他们西帮原先有个轩辕宫，就叫轩辕殿，现在还留着这个地名。

考证分析： 得益于特殊的区位条件，这一片区吸引着各行各业和周边各地的人员涌入。伴随着人群的聚集，各类工会和行业会所也在藩城堤片区应运而生，除所述以江西人为主在轩辕殿拜轩辕黄帝为祖师的裁缝行业工会以外，湖南地区

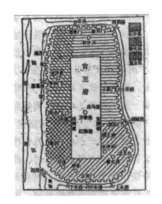

图1 明长沙城市格局
引自：《中国历史名城》

图2 藩城堤街区位图
引自：白屋舍

的行业组织粹湘公会和古玩同业公会，也分别设于藩城堤旁吕祖殿巷和何家坪巷。

| 肖　（北边与藩城堤相接的）这个接贵街也有来历，这又是长沙市的传说。明朝时有一个姓刘的学士[10]，也是当官的，起了个房子在（现在的）中山路。围绕学士府同样命名了几条街，前有如意（街），事事如意；后有连升（街），寓意连升三级；左有三贵（街），三贵也是吉祥；右有福星（现福庆街），现在都还在那里。潮宗街在后面。因为来去的达官贵人也比较多，都必须走这条街上接贵人，（所以）叫接贵街；要送他出去，那里叫吉祥巷，出去就一路吉祥，一直到藩长街，走大西门下河就回京城，所以围着刘宅都是吉祥富贵名字。

这个大西门就在现在五一路笔直下去的这个河边。原先长沙市有九座门[11]。大西门，那边是小西门、通货门，现在通泰街过去的那座门附近原先都有城墙。南门那边过去浏城桥那里叫浏阳门，这边是叫小西门、小吴门，然后经武门，再过去是北门，叫湘春门，（在）现在的湘春路。我曾经在办事处搞过一段时间文物的那个地名普查，所以（知道）。大西门是个吉祥门（西，谐音喜），死了人，棺材之类的东西不许走这个门过，要么走通泰门（通货门），要么走小吴门。大西门只有迎接和送出的达官贵人，（所以）叫喜庆门，原先有着牌子的。接贵街的来历也是从这来的，（迎接）贵人。

考证分析： 接贵街与藩城堤街道直接相对，但二者原本从街道形成到现在的业态分布都无直接关联，仅是被五一大道和中山路分隔后划入同一个街区。不仅是迎来宾客的接贵街，包括如意街、连升街在内的附近几条街道都和清朝进士、乾嘉两朝重臣刘权之有关，街名"前有如意，后有连升，左有三贵，右有福星（庆）"的说法勾勒出了原先刘府的大致范围。接贵街如今是一条以菜市场为主的杂货街，街上有炒货店、肉铺、香椿铺、鱼铺、鲜肉店、禄货店，等等（图2）。

4　藩城堤商业业态

柳　既然藩城堤地处老长沙城市中心，而且历史如此悠久，那么这条街本身肯定也有着与别处不同、为本地所特有的一些特色吧？

| 肖　听我父辈说，藩城堤在将近一两百年的历史里一直是荒货[12]街。原先有很多"生意"，都是铺面，主要是估衣铺[13]和荒货铺。

估衣铺不是裁缝铺，裁缝是做衣，它不做衣的，这（二手货生意）也就是原先藩城堤荒货的特点。有很多那些达贵官人穿旧的衣服不要了，就卖给"挑大箩筐"的。原先叫"挑大箩筐"就是收废品，挑着叫卖（把旧物）在整个长沙市收起来，全收到藩城堤。那帐子、衣服有的翻了线就给它好好缝补起来，再挂着卖给贫困人家，那些苦力巴子。我们这里在便河边，一般都是卖给船上的那些架船佬（之类的人）。像我们小时候，一个膝盖一块补丁，屁股一块补丁。有句俗话"笑男不笑补（即使取笑他人也不应取笑其节约）"，只要清爽，补得整整洁洁，就是好的。

还有木器、铁铺、估衣铺、荒货铺，布满了整个街道，我家就是做荒货生意的。隔壁就是估衣铺，后面那边也是估衣铺。挑大箩筐就是收荒货的，原先藩城堤两边全是（他们的）箩筐摆着，由别人来买。荒货一条街就是藩城堤的特色，我上次到衡阳去，他说爷爷您老人家住在哪里呀，我说我住在长沙，他说什么街呢，我说藩城堤，哦——那我晓得那是荒货一条街。所以藩城堤在湖南省是很著名的，在近一两百年，都是做荒货生意，所以这是一条很古老的街，有很长历史，而且还有很多传说。藩城堤就做这样的生意，这就叫荒货。

考证分析： 藩城堤的主要产业以荒货生意和估衣生意为主，荒货即是旧货，估衣即是旧衣。这条街不仅囊括了整个长沙的生意，甚至名扬省内，集中了来自各地的旧货旧衣。

藩城堤能成为长沙乃至整个湖南的荒货集散地，一方面是因为其交通便利，毗邻长沙城市中心的水运要冲，具备商业发展的所需条件；更重要的另一方面是交通和商业带来的人工需求，使大量的底层贫困劳动力向这一地区集中，为在他们所能达到的消费水平上解决生活所需，荒货生意就应运而生。荒货、估衣生意的产生和兴旺，来源于旧社会底层民众的贫困生活，是旧社会物资匮乏情况下的产物。但蕴含在其中的勤俭节约传统美德和可持续发展思想，对于生产力得到发展、物质得到丰富的当今社会依然具有重要的现实意义。

| 肖　还有家里有什么文物，像我们家里，原先就是做荒货生意的，做荒货生意又搭着做古董生意，有些挖泥巴的土夫子[14]他们挖了什么古墓里的东西，铜镜什么的，就送到藩城堤来。原先我父亲是搞古董的，说在藩城堤还出过一个宝贝，一个古董。这个古董原先没修饰的时候就是一块铜一样的家伙[15]，有对眼睛，坏掉了，就拿了个车床修补了一下，一车就发现是个古董。最后那个古董是左卖右卖一直转到上海，又到法国，按照现在的说法是国家一类文物，不知道是多少光洋卖的。还有一次，有个姓陈的在湘潭易俗河上码头的时候，说他家有一个犀牛角的杯子，（我父亲）就跟着到他家里用几块光洋买了带到长沙来。

我们这里还有几种做生意的，一个是木器铺比较多，做"圆木"[16]。木器行的类型都分了好几种，有圆木、大木、小木，还有做棺木的。修脚盆围子的叫圆木，起屋之类的叫大木，做小柜子的叫小木，藩城堤口上就有两家木器铺。还有铁铺，打铁的。这藩城堤有荒货铺，估衣铺，木器铺，还有个茶馆，过去大概在（藩城堤）30号左右是个茶馆。

考证分析： 民国时期，长沙开始逐渐成为华中地区古玩文化的中心，这一现象的形成与南派盗墓密不可分。盗墓风气的盛行赋予长沙城浓厚的神秘色彩并带来新的产业，藩城堤街作为当时远近闻名的古玩街和荒货街，片区内聚集了百余

家古玩店。如今的藩城堤已不再有商铺延续传统意义上的古玩生意，但却有外来的网红中古店[17]吸引着年轻人的到来，似乎冥冥之中仍然与过去的古玩生意存在着千丝万缕的联系。

荒货、估衣、古玩等生意的兴起带动了周边其他产业的发展，其内容涵盖了从百姓日常起居所需的生活用品的零售业到丰富业余生活的服务业。多样的产业结构充实了长沙的商业业态，共同促进了地区的经济繁荣，也见证了藩城堤的兴衰。

| 肖　1958年以后公私合营，都全合掉了，其他的也慢慢被拆掉了，走入集体化。在我上小学的时候，都是挑大箩筐的做荒货生意的小贩。

改革开放，藩城堤荒货一条街就被卖废铁卖旧铁的占据了，又回去了。七八十年代有一段时候每家都是卖烂铁的，长沙市需要铁就到藩城堤来找，一直到90年代。现在都还有余气，但是不多了。经过这么漫长的时间，估衣铺现在不存在了，新衣服都嫌式样不好，年轻人谁还去买估衣，不过还有废品站之类的存在，文物也不会拿出来卖了。

随着时间推移社会发展，这些行业自然消失了，谁还去做木匠做木桶子，谁还去开棺材铺？打脚盆围桶的，有铝的、不锈钢的什么都有，就被自然淘汰了。一个是因为就这么多有限的铺面；再一个是解放以后公私合营；最后就是老的东西近百把年了，老的手艺人死了，留下的后人参加工作，手艺也就被自然淘汰了。

考证分析： 藩城堤的商业业态是旧社会的特殊环境的产物，自然也不可避免地会随着旧社会的终结而走向衰落。中华人民共和国成立后，"三大改造"时期进行社会主义改造，对手工业实行合作化，对工商业实行公私合营，给原本就走向颓靡的荒货、估衣生意以最后一击，商业活动戛然而止。

在改革开放以后，市场经济的复苏使得工商业迎来再一次的发展，此时的藩城堤开始兴起废品生意，从四处将破铜烂铁收集过来，选取其中较好的部分直接加工成可供使用的生活物资进行

贩卖。形成将废旧物品加工后再出售的经营理念。与原本的"荒货一条街"如出一辙，在物资匮乏、百废待兴的改革开放初期得到了迅猛的发展，使得藩城堤出现了第二次繁荣，从现今藩城堤街道上多而集中的冷作店铺可见一斑。

随着社会经济飞速发展，物资匮乏的时代过去，人们不再需要通过买卖旧货来获取生活所需，废品生意逐渐无人问津。并且周边居民对生活环境要求不断提高，使得以手工敲打为主要生产方式的废品加工不再能为居民所接受，在市场和环境双重压力下，废品的回收处理逐渐由个体转向工厂。特色产业的衰落使得藩城堤的业态与其他街道开始逐渐趋同，作为荒货、废品生意延续的冷作生意现也因扰民而处境尴尬。

5 藩城堤街巷空间

柳 说过了这条街上的生意在百年来的兴衰，那作为承载着这一系列生意的载体，街道本身原先是什么样，又发生过些什么变化呢？

┃肖 旧社会的时候，街口原先在那个马路中间。挑大箩筐收荒货的，从街口排到那个栏杆门口去了。我家原先31号，现在是1号，所以你看藩城堤口子上拆了至少几十个屋。我们这里叫上藩城堤，一直到十八蹬那里，另一头就叫下藩城堤，旁边过去那条街叫堤下街，意思是藩城堤下面的一条街。

藩城堤长度，不包括接贵街，从藩城堤口上到盐道坪为止大概有一里多路。其中有何家坪、十八蹬、石栏杆子、机构巷子、吕祖巷子、喻家巷子、福星巷子这种小巷道，整个街区呈网状，藩城堤是主干道。藩城堤是第一条做小买卖生意的街，不是大生意，不像八角亭那种绸缎庄。这都是荒货铺，是做小生意买卖的。比堤下街素质好像又高一点，堤下街就是挑河水的、卖黄泥巴的，比较贫困一点的。

房屋、职业、路面都发生了变化。从整个房屋结构来说，原先的房屋因为"文夕大火"烧得干干净净，烧得就跟一块"坪"一样，烧掉以后大家就自己起，所以结构都是破破烂烂的，整个房屋都是木质结构，很简陋。我读初一的时候，大概是60年代初起了一场大火，街道被烧了一截。大概就是到现在五一公寓那个位置，那头起过一次火，因为全是木板房，一起火就火烧连营。后面现在随着生活的富裕，大家都起了砖房，再者公家又起了几栋大房子，整个房屋结构有所变化了。再一个路面，原先是麻石街，现在都是水泥柏油路，下藩城堤这头宽度基本就是现在这么宽，旁边都变成卖铁的铺子。再从人的角度，原先做生意的，挑大箩筐的多，现在都参加工作了，各行各业都有。原先我父辈他们都做生意，现在我们当公务员了。

这些房屋（藩城堤巷181-1号等）都属于家里比较好的，有这个私墙私脚（图3）。"私墙私脚，并无外人所有"，他都是刻着这话。意思就是墙什么的都是他家里的，相当于他就留了这基脚来明确产权，这是老东西。

考证分析： 从"文夕大火"后重建至今已过去八十余年，期间街道中的建设活动持续地进行，由于历史背景、社会环境等原因，难以收集到反

图3 私墙私脚

映当时场景的影像资料，因此对于街巷空间的尺度、比例、风貌等等特征，仅能从老人口述中得以一窥。在后来的建设活动中，街道长度略微缩短，宽度也出现了变化：由于与五一路这一城市主干道直接相接，南半部分的上藩城堤改动较大，不仅被整体拓宽，更是将街道南端拆除以拓宽城市主干道；更靠内侧的下藩城堤则基本保持最初重建时的道路宽度，长度上也没有发生变化（图4）。

尽管藩城堤的整体经济水平在长沙处于中游，但毕竟其重建于大火和战乱之后，受制于物资匮乏的整体环境，房屋和市政设施仍显简陋，无法适应当代生活需求。在社会经济得到发展之后，居民的收入和生活水平也得到了提升，落后的物质条件则迫切地需要得到改善，虽然有政府自上而下地对路面和街道进行了改造，居民也自发地盖新房或对房屋进行了翻新，但是如何在保留原有街道氛围和空间特征的情况下实现生活品质的提升，依然是个有待研究的课题。

当时家境较为殷实的家庭，会砌筑砖墙来代替价格低廉的木板墙或板条抹灰墙，并在房屋四周的墙角嵌入一条高约一米，宽约四十公分的麻石条，称为"角柱石"，其功能是作为房屋的界碑，以其上的刻字来表明对墙体产权的所有，避免邻里之间和租赁买卖过程中可能产生的纠纷。角柱石的出现说明街道上的部分人家较早地拥有了砌筑砖房的财力以及对建筑产权的关注。

图4 藩城堤街巷空间

6 藩城堤及周边的老街记忆节点

柳　那么在藩城堤这么多年的风云变幻中，这条街上或者周边有没有出现过一些名人或是重要的地点呢？

┃肖　到藩城堤北端为止，东边是叫吉祥巷，西边叫盐道坪。至于盐道坪的来历，是因为前面有个大屋是旧社会的盐道衙门，专门管盐道的，（因为）盐、铁原先是国家管理的，这个屋的原址是原先一个专门管盐道的衙门。（如意街40号旁电线杆对面）原先的大门在这里，后面又改成一个学校。这里叫盐道坪，往前面是如意街。

（盐道坪社区如意街24号旁入口）这边叫茶馆巷子，这一条巷子直通中山路，住了很多资本家之类的有名望的人，具体我搞不太清楚了，但很多都是家里有钱的，你进去看现在有很多文物建筑保留在这个巷子里面，都是公馆之类的住家，主人都是些当地的名人。巷子这一端（街道南端）原先是个茶馆，另一端（街道北端）也是个茶馆，（所以）叫茶馆巷。为什么在这个地方开茶馆，因为前面是盐道衙门，到衙门里来贩盐，到茶馆里谈生意。

（如意街18号旁小巷入口）这个口子进去是原先的救火队，旧社会叫水府庙。那时候救火不像现在，全是挑着桶义务的，哪里起了火就挑着担子去打水，都是木桶子。对面那条街就叫永兴街，都是吉祥名称。

考证分析： 我国传统的城市街道往往布局紧凑，少有类似西方城市广场等可供居民进行活动的公共空间，这是传统生活习惯和城市规划的产物。但随着社会发展，公共活动空间已经成为居民日常生活中不可或缺的一部分。原本的街道布局，虽然没有纯粹的开放公共活动空间，但存在如"盐道坪"大片空地，如"水府庙"的公共服务设施，以及诸如茶馆的休闲娱乐场所。在失去原有功能甚至原有物质形态的情况下，只要是在历史中曾经确实存在的公共空间，就有可能恢复其空间，置换其功能，进而转化为符合居民实际需要的公共活动空间。

7 结语

历史街巷作为城市的重要文化资源，承载了城市沧桑的历史变迁和深厚的文化积淀，见证了城市近代文明演进的曲折。诸如太平街模式的商业开发虽然在文化旅游业方面带来了巨大收益，但往往对历史街巷的真实性造成不可逆的破坏。推倒重建式的历史风貌复原在短期内似乎带来了巨大的商业效应，但千篇一律的开发模式终将会使人们产生审美疲劳。

因此，只有深入了解街巷故事和城市历史，才能让后人更有效的了解城市的内在秩序和规律。对于历史街区而言，也只有在合适的尺度与规模上将历史与当下有机联系，才能真正为历史街区注入活力。从建筑学角度来看，设计规划的历史资料与使用者的回忆叙述同样重要，二者在时间与空间回忆上形成互补，共同让后人获得更为深刻而又完整的理解。在缺失历史文献资料来为项目提供设计思路时，口述历史同样可以作为设计依据，将居民的回忆拼接，全面立体的为现代城市建设提供参考。

1　冷作工艺，将金属板材、型材及管材，在基本不改变其断面特征的情况下，加工成各种金属结构制品的综合工艺，又称"铁裁缝"。

2　采访者：陈文珊、邹业欣、柳丝雨。访谈时间：2019 年 11 月 13 日。访谈地点：湖南省长沙市落城堤街道肖振武先生家中。

3　湖南省宁乡市道林镇，距藩城堤约 40 千米。

4　指发生在抗日战争 1939 年 9 月到 1942 年 2 月期间的三次长沙会战（又称"长沙保卫战"），和 1944 年 5 月到 9 月的长衡会战（5 月 27 日到 6 月 18 日在长沙及湘北地区进行的部分又称"第四次长沙会战"）。

5　二战受害严重的中国是联合国善后救济总署最主要的被帮助国家，国民政府设立行政院善后救济总署，代表政府作为对应机构，下辖在上海、浙江、福建、湖南等 15 个分署。联合国善后救济总署成立于 1943 年 11 月，其名之"联合国"并非指联合国组织，而是二战期间的同盟国参战国家。其成立目的乃统筹重建二战受害严重且无力复兴的同盟国参战国家。

6　第一善救新村位于杜家山龙洞坡，占地约 100 亩，可容纳 153 户；第二善救新村位于打靶场，占地约 50 亩，可容纳 86 户；第三善救新村位于燕子岭，占地约 30 亩，可容纳 28 户；第四善救新村位于岳麓区凤凰台，占地约 20 亩，可容纳 28 户。

7　长沙老话"南门到北门，七里又三分"，7.3 华里约合 3.65 千米。

8　作为一个有过封王建国历史的名城和湘军政要地，长沙从明初开始就成了朱明帝胄的藩封之地，曾先后封有藩王四人，即太祖朱元璋子潭王朱梓和谷王朱橞、仁宗高炽子襄宪王朱瞻墡、英宗朱祁镇子吉简王朱见浚，其中吉王传续 7 代 10 王，就藩长沙计 195 年。

9　即为原长沙护城河，已于民国初年"拆城运动"中拆毁长沙城墙的同时被填塞，并于东侧便河原址修建粤汉铁路，铁路东侧形成街道，名为"便河边街"。20 世纪 70 年代铁路东迁，街名沿用至今，其旁现长沙营盘街与芙蓉路交汇处留有长沙古护城河旧址。

10　经考证此处应指清朝进士、乾嘉两朝重臣刘权之。刘权之（1739—1819），湖南长沙人，乾隆二十五年进士，嘉庆十六年拜体仁阁大学士，十八年回籍还乡。采访中或因老人记忆模糊或口误，"明朝"应为"清朝"。

11 明洪武五年（1377年），长沙守御指挥使邱广改土城为石基砖砌，设九门，除采访中所述的七门以外，还包括西侧的潮宗门和北侧的新开门，经武门则是清末新设四门之一（另为福星门、太平门、学宫门）[5]。西侧通货门、潮宗门、大西门、小西门四门临江，各自分别有对应的码头渡口，其中以大西门外码头最大，也是现长沙港务局所在地。

12 荒货即是旧货、二手货，做荒货生意的店铺即为荒货铺。

13 指在旧社会，专门收售富裕人家穿剩下、或嫌过时了的旧衣物，再转手卖给生活困难买不起新衣服的人从中得利的店铺。

14 "长沙帮"盗墓贼又称"土夫子"，以精湛的技艺闻名，在当时是我国南派盗墓业的典型代表。

15 此物究竟为何现已无从考证，描述模糊且多处有过度夸张之嫌，存在肖父对孩子讲述时有自行修饰夸大的可能。

16 此处描述中"圆木"的业务范围为木盆、木桶的制造与修理，故其意应为"圆形的木制器具"而非通常意义上的"圆形的木材"。

17 中古（ちゅうこ）意为使用过的物品，旧货，中古店意即通常意义上的二手旧货商店，起源于日本。20世纪七八十年代，日本战后重建经济飞速发展，大量的现金流通促使奢侈品行业呈现一片欣欣向荣的景象。90年代的金融危机导致房地产泡沫，人们开始大量抛售手头的奢侈品，从而出现了许多中古商店，同时催生了中古文化并延续至今。

参考文献

[1] 大栅栏跨界中心.威尼斯建筑双年展中国城市馆北京特别展：大栅栏更新计划[M].2014：57.

[2] 湖南省志编纂委员会.湖南省志：第一卷建设志：建筑业.[M].长沙：湖南人民出版社，1979：217–221.

[3] 善后救济总署湖南分署秘书室.长沙善救新村四村大小建筑共百余栋[J].善救月刊，1947（26）：12.

[4] 龙玲.近代长沙的城市变迁与发展研究[D].长沙：湖南大学，2005：10.

[5] 刘定.长沙开埠以来的城市规划和城市发展研究[D].西安：陕西师范大学，2009：8.

民国无线电专家方子卫故居——方立谈天平路 320 弄 20 号（徐汇区衡山坊）

赵婧

上海财经大学经济学院

摘　要： 上海市天平路 320 弄 20 号（现衡山坊 20 号）是民国无线电专家方子卫的故居。它建成于 1935 年，是典型的里弄式花园住宅，砖木结构、长排联列式。其外部简洁、雅致，内部设施先进。它位于旧法租界西南缘，临近淮海路，紧邻衡山路，毗邻交通大学和徐家汇，环境幽静，交通便利。根据道契，房屋的地产属于英商新瑞和公司，后转给英商恒业公司。这处历史建筑反映了近代上海上层资产阶级的生活方式。

关键词： 里弄式　花园住宅　方子卫　无线电　天平路　衡山坊

1 方立女士的回忆

图 1 方子卫肖像（1927 年）
方立提供

2014 年 9 月，因为研究方家历史，我有缘与方立女士相识。之后我们成了朋友。方女士所属的家族——宁波镇海柏墅方氏家族，是近代上海赫赫有名的金融世家。她外公方子卫是家族发达后的第五代人，是民国时期著名的无线电专家（图 1）。

2014 年秋，我们相约衡山坊，参观方子卫的故居——天平路 320 弄 20 号。参观完后我们品尝了西班牙餐厅的美食。方立女士跟我讲了她外公的故事和这栋洋房的故事。餐厅就开在洋房的一二楼。当时三楼和四楼[1] 还在装修。分别后，她回家找出了大半年前写的散文《天平路 320 弄 20 号》，与我分享。

之后的岁月里，不论是面对面聊天，还是打字聊天，又或是语音聊天，我们总是"开无轨电车"，想到哪里就说到哪里，聊天中时常会提起天平路 320 弄 20 号以及它的种种。因此，很难说是具体哪一天、在哪里对此做了专门的采访。换句话说，关于这个主题的口述历史零星地散落在我们的日常交流中，实在没有必要装腔作势地拿录音笔做一次专门的采访。

在这五年里，我陆续收集了天平路 320 弄 20 号的相关史料；春夏秋冬，我多次"重返历史现场"。今天终于将它们集结成文，与读者们分享，谨以此文纪念方子卫先生。

方立女士在 2014 年 3 月 15 日写了散文《天平路 320 弄 20 号》。散文汇集了我们日常关于这个主题的谈话，而且条理清晰、内容详尽、情感真挚。通过这篇散文，读者们可以身临其境地体会这栋洋房的细节和居住感受，了解它的历史变迁。散文如下：

现在的徐家汇给我的感觉——闹哄哄的。

天平路、衡山路也不再是清静的马路了，每次经过那里，我总会有一份失落感油然而生。

从小就听家人说，天平路（衡山路口）320 弄 20 号的那栋西班牙式连体小洋房是外公方子卫用 10 根金条"顶"[2] 下来的。妈妈告诉我她 3 岁那年（1935 年）[3] 随父母搬进了这栋新房。

我和大舅家的 4 个表姐、表兄和表弟也都在那里出生，那里长大，直到 20 世纪 80 年代初相继出国。我们对那栋房子都有着非常深厚的感情。

那是一栋小巧精致的三层西班牙式洋房，有趣的是大门和后门都朝北。大门是两扇对开的门，门的上半截是铁花框配磨砂玻璃，下半截是木质的。门离平地有三级石阶。

进了大门，有个 1 米见方的门厅。门厅的地面是由黑白相间的六角形小马赛克拼接而成。然后又是一扇对开的木门，门的上半部配磨砂玻璃。进了那扇门，是一条宽约一米半，长约四、五米的走廊。走廊右侧是旋转而上的木栏楼梯。楼梯下有一个马赛克地面、白瓷砖墙面的卫生间。走廊尽头的左侧有一个高高的木框拱形门洞。拐进去也是一条走廊，走廊的右面就是客厅和餐厅了。客厅约二十四、五平方米。餐厅与客厅平行，但因为有一部分是 porch[4] 就小一点了。客厅和餐厅都有落地钢框玻璃门通向 porch，餐厅的落地玻璃门朝南，两旁有两扇钢窗，客厅的落地玻璃门朝西。Porch 的南面有三个拱形门洞，从中间那个门洞往下走三个石阶就是花园了。客厅和餐厅隔墙有一扇很大的磨砂玻璃拉门。妈妈说，开

party 时只要一拉开就是一个大厅了。这条走廊从楼梯走向厨房的左边，客厅门的对面有一处约 1 米宽，高高的凹壁，妈妈说以前是放冰箱的地方。

从后门进去，第一步只要跨上一小阶，也是一个门厅，但是水泥地的。门厅的右手边有一个天井，左手边有一个小卫生间（小卫生间也连着一个小天井），那里还有一个小楼梯，上楼到亭子间。亭子间还另有一扇门通向主楼。

从水泥门厅再朝里跨上一级是厨房。厨房约 10 平方米，地是印花的水门汀[5]，墙面是 1 米多高的白瓷砖。有煤气灶和炮仗炉（供整栋房子热水）。厨房进门左边的墙有一扇门，那是一个储藏室。从厨房往里再踏上一级是一个约五、六平方大的 pantry room[6]，也是印花水门汀，墙贴白瓷砖的。那里安装着白色的橱柜，用来储藏餐具、食品。在两个橱柜间有一扇小木窗，用餐时，烧好的菜从那里递进餐厅。这房子还"瞎考究"的是，后门的门厅进厨房有门，厨房到 pantry room 有门，pantry room 右边还有一扇门通主楼，都是很厚实宽大的木门。记得 pantry room 通向主楼的那扇门的上半部是木框配磨砂玻璃的。

从主楼的楼梯拾级而上去二楼，中间有一个小小的 hall way[7]，hall way 的左面有扇窗，窗外面是个外墙造型很美的小阳台。hall way 尽头就是进亭子间的另一扇门。然后一个回旋，再上六、七级，就是二楼的 hall way。左拐（也有拱门洞），走廊的右边是两间大卧室，都朝南。主卧室有个内阳台，和一楼的 porch 垂直，有一长排窗，地也是马赛克的。次卧室除了有大南窗外，还有一扇西窗。二楼走廊左边靠里的高处有一扇能看到晒台的窗，这样二楼的房间就南北通风了。走廊的尽头是一个马赛克地、四壁白瓷砖的大卫生间。

在二楼楼梯 hall way 处，向右再来一个回旋，上去六七级又是一处小 hall way，可去晒台。晒台与厨房、亭子间是垂直的，都朝北，面积一样。

晒台门口再向右转个弯，登上十几级楼梯就是三楼的两个卧室。三楼虽说是假三层，但西班牙式房子的房顶非常陡，空间很大，因此那里的房间还是很宽敞，很正气的，并且南北通风。天花板以上仍有夹层防晒、保暖。我们家的一位世交，是品味极高的建筑设计师。他说，这两间屋的光线和感觉是每个艺术家求之不得的。哈！

可能是因为在这样的房子里长大，所以我喜欢有变化，有回旋空间的房子，这也成了我日后选购房子的偏好。设计平淡单调的房子，面积再大也抓不住我的眼球，而厨房有 pantry room，又有大晒台的房子才能捉住我的心。现在想来也是一种情结。说起大晒台，我眼前又浮现出两位表姐用功的身影。清晨她们在那里默念、朗读。我又感受到等待信鸽归来的焦虑和观云的兴奋。我与表哥在那里一起敲着装满干玉米粒的小铁罐，等待和迎接他那些去外地参赛的信鸽归来；我与小表弟蹦跳在那里的一张大桌上，观云。以及婚后，每个夏日的黄昏，浴罢，我们在那里变着法地逗弄女儿的快乐。晒台上的趣事真是数不胜数！

天平路 320 弄，从东到西并排连体一共有六栋这样的房子。据说当时开发商规划建造一整片都是这种设计精巧、用料考究的西班牙式小洋房：每间房间都有两个水汀（二楼大卫生间也有），一楼、二楼的每个房间都有壁炉。但造好这六栋后发现资金不够了，因此接下来只造了几排新式里弄房子。那些房子一上一下带一个亭子间，有煤卫（大、小两个卫生间），有晒台，还带一个小庭院。

我们对面一上一下的房子是 1—15 号。六栋西班牙式洋楼是 20—25 号。20 号是方子卫"顶"下来的。21 号首位房主是上海交通大学电机学院院长张贡九。我记事时房子已经易主了，转"顶"给一位船长。船长姓王，我们叫他王家伯伯。他有两个太太，一个儿子。22 号是以前大同大学的校长胡敦复家。[8] 23 号是著名导演费穆一家。24 号的主人是一位姓曾的生意人。25 号姓周，他们家族是经营电器行业的，大舅说好像叫"大中电器公司"。[9]

一个题外话。

说起王家伯伯，解放初期，王家伯伯把拥有的几条船无偿献给政府，自己退休了。"文革"初期，他又主动找"里委"来抄家，因此他们家没什么大的损失。他们家的书籍比我们家还多，"文革"时我就是靠那些书自己补习了语文。

王家伯伯的儿子，我读小学时他已经读大学了。记忆中，他总是坐在一把藤椅里看书，不是在花园里就是在晒台上，我们叫他"知识分子"。他从不与其他邻居接触，但表哥和他是好朋友。他有一架很好的放大机，表哥与他一起玩摄影。后来表哥照着那架放大机自己造了一架几乎一模一样的（他是技校学钳工的，手非常巧）。表哥有一架很好的苏联牌子的照相机，我有一架上海牌的照相机。上海牌照相机是仿德国莱卡相机造的（一模一样），所以镜头可以拧下来做放大机镜头。这也是"文革"的中后期我们的消遣之一。那时用来裁剪照片的花边切刀我竟然还保存着呢。

言归正传。

320弄大门口25号东面大铁门旁是门房，后来（我记事时）住着以前的守大门的"大块头"巡捕一家。妈妈说，外公方子卫的汽车喇叭是他自制的，声音很特别。每天他从外面回来时，在衡山路、天平路口就按喇叭，"大块头"老远听见就来开大铁门了。

我们20号是靠里面，最西的那一栋，西窗旁有一处空地，那里有五个汽车间，[10]外公方子卫在的时候，六栋房子的主人只有他拥有汽车，因此方家占用了两个汽车间。

二、三楼西窗口看下去正对着的是上海国际和平妇婴保健院的中心地带，那里是一个很大的圆形花坛和郁郁葱葱的绿化，景色非常美丽（我常常站在西窗前发呆）。夏天，有西风的夜晚，会传来新生儿音乐般的哭啼声，时而小组唱，时而大合唱。妈妈总说婴儿哭啼声最好听了，我也觉得好听。特别是在宁静的夜里，隐隐地随风而来。

在我记忆里，间于1—15号和20—25号的弄堂很宽敞，很美丽。1—15号的原始建筑风格是各家各户有一个砖石、铁栏、铁门的独立小庭院。50年代末，"大跃进"炼钢要用铁，因此把所有小庭院的铁栏、铁门和围墙全拆了。那样一来，1—15号的住户肯定是不开心的，但是增加了弄堂给人在视觉上的宽度和美感。因为每家每户精心栽种的植物成了弄堂的一部分。那些树木和花卉，与对面20—25号色彩宜人（红砖、红瓦、青石、淡黄拉花墙）、凹凸起伏、错落有致、富有韵律的西班牙风格建筑外观交相辉映，美不胜收。以前320弄的大门是不开的，我们和邻居家的小伙伴们能在这样一个大体封闭的美丽的空间里尽情地玩耍，快乐地成长（"文革"时期除外），真是一种福分。我一直认为（天平路）320弄是最漂亮的弄堂。

好在这老房子2009年动迁（因建造地铁9号线的原因）时政府决定保留下来了。可能是因为那一排西班牙风格的房子，不仅外观美丽，建筑质量还非常好，各种设施应有尽有。它们和衡山路上的几栋建国前夕造的房子连成一片，据说要打造成徐汇区的"新天地"。

半年前路过，进去看了一下，内部结构都拆空了。目前那里已全部修缮完毕。虽然整栋房子外观上加了一些现代元素，但是南、北、西的门和窗的位置基本没变。因此，熟悉它的人，还是能一眼认出它，回想起它从前的风貌。我拍了一些照片发给远在美国的舅舅阿姨们，三姨说她流泪了。

前几天路过那里又触景生情，心血来潮地写下了这篇散文以作纪念。

2 历史资料的佐证与补充

"孤证不立"是历史研究的重要原则。口述历史并不是一个人讲一个人写就完成了，口述部分只是其中的一部分史料，历史研究者还需"二重证据""多重证据"对口述内容加以考证、补充，从而探索历史事实。以美国哥伦比亚大学历史学家唐德刚对寓美中国军政要员做的口述历史为例，他写的《李宗仁回忆录》大概有 15% 是李宗仁口述，85% 是他从图书馆、报纸等各方面资料补充与考证而成；他写的《胡适杂忆》大概有 50% 是胡适口述，50% 是他找材料加以印证补充。[11]

关于天平路 320 弄 20 号这栋洋房的历史考证和补充，一部分已作为散文的注释，另一部分将独自成文，如下。

2.1 房主及其事业

方子卫（1901—1990），谱名方善堡，浙江省宁波市镇海县人，无线电专家、教育家、工程师。

1921 年夏，方子卫从交通大学电器机电科毕业。是年夏，他赴美国留学。1922 年，他获得密歇根大学电工硕士学位。1924 年，他获得哈佛大学电讯物理博士学位。

1924 年归国后，他竭力推动中国无线电事业发展。首先，他呼吁国家掌握无线电通信主权，否则国家如"耳聋口哑"。当时中国的无线电事业被英、法、日、美、丹等国把持。其次，他致力于培养无线电人才。他创办中国无线电工程学校并任校长。再次，他推动无线电事业普及。他创办《无线电杂志》，向无线电爱好者传播无线电前沿知识；创立中国业余无线电社并任社长，将无线电爱好者组织起来，该社是世界业余无线电社的分支。

1933 年冬，方子卫负责接待无线电发明家意大利人马可尼访华（沪）。期间，陪同马可尼夫妇访问交通大学，主持马可尼纪念柱奠基典礼。典礼上，"马氏甚称该纪念物之结构新颖巧敏，并向方君笑谓：'如以用于无线电之超短波则该铜柱尚太长云云。'其研究短波之程度，于此可见一斑矣。"[12]（图2—图5）

此外，方子卫有诸多社会身份。他曾任上海吴淞无线电台局长、国营招商局总管理处总工程师、中国科学社理事、中国工程师学会上海分会

图 2　1933 年 12 月 8 日，上海十四学术团体欢迎马可尼夫妇。前排左起：方子卫、马可尼夫人、马可尼等，位于交通大学总办公厅前。上海交通大学档案馆藏

图 3　1933 年 12 月 8 日，交通大学马可尼纪念柱植基礼。照片正中二人，左方子卫，右马可尼。上海交通大学档案馆藏

图 4　"文革"前，上海交通大学马可尼纪念柱。上海交通大学档案馆藏

图 5　1934 年 2 月 5 日，方子卫与交通大学校长黎照寰（字曜生）关于马可尼纪念柱等事宜的通信。上海交通大学档案馆藏

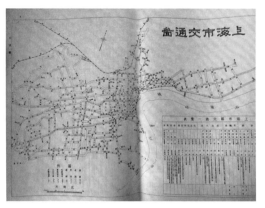

图 6　上海市公交图（20 世纪三四十年代）[13] 左红点为天平路 320 弄 20 号，右红点为国营轮船招商局，红线为方子卫上下班最佳行驶路线

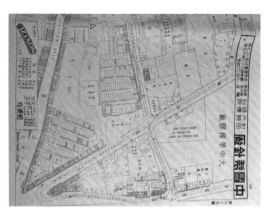

图 7　天平路 320 弄 20 号及其周围（1939—1947）红色大方块是树德坊，红色小方块是天平路 320 弄 20 号，绿色四边形是光中制造厂空地

会长、国立英士大学教授等职。方子卫还撰写和编纂了不少论著，如《方子卫无线电言论集》《射电工程学》《工业科学管理学》《五十年来科学之进展》《现代科学与文化》等。

2.2　地理位置

20 世纪 30 年代，这栋洋房地处上海法租界西南缘，临近淮海路，紧邻衡山路，毗邻交通大学和徐家汇，环境幽静，交通便利。

它所在的天平路，当时名为姚主教路。淮海路，又名霞飞路，当时称林森路，是一条贯通上海东西的马路。衡山路，当时名为贝当路，与淮海路相交。这 3 条条路可通行汽车；淮海路和天平路上通有轨电车，通达外滩十六铺。

那时方子卫供职于位于外滩的国营轮船招商局。若以小汽车出行，从家出发，经天平路（或者衡山路[14]），到淮海路，一路向东，到西藏路口走金陵东路，到外滩后往北，就到工作单位了。全程不到 8 千米。如果以每小时 30 千米的车速计算，在道路畅通的情况下，全程耗时不到 20 分钟（图 6）。

查《老上海百业指南——道路机构厂商住宅分布图》[15]可知，20 世纪 30 年代末 40 年代初，树德坊由 3 条弄堂组成：天平路 320 弄、310 弄、288 弄；

树德坊南面是光中制造厂空地，西面是善牧会救济院及其菜园（即今日的国际和平妇幼保健院）。由图 7 可知，当时树德坊周围较空旷。大约在 1948 年前后，光中制造厂的空地上建起了衡山邨。

2.3　房地产信息

上海租界的地产有两种重要凭证，一种是道契，一种是权柄单。道契，就是永租契，外国人永久租借土地之凭证，清代由上海道台办理，所以叫道契。道契在各领事馆登记，在英国领事馆登记的叫英册道契，在法国领事馆登记的叫法册道契，此外还有美册、意册、西册等。权柄单，中国人假借外国人名义（外国人出面）申领道契，将地产挂在洋商名下，洋商向中国人出具地产实际权利人的凭证。[16]

查 1941 年的法租界公董局行政路名图可知，这 6 栋联排洋房共有一个地籍号，13957 号。根据地籍号查法租界公董局道契册可知，地籍号 13957 对应的道契号是英册 7173，地产主为 Metropolitan Land Co.,Ltd.（英商恒业地产有限公司），占地 1.613 亩（约 1075.33 平方米）。再根据道契号查地产信息，部分上海道契已影印出版，查《上海道契》可知，英册 7173 号是清朝宣统二年（1910）英商新瑞和在从中国人顾阿士手中以

图 8 道契英册第 7173 号

300 银元租得杨家厍一亩一分六厘七毫（约 778 平方米）的顾姓地；1936 年 9 月 3 日英商新瑞和将该地转与英商恒业地产有限公司。[17]（图 8）

如上所述，这块 13957 号地块的面积有 778 平方米左右，地块上建 6 栋联排洋房，也就是每栋 129.7 平方米左右。这与天平路 320 弄 20 号的实际测绘面积 121.7 平方米相近（长 12.73 米，宽 9.56 米）。

英商新瑞和股份有限公司是一家什么公司？

查民国上海市社会局档案知，英商新瑞和股份有限公司是一家清末成立的房地产公司（具体时间不明 [18]）。公司英文名称 Starr, Duff & Smith, Ltd. Shanghai Branch。公司资本不明。推测总公司在香港注册。上海分公司的地址在上海中山东一路 17 号 8 楼。分公司经理是英国人 C. 杜甫。[19] 中山东一路 17 号是"字林大楼"。因历史悠久影响巨大的英文报纸《字林西报》而得名。里面租住着许多洋商，英商恒业地产股份有限公司也租于此地办公。经其他资料查实，C. 杜甫的全名 Charles H. Duff，曾任上海工部局打样间主任。[20]

英商恒业股份有限公司是一家什么公司？

查民国上海市社会局档案、中国征信所档案和联合征信所档案知，英商恒业股份有限公司英文名称 Metropolitan Land Co., Ltd。1930 年 11 月 1 日向香港政府注册设立（香港皇后大道 14 号），1932 年 11 月 21 日向中国政府注册上海分公司（原在上海仁记路 21 号（今滇池路），之后搬至中山东一路 17 号）。公司财力雄厚，额定资本规元 500

万两（甲种股 10 万股，每股 10 两；乙种股 40 万股，每股 10 两）；1937 年已缴金额为规元 1948180 两。公司主要从事买卖不动产、代理买卖不动产、经租等业务，在法租界拥有大量房地产。初创时公司主席董事是英国商人史密士（F. R. Smith），后由英国人 C. 杜甫（Charles H. Duff）接任。[21]

租地造屋，在上海法租界开发过程中较为普遍。这种情况下，房屋产权和土地产权分离。上文所述只是土地产权信息，不是房屋产权。笔者还没有查到天平路 320 弄 20—25 号的房屋产权、开发商和营造商的信息。笔者不能确定英商新瑞和是否就是天平路这六栋洋房的开发商。

迁居树德坊之前，方子卫住在万宜坊。[22] 万宜坊是法租界知名高档住宅小区，紧邻重庆南路（当时称吕班路），通有轨电车。这两处房产都反映出方子卫注重生活品质。随着孩子的增多，万宜坊不能满足一家人的生活起居了，于是他购置了更大的住宅——天平路 320 弄 20 号，并添置了汽车（图 9、图 10）。

2.4 房屋结构

天平路 320 弄 20 号为砖木结构、里弄式、长排联列式的花园住宅。

在 19 世纪末，上海就有里弄式花园住宅，住户大多是侨民。到了 20 世纪 20 年代，这类住宅散见于徐汇、卢湾（今黄浦）。至 20 世纪 30 年代，

图 9 《无线电杂志》封面，1935 年，第 10 卷，第 3 期。照片里方子卫驾着他的小汽车。封面照片下注释"社长方子卫君试验自制手提旅行式六万周率超短波无线电话收发机之实地摄影"

图 10 20 世纪 40 年代初，方子卫与妻子陈素曾汽车正对着汽车间，汽车后是天平路 320 弄 14 号。方立提供

上海西区大量兴建这类住宅，住户大多是中国上层社会人士（工商业资本家和高级知识分子）。典型的里弄式花园住宅，如 1937 年建造的宏业花园、1938—1939 年建造的上方花园、1940 年建造的威海别墅。[23]

方立女士已详尽地叙述了这栋洋房的结构。在其基础上，笔者参照《里弄建筑》中对里弄式花园住宅的论述，梳理天平路 320 弄 20 号（以下简称"20 号"）的房屋结构。[24]

从总平面布置角度看，出于用地经济的考虑，20—25 号就采用了长排联列式（6 栋联列）。补充说明，20 世纪 30 年代，上海的地价居全球第 22 位，全国第 1 位，[25] 非常昂贵。通常，高级的里弄式花园住宅的绿地面积很大。20 号的绿地面积不算大，是住宅占地面积的一半。如果考虑到它南面和西面的巨大空地，环境算得上幽静宜人。

从单体平面布置角度看，20 号的单体平面布置采用两间半，较为宽敞。实测一二层面积为 121.7 平方米，第三层是 78 平方米[26]。

20 号分前部和后部，前部是它的主体部分，层高要高，后部是它的辅助部分，层高要低。前后两部以走廊、楼梯连通。这种设计不仅使得住宅内前后功能区的空间相互独立，还节省建筑材料，又显得建筑错落有致。这是当时花园住宅发展的趋势。

20 号的一层后部的主体是厨房，厨房垂直向上是亭子间，亭子间上有晒台，都是 10 平方米。一层后部除了占地最大的厨房外，还有备餐间、小卫生间、天井。通过走廊到一层前部的餐厅和客厅。餐厅成正方形，客厅成长方形。餐厅的东墙有壁炉，与隔壁邻居共用烟囱；客厅的烟囱在北墙。餐厅朝南有一扇双开钢框玻璃门，门两边是玻璃钢窗，出去就是敞开式的回廊，回廊有 3 个地中海风格的拱券，3 级石阶下到花园。客厅南面有大的玻璃钢窗，东墙有一扇双开钢框玻璃门进入回廊，西墙有一扇单开的西窗，门在北面，与走廊连通。这样东南西北都可以开门开窗，可根据四季变化打开相应的门窗，保持室内空气流通；朝南大面积的玻璃门、窗，增强了室内采光。

20 号二层为卧室，与一层客厅和餐厅垂直正对，一大一小，内部结构与一层一样。因壁炉的位置，主卧的床为南北走向，次卧的床为东西走向。二层主卧的敞开式阳台垂直正对着一楼的回廊。一层后部的储藏间垂直正对着二层的大卫生间。大卫生间内设施先进，配有水汀、浴缸、洗手盆、抽水马桶、净身盆。

20 号三层也有一大一小两个朝南的房间，因为斜顶，面积缩小了，没有阳台、卫生间。

从层数角度看，20 号为假三层，有高耸的西班牙式屋顶。

总之,小巧精致的 20 号是当时欧美各国花园住宅的共同趋势:缩小占地面积,增加层数,降低层高,增大窗户面积,因煤气的使用缩小了厨房面积。

3 衡山坊 20 号

斗转星移,天平路 320 弄 20 号有了一个新的身份——衡山坊 20 号。21 世纪初,上海市徐汇区政府将树德坊内的天平路 320 弄与衡山邨联合规划为衡山坊。衡山坊与建业里、武康路,都是近年"衡山路—复兴路历史文化风貌保护区"(简称"衡复风貌区")的活化利用经典案例。"衡复风貌区"是上海首批以立法的形式认定和保护的 12 个历史文化风貌保护区之一,而且是上海中心城面积最大的历史文化风貌保护区。

在修缮保护的过程中,衡山坊 20 号最大的变动是,一是将砖木结构改为钢筋混凝土结构。具体而言,保留外墙,采用钢筋混凝土板墙进行加固,房屋中间拆空,增加框架柱;二是将房屋起辅助功能的后部提升到与前部同一水平面,窗户位置也相应升高,屋顶斜度变缓。这些变动使它适应了现代的审美和使用需求。

历史建筑华丽转身。衡山坊成为徐家汇地区集历史、文化、商业于一体的活力街区(图 11—14)。

天平路 320 弄 20 号曾经是无线电专家方子卫的家,加之邻近的上海交通大学的马可尼纪念柱,这些都是中国无线电事业的缩影。愿此文能为上海的历史文化风貌保护区注入更多的人文内涵。

图 11　20—25 号南立面,街道的宽度是 20 号花园的纵深。2019 年 11 月 9 日实地拍摄

图 12　20 号南立面一层二层,2019 年 11 月 9 日实地拍摄

图 13　20 号侧立面(西窗),2019 年 11 月 9 日实地拍摄

图 14　20 号一层餐厅的南门通向花园,2019 年 11 月 9 日实地拍摄

1　假三层隔出来的。

2　"顶"表示购买了房屋的永久使用权,这永久使用权可以买卖。

3　方立女士母亲生于 1932 年。旁证,1935 年中国征信所对方子卫进行个人信用调查,报告显示他的住址是"姚主教路 320 弄 20 号",这说明至少最晚到 1935 年方子卫一家人已入住。

4　门廊、走廊、阳台。

5　水泥。

6　备餐间、配膳间、储藏间。

7　走廊。

8　迁居树德坊之前，方子卫就与胡敦复是邻居。方子卫住万宜坊 71 号，胡敦复住万宜坊 13 号。

9　查 1946 年的同业公会档案，推测户主应该是周廉清。周廉清，1902 年左右生，浙江鄞县人，大中华电器公司总经理。大中华电器公司位于南京路 599 号。参见：《上海市无线电商业同业公会会员登记调查表（大中华电器股份有限公司）》（1946 年），上海市档案馆藏，上海市无线电商业同业公会档案，档号：S217—1—12—1。）不过综合住址、籍贯等信息，周廉清似乎与创始人周伯琴无亲属关系。参见：《大中华电器材料总公司》（1933 年 4 月 21 日），第 1798 号调查报告，上海市档案馆藏，私企业务管理委员会档案，档号：Q320—1—36；《大中华电器材料公司》（1935 年 7 月 21 日），第 5467 号调查报告，上海市档案馆藏，私企业务管理委员会档案，档号：Q320—1—110；《日伪上海特别市经济局关于大中华电器股份有限公司申请补行登记问题与实业部往来文书》（1942 年）上海市档案馆藏，日伪上海特别市经济局档案，档号：R13—1—2210。）关于大中华电器公司，公司 1919 年由陈幼甫和周伯琴一同设立，创立资本 3 万元，经营亚浦耳等品牌的电器设备，无线电兴起时，获利颇丰。（参见《大中华电器材料总公司》（1933 年 4 月 21 日），第 1798 号调查报告，上海市档案馆藏，私企业务管理委员会档案，档号：Q320—1—36；《大中华电器材料公司》（1935 年 7 月 21 日），第 5467 号调查报告，上海市档案馆藏，私企业务管理委员会档案，档号：Q320—1—110。）

10　参考：《老上海百业指南》（1939—1947），承载等编：《老上海百业指南——道路机构厂商住宅分布图》（增订版），下册（二），上海社会科学院出版社，2016 年，第 126 页，第 95 图），只有 2 个汽车间。也就是说 1947 年前，天平路 320 弄只有 2 个汽车间。方立女士记忆中的 5 个汽车间可能是 1947 年后新增的结果。

11　参见：唐德刚《文学与口述历史》，《史学与文学》，上海：华东师范大学出版社，1999 年，2 页。

12　《学生团体昨日欢迎马可尼夫妇》，《申报》，1933 年 12 月 9 日，第 9 版。文中提到的"铜柱"在"文革"时期被毁，其复制品今仍树立在上海交通大学徐汇校区内。

13　承载等编《老上海百业指南——道路机构厂商住宅分布图》（增订版），上册（一），上海社会科学院出版社，2016 年，5 页。

14　衡山路比天平路宽。

15　承载等编《老上海百业指南——道路机构厂商住宅分布图》（增订版），下册（二），上海社会科学院出版社，2016 年，126 页，第 95 图。道路机构厂商住宅分布图在 1939—1947 间绘制。

16　陈炎林编著《上海地产大全》，上海地产研究所，1933 年，84-85 页。

17　蔡育天主编：《上海道契》，英册第 24 册，上海古籍出版社 2005 年版，278-279 页。

18　《申报》最早记录是 1899 年 11 月 29 日（第 6 版），"新瑞和洋行"，这则新闻内容涉及房地产。

19　《上海市社会局关于英商新瑞和股份有限公司登记问题与经济部往来文书》（1947 年），上海市档案馆藏，上海市社会局档案，档号：Q6—1—6366。其中这份文件应该是 1937 年的。

20　《英商恒业地产公司概况调查》（1948 年），上海市档案馆藏，上海联合征信所档案，档号：Q78—2—13850。

21　《上海市社会局关于英商恒业地产股份有限公司登记问题与经济部往来文书》（1946—1947 年），上海市档案馆藏，上海市社会局档案，档号：Q6—1—6773。其中这份文件应该是 1937 年 6 月 28 日的公文。《英商恒业地产有限公司 Metropolitan Land Co., Ltd.（第二次调查）（重编全份）》（1938 年 11 月 17 日），第 16708 号调查报告，上海市档案馆藏，私企业务管理委员会档案，档号：Q320—1—329。《英商恒业地产公司概况调查》（1948 年），上海市档案馆藏，上海联合征信所档案，档号：Q78—2—13850。

22　万宜坊内住过许多历史名人。例如，老店胡开文文具店店主胡洪开（3 号）、大同大学校长胡敦复（13 号）、文学家钱杏邨（38 号）、求新造船厂老板朱志尧（41 号）、新闻出版家邹韬奋（54 号）、商务印书馆创始人之一鲍咸昌（60 号）。

23　王绍周、陈志敏《里弄建筑》，上海科学技术文献出版社，1987 年，76-77 页。

24　王绍周、陈志敏《里弄建筑》，上海科学技术文献出版社，1987 年，76-82 页。

25　陈炎林编著《上海地产大全》，上海地产研究所，1933 年，68-70 页。补充，全球地价最贵的是纽约，上海的地价也高于殖民地香港的地价。

26　改建时屋顶由陡变缓。面积扩大到与一二层同等。

基于口述史方法的达斡尔族传统聚居文化研究[1]

朱莹 刘钰 武帅航

哈尔滨工业大学建筑学院
寒地城乡人居环境科学与技术工业和信息化部重点实验室

摘　要： 达斡尔族在长期的历史演化中孕育着丰富的农牧渔猎文明，形成独具特色的民族文化、民族特色及聚居模式。本文从生存聚居空间、生活空间原型及文化信仰所构建的物质及精神层面，全方位地展现达斡尔族传统聚落在空间场域下如何相互依存、交融、共生及演化。对于达斡尔族只有语言没有文字的特殊情况，口述历史是探究其传统聚居文化不可替代的方法。针对所提取的传统聚居历史空间原型，运用口述询证的方法对达斡尔族逐渐消失的传统聚居空间及文化进行佐证及复原，探究其最根本的时间及空间生长逻辑。

关键词： 达斡尔族 口述史 传统聚居 聚居文化

1 概述

少数民族在长期的历史发展和实际生产生活实践中，很多历史只依靠口传心授，并没有相关文献记载，导致民族大部分历史随着那些经历过传统民族聚居时期的老人和传承人的离开而逐渐消失。而口述历史资料的目的就是要永久保存这些珍贵的民族历史记忆。近年来，少数民族口述历史的搜集、整理和保护工作逐渐受到重视。[1]口述史料作为我们研究民族的重要方法，是一种独特的社会记忆，承载着历史人文最本真的面貌，阐释着自主的科学态势和活态的阐释价值。

达斡尔族是中国北方人口较少的少数民族之一，17世纪之前主要居住于中国东北部黑龙江中上游，从17世纪中叶开始，陆续南迁至嫩江流域。内蒙古东北部嫩江中下游的莫力达瓦达斡尔族自治旗是现达斡尔族主要聚居地之一，以及黑龙江省黑河市富拉尔基村、齐齐哈尔市梅里斯地区、新疆伊犁、塔城等地区都散居着达斡尔族聚落。[2]

本文以2019年9月底及10月初对内蒙古呼伦贝尔莫力达瓦达斡尔族自治旗的敖好章、敖金富学者以及黑河市坤河乡的郭树涛、朱月华等人的采访为主要内容，通过对口述采访内容进行归纳整理，探究其传统聚居原型，追寻其文化脉络，对达斡尔族逐渐消失的传统聚落及文化进行记录以及复原，以探究其最根本的生长逻辑。

1.1 民族视野下的口述史研究

在历史的长期演化中，达斡尔族丰富的渔猎农牧文明已融汇形成独特的民族建筑文化、民族特色及人居模式。然而随着现代化社会及城镇的迅猛发展，这些珍贵的民族遗产却日渐濒危，因得不到保护和传承而逐渐消失殆尽，因此保护达斡尔族传统聚落文化迫在眉睫。在民族学视野背景下，口述史在少数民族领域发挥决定性作用，对于只有语言没有文字的民族更是一条必经之路。

1.2 达斡尔族口述研究过程

首先是达斡尔族历史资料的收集整理及实地考察。通过查阅达斡尔族历史资料，如《达斡尔族民间文学概论》《中国达斡尔》等，将文献资料中的疑惑通过口述调研进行佐证和解答。其次是关于口述问题的整理，通过前期所收集的文献资料和实地走访调研，口述问题的大致方向主要有以下五个方面：①民族自然环境、选址的条件；②对村屯空间布局的概述；③对民族社会经济结构的描述；④对单体建筑布局及空间的描述；⑤对民族文化信仰方面的描述。口述问题围绕达斡尔族传统聚居文化展开，在文献资料和实地调研的基础上，加以口述历史为佐证，复原其传统聚居模式。

我们对访谈中搜集的笔录、录音，以及视频采访的所有内容进行逐字逐句的整理分析，但因口述者记忆力、主观判断、表达等各方面能力有限，表达词语和方式存在一定的不准确性和片面性，为保证做到最大限度地还原口述者表达的原真性，我们全部保留口述者原句，不进行词句的替代和整合，对口述者有方言表达的个别词汇进行单独注释。

此次采访的口述对象皆是经历过传统民族聚居时期的达斡尔老人和非物质文化遗产传承人（表1，图1）。

朱月华　　　　　　郭树涛　　　　　　敖金富

图 1　达斡尔族采访对象

表 1　达斡尔族采访对象

姓名	简介	年龄	采访时间	采访地点
郭树涛	村民	68 岁	2019 年 9 月 27 日	黑河市坤河乡富拉尔基村
/	渔民	71 岁	2019 年 9 月 28 日	黑河市坤河乡富拉尔基村
朱月华	哈尼卡传承人	70 岁	2019 年 9 月 29 日	黑河市坤河乡富拉尔基村
敖金富	莫旗达斡尔学会学者	72 岁	2019 年 9 月 30 日	莫力达瓦达斡尔族自治旗尼尔基镇
敖好章	莫旗达斡尔学会学者	73 岁	2019 年 10 月 1 日	莫力达瓦达斡尔族自治旗尼尔基镇

2　基于口述史方法下的达斡尔族传统聚居文化研究

达斡尔族传统聚落的生活生存空间原型从物质层面反映出其民族由传统的农牧渔猎转向以农耕为主的生产方式，而聚落的文化寻根挖掘的是达斡尔族内在精神层面的追求，物质承载着精神，为精神提供场所，而精神层面反过来给予物质的是足以承载整个民族的灵魂。作者认为达斡尔族传统聚居文化可以从生存空间模式、生活空间原型、深层文化寻根三个理论层级，由物质层面渐入精神层面进行梳理解析，应用口述询证方法为达斡尔族传统聚居文化研究获取充分的历史材料。

2.1　达斡尔族传统聚居文化探究——生活空间原型

生活空间从古至今都是人类的安居之所，会受时间、地域、空间、自然环境、地形地貌、风土民俗以及经济生产方式等各方面的影响，形成各种不同类型的空间原型。达斡尔族的建筑风格有着独具一格的生活空间结构，具有鲜明的民族特色及空间特色。古朴传统的达斡尔族民居（图 2）为"三合院"的布局模式，四周以院墙围合，后院通常为菜园。在东西轴线上左右两侧布置仓房及碾坊，正房坐北朝南，位于南北方向的轴线上。[3]

武帅航　达斡尔族村落间形成的街道大概是多宽？屯子之间相距多远？

图 2　三开间达斡尔民居

313

┃敖金富　街道的话，屯子中间有一条大道，道东道西都有人家。每一条街都有一个小道，那都是通的，东西（方向）都通的。大道宽得有10米，很宽。因为那时候都养牛养马，马牛群回来的时候（数量）可多了，太窄就走不开。小道就5～7米左右，都挺宽的。左右邻居之间紧挨着，没有留路。规划的时候，第一户人家距离大道20～30米远，用（柳条子编织的）帐子将道边围成自家园子。然后还有一条纵向的大道，沿着河边。一般达斡尔人居住的地方，东边是山，西边可能是小河，河岸旁边会有小道，顺着河湾的弯路，自然就形成那么一个效果！屯子和屯子都间隔挺远的，因为我们要生活都养畜，没有牧场不行，所以屯子和屯子之间都间隔十里八里。

武帅航　您能大概给我们说一下三开间正房的功能布局吗？

┃敖金富　一般三开间，中间是厨房，刚进门西边一般是灶台，东边可能放鸡架啥的，对面也是灶台，有的灶台旁边，有烘干粮食的炕。东屋和西屋都是住人的，一般长辈住西屋，晚辈住东屋。西屋有这个三面连着的炕，南炕一般都长辈住，北炕一般小辈啥的也住。达斡尔族认为西边比较尊贵，所以西炕一般来人时候，给他们住。西墙上还供奉神龛、祭祀祖先用的。

刘钰　正房一般是怎么建造的呢？

┃郭树涛　正房一般都是三间房，柱子啥的都是木料，盖房子的墙都是杆加泥，但最早都是泥和草踩出来的，用草和泥编的，什么抹泥掉，左一遍掉，右一遍掉，泥掉来掉去，就本来这么薄[1]，掉来掉去得这么厚[2]，那时候土房年年到秋天这时候（9月、10月份）必须得抹房子，拉土抹房子，用苫房草苫房。咱黑河这边苫房草用的是小叶樟。现在好多了，现在（住）砖房也不用抹。房子西边必须有西窗（图3），好像是要从那西窗逃跑是咋的。西北角有神龛，里面有皮人[3]，到年节杀猪时候把它请下来，供酒点香，给它磕头，都是那样。我小时候家里烟道在西南角这个地方（通）出去，烟囱整一个还是整俩，就看你几间房了，有两间房的话就1个烟囱，那三间房的话，烟囱就得2个了。

刘钰　为什么当时的老房子烟囱（图4）都是独立在主体之外单独砌的？烟囱通道是水平的还是倾斜的？

┃敖好章　烟囱和西窗是同时要具备的，烟囱是咱们达斡尔老房子一定要有。草房子烟囱都是单独砌的，不从屋顶直接往上砌。因为（那样）很不安全，而且漏水漏雨问题很不好处理，所以那会儿老房子都把烟囱单独砌在外面。这个烟囱多少有点角度，但是它离着墙是很近的。墙里面的木头柱子，挨着柱子就是烟道，往外伸出去，就房脚位置往前点。

图3　西窗

图4　达斡尔民居烟囱

图 5 柳条编的"花杖子"

图 6 牛圈、马圈

武帅航 村民平时吃的菜都是自己家园子里种的吗?

丨**郭树涛** 每家都有园田,园子里种点苞米、茄子、辣椒、白菜。就在自己家旁边,不在地里(村外的农田)种,那时候上牛粪。家里那时候家家都养牛养马,达斡尔族用大轱辘车就是用牛用马,上山拉木材用来烧火。

刘钰 自家院子四周是用篱笆围合吗?

丨**郭树涛** 之前都是篱笆,用柳条子编的那种花帐子(图5),就跟媳妇女编的辫子似的。篱笆挺不了几年,挺个五六年以后,柳条子一烂,这风一刮就倒,还得重新编,还得重新整。现在这没有资源了,现在没那么多柳树柳条,还得是没有分叉的直溜的柳条子。

刘钰 每户院落都是规则的几何形吗?

丨**敖好章** 每家院落不是正方形,长方形的比较多,东西宽度要小于南北宽度,南北长、东西短,基本规律就这样。因为房后都有园子种蔬菜嘛,房前还有一个院套[4],所以说南北比较长。东西比较短,这是基本规律。基本上都是这样,不会不规则。两家之间相隔不是太近。

刘钰 院子里布局是否有说法吗?

丨**郭树涛** 那时候牛圈马圈(图6)什么位置都有说法,马圈和牛圈得分开。正房在中间,下边两边是厢房,厢房下面一边是仓房,一个是

碾房,仓房在东边,碾子房磨房在西边。鸡架、厕所、猪圈、羊圈这些一般在前院离挺远的地方,然后门不能对着正大门,不正对正大门道,稍微是错开的。这倒不知道有什么说的,但是有讲究,跟大门必须错开。菜园就根据地形了,要灵活运用,在哪边都有可能。最早达斡尔人都种烟,院子里都还有烟地。烟地固定在阳面,不能在背阴处。年年在那个地方种,换地方种烟就不行。

2.2 达斡尔族传统聚居文化探究——生存聚居空间

聚落是由众多的个体构成的必然性组织结构,民族聚落生存空间影响并制约着整个民族体系。在北方渔猎民族中,达斡尔族是唯一的定居农业的民族,生产经营方式同时兼顾农牧渔猎等多方面,以农耕为主业。在达斡尔族聚落的长期演化过程中,生存聚居空间逐渐形成相对统一且具有一定规模的形制,在聚落选址、整体规划、生活生产方式等方面都有具体的体现。

刘钰 之前达斡尔人迁到嫩江这块时,村子建设有人给统一安排吗?布局整齐吗?在聚落选址时离山坡,离水大概多远?

丨**敖好章** 不是随便建的,那时屯子都有规划的。哪个屯子都有一个比较有威望的岁数大的人,家族的话,家族里头都有一个领头的,那会

儿屯子都很整齐，那都是一趟街一趟街地建，不能说想在哪儿建在哪儿建，不是那么随便的。那时候就比较整齐，但是不像现在这样笔直的。我们有个习惯，盖房子脊檩和邻居家脊檩不能在一条线上，多少都会超前错后（前后稍微错开一点距离），但是得保持一条街，街道是要一条街，但是不是那么太笔直的，不像现在这样。整个村一般选址的时候，离小河子很近，一般就在小河边上。然后山的话不一样，有的近，有的稍远，近的很近，房子一直盖到山根，远的也不是太远（不超过5公里）。

刘钰　达斡尔族的草房子是在黑龙江北岸时期就有吗？

　|**敖好章**　我们不是从清朝以后，满族有些习惯就已经是融入我们的生活当中，我们穿的长衫，也是满族的服装。但是达斡尔族在黑龙江北岸的时候就是定居生活，以农业为主多种经营，狩猎、打鱼、养畜、采集，还有其他副业，达斡尔族是善于多种经营的这么一个民族。不仅仅是从事一个产业，是多个产业。在黑龙江北岸的时候已经是定居生活，有房子（指建筑），那房子可能就是现在的我们的房子，它不可能全部迁过来之后再创造一种房子，所以在北岸的时候应该就有房子了，但是因为没有文献证明，所以北岸的很多问题现在是证实不了。因为没有文字记录，没法求证。现在我们几百年的历史都是模糊历史，谁也说不清楚，我们只有归到清朝，就400年的历史还是比较清楚的，以前的历史不清楚。

刘钰　咱们达斡尔原来在左岸的时候主要靠什么生存，打猎，渔猎？

　|**郭树涛**　达斡尔族最早以前就是以渔、牧、狩猎，完了自己再种点地。最早我姥爷那辈这地方有大网，他的工作就是打大网。以往都能撸老多鱼，上千斤的鱼，那会儿鱼也多。我父亲那时候也打渔，以前我们小时候都撒网打鱼，然后打回来的鱼也是卖的。后来土地改革就分田种地了。

武帅航　江上打鱼，一般是几个人一起去的？那会儿主要什么时候打鱼？主要捕什么鱼？

　|**郭树涛**　不是自己一个人，是好几个人拉大网，最起码得10个人以上，在早些时候就是说谁家有网就是网主，网主雇佣人打鱼。按现在说话就像打工似的，网主卖鱼以后就给他们开钱。我姥爷那时候就打网，坤河村也有，屯子也有。我姥爷那会儿卖鱼用大秤，400斤的大秤，专门打完了鱼以后，上来就是用称鱼的大秤！一年四季，从五一开江一直到溜冰期（农历11月前后）就都可以打鱼，好几个月，天天打，黑龙江那时候鱼老多了。结冰以后就下冬网，就是北边那儿有个套子，结冰后打冰眼了，然后穿竿，完了之后穿网。那叫下穿网。那个就不雇人了，谁要是想去下网，谁自己就去了，自己（一个人）能整。我那几年也整，现在我也不愿意整了。岁数大了完了，天也冷了。现在在黑龙江是6月11号到7月15号是禁捕期，那时候没有禁捕期，那时候就随便捕鱼，那时候打鱼想谁想整谁就整！凡是达斡尔人居住的地方，都是靠山有水，嫩江那片儿也是有江还有山。有水就能打鱼，有山就能狩猎。

武帅航　咱们富拉尔基村的渔猎范围沿着黑龙江有多长？您夏季打鱼，冬天靠什么收入呢？

　|**渔民**　大约12～12.8公里，都是自己村的打鱼范围。别的大点的村子可能有20多公里。打鱼的大网有400多米。冬天猫冬[5]，平时除了打鱼还种地，我们这平均一人18亩地（12 000平方米），我家总共69亩地（46 000平方米）。

刘钰　以前达斡尔人种地的多吗？

　|**郭树涛**　很少，那时候达斡尔族有鱼，主要还是渔猎民族。最早种地都是小块耕地，每家也就是那一垧[6]两垧地，用牛马耕地，就种点简单的谷子、玉米、小麦，够自己家吃的就行，也不能老吃鱼不吃粮食，所以每家就种点，自耕自足。现在体制这一改革以后，土地一连片都是摆好几百垧，现在我家有5垧多地，都用大型机械耕种。

以前我老辈还有磨面的磨，磨面用马拉，也有碾子，现在这玩意就看不着了，都没了，现在都成古董了。

刘钰 为什么采用远耕近牧的生产方式？如何放牧？

| 敖好章 靠近屯子没有耕地，地都挺远的，屯子附近都留作草场。后来人多了以后就在屯子附近开地了，原来可没有这样。远耕近牧是早一点的说法。村子旁边有条小河，然后放牧把牛羊都赶到河那边的草场牧场，过了小河就可以放牧，放牛放马只要看守住小河就行，不让牛马过来就可以。大牛小牛给它分开放牧，大牛群赶到小河那边草场去放牧，小牛犊就在家附近，屯子跟前就放就行了。

2.3 达斡尔族传统聚居文化探究——深层文化寻根

达斡尔族有着十分悠久的历史，关于达斡尔族的族源，学术界尚无定说。其中流行最广、影响最大的是土著说、契丹遗裔说等。达斡尔族人民有着自己民族的文化信仰，信奉萨满，供奉山神，祭祀斡包。同时达斡尔族拥有丰富的非物质文化遗产，像是民歌类扎恩达勒，剪纸类哈尼卡（图7）等。[4]文化寻根，带我们走进一个民族的灵魂深处，感受文化信仰给民族注入的那一份神秘力量。

刘钰 达斡尔的非物质文化遗产有哪些呢？

图7 哈尼卡

| 敖金富 非遗内容也很多，有的能传下来，有的可能也逐步地消亡了，不一定都能传下来。现在申遗申下来的像剪纸类哈尼卡，民歌类扎恩达勒，舞蹈类的鲁日格勒舞，体育类的曲棍球，还有午春等。我们这儿是曲棍球发源地，曲棍球还包括火球。一些与其他民族共有的像赛马、摔跤、射箭，别的民族没有的颈力赛、围鹿棋等活动。

刘钰 之前是人人会做哈尼卡的吗？一般在哪儿做？您现在一般在哪里制作？制作一个哈尼卡大概需要多长时间？

| 朱月华 对，我们达斡尔族女人都会做，在炕上小桌子上做。从小玩，大人用旧书旧报纸铰了给小孩玩。做女人、男人、小孩各种样式的，过家家用，小姑娘们就玩这个，能保存很长时间。我从小就做，原来2个小时能做一个，现在老了手不好使了，4个小时才能做一个。自己画花样，完了自己剪了自己制作。以前我母亲姥姥她们做得更快，十来分钟就成。她们做哈尼卡都不需要画花样，直接就可以下手剪，剪完之后都是连体的，一剪刀下来就是连好的，不需要粘。

武帅航 哈尼卡的制造过程大致是怎样的？您都用过什么材料做哈尼卡？哈尼卡一般怎么玩？

| 朱月华 先画花样，然后再用剪子铰，铰好之后拉起来就直接是连在一块的，都不用粘。后期技术不行了，铰不好开始粘。小时候用旧报纸、桦树皮、狍子皮，但是狍子皮做的人物只能当神像用，是家里的祖宗，不能用来玩。现在用这种手工纸。现在还有老师来教我们做桦皮画、鱼皮画。以前我小时候家里的盐罐都是桦皮做的。哈尼卡每个下面都有筒，把筒撑开套在杯子上，就立体了，可以让人物立着移动。

刘钰 达斡尔族小女孩除了玩哈尼卡，还玩什么？您觉得哈尼卡要传承下去有什么困难吗？

| 朱月华 玩嘎啦哈7，我小时候拿布子穿着玩，都在炕上玩，用狍子骨做的，然后用步子

歘（音 chuo）着玩。我小时候有好多的，都是我姥姥传下来的，都有颜色的，上面都写了序号。我平时教我孙子孙女她们做哈尼卡，定期她们放假了就教，但是都不爱学。现在哈尼卡也没有什么市场，别人都不乐意买，甚至看见这种剪纸的娃娃觉得拿回家害怕。所以我们好多都转向做桦皮工艺品了，那个买的人多。

武帅航　您小时候听老一辈说过雅德根（萨满）吗？

┃郭树涛　雅德根就是跳大神，达斡尔人以前就信萨满。我小时候就看见个跳大神的结尾，谁家有病了就请雅德根跳大神，有大神二神又唱又跳又敲鼓，还有铜镜，衣服上都是铃铛。

武帅航　斡包在达斡尔族中充当什么样的角色？一般都设置在哪里？

┃敖金富　蒙古族叫"敖包"，我们达斡尔族叫"斡包"。斡包就是石头堆，过去历史上每一个大的家族，或者是一个屯都有一个自己的斡包，主要是供山神。村子边上每个家族的斡包主要目的是上苍保佑，五谷丰登，人畜平安。一般在屯外面大概二三里。我们都生活在依山傍水的地方嘛，所以说都是在山上，万一真没有山的平原，就会在河边或别的地方，但起码都得是高处。

刘钰　现在咱们达斡尔族还有多少个斡包？斡包一般多大呢？

┃敖金富　现在我也不知道有多少，有几十个吧。新建的也有，原来的老斡包也有。我们最早的斡包是1689年建的八旗总管衙门斡包，那个时候八旗总管衙门是什么概念呢？清朝实行八旗制度，大兴安岭岭东往这边一直到克东，北边一直到加格达奇那边，南边到齐齐哈尔北边的冬阳，这些都归总管衙门管。现在这个斡包在民族园里面。大小的话不确定，都是一点一点添的。我们搞祭祀的时候，都是每人上一块石头，拿石头一点一点地添，时间长了它就越来越大。

刘钰　斡包都分为几种性质呢？

┃敖金富　一个是官方的衙门的斡包，还有各个家族的或是各个屯子的斡包。除了这个以外，还有路边的斡包，都是上山打猎，采伐放排等路过的地方，都是有高山或者是比较有特点的地方。这些上山的人在那堆个石头祭拜一下，逐步形成，今天你过来添两个石头，他过来添两石头，点根烟敬点酒逐步形成的，也有这样的斡包。以前都是按家族建屯子的，所以说一个家族一个屯子，家族斡包就是屯子斡包。后来家族分支了，就分散到好几个屯子了。我姓敖，就这个敖姓就在嫩江两岸有好多屯子。之前都有家谱，后来"文革"时期好多都烧了，现在留下的家谱都在少数民族的户籍办。

┃敖好章　我们的斡包是两种功能，一个是祭祀用，代表山神；一个是作为路标的功能。先人就开始立斡包，然后过多少代之后，长年累月就形成规模了。屯子里的斡包是建屯之后就直接设斡包，就基本上一次成形了。比如说（天）早了老不下雨，就去祭斡包；如果说受灾了，要除灾也是去祭斡包。从斡包的角度来讲是分三种，一个是官斡包（图8），过去的政府就是衙门祭的斡包；还有旗斡包，也是属于官斡包的，官斡包是官方的，官方每年都祭祀几次。第二个是屯子的斡包（图9），属于民间的、群众自发的，祭祀时有德高望众的带头。还有道边的代表路标的斡包，这么三大类斡包。

刘钰　咱们的斡包是祭山神，那在树上祭白纳查不也是祭山神吗？二者有什么区别吗？

┃敖金富　白那查就是山神，也是土地神，都是进山之前为了保佑平安的。在树上画山神像祭祀，这种一般都是在山上，离屯子比较远，没有斡包的情况下。

图 8 官斡包

图 9 屯子的斡包

3 结语

为保护达斡尔族传统聚落的演化与再生，为追寻聚落最原始的生长脉络，为实现民族文化、民族特色、聚居模式的传承，口述史作为一个代际传承的纽带，追溯聚落文化的源头，再到传统聚落的生产及生活空间模式，将其串联形成一个完整的聚落空间模式探究的过程。

一个民族的文化信仰承载着民族最本真的灵魂，它作为一种特殊的符号和语言书写着历史，同时，生存方式影响着聚落的生产及生活空间。这种对于原型空间的探究不仅仅是记录达斡尔族的系统构架，同时也为其他少数民族探究其生存模式及原真性以理论性的参考。如今的口述历史就是将达斡尔传统聚居文化进行留存，探究聚落文化在生存空间模式和生活空间原型下的交互共生模式。

1　厚度约 100～200 毫米。

2　厚度约 450～500 毫米。

3　皮人意指用动物皮剪制而成的神像，一般用于自家祭祀。

4　院套指房屋前的小院，一般放置草垛和牛、马等动物的圈。

5　猫冬意指像动物一样，躲在家里过冬。

6　垧，中国计算土地面积的单位，各地不同，东北地区一垧一般合 1 公顷（15 亩）。

7　嘎啦哈，猪、羊、狍子等动物后腿中间接大腿骨的那块骨头。

参考文献

[1]　杨祥银 . 当代美国的口述史学 [M] //. 王俊义，丁东 . 口述历史：第一辑 . 北京：中国社会科学出版社，2003.

[2]　薛碧怡，齐卓彦 . 达斡尔族传统民居对自然地理要素的适应性—— 以内蒙古莫力达瓦达斡尔自治旗为例 [J]. 建筑与文化，2018（12）：226–227.

[3]　《达斡尔族资料集》编辑委员会 . 达斡尔资料集：第七集 [M]. 北京：民族出版社，2007：1075.

[4]　马本和，刘传影 . 达斡尔族建筑文化认同研究 [J]. 黑龙江民族丛刊，2017（5）：116–123.

历史照片识读

东北大学建筑系师生合影 [1]

东北大学建筑系师生合影,约1931年4月
童寯家人藏

照片简介

国立东北大学建筑工程系1928年秋成立于辽宁沈阳,梁思成任系主任,建筑教师有林徽因,以及在1929年、1930年先后回国的陈植和童寯。这些教师都受教于美国宾夕法尼亚大学(U. Penn)艺术学院,因此教学内容和方法都仿效美国母校。梁、陈、童分别教授设计,林教授美术,另由蔡方荫(美麻省理工学院土木工程硕士,1928)教授结构、画法几何和阴影学。1930年冬,林因患肺病回北平;1931年4月陈携待产的妻子离奉(天),之后赴上海与赵深(宾夕法尼亚大学建筑硕士,1923)合作从事建筑师业务;梁之后也加入北平营造学社,转而从事中国古代建筑研究;童从1931年2月起兼任系主任。秋季开学不久,"九一八事变"发生,9月22日师生随学校集体乘车避乱北平。冬天童到上海安排复课,由陈向大夏大学磋商借读,毕业时仍发东北大学证书。童、陈继续教设计,江元仁(美康乃尔大学土木工程硕士,1926)、郑瀚西(北洋大学土木工程学士,1920)教工程,赵深教营业规例、合同估价等课。1932年毕业十人,1933年毕业九人。另外,张铸、林宣、曾子泉、唐璞、费康五名学生转入中央大学继续学习。

由童寯家属所藏东北大学建筑系师生合影(以下简称大合影)是目前所知有关该系最为完整和清晰的照片,是中国近代建筑教育史的宝贵史料,已多次见诸学术论著、媒体和展览。但除前排主要教师和极少数学生外,照片中多数学生尚未获得辨识,影响到该照片价值的呈现。本文试图根据文献和其他影像材料对之进行辨识,以弥补这一缺憾于万一。

拍摄时间

据童明所编"童寯年谱"[2]，童寯任教
东北大学建筑系时间为 1930 年 9 月至 1931
年 9 月。又据林洙所编"梁思成年谱"[3]，梁
思成任教东北大学建筑系时间为 1928 年 9
月至 1931 年 6 月。由于二人皆出现在大合
影中，故拍摄时间应在 1930 年 9 月至 1931
年 6 月之间。再据费慰梅《梁思成与林徽
因——一对探索中国建筑史的伴侣》[4]，林
徽因患肺结核于 1930 年底回北京。林不在
此合影中，提示拍摄时间的范围有可能缩

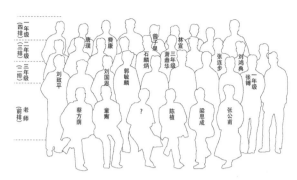

东北大学建筑系师生合影人物辨识

小到 1930 年底至 1931 年 6 月。另据童寯在"文革材料"中"有关赵深的补充交代（1969 年 5 月 15 日）"[5]："陈
植于 1929 年离开美国，在日本结婚后回上海，后在东北大学任教，1931 年暑假离开东北去沪参加赵深事务
所，叫赵深、陈植建筑师事务所"（即华盖建筑事务所前身）。而据童明先生请教陈植前辈哲嗣陈艾先先生，
1931 年 4 月他生于父母离开沈阳南下途中经过的北平。所以童明先生判断，此大合影照片当为陈 4 月离开
沈阳之前的师生留念合影。

前排人物辨识

目前已确知大合影前排左一、左二分别为蔡方荫和童寯、左四和左五分别为陈植和梁思成。若照片
为师生送别陈植的合影，则陈左侧初疑为其妻童鹭汀（著名报人、作家、外交家董显光之女），但经童
明先生与陈植之子陈艾先先生核实，"不是董鹭汀，也不是林徽因"，该女士的身份尚待考。童明先生据
童寯前辈在照片背后的所注，告知前排右 1 是张公甫。笔者初疑即当时东北大学土木工程系教授，梁林
陈张事务所合伙人张润田。但查张字倬甫，且对照天津大学新媒体中心披露的张的照片，显示其相貌与
该人迥异，所以判断不是张润田。又查国民政府资源委员会编《中国工程人名录》（重庆：商务印书馆，
1941 年），其中没有张公甫。所以猜测张公甫非工程方面教师，或只是校系一名行政人员。

二至四排学生辨识

根据已知郭毓麟、刘鸿典和张连步照片，可以确认大合影二排左四为二八级的郭，三排右二和右三
为二九级的刘和张。另对照张玉泉《"中大"前后追忆》[6]所披露的自己与丈夫费康以及同学的合影，
可知本片四排左二、左三、左五和左六分别为三〇级的唐璞、费康、曾子泉和林宣。根据这些学生的
入学时间，可推测二至四排大致按班级顺序排列，分别为二八级、二九级和三〇级。

据郭毓麟之女郭智女士给笔者回信[7]，郭为二八级班长，1932 年在上海毕业后，由童寯先生推荐入
职（上海）中国银行建筑课任绘图室领组，参与陆谦受主持设计的外滩中国银行大楼等多个项目。1936
年又经童寯先生推荐，举家搬到西安，为西北地区东北军设计咸阳酒精厂，并为内迁西安的东北大学工
学院设计大礼堂、教室和宿舍等校舍。其中大礼堂的设计，有多位东北大学建筑系毕业生共同参与，义

张润田
引自: https://new.qq.com/omn/20
180405/20180405A19K8U.html.

郭毓麟
郭智女士藏

刘鸿典
引自: 百度百科

张连步
引自: 百度百科

务设计并监督施工,不到一年全部竣工。1949 年 6 月,郭北上沈阳主持筹建沈阳工学院建筑系。1950 年,郭与刘鸿典、林宣一同担任东北工学院建筑系教授。郭兼系主任,刘兼教研室主任和建校设计室主任。1956 年全国院系调整,三人随学校并入西安冶金工程学院(西安建筑科技大学前身),郭任教务处处长和工业建筑教研室主任,刘任建筑系首任系主任,林为教授。三位东北大学校友共同成为西安建筑教育的先驱者。

根据王伟鹏、张楠披露的东北大学校史史料[8],建筑系 1928 年入学 15 名学生。他们留有合影。但 1932 年与郭毓麟同届毕业的只有白凤仪、常世维、丁凤翎、李兴唐、刘国恩、刘致平、孙继杰、铁广涛和萧鼎华,共 10 人。将此二八级合影与 1931 年大合影对比,可以大致辨认出二八级的学长站在大合影的第二排。再根据现有的刘致平肖像照片,可以进一步看出二排左一为刘。萧鼎华不在本排同学之中(见下文)。另据郭毓麟先生的女儿郭智女士辨识,这一排的左三为刘国恩,他在 1949 年后任职于北京建设部。

中央大学建筑系三四届毕业生。前排左起:张家德、吴若瑾、于均祥、张玉泉,费康;后排左起:曾子泉、唐璞、林宣、王虹、朱栋、张缚。引自:张玉泉《"中大"前后追忆》,见:杨永生编《建筑百家回忆录》

东北大学 1928 年入学的第一届建筑系学生合影(15 人,其中 10 人毕业。经郭毓麟之女郭智女士辨识,后排左二为郭毓麟)。引自:王伟鹏、张楠《1928—1931 年间的东北大学建筑系的教学体系和学生情况》,见:张复合编《中国近代建筑研究与保护:四》,643 页

刘致平
引自：《沉痛悼念刘致平教授》，
见：杨鸿勋、刘托主编《建筑历
史与理论：第 5 辑》，5 页

石麟炳
引自：赖德霖主编，王浩娱、袁
雪平、司春娟合编《近代哲匠录
——中国近代重要建筑师、建
筑事务所名录》，125 页

萧鼎华
引自：《新中华报》，1929 年
6 月 3 日，第 7 版。

张镈
引自：潘谷西主编《1927—
1997 东南大学建筑系成立 70
周年纪念专集》，13 页

　　同样根据东北大学校史史料，建筑系 1929 年入学有 13 名学生，1933 年与刘鸿典和张连步同届毕业的还有梁思敬、马俊德、孟宪英、石麟炳、佟汉功、佟明春、王先泽，共 9 人。石麟炳曾担任中国建筑师学会的机关刊物《中国建筑》的主编，是中国近代建筑学术的重要推动者。笔者和赖德霖老师曾在南京中国第二历史档案馆查阅到他的建筑师注册档案，其中有他的照片。但因档案馆方面不允许翻拍和复印，赖老师只能对照照片速写。石的嘴唇较为宽厚，据此样貌特点，加上二九级站在第三排的推断，基本可以肯定他在合影中与刘鸿典同排而位于左五。又据姚远所撰文章"东北大学 – 西北大学礼堂的设计师郭毓麟教授"[9]，马俊德、刘鸿典、铁广涛和丁凤翎四人配合郭毓麟绘图，孙继杰担任了监工。这些校友一道合作，为母校在非常困难的时期的继续生存和发展贡献了自己的力量。

　　大合影中有两名学生穿西装并打领带或领结，在绝大多数身穿中式长衫的学生中颇显突出。第三排右五者额头较宽，略有眼袋，当为二八级的萧鼎华。萧（1906—？ ）字伯雅，湖南长沙人。1932 年 6 月毕业于东北大学建筑工程系，之后曾于（上海）范文照建筑师事务所实习 9 个月（1933），（上海）杨锡镠建筑师事务所建筑师 2 年 3 个月（1934）。他曾任山海大理石厂厂长兼设计工程师（1936）。1935 年 5 月经董寯、杨锡镠介绍加入中国建筑师学会，中国建筑师学会重庆分会会员，1950 中国建筑师学会登记会员。他在大陆的作品有重庆小龙坎土湾重庆豫丰纱厂动力厂 1 座、仓库（1939），重庆高店子国立医学专科学校教室、实验室、宿舍、餐室、浴室、厕所各 1 座及办公室（1940）等。萧还是东北大学著名运动健将，曾在 1929 年 6 月举办的华北运动会上获得高级男子十项运动第三名[10]。萧在 1949 年后赴台，任（台）逢甲工商学院建筑工程系教授，并经营联华营造厂。另据罗元旭《东成西就：七个华人基督教家族与中西交流百年》（三联书店（香港）有限公司，2012 年，197 页），萧曾代表中国参加奥运会及远东运动会。妻子王如琳为圆山高级督导，孔令伟挚友，宋美龄所办中华基督教妇女祈祷会成员。

　　位于第二排右二、脚穿皮鞋、身着浅色西服套装者更显与众不同。对照中央大学建筑系毕业生照片，可以看出他是 1930 年入学的张镈。他是前清两广总督张鸣岐之子，在中华人民共和国时期设计了北京人民大会堂、民族文化宫、友谊宾馆等重要建筑，是所有东北大学建筑系毕业生中成就最为突出者。他在大合影中与二八级学长并列，显示他的卓尔不群。

　　据王伟鹏、张楠，以及陈颖[11]调查，除上述所列毕业生外，东北大学建筑系 1928 年入学学生还有胡葆珩、秦国鼎、温久丰、夏致一和耿鸿枢 5 人；1929 年入学学生还有赵法参、栗维章、叶辕、杨一可

4 人；1930 年入学还有赵宝贵、陈允文、张文华、杜丰年、高荣典、王廷佐 6 人。其中赵法参入职中国营造学社成为研究生。据陈颖调查，胡葆珩和夏致一于 1929 年自费留学德国布莱斯劳大学，胡入工科，夏入建筑科。另据笔者和赖德霖老师调查，杜丰年和王廷佐后转入本校土木工程系，1934 年毕业；耿鸿枢转入北洋大学土木工程系，1933 年毕业；叶辕曾有作业《花园大门》发表于《中国建筑》二卷第八期（1934 年 8 月），可惜未毕业；秦国鼎也未毕业，但他于 1936 年任上海市市中心区域建设委员会建筑师外事处技佐。温久丰、栗维章、杨一可、赵宝贵、陈允文、张文华、高荣典 7 名学生情况不详。

东北大学建筑系成立时所在教学楼（二八级合影的背景，现为辽宁省政府办公厅）。2018 年王浩娱摄

人物介绍

蔡方荫（1901—1963），字孟劬，江西南昌人。（美）麻省理工学院建筑工程学士（1927）、土木工程硕士（1928）。曾任（美）纽约 Purdy and Henderson Co. 设计工程师（1930），东北大学建筑工程系教授（1930—1931），（沈阳）梁陈童蔡营造事务所总工程师（1931），清华大学教授（1931—1939），西南联合大学任教授、土木系主任（1938—1940），国立中正大学工学院院长兼土木系主任（1940—1949），南昌大学工学院院长（1949—1951），重工业部兵工局总工程师（1951—1953），建筑工程部建筑科学研究院副院长兼总工程师（1956—1963）。兼任中国建筑师学会登记会员（1950），中国土木工程学会发起人之一（1951）、中国科学院学部委员（院士）（1955）、全国政协委员、九三学社中央文化教育工作委员会委员。编著中国第一部土木工程专业结构力学教科书《普通结构学》（1946 年），主持"一五"计划国家重点建设项目的重型厂房设计。

张润田（1898—1937），字倬甫，河北蠡县人。（美）康乃尔大学（Corn. U.）土木工程系毕业，壬斯理高等工业学院（Ren. P. I.）土木工程博士。曾任（美）American Bridge Co. 设计及估价师，东北大学土木工程系教授（1929），北宁铁路港务处主任工程师、区流河管段工程师、堵筑永定河决口工程处主任工程师，北洋工学院土木工程系主任兼教授、毕业生职业介绍委员会委员（1935），天津工务局副局长，清华大学教授（1936）。著有《土木工程建设是生产的》（载《清华周刊》，1936 年，第 44 卷第 8 期）。——根据赖德霖老师搜集的中国近代建筑家史料。据童寯致陈植信（约 1983 年 2 月 26 日，《童寯文集：第四卷》，425 页）："张在北宁铁路皇姑屯敌伪时期遭遇难。"另据天津大学新媒体中心，"张润田（1900—1937）字悼甫，河北滦县人。1924 年毕业于北洋大学土木工程系。1934 年，他利用兼任北宁铁路局工务局副局长、代局长的合法身份，以铁路为依托开展对日寇的斗争，并积极支持'一二·九'抗日救亡运动。1937 年'七七事变'后，多次策划和组织破坏日寇军用物资补给线。1937 年冬在天津被捕，遭严刑拷打、壮烈牺牲。"（《海棠风起正清明，北洋铮铮铁骨存》，2018 年 4 月 5 日，https:// new.qq.com/omn/20180405/20180405A19K8 U.html.）

郭毓麟（1906—1982），字钟灵（童寯赐字），祖籍山东龙口，出生于辽宁沈阳郎家寺。东北大学建筑工程系毕业（1932），曾任华盖事务所职员。由童寯推荐入（上海）中国银行建筑科绘图组领组，参与设计上海外滩中国银行大楼、南昌交通大厦、（杭州、南通、上海虹口区）中国银行行房、两江女子体育专科学校游泳池、总经理住宅等。（上海）建明建筑师事务所助理建筑师，实业部建筑科技师登记（1936.6，梁思成、童寯推荐）。1936 年又经童寯先生推荐，举家搬到西安，为西北地区东北军设计咸阳酒精厂，并为内迁西安的东北大学工学院设计大礼堂、教室和宿舍等校舍。任西北工学院土木工程系教授（1938.8），陕西省建设厅总工程师，西京电厂特约工程师，西安陆军医院特约工程师，主持设计蔡家坡酒精厂、益门镇酒精厂（1941），西京热电厂厂房、水塔、凉水池、烟囱等（1942），蔡家坡机械厂、西安革命公园内中正堂（1943），福豫面粉厂、东北四省同乡合作会堂、西安飞机场基地房屋及瞭望塔、黄陵修缮（1944），西安陆军医院总体规划及病房、西北工学院校舍设计、陕西渭惠渠办公室（1946），西安市广仁医院整体设计与监造（1947）等。任陕西企业公司营造厂厂长（1944），承包西安东大街碎石马路、长坪路桥涵等工程 5 处。1948 年受陆谦受邀请返回上海，加入五联建筑师事务所，参与设计上海制冰厂冷藏库、淮南煤矿。1949 年 6 月，北上沈阳主持筹建沈阳工学院建筑系，（沈阳）东北工学院建筑系教授，兼系主任（1950.8—1956.6），主持南湖校区规划设计。1956 年全国院系调整，随校并入西安冶金建筑学院，任筹备组成员，负责校址选择及规划，组织东北工学院建筑系的师生家属西迁。任西安冶金建筑学院教务处处长（1956—1958）、工业建筑教研室主任（1959）、图书馆馆长（1963.2—1982.2）和图书馆工程副总指挥（1963—1966）。中国建筑师学会登记会员（1950），学会第二（1957.2）、三（1961.12）届理事。还曾任《建筑学报》第一届编委会委员（1953.10）、沈阳市城市建设委员会委员（1956）、全国高等工业专科学校建筑学专业教材编审委员会委员（1963）、陕西省政协委员（1963—1966）等职。

刘鸿典（1904—1995），字烈武，辽宁宽甸人。东北大学建筑工程系毕业（1933），曾任上海市市中心区域建设委员会建筑师办事处绘图员 3 年。与郭毓麟、张剑霄合办（上海）鼎川营造工程师，参与郭毓麟设计东北大学 – 西北大学大礼堂（1936）。上海交通银行总行行员，经办建筑师业务（1936—1939），浙江兴业银行上海总行建筑师（1939—1941），自办（上海）宗美建筑专科学校、兼营建筑师业务（1941—1947），自办（上海）刘鸿典建筑师事务所。曾任（沈阳）东北工学院建筑系二级教授、兼教研室主任、建校设计室主任（1950—1956），西安冶金建筑学院教授、建筑系首任系主任（1956—1972），西安冶金建筑学院学术委员会副主任（1981）。1939 年经陈植、李英年介绍加入中国建筑师学会，1950 年中国建筑师学会登记会员，学会第五届（1980.10）理事。作品包括：上海市中心游泳池、图书馆（参与设计），（福州、南通、杭州）交通银行，（上海）南京西路美琪大厦、虹口中国医院、淮海中路上方花园独立别墅群，东北工学院校园总平面设计、冶金馆、采矿馆、长春分院教学楼，淮南矿区火力发电厂等。

张连步（1909—1983），辽宁新宾人。东北大学建筑工程系毕业（1933）。1949 年后曾任西京电厂、西北电力建设公司土木课课长，西北工业部西北建筑公司总工程师（1951），西北行政委员会建筑工程公司副处长、副总工程师，中国人民解放军建三师代理副经理，建工部兰州工程总公司、建工部第三工程局、国家建委第七工程局副总工程师，西北工程管理局副总工程师，西北工学院教授。民主人士，曾当选兰州市、甘肃省人大代表、委员，陕西省、甘肃省政协委员、常委，中国建筑施工委员会委员，中国建筑学会兰州分会理事、甘肃建筑学会副理事长，中国土木建筑学会理事（https://baike.baidu.com/item/张连步）。另据童寯所写《文革材料：关于给"东大"学生补课（1969 年 3 月 2 日）》，张当时在九江。

唐璞（1908—2005），字仲玉，山东益都（青州？）人，满族。东北大学转中央大学建筑工程系毕业（1934），曾任南京市工务局设计科技术员（1934），虞炳烈建筑师工程助理（1936），四川泸州第 23 兵工厂建筑课课长（1937），（泸州）天工建筑师事务所主持人（1941—1946），京汉铁路管理局工务处工程师（1947），（重庆）国泰建筑师事务所，国营西南建筑公司设计部建筑师（1950），西南工业专科学校建筑科专业兼课教师（1951），西南工业建筑设计院副总建筑师、重庆建筑工程学院建筑系专业兼课教师（1954），中国建筑师代表团团员，赴苏联、罗马尼亚考察（1957）。中国建筑学会理事（1957—1966）、建筑物理学术委员会委员（1962），四川省建筑学会副理事长（1959）、建筑创作委员会主任委员（1963）、顾问（1983），重庆市建筑师学会名誉会长（1986）。重庆建筑工程学院建筑工程系教授、系主任（1979—1986）、建筑设计研究所所长兼总工程师（1980—1984）。英国皇家联盟科学院"荣誉博士学位"（2000），中国建筑学会颁发的"建筑教育特别奖"（2004）。作品、著作详见赖德霖等编《近代哲匠录——中国近代重要建筑师、建筑事务所名录》（2006 年，136 页）。

费康（1911—1942），字遽庄，张玉泉夫，江苏吴县人。东北大学转中央大学建筑工程系毕业（1934），曾任广东第一集团军总部工程处技正，(南京)陈明记营造厂、（广州）刘既漂建筑师事务所设计员（1935），（梧州）广西大学讲师（1937）。1941 年与刘既漂、张玉泉合办（上海）大地建筑师事务所。大地建筑师事务所作品包括：金谷饭店、金谷农场、卡尔登大戏院室内、标准味粉厂、新星药厂、新星药房（改扩建及装修工程）、安徽茶叶站厂房、上海福履理路花园住宅、上海虹口花园住宅区规划（方案）、上海万国药房、上海衡丰公司、南京农工银行装饰工程、南京中央大学宿舍工程等。

曾子泉（1909—? ），湖南益阳人。湖南大学预科肄业，中央大学建筑工程系毕业（1934），曾于南京军政部营造司服务，中央大学建筑工程系讲师（1942），北平市工务局、湖南省建筑设计院总建筑师。作品：湖南郴州苏仙岭苏仙观（1978）。

林宣（1912—2004），福建闽侯人。东北大学转中央大学建筑工程系毕业（1934），实业部土木科建筑技师登记(1937.2)，福建省立福州工业职业学校建筑科专任教员，(沈阳)东北工学院建筑系教师（1950—），西安冶金建筑工程学院建筑系教授，中国建筑学会建筑史分会顾问（1993）。著作：（节译）《蓬皮杜艺术和文化中心》（威廉·玛琳著），载《建筑师》，第 1 期，1979 年 8 月；《汉长安城》《汉洛阳城》《梁九》，载：张驭寰、郭湖生主编《中国古代建筑技术史》（北京：科学出版社，1985 年）等。

白凤仪（1906—? ），字虞南，辽宁开原人。东北大学建筑工程系毕业(1932)，曾任(上海)杨锡镠建筑师事务所绘图监工员，(杭州)浙江国货公司工务处设计绘图员，实业部建筑科技师登记(1936.5)。1934 与刘致平、丁凤翎、王先泽等测绘杭州六和塔。

常世维（1904/1907?—? ），辽宁铁岭人。东北大学建筑工程系毕业（1932），曾任（上海）华盖建筑事务所绘图员（1933）、（上海）大昌建筑公司建筑设计员（1935）、董大西建筑师事务所设计员（1935）、社会建筑社建筑设计师（1935）、兵工署设计员（1936）、江西省政府技术室技士（1937），实业部建筑科技师登记（1935.12）。另据童寯所写《文革材料：关于给'东大'学生补课"（1969 年 3 月 2 日）》（载《童寯文集：第四卷》，北京：中国建筑工业出版社，2000 年，390 页），常当时在贵阳。

丁凤翎（1907—?），字伯丰，辽宁辽阳人。东北大学建筑系工程系毕业（1932），曾任天津河海整整委会绘图员、（上海）轮奂公司监工员、（上海）罗邦杰建筑师事务所绘图主任、浙江建设厅风景整理建设委员会技士、沪杭甬铁路杭曹段帮工程司（1936），实业部建筑科技师登记（1936.7）。1934 年与刘致平、王先泽、白凤仪等测绘杭州六和塔，1936 年参与郭毓麟等义务设计监造东北大学 – 西北大学大礼堂。

李兴唐（1906/1908?—?），字宗尧，辽宁辽阳人。东北大学建筑工程系毕业（1932），曾任（南京）长城建筑事务所建筑师，自营（南京）社会建筑社（1937），实业部登记（1935.3），（重庆）社会建筑社事务所，重庆市工务局技（副师）开业登记（1943），中国工程师学会正会员（1945.8），南京市工务局建筑师开业登记（1948）。台湾逢甲工商学院建筑工程系教授（1961），后赴美。

刘国恩（1906/1909?—?），字健华，辽宁昌图人。东北大学建筑工程系毕业（1932），曾任兵工署制造司技正，（重庆）中国建筑师事务所，重庆市工务局建筑技师登记，北京建设部。

刘致平（1909—1995），字果道，辽宁铁岭人。东北大学建筑工程系毕业（1932），曾任（上海）华盖建筑事务所从业人员（1932—1934），浙江省风景整理建设委员会建筑师，与丁凤翎、王先泽、白凤仪等测绘杭州六和塔并做修复设计（1934—1935）。中国营造学社社员，法式部助理，协助梁思成绘制《清工部工程做法》补图并撰写文字说明、合著《中国建筑设计参考图集》，调研河北沧州古建筑，正定隆兴寺及赵州大石桥修复设计，调研北京北海静心斋、恭王府，调研云南、四川民居，撰写四川广汉县志有关城市建筑的志稿（1935—1946）。中央博物院中国建筑史料编纂委员，同济大学土木系副教授（1942），（重庆）现代建筑工程事务所从业人员，清华大学营建系教授（1946.8—1958），中国建筑科学研究院研究员（1958—），中国建筑学会第五届（1980.10）理事，1973 年赴山西五台及雁北地区勘查古建筑，《中国大百科全书（建筑、园林、城市规划）》编委会委员。其他著作详见赖德霖等编《近代哲匠录——中国近代重要建筑师、建筑事务所名录》，93 页。

孙继杰（1905—?），字乃侠，辽宁沈阳人。东北大学建筑工程系毕业（1932）。据童寯所写《文革材料：关于给"东大"学生补课（1969 年 3 月 2 日）》，孙毕业后经童寯介绍到上海私人建筑事务所，后离沪去（北平）东北大学的建设部门工作。1936 年参与郭毓麟等义务设计监造东北大学 – 西北大学大礼堂。

铁广涛（1906—?），字伯渊，Tieh，K.T.，辽宁沈阳人。东北大学建筑工程系毕业（1932），曾任范文照建筑师事务所从业人员。1936 年参与郭毓麟等义务设计监造东北大学 – 西北大学大礼堂。（台北）建筑师（1976）。

梁思敬（1912—?），广东新会人。东北大学建筑工程系毕业（1933），曾任江南铁路公司工程员（1937），实业部建筑科技师登记（1936.5）。

马俊德（1910/1909?—?），字克明，辽宁兴城人。东北大学建筑工程系毕业（1933），曾于上海市工务局实习 4 年，实业部登记建筑师。1936 年参与郭毓麟等义务设计监造东北大学 – 西北大学大礼堂。浙江兴业银行上海总行建筑师（1936），建安实业公司地产部经理，九三实业公司董事长，自办马俊德建筑师事务所。1939 年经陈植、李英年介绍加入中国建筑师学会，上海市工务局注册（1947.11），上海市建筑技师公会会员，中国建筑师学会登记会员（1950）。（台）逢甲工商学院建筑工程系第一届系主任（1963.8—）。作品：大同大学校舍、中国农工银行、（上海）交通银行静安寺路总管理处、霞飞路沙发花园住宅 70 幢、浙江兴业银行上海总行信托部三层楼及花园洋房 9 宅（1939）、太拔路蒲石路住宅 20 幢、李家华园住宅 30 幢及纱厂工房等。

孟宪英（1908—?　），字思醇，辽宁盘山人。东北大学建筑工程系毕业（1933）。

石麟炳（1906—?　），字文炎，河北昌黎人。东北大学建筑工程系毕业（1933），曾任（上海）杨锡镠建筑师事务所助理建筑师（1933—1935），《中国建筑》杂志主编，天津市工务局技士（1935.5）、实业部建筑科技师登记（1936.12），中国工程师学会会员（1937）。在《中国建筑》杂志发表多篇文章，包括：《中国建筑》（1933 年 7 月）、《建筑正轨》（1934 年 1—10 月）、《各大城市建筑规则之比较》（1934 年 9—10 月）、《对于上海金城银行建筑之我见》（1933 年 10 月）、《北平仁立公司增建铺面》（1934 年 1 月）、（译）《建筑几何》（1934 年 7—11 月）等。

佟汉功（1907—?　），字伯忱，辽宁抚顺人。东北大学建筑工程系毕业（1933）。

佟明春（1908—?　），字华甫，辽宁抚顺人。东北大学建筑工程系毕业（1933）。

王先泽（1908—?　），字孝鼎，陕西西安人。东北大学建筑工程系毕业（1933），曾与梁思成调查宝坻县广济寺三大士殿（1932.4），与刘致平、丁凤翎、白凤仪 等测绘杭州六和塔（1934），中国营造学社社员。

张镈（1911—1999），字叔农，张鸣岐子，张锐弟，籍贯山东无棣，出生于广州。东北大学转中央大学建筑工程系毕业（1934），曾任基泰工程司建筑师（天津，1934.7—1936；北平，1935.1—1936.4；南京，1936.4—1937.7；上海，1937.7—11；重庆，1938—1940.5）。1940 年 4 月返津，主持基泰工程司平津事务所（1940—1948）、基泰初级合伙人（1947）、自营（北平）张镈建筑师事务所，主持复建天津中原公司，兼任私立天津工商学院建筑系教授（1940—1946，教授理论、中西建筑史、建筑设计），并率学生测绘故宫及北京中轴线文物建筑。1948 年底到穗，主持基泰工程司港九事务所（1949.6.9—1951.3.26）。1951 年回北京，任北京市建筑设计研究院总建筑师（—1964），规划局总工室审查全市工程项目（1964—1967），北京市建筑设计院总建筑师（1966—1995）。1950 中国建筑师学会登记会员、学会历届理事（1953—1996）。获建设部建设勘察设计大师称号（1990）。1949 年以后作品：亚非学生疗养院、新侨饭店、友谊宾馆、前门饭店、民族文化宫、民族饭店、商业部办公楼，合作主持人民大会堂、积水潭医院、佛牙塔、北京饭店东 / 西楼、北京自然博物馆（1958），辅导设计华侨大厦、天伦饭店、国际俱乐部、友谊商店等。自传体著作：《我的建筑创作道路》（1994），其他著作详见赖德霖等编《近代哲匠录——中国近代重要建筑师、建筑事务所名录》，189 页。

赵法参（1906—1960 秋），字正之、涤中，河北乐亭人，生于辽宁黎树。东北大学化学系预备班（1926—1929）、东北大学建筑系肄业（1929—1931）、中国营造学社研究生（1935）。曾任北平坛庙管理所办事员（1931—1934），中国营造学社绘图员（1934—1937），大中工程公司（1938—1939），北京市工务局技正（1939—1940），北京大学工学院讲师（1940—1945），兼北平文物整理委员会试用技正（1945—1946），北洋大学北平部教授（1946—1947），北京大学工学院建筑工程系教授（1947—1952），清华大学建筑系教授，参与编写《中国古代建筑史（初稿）》（1952—1961），（北平）东北大学建筑系教师。著作：《解放前东北平原地带农村建筑调查》（《建筑学报》，1955 年，3 期）；《中国古建筑工程技术》（《建筑史论文集》1辑，1964年5月）；《元大都平面规划复原的研究》（《科技史文集》，1979年）。其他有关材料：北大工学院通讯组《北京大学工学院建筑系结合业务增加收入捐献武器》（http://www.cass.cn/zhuanti/y_kmyc/review/1951/5106a/195106013b.htm.）。

王廷佐（1911—?），字辅宇，辽宁辽阳人。东北大学建筑系转土木工程系毕业（1934），曾于实业部登记（861号），南京市工务局技术员，重庆市工务局建筑技师登记（229号），自办（重庆）永昌建筑师事务所，重庆市开业号：甲50（1945.6）。

耿鸿枢（1908/1910?—?），字光斗，辽宁铁岭人。东北大学建筑系转北洋大学土木工程系毕业（1933）。曾任陕西省汉惠渠工程处工程师兼技术科科长，胥惠渠工程处主任工程师、总工程师、高级工程师，黄河水利工程总局技正。1949年后，历任黄河水利委员会规划处、计划处副处长，水利部第四设计室主任，黄河水利委员会勘测设计院副总工程师。先后负责汉惠渠和胥惠渠工程的设计与施工。主持黄河流域的查勘规划及资料整编工作，将过去认为的黄河大弯迁的7次改定为重要改道26次。负责设计石头庄溢洪堰工程等。详见：https://baike.baidu.com/item/耿鸿枢/5657701?fr=aladdin。

（赖德霖老师、童明先生、郭智女士曾对本文初稿提出审阅意见，特此感谢。）

王浩娱

1　研究获国家自然科学基金（青年基金）51608318资助。

2　童明《童寯年谱》，见：《童寯文集：第一卷》，北京：中国建筑工业出版社，2000年，388-389页。

3　林洙《梁思成年谱》，见：《梁思成全集：第9卷》，北京：中国建筑工业出版社，2001年，101-111页。

4　Wilma Fairbank, Liang and Lin, *Partners in Exploring China's Architectural Past*, Philadelphia: University of Pennsylvania Press, 1994:43.

5　童寯《文革材料：有关赵深的补充交代（1969年5月15日）》，见：《童寯文集：第四卷》，北京：中国建筑工业出版社，2000年，411页。

6　张玉泉《"中大"前后追忆》，见：杨永生编《建筑百家回忆录》，北京：中国建筑工业出版社，2000年，43-46页。

7　感谢赖德霖老师代为联系郭毓麟之女郭智女士，2020年2月18日笔者收到郭女士的电邮回复，帮助识别照片人物，校对郭毓麟简历，并提供郭在上海（中国银行建筑课，1932—1935）、西安（1935—1947）设计的多个项目的珍贵历史照片。特此感谢。

8　王伟鹏、张楠《1928—1931年间的东北大学建筑系的教学体系和学生情况》，见张复合编《中国近代建筑研究与保护：四》，北京：清华大学出版社，2004，643页。

9　详见https://m.sciencenet.cn/blog-469915-1018933.html?mobile=1，文中提到，二八级的刘致平与郭毓麟一同设计了礼堂。但查刘此时已入营造学社。他是否到西安参与了设计尚有待核实。

10　《田径赛成绩总结果》，《新中华报》，1929年6月3日，第7版。

11　陈颖、徐杨、韩立帆、李源远《东北大学早期建筑教育述略（1928—1931）》，《建筑与文化》，2015年，第1期，150-151页。

谁是盖立宗？—— 中国近代唯一一张建筑师彩色肖像照片

照片简介

法国银行家、慈善家阿尔贝·肯恩（Albert Kahn，1860—1940）正成为一位中国历史学界越来越广为人知的人物。他出生于法国东部一个犹太家庭，成年后投身金融业，成为法国金融界巨子。1909—1931 年，他将大量精力投入自己的《地球档案》计划，试图用影像的方式记录世界各地的面貌。他先后聘用了 8 位摄影师、3 位电影摄影师，游历了 50 多个国家，拍摄了 7.2 万张彩色照片、4000 张立体黑白照片及 18.3 万米的电影胶片，以此记录当时不同国家的人文风情和自然景观。[1]《中国，1909—1934——阿尔贝·肯恩博物馆照片及电影镜头组图录》就是以他的名字命名，并收藏着他的这些影像资料的博物馆 Musée Albert Kahn 在 2001—2002 年出版的一套有关近代中国的彩色照片影集。[2]

影集第一集第 38 张彩色照片（编号：A48064）是一位内穿法式翻袖衬衫，佩戴浅蓝色袖扣，外着蓝色领带和黑色西装，发型整洁、面庞清俊文雅的青年男士的肖像。据书中英法双语说明文字，该人姓名为 Mr. Li-Tson Cain，拍摄时间为 1925 年 12 月 30 日。中文版将这个名字音译为"盖立宗先生"。

这个西文名的书写方式混淆了名与姓，因此导致中文翻译者的误判。事实上它应写作 Li Tson-Cain，而这个名字出现于 1950 年出版的第 6 版 Who's Who in China[3]，即 Michael Tson-Cain Li。书中与其简历相配还有一张该男士这一时期的肖像照片，以及他汉语姓名的韦氏拼音注音"Li Chung-kan"和汉字。它不是"盖立宗"，而是"李宗侃"。

李宗侃是中国近代一位知名建筑师。由笔者主编，王浩娱、袁雪平、司春娟合编的《近代哲匠录——中国近代重要建筑师、建筑事务所名录》（北京：中国水利水电出版社、知识产权出版社，2006 年）对其介绍如下[4]：

Mr. Li-Tson Cain
（摄影师 Georges Chevalier）
引自：《中国，1909—1934——阿尔贝·肯恩博物馆照片及电影镜头组图录》（*Chine, 1909-1934 : catalogue des photographies et des séquences filmeés du Musée Albert Kahn*，Boulogne-Billancourt：Le Musée，c2001-2002），No.38 (A 48064)

Michael Tson-Cain Li
（Li Chung-kan / 李宗侃）
引自：*Who's Who in China*（《中国名人录》）（Shanghai: The China Weekly Review, 1960）

姓　　名：李宗侃（字叔陶，Li T. K / Li, Michael Tson-cain）

生　　卒：1901 年 10 月 2 日—1972 年

籍　　贯：河北高阳（生于北平）

教育背景：[法] 巴黎建筑专门学校建筑工程师（Architecte Diplom'e Ecole Speciale d'Architecture in Paris），1923

李宗侃
引自：《上海漫画》，1929 年
3 月 9 日，第 46 期

经历：

1912 年赴法，1925 年回国。

1925—（上海）大方建筑公司从业人员。

1929 年国民政府建设委员会专门委员及工务局技正。

1929 年 1 月由范文照、李锦沛介绍加入中国建筑师学会。

1930 年，中国工程学会正会员（建筑、市政）。

1932 年，上海市工务局技师开业登记（建筑）。

1934 年，陶记建筑事务所。

1934—1937 年，（南京白下路）中国农工银行副经理，中国工程师学会正会员（建筑、市政），（上海、南京）大方建筑公司经理。

1935 年 6 月，应邀参加南京国立中央博物院图案设计竞赛。

1942— 广西柳州中国农工商银行经理。

1945—1946 年，交通部赴美高级技术观察员，（纽约）中国建筑师联合会、法国工程师联合会会员，自办（上海）李宗侃建筑师事务所，甲等开业证，上海市建筑技师公会会员。

1950 年，上海交通部技术专家。

1972 年,病逝于台北(见《李石曾先生纪念集》,编者、出版者不详,(约)1973 年,199 页,芝加哥大学图书馆藏)

作品：

——"模型"（与唐英合作，正艺社《美展特刊》，大东书局、群益书局、有正书局，1929 年）

——南京中央军事学院体育馆（1935）

——南京国民大会堂（1937）

其他有关材料：

——南京紫金山观象台（图），《东方杂志》，1928 年 8 月 25 日，25 卷 16 号。

——《西湖博览会会场大门设计图，建筑师刘既漂、李宗侃合作》，《时报》，1929 年 1 月 11 日。

——《西湖博览会之正门作宫殿式，宏丽美观，建筑师刘既漂、李宗侃同设计》，《时报》，1929 年 2 月 17 日。

——《花团锦簇之婚礼，周叔苹李宗侃一幅俪影》，《上海漫画》，1929 年 3 月 9 日，第 46 期；《时报》，1929 年 3 月 10 日。

——Who's Who in China（《中国名人录》），1950 年，6 版。

照片来源：《上海漫画》，1929 年 3 月 9 日，第 46 期。

附

《花团锦簇之婚礼，周叔苹李宗侃一幅俪影》
（《上海漫画》，1929 年 3 月 9 日，第 46 期）

　　建筑家李宗侃君与周叔苹女士，于今日在大华饭店举行结婚典礼，李君美风姿，高阳李文正公之孙，亦国府委员李石曾氏之侄也，习建筑术于法京巴黎，经验颇丰，周女士卒业于中西女学，有该校皇后之称，其美丽亦可知，其尊人亦即中国第一邮票收藏家周美权先生是也。李君现任国府建设委员会专门委员，现所规划之建筑与正在图样之考虑中者，有中央大学之大礼厅，其间可容二千八百人之面积，及中央天文台与建设委员会司法部农矿部等房屋数处，李君极注重于立体表现两派之艺术，左图为其所构之紫金山观象台图案之一种。（编者注：高阳李文正公即咸丰朝进士、晚清军机大臣李鸿藻；李石曾名煜瀛，与吴稚晖、张静江、蔡元培三人合称"民国四老"。）

　　该书出版后我们又收集到更多有关李的资料。关于他的学习经历，据李书华："我与留法俭学会预备学校"，李宗侃为第一班学生，除李书华（润章）本人外，还有徐海帆、李宗侗（玄伯）、汪申（申伯）、彭济群（志云）。第一班于 1912 年 4、5 月开学上课。[5]李书华曾任北平研究院副院长、教育部长；徐海帆曾任河北大学农科校长、实业部农业司长；汪申在 1928 年担任了新创办的北平大学艺术学院建筑系教授和系主任；彭济群初为教授，但在当年底赴沈阳任辽宁省政府委员兼建设厅厅长。

　　关于李的工作经历：他在 1925 年曾任职铁道部胶济线铁路局工务处办事。但因"久不到差"而被停职（《铁路公报胶济线》，1925 年，第 82 期，20 页）。1928 年 1 月 14 日他获得南京特别市政府委令，担任了工务局技正（《市政公报》，1928 年，第 8 期，24 页。该职当即《中国名人录》中提到的"deputy-director of Nanking Construction Bureau of Nanking City Government"）。作为国民政府首都建设委员会委员，他与刘纪文等曾提议建筑中山路（《呈国民政府为建筑中山路计划请核准指拨专款施行文》，《建设》，1928 年，第 1 期，108–111 页）。

　　关于李的著作和作品：他发表的文章还包括《城市计划上之面积问题》（《建设》，1928 年，第 1 期，14–22 页），《首都城市建筑计划》（与马轶群、唐英、徐百揆、濮良等合著，《道路月刊》，1928 年，23 卷 2-3 期，5–11 页）。他的作品除《近代哲匠录——中国近代重要建筑师、建筑事务所名录》所列之外，还包括中央大学生物馆（今东南大学中大院，1929 年）[6]、南京紫金山观象台（图案）（《东方杂志》，1928 年，25 卷 16 号），（杭州）西湖博览会进口大门（与刘既漂合作，《东方杂志》，1929 年，26 卷 10 号），以及他在 1930 年设计的上海律师公会大会场（实施情况不详）。[7]但据卢海鸣《南京民国建筑》，《近代哲匠录——中国近代重要建筑师、建筑事务所名录》所列作品中的南京国民大会堂（1937）其实是由奚福泉建筑师设计，李是监造者。[8]另外，承李海清先生现场调查据奠基石铭文告知，中央大学大礼堂的设计者为上海公和洋行（Palmer & Turner Architects）。所以上引"花团锦簇之婚礼，周叔苹李宗侃一幅俪影"一文所说李"现所规划之建筑与正在图样之考虑中者有中央大学之大礼厅"只表明李曾提交方案，但并非实施方案的设计者。

　　关于李的家庭：李父名李煜瀛（字符曾），是李鸿藻长子、煜瀛兄长，也中国最早的民族工商业开拓者之一。李宗侃有兄宗侗（字玄伯，1895—1974）和弟宗侨（字惠季）。宗侗毕业于法国巴黎大学，

行礼后留影新娘兜纱委地长及数丈为
此间所罕见。引自：《图画时报》，
1929 年 3 月 13 日，第 544 期

周叔苹女士之近影。引自：《上海漫画》，
1929 年 3 月 9 日，第 46 期

1924 年返国，受聘于国立北京大学，兼法文系主任，曾出任国民政府财政部全国注册局局长、故宫博物院秘书长等职。抗日战争时期，曾护送故宫文物南迁京沪，转运重庆，历经艰辛。在北京和上海沦陷后，他匿名居住在上海，中央图书馆来不及转运的善本图书也寄藏于其家。抗战胜利后，将中央图书馆图书完璧送归政府。后任中法大学教授，兼文学院院长。1948 年，受聘为台湾大学历史系教授。弟子包括逯耀东、许倬云、李敖等。[9]

《近代哲匠录——中国近代重要建筑师、建筑事务所名录》刊登的李宗侃肖像照片来源于 1929 年 3 月 9 日出版的第 46 期《上海漫画》。这一天是李宗侃的新婚之日。作为新郎的他的确如《上海漫画》的报道所说是"美风姿"，真令人想到"小乔初嫁"时的周公瑾。他的婚礼由蔡元培证婚，当时上海许多大众媒体都对之进行了报道，其中包括《图画时报》（1929 年，第 544 期）、《上海画报》（1929 年，第 449 期）、《上海漫画》（1929 年，第 46 期）、《华北日报》（1929 年 3 月 10 日）和《白鹅艺术》（1930 年，第 2 期）等。其中几份画报更以照片的形式呈现了婚礼场面的华丽及其夫人周叔苹的端庄和秀美。

李周举办婚礼的地点上海大华饭店曾是 20 世纪初上海一座著名建筑。该饭店位于南京西路之北、江宁路与南汇路（当时叫大华路）之间，1911 年前后由英商通和洋行（Atkinson & Dallas Architects and Civil Engineers Ltd.）设计建造。[10] 通和洋行擅长爱德华巴洛克风格设计。大华饭店基座部分使用条带分明的块石砌筑（rustication），开底三角山花（broken-bed pediment）或拱形山花（arched pediment，segmental pediment），一层窗户采用间错突出的方石门窗框缘（又称"吉布斯框缘"，Blocked surrounds with projecting stones/ Gibbs surround），牛眼窗（bull's-eye window，或 Oculus/Oculi），发券采用楔形券石（voussoirs）等做法都是这一风格的特征。[11] 但或许因为当时上海的施工能力尚有限，这栋建筑没有采用英国本土爱德华巴洛克式建筑常用的巨柱，因而在整体上缺少英国相同风格建筑的伟岸和雄壮，但却多了几分精致和秀丽。或许正因为如此，再加上其内部可容千人同时集会或跳舞的宴会厅，这座建筑成为 20 世纪早期上海一个理想的"婚姻殿堂"——李周婚礼之外，1927 年 12 月 1 日蒋介石和宋美龄的婚礼、1929 年 9 月 6 日上海总商会第一任会长严筱舫的孙女严幼韵（后改嫁民国著名外交家顾维钧）与

时任北平政府外交部驻沪特派员的杨光泩的
婚礼也都在这里举办。[12]

  中国近代建筑师有如此风光者，只有李
宗侃一人。而《中国，1909—1934——阿尔
贝·肯恩博物馆照片及电影镜头组图录》的
李宗侃肖像，也是目前所知中国近代唯一一
张建筑师的彩色照片，当时他 24 岁。与这张
1925 年的照片和他在 1929 年新婚时所摄的照
片呈现的风姿相比，他在 1950 年《中国名人
录》刊登的照片中则显抑郁和憔悴。此时他
应该已经或正准备随国民政府以及李氏家族
的其他成员撤退到台湾。这一表情或许就体
现了他与同行者们对于时局的失望，以及对
于家国前途的担忧。

上海大华饭店

引自：《这些承载着老上海回忆的老牌电影院，你还记得伐？》
https://hi.online.sh.cn/content/2018-11/20/content_9115585_4.htm.

  在本文写作过程中，福州大学林慧同学为笔者查找资料提供了大力帮助。特此致谢。

赖德霖

1 参见：https://zh.wikipedia.org/wiki/ 阿尔贝·卡恩。

2 Beausoleil, Jeanne [Auteur (article ou ouvrage)], Smith, Paul (en 1946) [Auteur (article ou ouvrage)], Chiu, Che Bing [Auteur (article ou ouvrage)], Nie, Li[Auteur (article ou ouvrage)], 《中国，1909-1934——阿尔贝·肯恩博物馆照片及电影镜头组图录》（*Chine, 1909-1934 : catalogue des photographies et des séquences filmées du Musée Albert Kahn*, Boulogne-Billancourt : Le Musée, c2001-2002）。

3 *Who's Who in China*（《中国名人录》）（6th edition）（Shanghai: The China Weekly Review, 1950）。

4 赖德霖主编，王浩娱、袁雪平、司春娟合编《近代哲匠录——中国近代重要建筑师、建筑事务所名录》，北京：中国水利水电出版社、知识产权出版社出版，2006 年，70 页。

5 李书华《我与留法俭学会预备学校》，陈三井编《民初旅欧教育运动史料选编》，台北：秀威资讯，2014 年，27 页。

6 刘先觉、楚超超《南京近代大学校园建筑评析》，张复合主编《中国近代建筑研究与保护》（五），北京：清华大学出版社，2006 年，406-412 页。

7 《上海律师公会报告书》，1930 年，第 27 期，116-117 页。

8 卢海鸣《南京民国建筑》，南京：南京大学出版社，2001 年，124 页。

9 李玄伯，华人百科，https://www.itsfun.com.tw/ 李玄伯 /wiki-2077204。

10 郑时龄《上海近代建筑风格》，上海：上海教育出版社，1999 年，184 页。

11 参见：《赖德霖观点：建筑样式大风吹，"总统府"究竟是什么风格？》，风传媒，2017 年 10 月 15 日，https://www.storm.mg/article/344150。

12 沈福煦、沈燮癸《透视上海近代建筑》，上海：世纪出版集团、上海古籍出版社，2004 年，211 页；谈资《原来 80 年前的豪门婚礼 送一亿嫁妆只是挂个彩头》，凤凰网，2017 年 10 月 13 日，http://news.ifeng.com/a/20171013/52625376_0.shtml。

苏夏轩——原西安城市建设局高级工程师、总工程师

苏夏轩简历及作品

苏夏轩半身照

姓　　名：苏夏轩（又名：庭华）

生　　卒：1901 年 12 月 1 日—1988 年 3 月 9 日

籍　　贯：福建永定

教育背景：1923 年，（上海）私立震旦大学建筑系；1928 年，（比利时）国立岗城大学（Universiteit Gent）建筑系，建筑师。

经历：

1928—1932 年，（上海）法商赖安洋行，监工；

　　（上海）庄俊建筑事务所，助理建筑师；

　　（上海）上海商业储蓄银行及中国旅行社，建筑工程师。

1931 年 8 月，经董大酉介绍加入中国建筑师学会。

1932 年，上海市工务局技师开业登记（建筑）41。

1932—1937 年，自营（上海）马腾建筑工程司（Modern Architects & Engineers），担任经理；

　　自营（青岛）马腾（Modern Architects & Engineers）建筑工程司青岛分公司，经理。

1937—1945 年，（上海）失业。

1945—1952 年，（上海）中国旅行社专员，主管该社全国各分社及招待所（包括台湾地区）的战后修缮、重建及新建工作；

　　（南京）中国旅行社南京分社首都饭店，经理。

1952—1974 年，（西安）西安城市建设局高级工程师、总工程师。

作品：

上海商业储蓄银行（青岛市中山路 68 号）[2]

中国旅行社西安分社西京招待所（西安）[3]

上海商业储蓄银行南京支行（南京市建康路 145 号）[4]

参与中国旅行社南京分社首都饭店的建设（南京）[5]

上海市愚园路 1412 弄联排民宅 [6]

上海市赫德路恒德里（今常德路 633 号）联排民宅 [7]

——南京国立中央博物院图案设计竞赛（1935 年 6 月）

——南京国民会议场建筑设计竞赛第六奖（1935 年，原文件写作苏长轩）

马腾建筑工程司信笺一张[1]

苏夏轩建筑师印章

赖德霖

附

由笔者主编，王浩娱、袁雪平、司春娟合编《近代哲匠录——中国近代重要建筑师、建筑事务所名录》在 2006 年由北京中国水利水电出版社和知识产权出版社出版后，我们通过书中提供的编者联系邮箱（cnarchitect@gmail.com）陆续收到一些建筑前辈家属惠示的补充信息以及历史照片。其中包括江苏省职［工］医科大学退休教师苏尚烨老师在 2008 年 7 月 1 日来信中根据《近代哲匠录——中国近代重要建筑师、建筑事务所名录》对先父苏夏轩前辈的生平和主要作品目录所做的补充以及肖像照片，弥足珍贵。这里将其刊登如下，以飨读者，同时向这位西安现代建筑的先驱者致以崇高敬意。

编辑同志：

我是《近代哲匠录》一书中 P139- 苏夏轩的女儿苏尚烨。

一年前，我有幸拜读了《近代哲匠录》一书，深受感动。想不到在先父去世 20 年后，见到了有关他生前建筑事业的一些史实。更为感动的是你们不辞辛苦地为我国近代建筑先驱者们做了大量艰苦细致的调查收集工作，为编写我国的近代建筑史积累了大量宝贵的资料。作为他们的子女，除了表示诚挚的敬意和感谢外，更应为民国建筑史尽些绵薄之力。

先父在世时很少和我们谈他的工作业绩，而我们则因年少无知，1949 年后长期离家求学、工作，对他的事业知之甚少。"文革"抄家将一切东西，包括所有的图文资料等丧失殆尽。因此只能凭记忆中的只字片语及对我们曾接触过的一些先父设计的建筑物，作些探索和调查。我们搜索了有关的网上信息、书籍、地方志等，走访了南京市城市建设档案馆、南京市地方志办公室、西安市规划局、西安市档案局、西安市城市档案馆等单位。因事隔已久，机构的搬迁、合并、撤销，人员更换及故去等种种原因。虽然得到了他们的许多帮助，但收获有限。许多建筑档案都找不到了，甚至连先父的个人历史档案也已不知所终。我们都不是学建筑的，又是以个人名义查找，有些单位连门都进不去，遇到很大困难。只能凭有限的记忆和资料，写下有较确切把握的信息。

据先母生前的回忆，抗战前的 30 年代，当时先父频繁来往于上海、南京、青岛、西安之间（先父在世时曾说过，他第一次去西安时火车只通到潼关，然后坐马车或骑马好几天才到西安）。他与当时的银行界、商界人士来往较多，业务也较忙。所以我想，除了我已提供的一些资料外，还应有些其他的建筑设计，特别是上海商业银行及中国旅行社在全国各地的一些办公楼、招待所等可能与先父也有些联系的。

我们的能力和知识有限，加之年迈，精力和体力受到限制。仅能提供有限的信息和资料。错误和偏差也在所难免，仅供参考。希望能有助于"近代哲匠录"及民国建筑史的调查、编写工作。有不当之处请指正。收到后盼复。若有所需请联系。

再次向你们致以诚挚的感谢！辛苦了！

联系地址：
苏尚烨（略）
谢品杰（苏夏轩外孙）（略）

顺安

江苏省职［工］医科大学
退休教师
苏尚烨
2008 年 7 月 1 日

---

1 上海公司地址：仁记路（Jinkee Road）119 号；青岛分公司地址：中山路。

2 山东省 345 处历史优秀建筑中，隶属青岛市 131 处老建筑之一。见：青岛网络公司半岛网（www.bandao.cn）"中山路老建筑"。

3 西安市城市规划局退休工程师成洁华证实。

4 属第一批南京市重要近代建筑保护候选名单（文物类共 53 处）。见：《金陵晚报》，2007 年 11 月 24 日，第 2 版。

5 1949 年后我家曾在饭店后楼居住。当时印象该饭店建筑与家父有关。在南京市城市建设档案馆的资料中，系由童寯设计。家父究竟担当何任，不敢妄言。

6、7 我家曾先后在该两处民宅居住多年。

（德霖按：苏女士信中对《近代哲匠录——中国近代重要建筑师、建筑事务所名录》中苏夏轩作品的注释）

附录

附录一

中国建筑口述史研究大事记
（20 世纪 20 年代—2019 年）

沈阳建筑大学王晶莹、孙鑫姝（整理）

（文中的灰底部分为文史界及国外部分口述史研究背景情况）

• 20 世纪 20 年代

　　苏州工业专门学校建筑科主任柳士英寻访到"香山帮"匠师姚承祖，延聘他开设中国营造法课程。后教授刘敦桢受姚之托，整理姚著《营造法源》。（见赖德霖、伍江、徐苏斌主编《中国近代建筑史》，第二卷，北京：中国建筑工业出版社，2016 年，370 页）

• 20 世纪 30 年代

　　梁思成通过采访大木作匠师杨文起、彩画作匠师祖鹤洲，对清工部《工程做法则例》进行整理和研究，1934 年出版《清式营造则例》。（见：《清式营造则例》"序"，北京：清华大学出版社，2006 年）

• 20 世纪 40 年代

　　1948 年，美国史学家艾伦·耐威斯（Allan Nevins）在哥伦比亚大学建立口述历史研究室，一些中国近现代历史名人的口述传记，如《顾维钧回忆录》（唐德刚，1977 年）、《何廉回忆录》（1966 年）、《蒋廷黻回忆录》（1979 年），以及对张学良的访谈，均由该室完成。

• 20 世纪 50 年代

　　1959 年 10 月，陈从周、王其明、王世仁和王绍周采访朱启钤，了解北京近代建筑情况。（见张复合《20 世纪初在京活动的外国建筑师及其作品》，《建筑史论文集》，第 12 辑，北京：清华大学出版社，2000 年，106 页，注释 3）

• 20 世纪 60 年代

　　侯幼彬协助刘敦桢编写《中国建筑史》，负责近代部分。受刘支持和介绍，采访了赵深、陈植、董大西等前辈。（见侯幼彬《缘分——我与中国近代建筑》，《建筑师》，第 189 期，2017 年 10 月，8–15 页）

• 20 世纪 70 年代

　　唐德刚整理完成《顾维钧回忆录》（*The Memoires of V. K. Wellington Koo*,1977），《胡适回忆录》（*The Memoir of Hu Shih*,1977），《李宗仁回忆录》（*The Memoir of Li Tsung-jen*,1979）。

• 20 世纪 80 年代

　　邹德侬、窦以德为撰写《中国大百科全书：建筑、园林、城市规划》，到各地的大区、省、市建筑设计院和高校与建筑师、教师举行座谈会或进行专访，计数十次，录下 100 多盘录音带（见"邹德侬"，杨永生、王莉慧编《建筑史解码人》，北京：中国建筑工业出版社，2006 年，271-276 页）。该项工作为中国现代建筑史研究中所进行的首次系统性口述史调查和记录。

东南大学研究生方拥在撰写硕士论文《童寯先生与中国近代建筑》的过程中采访了诸多童的同学、同事、学生，以及亲属和友人，并通过书信向陆谦受前辈做了请教。（见"方拥"，杨永生、王莉慧编《建筑史解码人》，北京：中国建筑工业出版社，2006 年，335-341 页）

李乾朗通过采访台湾著名大木匠师陈应彬（1864—1944）的后人并结合实物，对陈展开研究。2005 年出版著作《台湾寺庙建筑大师——陈应彬传》（台北：燕楼古建筑出版社，2005 年）。

1988 年上海市建筑工程管理局成立《上海建筑施工志》办公室，承担这部上海市地方志专志系列书之一的编撰工作。《志》办成员在广泛搜集图书档案资料的同时，也走访熟悉上海建筑施工行业历史的人物搜集口述资料。成果见《上海建筑施工志》编纂委员会编《东方"巴黎"——近代上海建筑史话》（上海文化出版社，1991 年）、《上海建筑施工志》（上海社会科学院出版社，1997 年）。

在中国近代建筑史研究中，赖德霖、伍江、徐苏斌等采访了陈植、谭垣、唐璞、张镈、赵冬日、黄廷爵、汪坦、刘光华等第一、二代建筑家，或他们的亲属和学生，还通过书信向更多前辈做了请教。成果见于他们各自的著作或论文。

• 20 世纪 90 年代

在口述史调查的基础上，李辉出版《摇荡的秋千——是是非非说周扬》（深圳：海天出版社，1998 年）；贺黎、杨健出版《无罪流放——66 位知识分子"五七干校告白"》（北京：光明日报出版社，1998 年）；邢小群出版《凝望夕阳》（青岛出版社，1999 年）。

1999 年北京大学出版社策划"口述传记"丛书，出版了《风雨平生——萧乾口述自传》《小书生大时代——朱正口述自传》等。

美国学者 John Peter 出版 *The Oral History of Modern Architecture: Interview With the Greatest Architects of the Twentieth Century*（New York：H.N. Abrams, 1994）。

林洙女士在研究中国营造学社历史的过程中采访了诸多当事人和当事人亲属。成果见《叩开鲁班的大门——中国营造学社史略》（北京：中国建筑工业出版社，1995 年）。

1997 年陈喆发表《天工建筑师事务所——访唐璞先生》。（见《当代中国建筑师——唐璞》，北京：中国建筑工业出版社，1997 年，9-11 页）

同济大学研究生崔勇在撰写有关中国营造学社的博士论文过程中采访了许多当事人或当事人的亲友、学生、同事、知情人。访谈记录收入崔著《中国营造学社研究》（南京：东南大学出版社，2000 年）。

• 2000—2009 年

在口述史调查的基础上，陈徒手出版《人有病，天知否——一九四九年后中国文坛纪实》（北京：人民文学出版社，2000 年）。

美国学者格罗·冯·伯姆（Gero von Boehm）访谈贝聿铭，出版 *Conversations with I.M. Pei: Light is the Key*（New York：Prestel Publishing, 2000）。

天津大学研究生沈振森在撰写有关沈理源的硕士论文过程中采访了许多沈的亲属和学生。成果见 2002 年天津大学硕士论文《中国近代建筑的先驱者——建筑师沈理源研究》。

原新华社高级记者王军发表《城记》（北京：生活·读书·新知三联书店，2003 年），在为此书收集史料的十年间，采访了陈占祥先生本人及其亲属，以及梁思成先生的亲友、学生和同事等。

美国纽约圣若望大学历史系教授金介甫（Jeffrey C. Kinkley）搜集大量资料著 *The odyssey of Shen Congwen Odyssey of Shen Congwen* 并由符家钦译为《沈从文传》（北京：国际文化出版公司，2005 年），介绍中国现代著名作家、历史文物研究家、京派小说代表人物沈从文的生平事迹。

东南大学研究生刘怡在撰写有关杨廷宝的博士论文过程中采访了许多杨的学生。访谈记录收入刘和黎志涛著《中国当代杰出的建筑师、建筑教育家杨廷宝》（北京：中国建筑工业出版社，2006 年）。

华中科技大学学生郑德撰写硕士论文，通过现场调研获得口述资料的方式，对汉正街自建区住宅进行了考察和研究。成果见《汉正街自建住宅研究》（华中科技大学，2007 年）。

中国现代文学馆研究员傅光明根据自己的博士论文扩充而成《口述历史下的老舍之死》（济南：山东画报出版社，2007 年），介绍作家老舍曲折生活经历、老舍之死的史学意义，并且分析了 20 世纪中国知识分子的悲剧宿命。

邢肃芝（洛桑珍珠）口述，张健飞、杨念群笔述的《雪域求法记——一个汉人喇嘛的口述史》（北京：生活·读书·新知三联书店，2008 年），讲述了一位精通汉藏佛教、修道有成的高人邢肃芝的传奇经历。

同济大学副教授钱锋在 2003—2004 年撰写有关中国近现代建筑教育的博士学位论文过程中，采访了国内各高校建筑学科的一些老师，以了解各校现代建筑教育发展的历史情况。成果见钱锋、伍江《中国现代建筑教育史（1920—1980）》（北京：中国建筑工业出版社，2008 年）。

香港大学研究生王浩娱在撰写博士论文的过程中采访了范文照、陆谦受等中国近代著名建筑家的后人，以及郭敦礼等 1949 年以前在大陆接受建筑教育，之后到海外发展的建筑师。成果见 Haoyu Wang, *Mainland Architects in Hong Kong after 1949: A Bifurcated History of Modern Chinese Architecture*, PhD Thesis, University of Hong Kong, 2008。

原广州市设计院副总建筑师蔡德道在访谈中回顾了在 20 世纪 60—80 年代在我国建筑界作出杰出贡献的"旅游旅馆设计组"之始末，探讨了从岭南现代建筑的一代宗师夏昌世先生身上所获得的教益与经验，并阐述了现代建筑在中国的若干轶闻。（见蔡德道《往事如烟——建筑口述史三则》，《新建筑》，2008 年，第 5 期）

哈佛大学费正清研究中心联系研究员，前上海交通大学副教授王媛总结了建筑史研究的一般方法，并通过实例说明在建筑史尤其是民居研究中采用口述史方法的重要性，还对如何将这种方法纳入更为规范和学术化的轨道进行了探讨。（见《对建筑史研究中"口述史"方法应用的探讨——以浙西南民居考察为例》，《同济大学学报》，2009 年，第 5 期）

● 2010 年至今

河南工业大学讲师，同济大学博士段建强通过访谈大量当事人，梳理了 20 世纪 50 年代以来，尤其是 80 年代以后上海豫园修复的过程，在此基础上研究了陈从周的造园思想与保护理念、实践意义和学术贡献。成果见《陈从周先生与豫园修复研究：口述史方法的实践》。（《南方建筑》，2011 年，第 4 期）

同济大学教授卢永毅在回忆资料和访谈基础上发表论文《谭垣的建筑设计教学以及对"布扎"体系的再认识》。（见《南方建筑》，2011 年，第 4 期）

同济大学建筑城规学院常青院士借助历史文字、图像和口述史资料的分析，从渊源和修复两个方面，探讨桑珠孜宗堡的变迁真相与复原再现的特殊意义。成果见《桑珠孜宗堡历史变迁及修复工程辑要》，《建筑学报》，2011 年，第 5 期；《西藏山巅宫堡的变迁：桑珠孜宗宫的复建及宗山博物馆设计研究》（上海：同济大学出版社，2015 年）。

胡德川、宋倩通过对五位与怀化相关民众的采访，撰写论文《怀化价值及未来——五个人的怀化口述史》。（见《建筑与文化》，2011 年，第 10 期）

同济大学建筑与城市规划学院出版《谭垣纪念文集》《吴景祥纪念文集》《黄作燊纪念文集》（北京：中国建筑工业出版社，2012 年），汇集了诸多谭、吴、黄前辈的同事、学生、亲友的回忆文章。《黄作燊纪念文集》中还有钱锋对多位黄的学生的访谈记录。

2012 年，建筑出版界前辈杨永生先生的口述自传《缅述》由李鸽、王莉慧记录、整理和编辑，由北京中国建筑工业出版社出版。

河南工业大学讲师段建强发表《口述史学方法与中国近现代建筑史研究》，《2013 第五届世界建筑史教学与研究国际研讨会》论文，重庆大学，2013 年。

上海大学图书情报档案系连志英以档案部门城市记忆工程建设作为研究对象撰写论文《基于后保管模式及口述史方法构建城市记忆》。（见《中国档案》，2013 年，第 4 期）

上海济光职业技术学院副教授蒲仪军将"口述史"研究方法用于微观研究和保护设计中，发表论文《陕西伊斯兰建筑鹿龄寺及周边环境再生研究——从口述史开始》。（见《华中建筑》，2013 年，第 5 期）

东南大学建筑历史与理论研究所通过采访当事人，编辑出版了《中国建筑研究室口述史（1953—1965）》（南京：东南大学出版社，2013 年）。

2013 年，中国建筑工业出版社推出"建筑名家口述史丛书"，已出版刘先觉《建筑轶事见闻录》（杨晓龙整理，2013 年）、潘谷西《一隅之耕》（李海清、单踊整理，2016 年）、侯幼彬《寻觅建筑之道》（李婉贞整理，2017 年）。

山西大学薛亚娟在 2013 年硕士论文《晋西碛口古镇文化景观整体保护研究——以口述史为中心的考察》中，以晋西碛口古镇文化景观为研究对象，以文化景观的保护为研究重点，试图通过口述史的方法，探索对碛口古镇文化景观整体保护的一种模式。

天津大学张倩楠撰写硕士论文，探讨口述史方法在江南古典园林营造技艺研究、园林修缮研究和记录，以及园林研究学者个案研究方面的意义和价值。成果见《江南古典园林及其学术史研究中的口述史方法初探》（天津大学建筑学院，2014 年）。

北京建筑大学建筑设计艺术研究中心黄元炤出版《当代建筑师访谈录》（北京，中国建筑工业出版社，2014年）。

对中国工程院院士：关肇邺、张锦秋、王小东、何镜堂、马国馨、崔愷；教授学者：张钦楠、邹德侬、鲍家声、王建国、赵辰、梅洪元、庄惟敏、黄印武、李立、金秋野、张烨、刘亦师；建筑史：黄汉民、吴钢、祝晓峰、王振飞进行的笔谈，回顾他们与"学报"的情缘，讨论他们对"学报"的期望，撰写《亦师亦友共同成长——〈建筑学报〉编者、读者、作者笔谈录》。（《建筑学报》，2014年，第9期）

清华同衡规划院历史文化名城所在福州上下杭历史街区针对1949年之前街区生活的记忆进行了口述史记录工作，成果见齐晓瑾、霍晓卫、张晶晶《城市历史街区空间形成解读——基于口述史等方法的福州上下杭历史街区研究》（《中国建筑史学会年会暨学术研讨会论文集》，2014年）。

清华大学程晓喜受中国科学技术协会的委托于2014年7月启动清华大学建筑学院教授关肇邺院士学术成长资料采集工程并担任项目负责人。采集内容包括口述文字资料、证书、证件、信件、手稿、著作、论文、报道、评论、照片、图纸、档案，以及视频影像和音频资料，其中对关肇邺本人的直接访谈1786分钟，对多位中国工程院院士的访谈录音229分钟。

清华大学建筑历史研究所刘亦师在文献梳理的基础上结合对13名健在的中国建筑学会重要成员和历届领导班子成员的口述访谈，撰写《中国建筑学会60年史略——从机构史视角看中国现代建筑的发展》。（见《新建筑》，2015年，第2期）

河北工程大学建筑学院副教授武晶以关键人物的口述访谈和相关文献为基础，撰写博士论文《关于〈外国建筑史〉史学的抢救性研究》（天津：天津大学建筑学院，2016年）。

同济大学建筑学博士后王伟鹏撰写期刊论文《建筑大师的真实声音评介〈现代建筑口述史——20世纪最伟大的建筑师访谈〉》。（见《时代建筑》，2016年，第5期）

中国城市规划研究院邹德慈工作室教授级高级城市规划师李浩博士在大量访谈的基础上完成并出版了《八大重点城市规划——新中国成立初期的城市规划历史研究》（上、下卷）（北京：中国建筑工业出版社，2016年）和《城·事·人——城市规划前辈访谈录》（1–5辑）（北京：中国建筑工业出版社，2017年）。撰写期刊论文《城市规划口述历史方法初探（上）、（下）》（分别刊登在《北京规划建设》，2017年，第5期和2018年，第1期）。

清华同衡规划院齐晓瑾、王翊加、张若冰与北京大学历史学系研究生杨园章、社会学系研究生周颖等，2016年在福建省晋江市五店市历史街区就宗祠重建、地方文书传承、建筑修缮和大木技艺传承等话题进行系列口述史记录与历史材料解读。调研成果与访谈记录参加深港建筑城市双年展（2017），其他成果待发表。

清华大学建筑历史研究所刘亦师结合文献研究和口述史料，对公营永茂建筑公司的创设背景、发展轨迹、领导成员、职员名单及内部的各种管理制度等内容进行梳理。成果见《永茂建筑公司若干史料拾纂》系列文章，收录于《建筑创作》，2017年，第4、5期。

清华大学建筑学院参与中国科学技术协会老科学家资料采集工程，整理吴良镛、李道增、关肇邺院士口述记录。

中国高校第一部以口述史方式完成的院史记录《东南大学建筑学院教师访谈录》由东南大学建筑学院教师访谈录编写组采访和编辑整理，2017年由中国建筑工业出版社出版。其中有对不同时期23位老教师的访谈记录。

香港大学吴鼎航通过采访大木匠师吴国智完成有关潮州乡土建筑的博士论文。成果见 Ding Hang Wu , *Heaven, Earth and Man: Aesthetic Beauty in Chinese Traditional Vernacular Architecture – An Inquiry in the Master Builders' Oral Tradition and the Vernacular Built-form in Chaozhou*, Ph.D. dissertation of the University of Hong Kong, 2017.

北京建筑大学刘璧凝在2017年硕士学位论文《北京传统建筑砖雕技艺传承人口述史研究方法探索》中对口述史在北京传统建筑中的适用性和研究要点进行探讨，总结适用于北京传统建筑砖雕口述史的作业方法、作业流程及问题设计、整理方式等。

中国社会科学院近代史研究所专家白吉庵将1985年7月27日至1988年1月19日对思想家、教育家和社会改造运动者梁漱溟的24次访谈整理成《梁漱溟访谈录》（北京：人民出版社，2017年）。

华南农业大学林学与风景园林学院的赖展将、巫知雄、陈燕明以英德当地一线英石文化工作者赖展将先生为口述访谈对象，运用历史学的口述历史研究方法，以其个人与英石相关的工作经历，介绍英石文化与产业在改革开放之后的发展历程，撰写期刊论文《英石文化需要崇拜者、创造者和传播者——一位英石文化工作者的口述》留下第一手原生性资料，为英石文化的当代传承作出重要贡献。（见《广东园林》，2017年，第5期）

天津大学孔军2017年在博士论文《传承人口述史的时空、记忆与文本研究》中，通过分析大量传承人口述史资料，探讨口述史方法在传承人研究领域中的应用，从时间与空间交织、文化记忆研究取向以及口述史文本采写和样式等方面展开分析，论述传承人口述史的口述实践和文本建构，总结传承人口述史不同于其他类型口述史的特征。同时撰写研究成果期刊论文《试论建筑遗产保护中"非遗"传承人保护的问题与策略》。（见《建筑与文化》，2017年，第5期）

华南农业大学林学与风景园林学院翁子添、李晓雪整理了以前任广州盆景协会会长、岭南盆景研究者谢荣耀为口述访谈对象，从岭南盆景培育技术、树种选择和盆景推广三个主要方面谈岭南盆景的发展和创新的访谈记录，发表期刊论文《岭南盆景的发展与创新——盆景人谢荣耀口述》为岭南盆景的当代研究留下第一手资料。（见《广东园林》，2017 年，第 6 期）

华南农业大学林学与风景园林学院的翁子添、李世颖、高伟基于风景园林学科范畴，以口述史的研究视角对岭南盆景技艺的保护与传承进行初步探讨，撰写《基于岭南民艺平台的"口述盆景"研究与教育探索》。（见《广东园林》，2017 年，第 6 期）

2016 年 4 月—2019 年 7 月，受同济大学建筑设计研究院集团委托，同济大学建筑与城市空间研究所团队开展"同济设计 60 年"（1952—2018）口述史项目，完成 60 余组、70 余人的正式访谈，三分之一受访者超过 80 岁。其中，傅信祁、王季卿、董鉴泓、唐云祥、戴复东、吴庐生等年逾 90 岁的教授在全国院系调整时即进入同济。在此基础上出版《同济大学建筑设计院 60 年：1958—2018》（华霞虹、郑时龄，2018 年）。

河西学院土木工程学院冯星宇撰写期刊论文《基于口述史的张掖古民居历史再现》。（见《河西学院学报》，2018 年，第 1 期）

清华大学建筑历史研究所的刘亦师在《清华大学建筑设计研究院之创建背景及早期发展研究》一文中运用访谈等口述史研究方法对清华大学建筑设计研究院的创办的基础与背景、发展历程及组织运营等方面的史实资料进行系统的整理说明。（见《住区》，2018 年，第 5 期）

沈阳建筑大学设计艺术学院的王鹤、董亚杰以东北地区规模最大、保存最完整的清末乡土民居建筑遗产——长隆德庄园为研究对象，应用口述史方法，对长隆德庄园选址依据、原始布局、建筑功能以及营建过程进行研究，撰写期刊论文《基于口述史方法的乡土民居建筑遗产价值研究初探——以辽南长隆德庄园为例》。（见《沈阳建筑大学学报（社会科学版）》，2018 年，第 5 期）

清华大学建筑历史研究所刘亦师从 2018 年 5 月份起，陆续对参与清华设计院创建及对其发展了解 20 多位老先生进行访谈，着重梳理了 20 世纪 90 年代以前的设计院的发展历程。在查证档案材料的基础上，按照设计院发展的历史阶段、围绕重要的工程项目，把这一次获得的口述史料摘选合并成文，撰写《清华大学建筑设计研究院发展历程访谈辑录》。（见《世界建筑》，2018 年，第 12 期）

沈阳建筑大学地域性建筑研究中心陈伯超、刘思铎主编《抢救记忆中的历史》（上海：同济大学出版社，2018 年）。20 多位学者完成了对贝聿铭、高亦兰、汉宝德、李乾朗、莫宗江、唐璞、汪坦、张镈、张钦楠、邹德慈等著名建筑家和建筑民俗工作者范清静等受访者建筑口述史采访记录，扩充中国建筑的口述史实物和档案史料，进一步丰富和扩展中国建筑史研究。

谢辰生口述，姚远撰写《谢辰生口述：新中国文物事业重大决策纪事》（北京：生活·读书·新知三联书店，2018 年）。

美国口述历史学家唐纳德·里奇的《大家来做口述历史（第 3 版）》是一本集口述历史理论、方法与实践于一体的百科全书式手册。该书于 2019 年 1 月由北京当代中国出版社出版，全新修订的第三版涵盖了近年来数字音频及视频技术的发展对口述历史产生的重大影响，新的技术使得制作和传播口述历史变得更加容易，互联网给发挥口述历史的潜能带来无尽可能。

西南民族大学文学与新闻传播学院邓备撰写期刊论文《国家社科基金项目视角下的口述史研究》，基于国家社科基金项目中的口述史项目，管窥我国口述史研究的现状，对今后的口述史研究和项目管理提出建议。（见《成都大学学报：社会科学版》，2019 年，第 1 期）

成都武侯祠博物馆馆员王旭晨撰写期刊论文《历史是如何被表述的——攀枝花地区三国文化遗存口述史研究》，以口述史研究的方式对攀枝花地区三国文化遗存与历史进行了分析。（见《成都大学学报：社会科学版》，2019 年，第 1 期）

中国电影人口述历史项目专家组组长张锦撰写《口述档案，口述传统与口述历史：概念的混淆及其成因》。（见《山西档案》，2019 年，第 2 期）

西安建筑科技大学崔淮硕士、杨豪中博士撰写期刊论文《中国当代建筑理论研究的口述历史方法初探》，文章通过口述历史实践经验探索出一套指导性的理论原则方法，根据建筑理论的特点，论述如何确定访谈对象、制订访谈大纲以及整理口述资料。对建筑理论或者同类别的口述历史研究具有指导和借鉴意义，也可以为一些实践应用类的研究提供行为准则和流程规范，并为其提供强有力的方法论予以支持。（见《城市建筑》，2019 年，第 2 期）

吴迪撰写《见微知著：论口述史与民间文献在地方志书中的应用——以〈时光里的家园——上海市静安区社区微志选辑〉为例》。（见《上海地方志》，2019 年，第 3 期）

天津大学教授、中国传承人口述史研究所副所长郭平撰写并发表教育部人文社会科学研究规划基金项目"民末以来村落文化的记忆与转向：山西祁县乡民口述史研究"（17YJA850003），阶段性成果《记忆与口述：现代化语境下传统村落"记忆之场"的保护》。（《见民间文化论》，2019年，第3期）

邱霞撰写《"做"口述历史的实践规范与理论探讨》。（见《当代中国史研究》，2019年，第4期）

贵州师范学院美术与设计学院的张婧红、杨辉、秦良娟在《口述史方法在少数民族建筑设计营造智慧研究中的应用》一文中运用口述史的研究方法对少数民族传统建筑设计营造匠人进行尽可能全面系统的深度访谈，将其建筑技艺和思想抢救加以记录，为国家和民族保住一份建筑文化遗产。（见《山西建筑》，2019年，第4期）

贵州师范学院美术与设计学院张婧红、杨辉、秦良娟发表关于2018年贵州省哲学社会科学规划项目青年课题"贵州侗族传统建筑老匠师口述史研究"（批号：18GZQN16)的阶段性成果《口述史方法在少数民族建筑设计营造智慧研究中的应用》。（见《山西建筑》，2019年，第4期）

邱霞于2019年4月10日在《中华读书报》第019版发表文章《从事口述史实践的必读书》。

2019年5月，中国建筑工业出版社出版由王伟鹏、陈芳、谭宇翱翻译的《现代建筑口述史——20世纪最伟大的建筑师访谈》，作者约翰·彼得耗费40年，采访了世界上60多位最卓越的建筑师和工程师，这部前所未有的著作以及附带的光盘借现代建筑创造者之口讲述了现代建筑的故事。

2019年5月25日上午，第二届中国建筑口述史学术研讨会暨华侨建筑研究工作坊在华侨大学（厦门校区）正式拉开帷幕。研讨会由华侨大学建筑学院主办，同济大学出版社、惠安县闽南古建筑研究院协办，《建筑遗产》杂志提供媒体支持，同步出版陈志宏、陈芬芳主编《中国建筑口述史文库（第二辑）：建筑记忆与多元化历史》（上海：同济大学出版社）。第二辑在延续第一辑专题设置的基础上，新加华侨建筑与传统匠作记述、口述史工作经验、历史照片识读三个主题。被访者包括陈式桐、戴复东、关肇邺、刘佐鸿、童勤华、彭一刚、陈伯超、郑孝燮、周维权等，以及闽南匠师陈实生、王世猛和马来西亚木匠陈忠日等。

东南大学建筑学院李晓晖硕士研究生、李新建副教授撰写期刊论文《贵州镇山村石板民居屋面营造技艺以班氏民居为例》，通过实地调研、测绘、走访工匠等方式，揭示石板民居屋面的营造技艺。（见《建筑与文化》，2019年，第6期）

华侨大学研究生黄美意在撰写有关"溪底派"大木匠师谱系的硕士论文过程中采访了许多匠人，成果见2019年华侨大学硕士论文《基于口述史方法的闽南溪底派大木匠师谱系研究》。

山东大学研究生骆晨茜在撰写有关手艺人的身份构建的硕士论文过程中采访了许多内蒙古河套地区的木匠，成果见2019年山东大学硕士论文《手艺的生命：手艺人的身份建构——以内蒙古河套地区木匠为考察对象》。

南京城墙保护管理中心馆员金连玉博士撰写期刊论文《口述史在文化遗产活化利用中的新尝试——以"南京城墙记忆"口述史为例》。（见《自然与文化遗产研究》，2019年，第9期）

国家图书馆研究馆员、中国记忆资源建设总审校全根先撰写的《口述史理论与实践：图书馆员的视角》于2019年9月由北京知识产权出版社出版，本书分为理论与实践两个部分。理论部分探讨了口述史学的一些基本理论问题，着重对口述史项目如何策划、口述史访谈如何准备、重点如何把握、文稿如何整理等问题进行了论述，特别是对口述史访谈后期成果的评价问题，在国内首次进行了详尽的探讨。实践部分基于作者五年来的口述史工作实践，选择"中国图书馆界重要人物""东北抗日联军老兵口述史""我们的文字""学者口述史"等专题进行重点介绍，包括作者所做口述史访谈准备、采访提纲、文稿整理、采访笔记等，具有较强的可操作性和示范性。该书为当前图书馆界开展口述史理论与实践提供了具有借鉴性、操作性的一个阶段性成果。

北京清华同衡规划设计研究院有限公司遗产保护与城乡发展研究中心研究员张晶晶、张捷、霍晓卫撰写期刊论文《〈口述史方法操作及成果标准化指南〉编制实践——口述史在文化遗产保护规划中的应用》。（见《活力城乡美好人居——2019中国城市规划年会论文集（09城市文化遗产保护）》）

杭州师范大学艺术教育研究院陈亭伊撰写期刊论文《口述传统是口述史学的文化机制》。（见《文化月刊》，2019年，第12期）

附录二

编者与采访人简介

（按姓氏拼音排序）

白　帝　　男，天津大学环境工程学院 2018 级硕士研究生。研究方向：建筑设计与可持续发展。

卞　聪　　男，西安建筑科技大学建筑学院在读博士研究生。

陈文珊　　女，湖南大学建筑学院 2017 级建筑学专业硕士研究生。研究方向：建筑历史及其理论、建筑遗产保护。

陈耀威　　男，国际和马来西亚 ICOMOS 会员，马来西亚文化遗产部的注册文化资产保存师以及华侨大学兼职教授，现任陈耀威文史建筑研究室主持。台湾国立成功大学建筑系毕业。从事文化资产保存，文化建筑设计以及华人文史研究工作。著有：《槟城龙山堂邱公司历史与建筑》《甲必丹郑景贵的慎之家塾与海记栈》《掰逆摄影》《文思古建工程作品集》《槟榔屿本头公巷福德正神庙》（合著）、Penang Shophouses: A Handbook of Features and Materials。曾主持修复槟城鲁班古庙、潮州会馆韩江家庙、潮州会馆办公楼、本头公巷福德正神庙、大伯公街海珠屿大伯公庙、清和社等传统建筑与店屋。

陈志宏　　男，华侨大学建筑学院，教授，博士。主要研究方向：近代华侨建筑文化海外传播史、闽台地域建筑研究；主要著作：《闽南近代建筑》（2012 年），《中国建筑口述史文库（第二辑）：建筑记忆与多元化历史》（2019 年），并参与五卷本《中国近代建筑史》（2016 年）的编写工作。主要奖项：2009 年获首届中国建筑史学青年学术论文二等奖，2017 年设计作品"闽南生态文化走廊示范段 – 木棉新驿驿站"获中国建筑学会主办首届海丝建筑文化青年设计师大奖赛二等奖。

戴　路　　女，天津大学博士，天津大学建筑学院建筑系教授。主要研究方向：中国近现代建筑历史与理论研究、中国现代建筑的动态跟踪、20 世纪中国建筑遗产保护、地域性建筑、建筑设计与可持续发展研究。主要著作：《印度现代建筑》（邹德侬、戴路，2002 年）、《中国现代建筑史》（普通高等彰育"十一五"国家级规划教材，邹德侬、戴路、张向炜，2010 年），译著《当代世界建筑》（刘丛红、戴路、邹颖，2003 年）；主要奖项：参与"中国当代建筑创作理论研究与应用"获得天津市科学技术进步奖二等奖（2002），参与"中国现代建筑史研究"获得教育部自然科学奖一等奖（2003）。

胡英盛　　男，山东工艺美术学院建筑与景观设计学院副院长，副教授，硕士导师。主持国家课题 1 项，主持省部级项目 3 项，参与国家重大课题及省部级项目 6 项，发表《巨野李氏庄园景观环境调查研究》《山东运河庄园文化景观研究——以临清古城庄园为例》等论文十余篇。自 2015 年组织学生参与暑期调研，"山村建筑与文化口述史调研"团队获得国家金奖，指导山东庄园民居测绘实践多次获得省级奖项，获 2017 年山东省第八届教学成果奖二等奖等。

黄锦茹　　女，华侨大学建筑学院 2018 级研究生，主要研究领域：近现代校园规划。

黄晓曼　　女，山东工艺美术学院建筑与景观设计学院副教授，英国提赛德大学访问学者，山东省优秀硕士导师，国家一级注册建筑师。主持 2 项省部级项目，参加国家重大课题"城镇化进程中民族传统工艺美术现状与发展研究"等国家级、省部级项目 10 余项，发表论文《山东省微山县猛进村船居现状考》等 10 余篇。

姜晓彤　　女，山东工艺美术学院研究生院 2017 级专业硕士研究生。研究方向：传统村落与民居。

康永基　　男，天津大学建筑学院 2018 级硕士研究生。研究方向：中国现代建筑史。

赖德霖　　男，清华大学建筑历史与理论专业和美国芝加哥大学中国美术史专业博士，现为美国路易维尔大学美术系教授、美术史教研室主任。主要研究领域：中国近代建筑与城市。曾与王浩娱等合编《近代哲匠录：中国近代重要建筑师、建筑事务所名录》（2006 年），与伍江、徐苏斌等合编五卷本《中国近代建筑史》（2016 年），主要著作：《中国近代建筑史研究》（2007年）、《民国礼制建筑与中山纪念》（2012年）、《走进建筑走进建筑史–赖德霖自选集》（2012年）、《中国近代思想史与建筑史学史》（2016年）。

　　李　鸽　女，哈尔滨工业大学博士，现为中国建筑工业出版社《建筑师》杂志主编。主要从事现代建筑理论、建筑历史研究等相关方向的期刊和图书出版。曾主要负责编辑出版五卷本《中国近代建筑史》（2016年），与王莉慧合作整理出版建筑出版家杨永生先生的口述出版物《缅述》（2012年），编辑出版《增订宣南鸿雪图志》《走在运河线上——大运河沿线历史城市与建筑研究》等多部图书。

　　李　萌　女，美国芝加哥大学斯拉夫语言文学系博士，现为芝加哥大学东亚语言文明系中文教师。研究方向：20世纪在华俄国侨民文学、20世纪五六十年代中国留苏生群体。主要著作：《缺失的一环：在华俄国侨民文学》（2007年）。

　　李晓雪　女，华南农业大学林学与风景园林学院讲师，硕士生导师。华南理工大学博士毕业。主要研究方向：风景园林遗产保护、传统园林技艺研究、非物质文化遗产保护传承与教育。主持国家自然科学基金项目、广东省哲学社会科学规划学科共建项目等科研课题。华南农业大学岭南民艺平台负责人。

　　李　怡　女，天津大学建筑学院2019级硕士研究生。研究方向：中国现代建筑史。

　　李　浈　男，东南大学建筑历史与理论方向博士毕业，现为同济大学建筑与城市规划学院教授，博士生导师。中国建筑学会民居建筑专业委员会副主任委员，中国建筑学会建筑史学分会学术委员，上海市民俗文化学会副会长、理事。长期从事中国古代建筑技术史方面的科研工作，涉略传统营造技艺及其保护等诸多方面。先后发表学术论文70余篇。出版：《中国传统建筑木作工具》《中国传统建筑形制与工艺》；主编完成国家标准设计图集《不同地域特色传统村镇住宅图集》三册等。主持完成国家自然科学基金面上项目4项，国家自然科学基金重点基金项目并负责子题1项，其他国家自然科学基金2项。国家"十一五"科技支撑计划重大项目并负责子题3项。在实践方面，主持完成历史街区保护规划、历史建筑以及文物建筑保护与整治项目160余项，在江南水乡乌镇、西塘的保护规划与历史建筑整治实践中卓有成效，曾获2003年联合国教科文组织颁发的亚太文化遗产保护杰出贡献奖（团队）。

　　林　源　女，西安建筑科技大学建筑学院教授、博士生导师，"历史建筑保护工程"本科专业创办人与专业负责人，建筑遗产保护教研室主任。多年来从事建筑历史与理论、建筑遗产保护方向的理论研究与实践工作，涉及建筑文献研究、建筑遗址复原研究、技术史研究、园林史研究等。主要著作：《古建筑测绘学》（2003年）、《中国建筑遗产保护基础理论》（2012年）、《苏州艺圃》（2017年）等，以及多部译著，发表数十篇论文，主持完成多项国家级、省部级科研课题。

　　刘　晖　男，华南理工大学建筑学院副教授、硕士研究生导师、注册城市规划师、一级注册建筑师、文物保护工程责任设计师，中国建筑学会工业建筑遗产学术委员会委员，佛山市立法专家顾问。1973—1986年在"2348"工程（岳阳石化总厂）生活，2005年华南理工大学建筑历史与理论专业博士毕业，近年来主要从事历史文化遗产保护规划和工业遗产研究。发表学术论文25篇，专著译著5部。主持的规划项目多次获得建设部和广东省优秀规划设计奖。

　　刘　钰　女，哈尔滨工业大学建筑学院，2019级建筑学专业硕士研究生，寒地城乡人居环境科学与技术工业和信息化部重点实验室，研究方向：寒地聚落保护与更新、西方建筑历史与思潮。

　　刘军瑞　男，同济大学建筑历史与理论方向博士生，河南理工大学建筑系讲师。研究方向：乡土营造口述史，传统建筑营造技艺，建筑史学史等。

　　刘子琦　女，北京建筑大学建筑与城市规划学院2019级城乡规划学专业硕士研究生。

　　柳丝雨　女，中南林业科技大学家具与艺术设计学院教师，米兰理工大学传播设计影像设计方向毕业。研究方向：收集采编长沙普通人口述行业历史。

　　龙　灏　男，博士，重庆大学建筑城规学院教授，博士生导师，建筑系副系主任；重庆大学医疗与住居建筑研究所所长。中国建筑学会建筑评论学术委员会理事、建筑师分会医疗建筑专业委员会副主任委员、建筑策划专业委员会副主任委员、中国城市规划学会居住区规划学术委员会委员、国家标准《住宅设计规范》编委、地方标准《重庆市保障性住房装修设计标准》主编；《住区》《中国医院建筑与装备》《住宅科技》《医养环境设计》等杂志编委。主要研究方向：医疗建筑、居住建筑和城市更新设计及其理论。已发表论文80余篇，出版专著、编著及译著10本，主持完成"十二五"国家科技支撑计划、国家自然科学基金等科研20多项，设计项目获省部级以上奖励9项。

卢永毅　　女，同济大学建筑与城市规划学院教授，博士生导师，并担任《建筑师》等多种国内外建筑和遗产杂志的编委。主要从事西方建筑历史与理论教学与研究，上海近代建筑与城市史及近代建筑遗产保护研究工作。发表数十篇相关研究论文，合著《产品设计现代生活——工业设计的发展历程》（1995 年），主编及合作主编《地方遗产的保护与复兴：亚洲近代建筑网络第四次国际会议论文集》（2005 年）、《建筑理论的多维视野》（2009 年）、《谭垣纪念文集》（2010 年）、《黄作燊纪念文集》（2012 年），合译有 [比] 海嫩著《建筑与现代性批判性》（2015 年），并参与五卷本《中国近代建筑史》（2016 年）的编写工作。

罗欣妮　　女，华南农业大学林学与风景园林学院 2017 级风景园林专业本科生。研究方向：风景园林遗产保护、英石叠山技艺的保护与传承。华南农业大学岭南民艺平台英石叠山技艺研究课题组成员。

马玉洁　　女，河北工程大学建筑与艺术学院副教授。研究方向：地域建筑、建筑遗产与保护、磁州窑建筑文化遗产。在权威期刊与核心期刊发表各类科研论文 20 余篇，出版专著 1 部，编著 3 部，主持和参与多项省部级科研项目。

慕启鹏　　男，工学博士，副教授，德国注册建筑师，毕业于柏林工业大学。任教于山东建筑大学建筑城规学院，建筑理论教研室副主任、建筑遗产保护方向的教学负责人。山东建筑大学建筑设计艺术（ADA）研究中心筹办人、负责人。研究方向：建筑遗产保护与更新、西方建筑史、城市设计。代表性成果：主持编制《青岛市街道设计导则》。代表论文：《价值的延续：威尔士卡迪根城堡保护工程回顾与思考》（《时代建筑》，2018 年，第 1 期）、《胶济铁路历史遗存田野调查》（《工业建筑》，2018 年，第 8 期）、《历史性城镇景观视角下的青岛里院价值要素探析》（《建筑遗产》，2019 年 9 月）。主要著作：《里院的楼：青岛游艺里的保护与再生》（2018 年）、《里院的街：大鲍岛街区的保护与再生》（2018 年）。

齐　莹　　女，北京建筑大学，建筑与城市规划学院讲师。同济大学博士，国家一级注册建筑师。博士论文《权力空间：隋唐宫廷制度研究》。研究方向：北京历史城市街区保护更新、皇城空间格局演变、官式大木作、建筑遗产保护更新。主持多处北京传统四合院保护更新项目。

钱　锋　　女，同济大学博士，现为同济大学建筑与城市规划学院建筑系副教授。主要教学和研究方向为西方建筑史和中国近现代建筑史。代表著作：《中国现代建筑教育史（1920—1980）》（与伍江合著，2008 年），以及论文《"现代"还是"古典"：文远楼建筑语言的重新解读》《从一组早期校舍作品解读圣约翰大学建筑系的设计思想》等。承担有国家自然科学基金项目"近代美国宾夕法尼亚大学建筑设计教育及其对中国的影响""中国早期建筑教育体系的西方溯源及其在中国的转化"等课题，并参与五卷本《中国近代建筑史》（2016 年）的编写工作。

邱晓齐　　女，华南农业大学林学与风景园林学院 2018 级风景园林专业硕士研究生。研究方向：风景园林遗产保护、英石叠山技艺的保护与传承。华南农业大学岭南民艺平台英石叠山技艺研究课题组成员。

孙靖宇　　女，北京建筑大学建筑与城市规划学院 2019 级城乡规划学专业硕士研究生。

孙鹏宇　　男，河北工程大学建筑与艺术学院硕士研究生。研究方向：地域建筑传承与保护。

孙鑫姝　　女，沈阳建筑大学建筑研究所，2018 级建筑设计及其理论专业方向硕士研究生。研究方向：辽宁近现代城市建筑发展研究。

涂小锵　　男，华侨大学建筑学院 2019 级建筑学博士研究生。研究方向：华侨建筑文化海外传播研究。

王　军　　男，故宫博物院研究馆员、故宫研究院建筑与规划研究所所长。1991 年毕业于中国人民大学新闻系，曾任新华社高级记者、《瞭望》新闻周刊副总编辑，第十一届北京市政协特邀委员。长期致力于北京城市史、梁思成学术思想、城市规划与文化遗产保护研究。著有《城记》《采访本上的城市》《拾年》《历史的峡口》《建极绥猷：北京城市文化价值与保护》。

王晶莹　　女，沈阳建筑大学建筑研究所，2017 级建筑及其理论专业方向专硕研究生。主要研究领域：工业遗产保护与再利用。

王浩娱　　女，香港大学建筑哲学博士，现为上海交通大学设计学院建筑系讲师。主要研究领域：中国／香港近现代建筑。与赖德霖等合编《近代哲匠录：中国近代重要建筑师、建筑事务所名录》（2006 年）。2009 年受聘于香港大学图书馆特藏部，筹建"陆谦受建筑数据库"。主要作品：《陆谦受后人香港访谈录》（2007 年）、*Mainland Architects in Hong Kong after 1949: A Bifurcated History of Modern Chinese Architecture*（2008 年）、《建筑之旅：1949 年中国建筑师的移民》（《新建筑》，2016 年，第 5 期）、《郭敦礼先生谈圣约翰大学学习及在港开业经历》（《中国建筑口述史文库（第一辑）：抢救记忆中的历史》，2018 年）。

王伟鹏 男，同济大学建筑学博士后流动站，在站博士后。主要从事西方建筑历史与理论、美国建筑、建筑翻译等方面的研究工作。发表有《洞见还是吹捧？文森特·斯卡利评罗伯特·文丘里》（《建筑师》，182 期，2016 年 4 月）、《建筑大师的真实声音：评介〈现代建筑口述史：20 世纪最伟大的建筑师访谈〉》（《时代建筑》，2016 年，第 5 期）、《查尔斯·詹克斯的后现代主义建筑历史写作》（《建筑师》，196 期，2018 年 12 月）等多篇论文，译有 [美] 约翰·彼得著《现代建筑口述史：20 世纪最伟大的建筑师访谈》（2019 年）。

魏筱丽 女，博士，广州大学建筑与城市规划学院讲师，法国基础设施 – 土地 – 建筑 LIAT 实验室合作研究员，法国巴黎索邦大学艺术史学士、硕士与博士学位。主要研究方向：中国当代建筑、现代建筑文化史、广州城市史与遗产保护。著作：《中国当代建筑与西方 1840—2008》（法语，2019 年）；译著：《建筑易·中国城市变化》（2012 年）、《华人创造·建筑》（2013 年）；论文：《中国实验建筑与西方概念艺术：文化迁变的案例分析》（2017 年）、《从风格到后现代主义——中国建筑史的史学研究发端与影响》（2018 年）、*Visualizing and Understanding Guangzhou City, an Historic City in Rapid Transformation*（2019）等，并参与五卷本《中国近代建筑史》（2016 年）的编写工作。

吴鼎航 男，香港大学建筑历史与理论博士，师从龙炳颐教授，香港大学建筑学系博士后。现为香港珠海学院建筑学系助理教授。主要研究领域：中国传统民居建筑及遗产保护。

武帅航 女，哈尔滨工业大学建筑学院，2018 级建筑学专业硕士研究生，寒地城乡人居环境科学与技术工业和信息化部重点实验室，研究方向：寒地聚落保护与更新、西方建筑历史与思潮。

徐智祥 男，山东工艺美术学院研究生院 2017 级专业硕士研究生。研究方向：传统村落与民居。

杨彩虹 女，河北工程大学建筑与艺术学院教授、硕士生导师，国家一级注册建筑师。主要研究方向：建筑设计及其理论、磁州窑建筑文化遗产、城市更新及旧建筑改造与利用、历史建筑研究、绿色建筑研究。发表论文 20 余篇，主持河北省社会科学基金、邯郸市社会科学重点研究课题等，主讲"建筑设计"。

杨佳楠 女，河北工程大学建筑与艺术学院硕士研究生。研究方向：地域建筑传承与保护。

于 涓 女，北京师范大学新闻传播专业硕士研究生，山东建筑大学建筑城规学院教师。崔永元口述中心第一届学员，全国公众史学第三届学员。著有《海右名宿：山东建筑大学建筑城规学院老教授访谈录》等口述专著，《会建房子的老匠人》等多部口述影像纪录片获奖。

岳岩敏 女，西安建筑科技大学建筑学院讲师。研究方向：中国近代建筑史、传统造园理论与设计。主要著作：《凌苍莽·瞰紫微：陕西古塔调查实录》（合著，2016 年）、《陕西古建筑测绘图辑 泾阳·三原》（合著，2018 年）、《中国古建筑测绘大系·陕西祠庙》（合著，2019 年）。发表论文主要有《不说迷楼，说影园: 明郑元勋、计成与扬州影园》（《建筑师》，199 期，2019 年 6 月）等。主持完成省部级项目多项。

张婷婷 女，山东工艺美术学院研究生院 2017 级专业硕士研究生。研究方向：传统村落与民居。

赵 婧 女，复旦大学历史学博士，上海财经大学经济学院经济史系助理研究员，历史建筑爱好者。研究方向：中国经济史、上海史、上海金融史。专著《钱业世家：宁波镇海柏墅方氏家族史》（2019 年）。

赵 芸 女，成都文物考古研究院文博馆员，工程师。2015 年东南大学建筑历史与理论专业硕士研究生毕业，现从事文物建筑修缮设计工作。主要研究方向为四川地区传统建筑工艺、四川民居建筑，已发表《四川汉地大木工艺研究（一）——化"曲"为"直"》等论文。

朱 莹 女，哈尔滨工业大学建筑学院，副教授、硕士生导师，寒地城乡人居环境科学与技术工业和信息化部重点实验室，荷兰代尔夫特理工大学访问学者，建筑学会建筑与文化委员会委员、"中荷乡土聚落研究中心"中方发起人、黑龙江省智库专家。研究方向：寒地聚落保护与更新、西方建筑历史与思潮、景观史论。发表论文 50 余篇，出版专著 3 本。主持国家自然科学基金青年项目、黑龙江省社会与发展重点课题、黑龙江省自然科学基金等多项重要课题。主讲"外国建筑史"，获 2019 黑龙江省线下一流课，获得 2018 全国建筑史教学观摩交流会最佳示范奖。

朱方钰 女，北京建筑大学，建筑与城市规划学院 19 级硕士研究生。研究方向：建筑遗产保护与再利用。

邹业欣 男，湖南大学建筑学院 2018 级建筑学专业硕士研究生。研究方向：近代建筑历史与遗产保护。

图书在版编目（CIP）数据

融古汇今 / 林源, 岳岩敏主编 . -- 上海：同济大

学出版社, 2020.5

（中国建筑口述史文库 . 第三辑）

ISBN 978-7-5608-9220-7

Ⅰ . ①融… Ⅱ . ①林… ②岳… Ⅲ . ①建筑史—史料

—中国 Ⅳ . ① TU-092

中国版本图书馆 CIP 数据核字（2020）第 056574 号

中国建筑口述史文库　第三辑

融古汇今

主　　编　林源　岳岩敏

出 品 人　华春荣

特邀编辑　赖德霖　**责任编辑**　江岱　**助理编辑**　金言　姜黎　**责任校对**　徐春莲　**装帧设计**　钱如潺

出版发行　同济大学出版社　www.tongjipress.com.cn

　　　　　（地址：上海市四平路 1239 号　邮编：200092　电话：021-65985622）

经　　销　全国各地新华书店

印　　刷　上海安枫印务有限公司

开　　本　787mm×1092mm　1/16

印　　张　22

字　　数　549 000

版　　次　2020 年 5 月第 1 版　2020 年 5 月第 1 次印刷

书　　号　ISBN 978-7-5608-9220-7

定　　价　89.00 元